National Center for Construction Education and Research

Seguridad de Campo

PEARSON
Prentice Hall

Upper Saddle River, New Jersey
Columbus, Ohio

contren®
Learning Series

National Center for Construction Education and Research
Presidente: Don Whyte
Directora de Desarrollo de Productos: Daniele Dixon
Directora del Proyecto: Tania Domenech
Directora de Producción: Jessica Martin
Supervisora de Mantenimiento de Productos: Debie Ness
Editoras: Tania Domenech, Adriana Sánchez Ruiz
Equipo de autoedición: Trusted Translations, Inc., Debie Ness, Tania Domenech

NCCER quisiera reconocer la compañía contratada para la escritura de este currículo en Inglés: Topaz Publications, Liverpool, New York. Servicios de traducción al español provistos por Trusted Translations, Inc., Falls Church, Virginia.

Esta información en general y en naturaleza es para usos de entrenamiento solamente. El rendimiento de las actividades en este manual requiere el cumplimiento de los procedimientos de operaciones, servicios, mantenimiento, y seguridad bajo la dirección de personal cualificado. Cualquier referencia a material o aparato patentizado o propietario no constituye una recomendación para su uso.

10 9 8 7 6 5 4 3 2 1
ISBN 0-13-601805-X

PEARSON
Prentice Hall

nccer

contren®
Learning Series

Prefacio

Este volumen fue desarrollado por el National Center for Construction Education and Research (NCCER) como respuesta a las necesidades de entrenamiento en las industrias de construcción, mantenimiento y tuberías de distribución de petróleo. Este libro es uno de los muchos publicados por la serie de aprendizaje *Contren*® de NCCER. Este programa cubre entrenamiento en alrededor de 50 áreas en construcción y mantenimiento, e incluye pruebas de habilidades y conocimiento, entrenamiento en seguridad, y en supervisión. Fue desarrollado durante un período de varios años por especialistas en la industria y en educación.

NCCER también mantiene un Registro Nacional que provee transcripciones, certificados y tarjetas (o carnés) a aquellos individuos que hayan completado y pasado módulos de la serie de aprendizaje *Contren*®, siempre y cuando el programa de entrenamiento haya sido provisto por algún patrocinador acreditado por NCCER.

NCCER es una fundación educacional sin fines de lucro 501(c)(3) establecida en 1995 por las compañías de construcción más progresivas y grandes del mundo y por asociaciones nacionales de construcción. Se fundó para acudir a la falta de fuerza laboral severa en la industria y para desarrollar un proceso de entrenamiento y currículo estandarizado. Hoy día, NCCER recibe apoyo de cientos de compañías de construcción y mantenimiento, de la manufactura, y de asociaciones nacionales.

COMPAÑÍAS ASOCIADAS A NCCER:

- American Fire Sprinkler Association
- API
- Associated Builders & Contractors, Inc.
- Associated General Contractors of America
- Association for Career and Technical Education
- Association for Skilled and Technical Sciences
- Carolinas AGC, Inc.
- Carolinas Electrical Contractors Association
- Center for the Improvement of Construction Management and Processes
- Construction Industry Institute
- Construction Users Roundtable
- Design-Build Institute of America
- Electronic Systems Industry Consortium
- Merit Contractors Association of Canada
- Metal Building Manufacturers Association
- NACE International
- National Association of Minority Contractors
- National Association of Women in Construction
- National Insulation Association
- National Ready Mixed Concrete Association
- National Systems Contractors Association
- National Technical Honor Society
- National Utility Contractors Association
- NAWIC Education Foundation
- North American Crane Bureau
- North American Technician Excellence
- Painting & Decorating Contractors of America
- Portland Cement Association
- SkillsUSA
- Steel Erectors Association of America
- Texas Gulf Coast Chapter ABC
- U.S. Army Corps of Engineers
- University of Florida
- Women Construction Owners & Executives, USA

Algunas características de la serie de aprendizaje *Contren*® son las siguientes:

- Un récord de éxito comprobado por la industria
- Currículos desarrollados por la industria para la industria
- La estandarización nacional de las habilidades aprendidas y créditos educacionales, proveyendo credenciales portátiles
- Cumplimiento con los requisitos de programas de aprendizaje, entrenamiento, de empleadores y de Servicios Laborales (*CFR 29:29*)
- Información bien ilustrada, actualizada y práctica

La serie de aprendizaje *Contren*®

Bienvenido a la serie de aprendizaje *Contren*®. Esta propuesta sistemática a la educación y entrenamiento en seguridad provee un currículo estandarizado en forma de módulos que permite a las organizaciones diseñar programas a su medida para satisfacer sus necesidades específicas. La serie está compuesta por cuatro títulos independientes: *Orientación a la Seguridad, Seguridad de Campo, Safety Technology* (no traducido), y *Safety Management* (no traducido). Aunque ninguno de estos libros funciona como prerrequisito para el otro, se encuentran listados en una forma lógica educacional.

El National Center for Construction Education and Research (NCCER) ofrece un reconocimiento individual al completar todos los programas con éxito, desde certificados al completar el programa a una Certificación como Instructor de seguridad. La serie de aprendizaje *Contren*® de NCCER provee un reconocimiento único, ofrece la educación necesaria para adquirir oportunidades de avance en la carrera, y las habilidades necesarias para construir un lugar de trabajo seguro. Además de las certificaciones otorgadas por el NCCER, la serie de aprendizaje *Contren*® ha sido reconocida por La Junta para la Certificación de Técnicos de Salud, de Asuntos Ambientales y de Seguridad. Council on Certification of Health, Environmental, and Safety Technologists (CCHEST) como una prueba de preparación para las certificaciones de Supervisor Entrenado en Seguridad (STS) y Técnico en Salud y Seguridad en Construcción. CCHEST es una operación que trabaja en conjunto a la Junta de Profesionales Certificados en Seguridad y La Junta Americana de Higiene Industrial.

Para más información respecto a cursos, certificaciones, o cualquier otro asunto relacionado, por favor contactar el Servicio al Consumidor del NCCER al (352) 334.0920; visite nuestra página de Internet www.nccer.org; ó envíe un correo electrónico con sus preguntas a info@nccer.org.

Características de este Libro

Beneficiándose de una campaña bien recibida para rediseñar nuestros libros, el NCCER está publicando una selección de libros de texto en un formato de dos columnas. La *Seguridad de Campo*, que forma parte de la serie de aprendizaje *Contren*®, incorpora el diseño y la composición de nuestros libros a todo color junto con características pedagógicas especiales. Éstas características aumentan el material técnico para así mantener el interés del participante y fomentar una apreciación más profunda del oficio.

La sección **Piénsalo** utiliza preguntas como ¿qué pasaría si…? para ayudar a los participantes a poder aplicar la teoría a experiencias del mundo real y a poner ideas en acciones.

La sección **Casos Históricos** demuestra la importancia de adherirse a la guía de seguridad y a las prácticas más adecuadas de ésta al enfocarse en la importancia de la seguridad en el lugar de trabajo. Los participantes leen sobre las causas y las repercusiones de los peligros, incidentes, accidentes, y accidentes potenciales que ocurren en un lugar de trabajo de la vida real.

La sección **¿Qué está incorrecto en esta imagen?** incluye fotografías de infracciones estándar y el fracaso a seguir las prácticas de seguridad más adecuadas. Esta sección les permite a los participantes estudiar una imagen, identificar una situación o acto no seguro, y discutir cómo reconocer, evadir, y prevenir dichas situaciones en el lugar de trabajo.

La sección **Perfil de Éxito** presenta una biografía de una página sobre un profesional exitoso en la industria y comparte sus experiencias y consejos al respecto.

Estamos entusiasmados de poder ofrecerle estas mejoras y esperamos que lo lleven a una experiencia educativa más gratificante. Como siempre, sus comentarios son bienvenidos. Por favor déjenos saber sus sugerencias al visitar NCCER en nuestra página de Internet www.nccer.org, o a través de un correo electrónico a info@nccer.org.

Agradecimientos

Este currículo fue desarrollado como resultado de la visión y liderazgo del Comité Nacional de Seguridad de NCCER y aquéllos que participaron como expertos de la materia:

Jim Humphry, Quanta Services
Art Deleon, Underground Construction Co.
Frank McDaniel, Casey Industries

Extendemos un sincero agradecimiento a **Steven Pereira, Professional Safety Associates**, Denham Springs, LA por los servicios profesionales de largo plazo ofrecidos al NCCER en todas las materias relacionadas a la seguridad, incluyendo el desarrollo de la serie de aprendizaje de seguridad *Contren*®.

Contenido

Módulo 75101-03

Introducción a la seguridad

MAPA DEL CURSO

Este mapa del curso muestra todos los módulos de Seguridad de campo. El orden sugerido de entrenamiento comienza en la parte inferior y avanza hacia arriba. El Patrocinador local del Programa de Entrenamiento puede modificar el orden del entrenamiento.

SEGURIDAD DE CAMPO

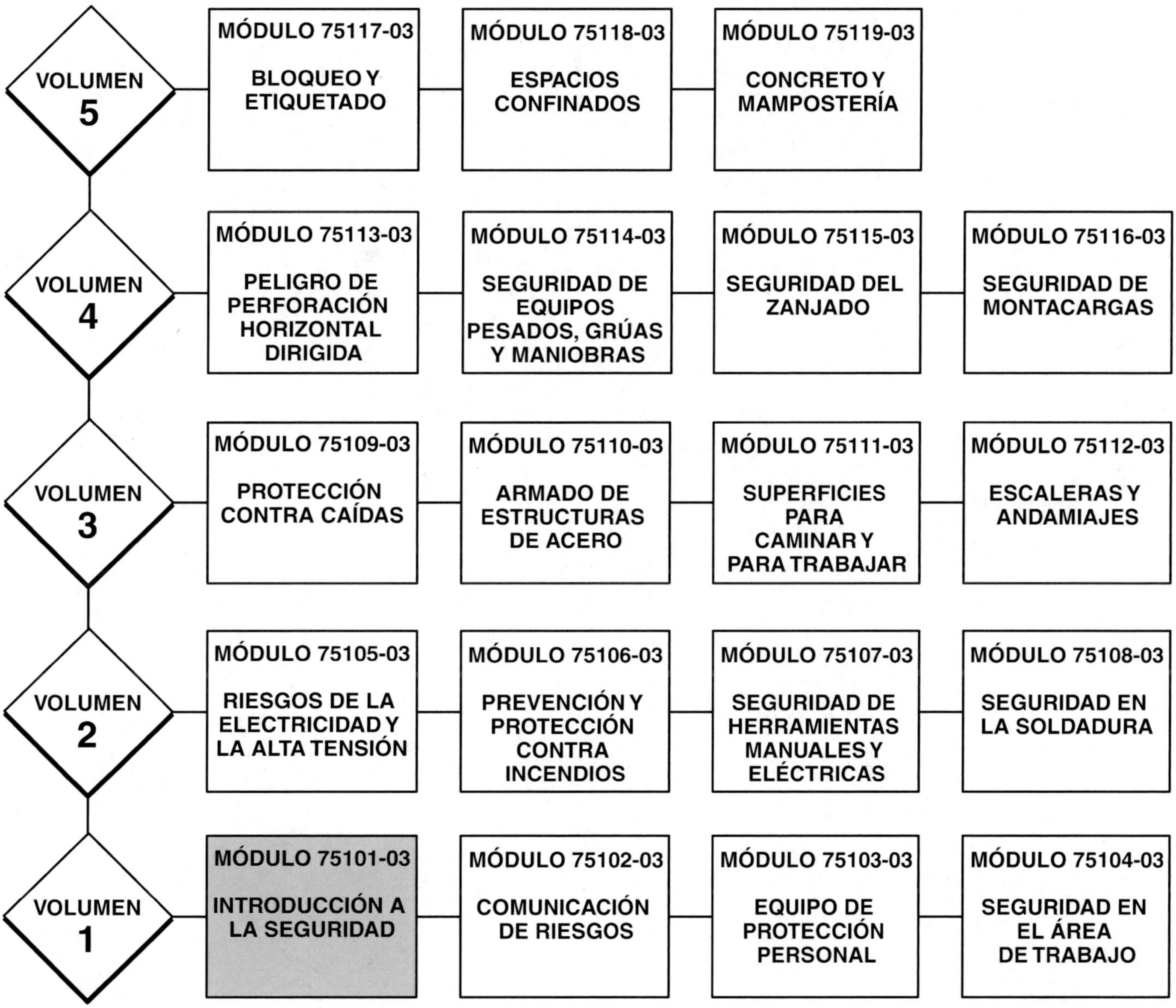

101CMAP.EPS

CONTENIDO DEL MÓDULO 75101-03

Figuras

Tablas

Introducción a la seguridad

Objetivos

Cuando haya terminado este módulo, podrá hacer lo siguiente:

1. Explicar la diferencia entre cumplimiento y mejores prácticas.
2. Describir el objetivo y la función de la Administración de Seguridad y Salud Laboral de los EE.UU. (OSHA, Occupational Health and Safety Administration).
3. Explicar cómo los costos de un accidente afectan a todos en un lugar de trabajo.
4. Describir los procedimientos correctos y las precauciones para el manejo de materiales.

Prerrequisitos

No hay requisitos previos necesarios para este módulo.

Material necesario

1. Lápiz y papel
2. Equipo de protección personal adecuado

1.0.0 ◆ INTRODUCCIÓN

El trabajo en la construcción puede ser peligroso, sin embargo, no tiene por qué tener riesgo de muerte. La mayoría de los **accidentes** en una construcción son provocados por negligencia por parte del trabajador, por poca planificación de seguridad, por falta de entrenamiento o por falta de cumplimiento de las normas de seguridad, ya sea por parte del empleador o del empleado.

Para ayudar a prevenir accidentes, su empresa debe contar con un programa de seguridad. Este programa le brindará las reglas y precauciones que necesita para trabajar de manera segura. La seguridad debe incorporarse en todas las etapas del trabajo e involucra a todos los empleados de todos los niveles; esto incluye a la gerencia.

Algunos programas de seguridad requieren que una **persona competente** designada por la empresa esté en el lugar de trabajo antes de que usted comience cualquier tarea. Una persona competente es alguien que tiene experiencia y entrenamiento en la tarea y conoce los riesgos que esta implica. Él o ella conoce las normas y reglamentaciones relacionadas con el trabajo y tiene la autoridad para detener un trabajo si no se lo está realizando de manera segura.

Sumadas a las normas de su empresa, hay muchas reglamentaciones que deben cumplir las empresas para satisfacer las pautas locales, estatales y nacionales. Las reglamentaciones de seguridad han sido creadas para lograr un lugar de trabajo seguro y sin accidentes. Las políticas y los procedimientos de seguridad están a su disposición para ayudarlo a usted y a su empresa a cumplir con esas reglamentaciones. Es importante recordar que hay una buena razón por la que existe cada reglamentación. El respeto de las prácticas óptimas de seguridad ayuda a salvar vidas.

2.0.0 ◆ DIEZ REGLAS BÁSICAS DE SEGURIDAD

Las diez reglas básicas de seguridad que aparecen a continuación deben convertirse en un hábito para todos en el lugar de trabajo:

1. Utilice las herramientas, los equipos y el equipo de protección personal de la manera para la que fueron diseñados.
2. Use el casco y el equipo de seguridad en todo momento, en los lugares que sea necesario.
3. Revise el equipo a diario.

4. Sólo realice las tareas para las que ha sido entrenado.
5. Entienda las normas y políticas de seguridad de la empresa.
6. Sea responsable de usted mismo y de sus compañeros de trabajo.
7. Corrija o informe inmediatamente todas las condiciones que no sean seguras al supervisor.
8. Acepte la filosofía de "cero accidentes".
9. Participe en el programa de seguridad de la empresa.
10. Si tiene dudas, ¡deténgase y pregunte!

3.0.0 ◆ CUMPLIMIENTO VERSUS MEJORES PRÁCTICAS

Hay una diferencia entre **cumplimiento** y mejores prácticas. La **Administración de Seguridad y Salud Laboral (OSHA)** determina el cumplimiento; las políticas individuales de las empresas determinan las prácticas óptimas. La OSHA establece requisitos mínimos de seguridad, investiga los accidentes graves e inspecciona los lugares de trabajo. Una empresa cumple las normas cuando satisface todas las reglamentaciones mínimas de seguridad.

Además de pautas de seguridad específicas, las reglamentaciones de la OSHA incluyen una cláusula de obligaciones generales. Todos los empleadores tienen una obligación general de proporcionar a los empleados un lugar de trabajo sin riesgos reconocidos que pudieran causar la muerte o lesiones graves. Se requiere que las empresas establezcan procedimientos y prácticas para asegurar que todos los trabajadores estén seguros. Un programa de seguridad que incluye las mejores prácticas y equipos disponibles para garantizar la seguridad del trabajador es lo que llamamos **plan de mejores prácticas**. Las mejores prácticas a menudo exceden los requisitos mínimos de seguridad. También pueden modificarse a medida que se desarrollan equipos y procedimientos nuevos.

¿SABÍA USTED?

Riesgos laborales

En 1999, hubo 5.7 millones de lesiones y enfermedades laborales entre los trabajadores estadounidenses. Aproximadamente 6.3 de cada 100 trabajadores sufrieron una enfermedad o lesión relacionada con el trabajo y 6,023 trabajadores perdieron su vida en el trabajo.

Fuente: Administración de Seguridad y Salud Laboral de los EE.UU. (OSHA)

Sin embargo, tenga en cuenta que si se lesiona y no respeta el programa de seguridad de la empresa o los **estándares de OSHA**, puede ser considerado responsable del accidente.

3.1.0 La OSHA

La OSHA, parte del Departamento de Trabajo de EE.UU., es una agencia del gobierno que ayuda a proteger a millones de trabajadores por año. Su misión es garantizar un entorno seguro y saludable en el lugar de trabajo. Desde que se creó la agencia en 1971, las muertes en el lugar de trabajo se han reducido a la mitad y las tasas de lesiones y enfermedad han bajado un 40 por ciento. A la vez, ha habido un incremento en la cantidad de personas que trabajan. De hecho, desde 1971, la cantidad de personas que trabajan en los Estados Unidos de América se ha duplicado, de 56 millones de trabajadores en 3.5 millones de lugares de trabajo a 111 millones de trabajadores en 7 millones de lugares de trabajo.

La OSHA adopta y hace cumplir las reglamentaciones de seguridad conocidas como **estándares**. Algunos de estos, como el estándar de comunicación de riesgos, se aplican a todas las industrias. Otros sólo se aplican a una industria en particular. Hay una cantidad de estándares adicionales de la OSHA para la construcción, además de los estándares de la industria en general.

CASOS HISTÓRICOS

"¡Salga de esa zanja!"

Esa es la orden que un inspector de la OSHA dio a un trabajador que se encontraba en una zanja sin apuntalar y sin declive. Menos mal que el inspector estaba atento porque 30 segundos después de que el trabajador se retiró de la zanja, la pared cerca de donde había estado de pie se derrumbó. El trabajador se salvó de lesiones graves o de la muerte debido a que prestó atención a la advertencia y salió de la zanja.

Moraleja: Esté atento a su entorno, y siempre preste atención a los inspectores de la OSHA.

Fuente: Administración de Seguridad y Salud Laboral de los EE.UU. (OSHA)

Veintiséis estados cuentan con sus propios programas de la OSHA. Las reglamentaciones estatales deben ser, como mínimo, igual de estrictas que los estándares nacionales. Averigüe qué reglamentaciones corresponden a su lugar de trabajo. Los programas de la OSHA estatales y federales mantienen los lugares de trabajo seguros mediante la investigación de accidentes, las inspecciones y la promoción.

3.1.1 Investigación de accidentes

Si hubiera un accidente grave en un lugar de trabajo en el que tres o más trabajadores fueran hospitalizados o alguien muriera, se deberá notificar a la OSHA. La OSHA luego investigará el accidente. La investigación del accidente es una herramienta de la OSHA para descubrir peligros que se pasaron por alto durante las inspecciones. Sin embargo, la investigación de accidentes se trata en realidad de la prevención de accidentes. Se puede aprender mucho de un accidente, principalmente, cómo evitar que ocurra otro accidente. Las investigaciones son muy útiles cuando descubren todos los factores que colaboraron con el accidente. Esto ayuda a corregir la condición o actividad insegura y ayuda a evitar que ocurra otra vez.

3.1.2 Inspecciones de la OSHA

La OSHA inspecciona los lugares de trabajo para garantizar el **cumplimiento** de los estándares mínimos de seguridad. Si los funcionarios de la OSHA descubren alguna violación en un lugar, deben emitir una citación y una penalización. Las citaciones informan al empleador y a los empleados de las reglamentaciones y estándares que se han violado. La penalizaciones son multas que debe pagar la empresa por cada violación. Aunque la empresa pague la multa, usted seguirá padeciendo los efectos. Las multas lo afectan porque la empresa tendrá menos dinero para aumentos y bonos y para contratar a más trabajadores para suplantar a aquellos que puedan haberse lesionado.

3.1.3 Recursos de la OSHA

La OSHA juega un papel importante en la prevención de lesiones y enfermedades laborales. Esto se logra mediante la promoción, la educación y el asesoramiento para el cumplimiento. La OSHA proporciona diversos tipos de materiales de entrenamiento para ayudar a los empleadores y a los trabajadores a comprender los estándares.

El sitio Web de la OSHA (www.osha.gov) tiene casi 450,000 páginas de información sobre seguridad. Incluye una sección especial dedicada a los estándares de la construcción. El sitio Web también ofrece asistencia y herramientas virtuales interactivas para ayudar a empleadores y empleados a comprender y cumplir los estándares.

Además del sitio Web, las oficinas de la OSHA brindan información y entrenamiento a empleados y empleadores para ayudarlos a comprender y cumplir con las reglamentaciones de seguridad. La OSHA también ofrece consultas gratuitas en el lugar de trabajo. Estas consultas están disponibles para cualquier empresa que necesite ayuda en el lugar de trabajo para establecer programas de salud y seguridad, así también como para identificar y corregir riesgos en el lugar de trabajo.

CASOS HISTÓRICOS

Inspector de la OSHA ayuda a evitar una fatalidad

Mientras investigaba la muerte de un operador de un elevador aéreo, un inspector de la OSHA ayudó a evitar otra lesión grave o una muerte. El primer incidente involucró un elevador aéreo que rodó fuera del borde de un camión de plataforma y arrojó al operador al suelo. El trabajador murió debido a sus lesiones.

Durante la investigación, el inspector de la OSHA notó que un operador de un camión de remolque se preparaba para mover el elevador erguido. El inspector se dio cuenta de que al hacer esto, el elevador aéreo podría moverse y balancearse hacia el lugar del conductor del camión de remolque. El inspector le indicó al operador que usase los controles del lado del pasajero para levantar el elevador aéreo en lugar de utilizar el lado del conductor. Esta acción salvó la vida del operador porque el cesto del elevador golpeó el lado del conductor del camión. Si el trabajador hubiera estado allí, muy posiblemente hubiera fallecido.

Moraleja: Los inspectores de la OSHA son oficiales de seguridad experimentados. Seguir sus consejos evita accidentes y salva vidas.

Fuente: Administración de Seguridad y Salud Laboral de los EE.UU. (OSHA)

3.2.0 Mejores prácticas

Las mejores prácticas son las normas y procedimientos de seguridad que la industria considera que son el método más seguro de hacer un trabajo. Estas prácticas abordan la seguridad de manera proactiva, mediante la identificación por anticipado de problemas de seguridad posibles y el uso de procedimientos para evitar accidentes potenciales. Aunque su empresa establece las mejores prácticas, a menudo se basan en las reglamentaciones de la OSHA. Estas prácticas han sido diseñadas para ayudarlo a usted y a sus compañeros de trabajo a cumplir con los estándares de seguridad necesarios.

La seguridad en lugares cerrados es un buen ejemplo de las mejores prácticas y el cumplimiento. Las plantas industriales deben respetar el estándar de lugares cerrados. Los lugares de construcción están exentos. Sin embargo, todos los empleadores tienen la obligación general de mantener seguros a los trabajadores que trabajen en lugares cerrados. Un plan de mejores prácticas en una construcción deberá respetar las reglas de ingreso a lugares cerrados ya que es la forma más segura de realizar el trabajo.

Usted tiene la responsabilidad de respetar las normas y procedimientos de seguridad de la empresa. Hay varias normas de seguridad general que promueven un lugar de trabajo seguro:

- Respete todas las normas, políticas y procedimientos para el trabajo que realiza. Estos pueden ser tanto escritos como verbales.
- Nunca comience un trabajo hasta que haya revisado el procedimiento adecuado para la tarea y comprenda cómo realizar la tarea correctamente.
- Nunca realice un trabajo para el que no ha sido autorizado.
- Nunca comience un trabajo que parezca poco seguro o que lo exponga a un riesgo innecesario.
- Nunca comience un trabajo que no pueda realizar sin ayuda.
- Nunca se exponga o exponga a sus compañeros adoptando conductas inseguras.
- Manténgase concentrado en el trabajo en todo momento. Piense en lo que podría pasar, protéjase usted, y proteja a sus compañeros.
- Informe inmediatamente cualquier **incidente**, accidente y lesión relacionados con el trabajo a su supervisor.
- Informe inmediatamente todos los peligros al supervisor. Corrija las condiciones que estén dentro de su control.
- Diga a los compañeros que detengan la tarea si actúan de manera insegura o crean una situación de riesgo.

¿SABÍA USTED?

Lesiones oculares

El costo promedio de una lesión ocular es de $1,463. Eso incluye tanto los costos directos como los indirectos de los accidentes, sin mencionar los efectos a largo plazo sobre la salud del trabajador; que no tiene precio.

Fuente: Administración de Seguridad y Salud Laboral de los EE.UU. (OSHA)

Accidentes e incidentes

Los accidentes y los incidentes son cosas diferentes. Un accidente es un evento no planificado precedido por un acto inseguro, una condición de inseguridad o ambas. Los accidentes interrumpen las actividades y muchas veces resultan en lesiones personales o daño a la propiedad. Un incidente es la pérdida no deseada de recursos o un evento no deseado que, bajo circunstancias levemente diferentes, podrían haber tenido como consecuencia daños personales o a la propiedad.

CARRIL INTERNO

Pregunte

Averigüe sobre todos los riesgos potenciales del trabajo antes de empezar a trabajar. Pida al supervisor o a la persona competente que se encuentre en el lugar de trabajo que responda a las siguientes preguntas antes de comenzar a trabajar.

- ¿Cuáles son los riesgos relacionados con este trabajo?
- ¿Cuál es la fuente de energía y cómo se la puede desconectar o controlar?
- ¿Qué podría salir mal?
- ¿Qué debo hacer para protegerme y para proteger a mis compañeros de daños personales?

4.0.0 ◆ CAUSAS DE ACCIDENTES

Los accidentes y lesiones tienen como consecuencia dolor y padecimientos innecesarios, así como también dificultades financieras para los empleados, sus familias y la empresa. Todos los empleadores y trabajadores en el lugar de trabajo tienen la obligación financiera, legal y moral de evitar los accidentes y lesiones. Para lograrlo, es importante comprender que los accidentes son provocados por actos inseguros y condiciones de inseguridad. Los actos inseguros son cosas que una persona hace o deja de hacer y que pueden provocar un accidente. Las condiciones de inseguridad son factores externos que hacen que el área de trabajo sea peligrosa.

4.1.0 Actos inseguros

Los actos inseguros a menudo conducen a lesiones graves y, a veces, a la muerte. Usted puede detener los actos inseguros mediante un cambio de comportamiento. Es su responsabilidad reconocer los actos inseguros y detenerlos inmediatamente. Esto significa dejar de hacer lo que esté haciendo o detener a su compañero o a sus compañeros.

Ejemplos de los actos inseguros más comunes son:

- Uso de equipo defectuoso
- Inhabilitación de dispositivos (o mecanismos) de seguridad
- Operación de equipos a velocidades incorrectas
- Reparación de equipos mientras están en movimiento o conectados a la energía
- Carga o colocación de equipos o suministros de manera incorrecta o peligrosa
- Uso incorrecto de equipos
- Trabajar mientras se encuentra bajo la influencia de alcohol, de medicamentos o drogas ilegales
- Los juegos bruscos (*Figura 1*)

Los actos inseguros también incluyen la omisión de hacer lo correcto. Muchos accidentes son provocados o agravados por trabajadores que no utilizan el equipo de protección personal, no respetan los procedimientos de seguridad o no advierten a compañeros de trabajo de condiciones potencialmente peligrosas. Manténgase sano y seguro y vigile la seguridad de los otros. Respete siempre las normas y use el equipo correcto para la tarea.

¿SABÍA USTED?

Abuso de drogas y alcohol en los lugares de construcción

La mayoría de los expertos concuerdan en que por lo menos uno de cada cinco trabajadores de la construcción tiene un problema de abuso de drogas o alcohol. Eso representa el 20% de la fuerza laboral de una empresa. El impacto de este problema resulta en mayores indemnizaciones laborales y costos de salud, menor productividad, mayores costos en materiales y herramientas y mayor ausentismo.

101SA01.EPS

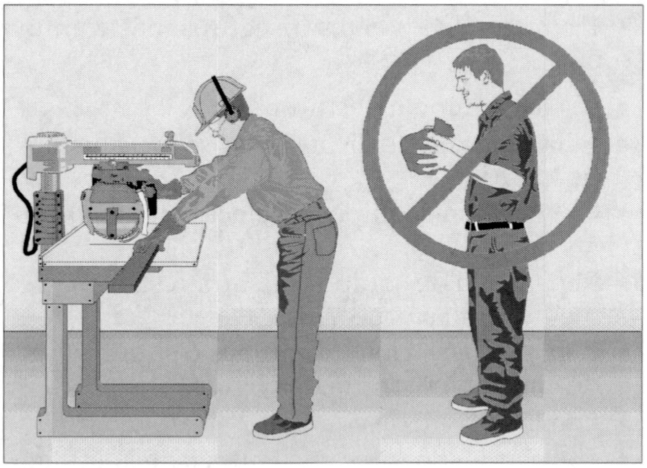

101F01.EPS

Figura 1 ◆ Los juegos bruscos son peligrosos.

4.2.0 Condiciones de inseguridad

Las condiciones de trabajo poco seguras también son una de las causas principales de accidentes y lesiones. Este tipo de condiciones pueden ser provocadas por factores ambientales como el ruido, el frío o el calor extremo, una iluminación insuficiente o una mala circulación de aire. Estas condiciones reducen su capacidad de reacción y limitan sus movimientos. La falta de limpieza también puede generar condiciones de inseguridad. La basura en lugares de paso, los derrames y la eliminación incorrecta de residuos puede hacer que el simple hecho de caminar en una construcción sea peligroso. Para trabajar de manera segura, usted debe ser capaz de escuchar, ver, respirar y mantener el equilibrio. Corrija las condiciones de trabajo poco seguras antes de empezar a trabajar.

5.0.0 ◆ COSTO DE LOS ACCIDENTES

Los accidentes son muy caros. Cuando ocurren, todos los involucrados pierden; esto incluye a la empresa y a sus empleados. Puede ser que no crea que todos los accidentes le costarán caro. Piénselo de esta manera. Si hay un accidente en el lugar de trabajo, la empresa tendrá que pagar cuotas del seguro más caras, el costo de la atención médica y/o las reparaciones, el tiempo fuera de servicio y el costo de las investigaciones o las multas. Si la empresa paga por todo esto, habrá menos dinero para aumentos y bonos por rendimiento para los trabajadores o para contratar trabajadores suplentes. Esto significa que usted trabajará más sin un aumento de salario. Usted es parte de la empresa (*Figura 2*) y se verá afectado por los accidentes que ocurran en el lugar de trabajo, incluso aunque no haya estado involucrado directamente en ellos.

Los costos de los accidentes pueden clasificarse en directos (asegurados) e indirectos (no asegurados). Los costos asociados a los accidentes se pueden comparar con un iceberg, como se ve en la *Figura 3*. La punta del iceberg representa los costos directos, como las facturas por atención médica y las primas del seguro. Por el otro lado, los costos indirectos, que son mucho mayores, están sumergidos o no se ven. Estos incluyen el daño a la propiedad y a los equipos, las demoras en la producción y el tiempo perdido. Los costos indirectos de los accidentes generalmente son de dos a siete veces mayores que los costos directos. La *Tabla 1* muestra los costos de los accidentes que no cubre el seguro.

6.0.0 ◆ ERGONOMÍA EN LA CONSTRUCCIÓN Y MANEJO DE MATERIALES

Los accidentes que provocan lesiones en la espalda son algunos de los más comunes y costosos en la industria de la construcción y representan el 25% de todas las lesiones relacionadas con la construcción anualmente. Las lesiones en la espalda resultan en un promedio de seis días de tiempo de trabajo perdido, pero a menudo requieren más tiempo.

Una diversidad de actos inseguros y condiciones de inseguridad, relacionados principalmente con el **manejo de materiales** y la ergonomía, puede provocar dichos accidentes. Los costos personales y financieros relacionados con los accidentes de trabajo hacen que sea fundamental que todos los empleados del lugar de trabajo conozcan y pongan en práctica los procedimientos correctos de manejo de materiales. Un buen comienzo es una comprensión completa de la ergonomía adecuada.

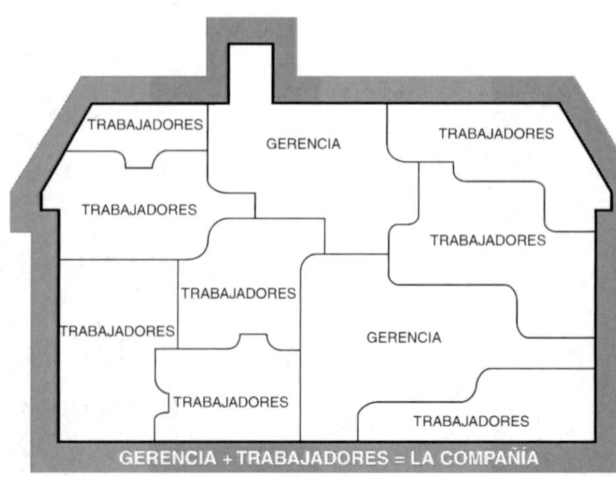

101F02.EPS

Figura 2 ◆ Las empresas son una combinación de la gerencia y los trabajadores.

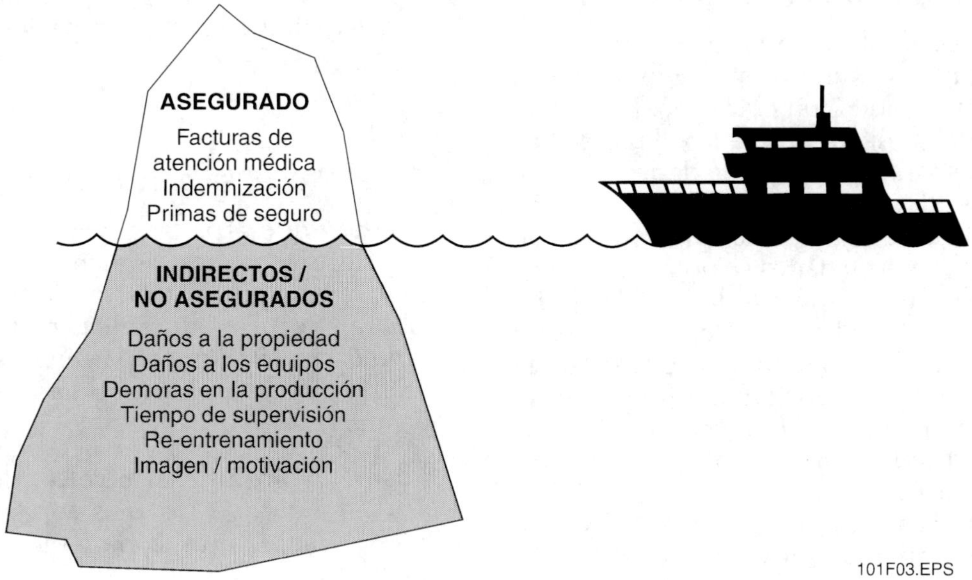

101F03.EPS

Figura 3 ◆ Costos ocultos de los accidentes.

Tabla 1 Costos no cubiertos por el seguro

LESIÓN	PÉRDIDAS DE LOS SALARIOS	COSTOS DE PRODUCCIÓN	ACIDENTES FUERA DEL TRABAJO	INTANGIBLES	COSTOS ASOCIADOS
Gastos en primeros auxilios	Tiempo sin actividad de los trabajadores que ven su trabajo interrumpido	Producto arruinado por el accidente	Costo de servicios médicos	El ánimo de los trabajadores se ve disminuído	Diferencias entre las pérdidas reales y el monto recuperado
Costos de transporte	Tiempo perdido en la limpieza del área del accidente	Gasto de experiencia y habilidades	Tiempo consumido en procurar bienestar al trabajador accidentado	Crecimiento de los conflictos en el trabajo	Alquiler de equipo para reemplazar el equipo dañado
Costo de la investigación	Tiempo perdido en la reparación del equipo dañado	Producción disminuída del empelado suplente	Pérolida de experiencia y habilidades	Relaciones públicas desfavorables	Trabajador suplente para reemplazar al trabajador lesionado
Costo de procesamiento de informes	Tiempo perdido por los trabajadores al recibir primeros auxilios	Tiempo sin actividad de la maquinaria	Entrenamiento de un trabajador suplente		Remuneración u otros beneficios pagados al trabajador incapacitado
			Producción disminuída del empleado suplente		Costos inevitables mientras la producción se encuentra detenida
			Beneficios pagados al trabajador lesionado o sus dependientes		Pérdida de bonos o confiscaciones a causa de la tardanza

101T01.EPS

6.1.0 Ergonomía en la construcción

La ergonomía es el estudio de cómo las personas se ven afectadas físicamente por los movimientos y posturas relacionados con el trabajo. Es un factor fundamental para su salud a largo plazo. Las lesiones en la espalda y las enfermedades por movimientos repetitivos son una gran preocupación para la industria de la construcción. Muchas de estas lesiones y enfermedades se notan años más tarde y pueden limitar su calidad de vida. La elongación previa al trabajo puede reducir las lesiones y mejorar el rendimiento. El trabajo de la construcción puede requerir tanto esfuerzo como los deportes competitivos. Como en el deporte, se debe realizar un precalentamiento antes de comenzar la actividad.

Siga las pautas a continuación cuando realice tareas que impliquen un movimiento repetitivo constante o una exposición a la vibración durante largos periodos:

- Tome un descanso de aproximadamente 15 minutos cada dos horas para activar la circulación.
- Sacuda las manos y los brazos a menudo para estimular el flujo sanguíneo.
- Efectúe rotaciones con sus compañeros tan a menudo como sea posible.
- Use guantes anti-vibración de ser necesario.

6.1.1 Seguridad para la espalda

Las lesiones en la espalda pueden inhabilitarlo para trabajar y pueden ocasionar impedimentos dolorosos y de por vida. Es su responsabilidad asegurarse de hacer todo lo posible para evitar estas y otras lesiones. Para reducir las lesiones en la espalda provocadas por levantar peso, observe estas precauciones:

- Siempre evalúe el objeto que debe levantar antes de hacer el intento de levantarlo.
- Planifique el movimiento de elevación, sepa dónde va a descargarlo y si hay riesgos en el camino.
- Asegúrese de tener apoyo firme.
- Doble las rodillas.
- Tome firmemente el objeto; tómese el tiempo para apoyar la carga y volver a levantarla si no la ha tomado bien.
- Levante el peso con las piernas, mantenga la espalda derecha y la cabeza levantada.
- Mantenga la carga cerca del cuerpo.
- Nunca gire o se tuerza hasta que esté totalmente de pie, luego gire los pies y el cuerpo.
- Pida ayuda cuando deba levantar cargas pesadas o divida la carga en partes manejables.
- Use dispositivos mecánicos de elevación si estuvieran disponibles.

6.1.2 Procedimientos para levantar peso

Una vez que sepa las reglas para levantar pesos sin riesgos, puede comenzar a practicar estos pasos. Ya que un cuarto de todas las lesiones laborales ocurren durante la manipulación de materiales, es vital que sepa cómo levantar correctamente objetos pesados. Siga estos pasos (vea la *Figura 4*):

Paso 1 Acérquese al objeto que va a levantar. Coloque los pies separados hacia adelante/atrás, con un pie al lado del objeto.

Paso 2 Doble las rodillas y baje el cuerpo, manteniendo la espalda derecha y lo más erguida posible.

Paso 3 Coloque las manos debajo del objeto, coloque los brazos alrededor del mismo o tómelo de las manijas. Para poder poner las manos bajo un objeto que está apoyado en el suelo, use ambas manos para levantar una esquina. Deslice una mano debajo de esa esquina. Con una mano debajo, incline el objeto para poder poner la otra mano debajo del lado opuesto.

Paso 4 Acerque el objeto al cuerpo.

Paso 5 Levante el objeto enderezando lentamente las piernas y manteniendo la mayor cantidad de peso posible sobre las piernas.

Paso 6 Levante el objeto de frente a la dirección que debe tomar para evitar torcer las rodillas o la espalda.

Estos pasos le permiten utilizar los músculos más fuertes (los de las piernas) en lugar de los más débiles (los de la espalda) para levantar los objetos. Practique con objetos livianos. Una vez que los haya aprendido, siga con objetos más pesados.

6.2.0 Manejo de materiales

El manejo de materiales incluye mover materiales, como madera, ladrillos y otros suministros, en el lugar de la construcción. Contará con métodos de manejode materiales en el lugar de trabajo tanto mecánicos como manuales. Aunque ambos métodos son actividades cotidianas, el manejo de materiales de cualquiera de las dos maneras puede resultar peligrosa. Es fácil lastimarse por

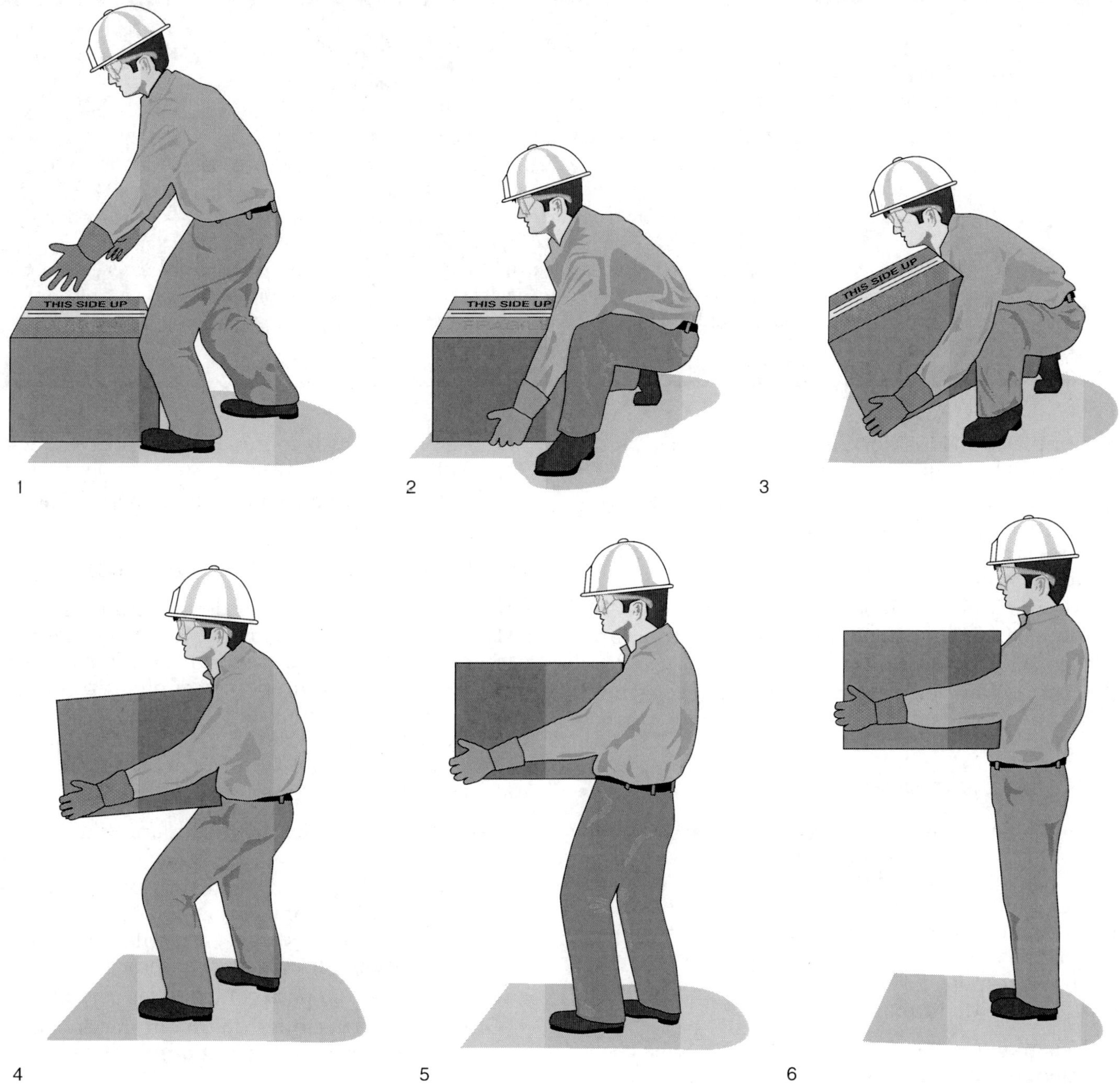

101F04.EPS

Figura 4 ◆ Procedimientos correctos para levantar peso.

un tropiezo o una caída cuando se levantan materiales con las manos. También, se está especialmente en riesgo de lesionarse la espalda al realizar esta tarea. Cuando levante objetos por medios mecánicos, puede dañar a otros con facilidad si no está bien alerta del entorno. En cualquier caso, los actos inseguros o las condiciones de inseguridad pueden provocar daños a los materiales que maneja.

Durante el manejo de cualquier tipo de material, debe asegurarse de que usted y sus compañeros, materiales y equipo estén protegidos de movimientos inesperados como caídas, deslizamientos, vuelcos, rodadas, vuelo del material u otros movimientos no controlados. Siga estos lineamientos generales durante el manejo de todos los materiales:

- Use un arnés de seguridad o una correa de posición como elemento de amarre según sea necesario.
- Proteja el área debajo de usted.
- Coloque inmediatamente sal o arena en sectores de paso o de trabajo con hielo.

¿Es usted un trabajador consciente de la seguridad?

Un trabajador consciente de la seguridad es aquel que tiene la capacidad de reconocer una conducta o condición peligrosa y tiene la voluntad de hacer algo al respecto. Es aquel que ve un derrame y lo limpia, detecta un cable pelado en una herramienta y lo entrega para su reparación, o nota que un compañero está levantando una caja pesada y ofrece su ayuda.

Ahora, piense en un trabajador que no es consciente de la seguridad. ¿Alguna vez ha visto a un trabajador que haya visto un derrame y lo haya esquivado pero no haya hecho nada para limpiarlo? Este trabajador actuó con seguridad pero no es consciente de la seguridad. Este trabajador se cuidó a sí mismo pero no protegió a sus compañeros. ¿Alguna vez ha visto a un trabajador que haya pasado cerca de un derrame sin notarlo? Un trabajador consciente de la seguridad busca los peligros y hace algo para eliminarlos. Los trabajadores conscientes cuidan a sus compañeros. ¿Esta situación lo describe?

- Limpie todos los derrames de aceite o grasas inmediatamente.
- Coloque topes en los materiales y equipos, como tubos, tambores, tanques, rollos, remolques y carros, según sea necesario para evitar que se muevan o rueden.
- Ate o coloque bandas a todos los materiales livianos o de superficies amplias que pudieran moverse con el viento.
- Cuando trabaje en altura, asegure todas las herramientas y equipos para evitar que se caigan.

6.2.1 Manejo manual de materiales

Durante el manejo manual de materiales, es muy fácil lastimarse. Los actos inseguros y las condiciones de inseguridad durante estas actividades son causas especialmente frecuentes de lesiones en la espalda. Por lo tanto, cuando levante objetos con las manos, es de vital importancia que siempre respete los siguientes procedimientos para hacerlo de forma correcta:

- Use guantes cuando pueden haber astillas o se pueden producir cortes, ampollas u otras lesiones.
- Conozca el peso de los objetos a manipular. Obtenga ayuda para mover pesos grandes o incómodos.
- Haga precalientamiento, elongaciones y flexiones.
- Mantenga las cargas cerca del cuerpo.
- Agáchese cerca de la carga, mantenga la espalda derecha y use las piernas para levantar la carga.
- No aleje la carga del cuerpo.
- Si debe girar con una carga, cambie la posición de los pies. No gire la espalda.
- Si lleva la carga con un compañero, avísele a su compañero cuando va a soltar la carga.
- Evite posiciones incómodas o con poco espacio cuando manipule cargas.
- Obtenga ayuda suficiente para manejar la carga.

6.2.2 Manejo mecánico de materiales

Cuando levante materiales de manera mecánica, debe asegurar cuidadosamente los materiales que cargará. También debe asegurarse de saber si hay algún obstáculo, como personas o equipos en el camino de modo de evitar posibles accidentes. Cuando manipule materiales con una máquina, como una carretilla o un montacargas, siempre tome estas precauciones:

- Conozca el peso del objeto a manipular o mover.
- Conozca la capacidad del dispositivo de manipulación (grúa, montacargas, máquinas de cadena para levantar cargas, carretilla, tiradores, etc.) que intenta usar y no la exceda.
- Use cuerdas guía para controlar las cargas.
- Obtenga instrucciones de un empleado calificado antes de comenzar maniobras para levante.
- Asegúrese de que su equipo de manejo está en buenas condiciones y sin daños.

Resumen

Trabajar en una construcción puede resultar peligroso. Usted tiene la responsabilidad de estar al tanto de los riesgos asociados con su trabajo y de saber cómo protegerse. Protegerse significa respetar las normas, precauciones y reglamentaciones establecidas por su empresa y por la OSHA. También es importante que entienda que usted es parte de la empresa y, por lo tanto, se verá afectado por los costos de los accidentes.

Preguntas de repaso

1. Una *persona competente* a los fines de la seguridad es _____.
   a. designada por la empresa
   b. un inspector de la OSHA
   c. un trabajador que ha recibido entrenamiento en seguridad
   d. cualquier capataz o supervisor

2. Las mejores prácticas de seguridad _____.
   a. son estándares mínimos
   b. son desarrolladas por la OSHA
   c. son requeridas por ley
   d. a menudo exceden los estándares mínimos de seguridad

3. La misión de la OSHA es proteger _____.
   a. la economía
   b. a los empleadores
   c. el medio ambiente
   d. a los trabajadores

4. La OSHA debe investigar un accidente _____.
   a. si involucra una lesión
   b. si alguien ha fallecido
   c. para imponer una multa
   d. para emitir citaciones

5. Los dos tipos de manejo de materiales son _____.
   a. pesada y liviana
   b. manual y mecánica
   c. sólo y en equipo
   d. segura e insegura

6. Las citaciones y penalizaciones de la OSHA afectan a _____.
   a. la gerencia de la empresa
   b. todos en el lugar de trabajo
   c. los técnicos en seguridad
   d. los supervisores de sitio

7. La ergonomía es el estudio de cómo las personas se ven afectadas físicamente por _____.
   a. los accidentes e incidentes en el lugar de trabajo.
   b. los cambios de temperatura durante el trabajo
   c. los movimientos y las posturas relacionados con el trabajo
   d. las complicaciones a largo plazo de lesiones en la espalda

8. El uso de medicamentos legales, como analgésicos recetados, no constituye un acto inseguro.
   a. Verdadero
   b. Falso

9. El clima frío puede provocar condiciones de trabajo inseguras.
   a. Verdadero
   b. Falso

10. El costo de los accidentes sólo afecta a la empresa.
    a. Verdadero
    b. Falso

PERFIL DEL ÉXITO

Don McLellan, Black & Veatch

Gerente de higiene y seguridad de campo

A los nuevos en el campo de la seguridad, Don McLellan les dice: "¡Nunca se den por vencidos! Sean escultores. Sigan golpeando hasta que obtengan la obra de arte final."

¿Cuál ha sido el mayor logro relacionado con su carrera?
Mi mayor logro hasta el día de hoy fue ganar el primer premio STAR del Programa de Protección Voluntaria (VPP, Voluntary Protection Program) de la OSHA para la construcción en un proyecto en Carolina del Sur. He participado en otros cuatro proyectos que han obtenido el premio Star VPP. También terminé el proyecto de acondicionamiento de SCR en 2003 con aproximadamente 350,000 horas trabajadas, sin lesiones, sin situaciones registrables por la OSHA y sin accidentes que hicieran perder tiempo.

¿Qué tipo de entrenamiento ha recibido?
Después de lograr mi título de maestría de Ciencia en Administración de Seguridad Industrial en 1990, comencé a trabajar en seguridad en la construcción y me he dedicado a ello desde entonces. Desde que comencé en este área, he completado el siguiente entrenamiento: Construcción de 10 horas de la OSHA, Cumplimiento del Nuevo Estándar de Armado de Estructuras de Acero, Mantenimiento de Registros de la OSHA, Entrenamiento de Supervisión de Protección contra Caídas y Abuso de Sustancias, Entrenamiento de Evaluación y Comentarios sobre Rendimiento, Entrenamiento de Supervisión en la Construcción, Administración de Programas de Salud y Seguridad, Bloqueo y Etiquetado, Lugares Cerrados, Respuesta en Emergencias, Comunicación de Riesgos, Excavación, Administración de Riesgos, Primeros Auxilios/RCP y Prevención de Acoso Sexual. He realizado actualizaciones de varios de estos cursos varias veces desde el comienzo de mi carrera.

¿Qué tipo de trabajos ha realizado en su carrera?
Uno de los momentos de la vida de los que me siento más orgulloso fue ser contratado en mi primer trabajo a los 14 años como empleado en una expendedora de refrescos en la tienda de medicamentos y farmacia del barrio. En la secundaria, trabajé en ventas minoristas y luego en compras minoristas. Serví en las fuerzas armadas y cuando finalicé, obtuve el título de Licenciado en Artes. Fui dueño de una empresa de control de plagas durante más de 14 años y obtuve el título de maestría mientras trabajaba como operador certificado de control de plagas.

Cuéntenos acerca de su trabajo actual.
Actualmente, trabajo como Gerente de Higiene y Seguridad de Campo en una planta de energía alimentada a carbón que se encarga de reacondicionar dos unidades de reducción catalítica selectiva (SCR) y una planta de filtrado. Trabajo con un proyecto de acondicionamiento de SCR con aproximadamente 92,000 horas hombre hoy en día, sin casos de primeros auxilios, sin lesiones registrables ni lesiones que hicieran perder tiempo.

¿Qué factores han contribuido más a su éxito?
La planificación previa es el factor que más contribuye al éxito en el trabajo de la construcción. Estoy muy comprometido con el uso del Análisis de riesgos laborales y la Asignación de tareas de seguridad diariamente en mis proyectos. Estas herramientas brindan una planificación previa detalladas si se las usa correctamente. Además, el compromiso de la mano de obra en los programas de salud y seguridad es muy importante. Si la mano de obra se compromete con el programa de seguridad, se logra un sentido de propiedad del programa y la participación se da naturalmente. La solución de los problemas, temas y preocupaciones de seguridad en un proyecto proviene de un compromiso compartido por parte de la mano de obra y la gerencia. Trabajar juntos para una solución da mejores resultados que dictaminar una resolución. Se debe ser innovador y creativo para desarrollar una actitud positiva frente a la seguridad en cada proyecto.

GLOSARIO

Términos especializados introducidos en este módulo

Administración de Seguridad y Salud Laboral de los EE.UU. (OSHA): División del Departamento de Trabajo de los EE.UU. cuya tarea consiste en garantizar un entorno saludable y seguro en el lugar de trabajo.

Accidente: Evento no planificado precedido por un acto inseguro, una condición de inseguridad o ambas, que interrumpe las actividades y muchas veces resulta en lesiones personales o daño a la propiedad.

Cumplimiento: Plan de seguridad que cumple con los estándares mínimos de seguridad de la OSHA.

Estándar: Práctica o procedimiento que se utiliza y reconoce ampliamente, especialmente debido a su excelencia.

Estándar de la OSHA: Estándar adoptado por la OSHA, que requiere condiciones o la adopción o el uso de una o más prácticas, medios, métodos, operaciones o procesos razonablemente necesarios o adecuados para garantizar un empleo y un lugar de empleo sano o seguro [*29 CFR 1910.2(f)*].

Incidente: Pérdida no deseada de recursos o un evento no deseado que, bajo circunstancias levemente diferentes, podría haber tenido como consecuencia daños personales o a la propiedad.

Manejo de materiales: Acto de mover materiales, como madera, ladrillos y otros suministros, en el lugar de la construcción o sus alrededores, de manera manual o mecánica.

Persona competente: Persona designada por la empresa que puede identificar las condiciones o entornos laborales que sean poco sanos, riesgosos o peligrosos para los empleados y que cuenta con autorización para corregir o eliminar rápidamente estas condiciones.

Plan de mejores prácticas: Plan de seguridad que incluye las mejores prácticas y equipos disponibles para garantizar la seguridad del trabajador.

MÓDULO 75101-03 — RESPUESTAS A LAS PREGUNTAS DE REPASO

Respuesta	Sección
1. a	1.0.0
2. d	3.0.0
3. d	3.1.0
4. b	3.1.1
5. b	6.2.0
6. b	3.1.2
7. c	6.1.0
8. b	4.1.0
9. a	4.2.0
10. b	5.0.0

SERIE EDUCATIVA CONTREN® — COMENTARIOS DEL USUARIO

NCCER hace el esfuerzo de mantener estos libros de texto actualizados y libres de errores técnicos. Apreciamos su ayuda en este proceso. Si tiene una idea para mejorar este libro de texto, o si encuentra algún error, ya sea tipográfico, o de contenido en los libros de texto de *Contren*®, favor de escribirnos usando esta forma o una fotocopia de la misma. Asegúrese de incluir el número exacto del módulo, la página, una descripción detallada, y la corrección, si es aplicable. Su comentario será traído a la atención del comité técnico de revisión. Gracias por su ayuda.

Instructores – si usted encontró que algún material adicional es necesario para enseñar este módulo con eficacia, por favor déjenos saber para poder incluirlos en la lista de Equipo y Materiales en la guía anotada del instructor.

Dirección postal: Departamento de Desarrollo de Productos
National Center for Construction Education and Research
3600 NW 43rd Street, Bldg. G, Gainesville, FL 32606

Fax: 352-334-0932

E-mail: curriculum@nccer.org

Oficio ______ Nombre del Módulo ______

Fecha del Copyright ______ Número del Módulo ______ Número(s) de Página(s) ______

Descripción

______

______

______

Corrección (opcional)

______

______

Su nombre y dirección (opcional)

______

______

Módulo 75102-03

Comunicación de riesgos

MAPA DEL CURSO

Este mapa del curso muestra todos los módulos de Seguridad de campo. El orden sugerido de entrenamiento comienza en la parte inferior y avanza hacia arriba. El Patrocinador local del Programa de Entrenamiento puede modificar el orden del entrenamiento.

SEGURIDAD DE CAMPO

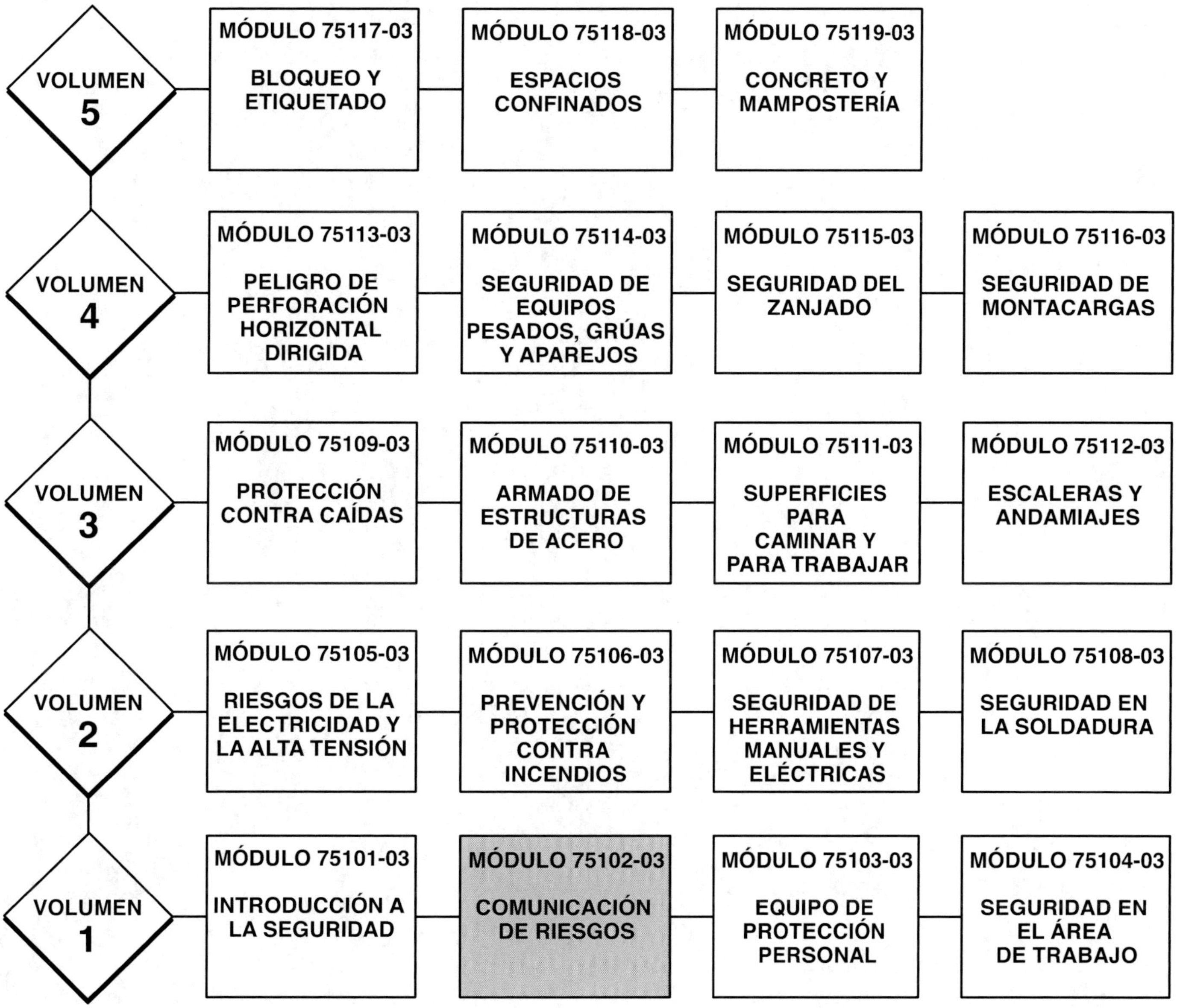

102CMAP.EPS

CONTENIDO DEL MÓDULO 75102-03

Figuras

Tablas

MÓDULO 75102-03

Comunicación de riesgos

Objetivos

Cuando haya terminado este módulo, podrá hacer lo siguiente:

1. Identificar los diferentes tipos de etiquetas de advertencia.
2. Explicar cómo se utiliza una hoja de datos de materiales peligrosos (MSDS, Material Safety Data Sheet).
3. Identificar y aplicar la información de seguridad de una MSDS.
4. Demostrar y explicar los procedimientos correctos de respuesta ante emergencias y seguridad en el sitio.

Prerrequisitos

Antes de comenzar este módulo, se recomienda que haya completado con éxito lo siguiente: Seguridad de campo, Módulo 75101-03.

Material necesario

1. Lápiz y papel
2. Equipo de protección personal adecuado

1.0.0 ◆ INTRODUCCIÓN

El uso incorrecto de materiales peligrosos puede provocar problemas de salud. Éstos pueden incluir problemas menores tales como irritación en los ojos o en la piel o estados graves tal como el cáncer. Estos materiales también presentan riesgos físicos como incendios, corrosión y reactividad. Usted tiene el derecho a saber los riesgos de todas las sustancias químicas a las que estará expuesto en el trabajo. La OSHA indica que los empleadores informen a los trabajadores acerca de los materiales peligrosos en el lugar de trabajo a través del **Estándar de Comunicación de Riesgos (HazCom)**. Es posible que haya escuchado acerca de esto como el programa del derecho a saber del trabajador.

Los empleadores deben instruir a los trabajadores acerca de los materiales peligrosos que podrían usar en el trabajo. Esto se hace a través de un programa y entrenamiento "HazCom" por escrito. Además, todos los materiales deben contar con etiquetas adecuadas y **hojas de datos de materiales peligrosos (MSDS)**. Las etiquetas y las MSDS brindan información acerca de los riesgos para la salud, las precauciones de seguridad y la respuesta ante emergencias. Usted debe entender esta información para protegerse.

La responsabilidad final de su seguridad es suya. Los trabajadores tienen las siguientes responsabilidades en lo que se refiere a "HazCom".

- Aprender a reconocer las etiquetas de los materiales peligrosos.
- Saber dónde se guardan las MSDS en su lugar de trabajo.
- Informar al supervisor los riesgos que detecte en el lugar de trabajo.
- Conocer los riesgos físicos y sobre la salud de los materiales que utiliza.
- Saber cómo protegerse de los riesgos.
- Saber qué hacer frente a una emergencia.
- Comprender el programa "HazCom" de su empleador.

2.0.0 ◆ MATERIALES PELIGROSOS

Existen varios tipos de materiales peligrosos en una construcción. Estos materiales y los riesgos relacionados aparecen en la *Tabla 1*.

¡ADVERTENCIA!

El material radioactivo requiere equipo de protección personal, entrenamiento y manejo especial. Nunca ingrese a un sector donde se utilice material radioactivo a menos que cuente con el entrenamiento necesario y el equipo de protección personal adecuado.

Los materiales peligrosos se presentan de muchas formas. Las sustancias químicas no son sólo líquidas. También pueden ser sólidas, gaseosas, en forma de emanaciones y vapor. Muchos productos de uso común contienen varias sustancias químicas. Por ejemplo, algunas pinturas contienen cadmio y plomo.

Muchas sustancias representan riesgos para la salud, como enfermedades o quemaduras. Otras representan riesgos físicos, entre ellos, incendios o explosiones. Algunas representan tanto riesgos físicos como peligros para la salud. La MSDS lo ayudará a identificar los riesgos y a comprender cómo protegerse.

Tabla 1 Materiales peligrosos típicos

Sustancia*	Peligro
Pegamento y adhesivos	Emanaciones tóxicas, explosión, incendio
Gasolina	Emanaciones tóxicas, explosión, incendio
Pinturas	Emanaciones tóxicas, explosión, incendio
Concreto y mortero	Emanaciones tóxicas, enfermedades pulmonares, dermatitis del cemento, quemaduras químicas
Combustibles y aceites	Emanaciones tóxicas, explosión, incendio
Madera	Partículas volátiles
Gases comprimidos	Emanaciones tóxicas, explosión, incendio
Líquidos corrosivos	Quemaduras, riesgos respiratorios
Material radioactivo	Quemaduras, radiotoxemia

* Cada uno de estos materiales debe contar con una MSDS. No los use a menos que haya leído y comprendido la MSDS. La MSDS lo ayudará a determinar los peligros a los que puede estar expuesto y a entender cómo protegerse.

2.1.0 Peligros radioactivos

Los materiales radioactivos pueden ser un riesgo grave en un lugar de trabajo. Se les utiliza en la construcción durante la prueba radiográfica de soldaduras de tuberías, tanques o bombas. Todo el material radioactivo debe estar correctamente etiquetado y deben colocarse carteles de advertencia en el área de trabajo. Usted debe contar con entrenamiento y equipos especiales. Sólo se permiten trabajadores entrenados en esas áreas. Si ve carteles como los que aparecen en la *Figura 1*, manténgase alejado de esa zona.

Los materiales radioactivos son un tipo especial de peligro físico. Usted no puede ver cómo la radiación afecta al cuerpo. Una exposición excesiva a la radiación puede provocar quemaduras en la piel, náuseas, vómitos, infertilidad y cáncer. Usted puede minimizar la exposición a la radiación limitando el tiempo que está expuesto a ella y/o aumentando su distancia de la fuente de radiación. Utilice el escudo o el equipo personal de protección correcto. Consulte con su supervisor para averiguar si hay algún riesgo de radioactividad y cómo evitarlo.

CASOS HISTÓRICOS

Siempre respete las normas

A un trabajador se le asignó la tarea de llenar algunos tambores con una sustancia química líquida corrosiva. La política de la empresa le indicaba que debía utilizar el equipo completo de protección personal para sustancias químicas, incluso un casco con un visor, guantes y botas de caucho. Veinte minutos antes de la hora de salida, el trabajador decidió quitarse el equipo de seguridad. Mientras estaba llenando los tambores, se rompió la manguera y sufrió quemaduras químicas graves en las manos y los brazos y tuvo que ser llevado de urgencia al hospital. Sobrevivió al accidente pero sufrió mucho y perdió mucho trabajo en el proceso.

Moraleja: Conozca los peligros de las sustancias químicas que utiliza. Siempre utilice el equipo de protección personal cuando trabaje con cualquier tipo de sustancia química.

Fuente: Administración de Seguridad y Salud Laboral de los EE.UU. (OSHA)

Figura 1 ◆ Carteles de advertencia de radioactividad.

2.2.0 Riesgos físicos causados por sustancias químicas

Las sustancias químicas pueden representar riesgos físicos, entre ellos reacciones ácidas o quemaduras. Los ácidos pueden producir vapores tóxicos y reaccionar de manera violenta cuando se los mezcla con otras sustancias químicas. Otras sustancias son inflamables, combustibles o explosivas (*Figura 2*). Por ejemplo, los solventes y los gases comprimidos a veces son inflamables. Estos materiales pueden encenderse en estado líquido o gaseoso. Algunos, como los detonadores, son sólidos peligrosos. Estos artículos deben mantenerse alejados de la llama directa, chispas, calor intenso u otras fuentes de ignición para evitar incendios o explosiones. Usted debe saber los riesgos físicos de las sustancias químicas que utiliza para poder prevenir incendios y reacciones químicas.

El gas comprimido se encuentra a muy alta presión en el tanque. Los gases comprimidos deben manejarse con cuidado de modo que no se dañe el tanque. Un tanque dañado puede emanar vapores peligrosos. Si el tanque está muy dañado, puede explotar.

2.3.0 Riesgos para la salud causados por sustancias químicas

Muchas sustancias químicas son peligrosas para la salud. Por ejemplo, los adhesivos y la pintura pueden ser venenosos. Incluso una exposición leve puede provocar irritación en la piel, problemas respiratorios o reacciones alérgicas. Los productos peligrosos llevan una marca que dice TÓXICO o VENENO (*Figura 3*). Un símbolo con una calavera con huesos cruzados se utiliza con frecuencia para identificar a los venenos. La exposición a los venenos puede provocar la muerte.

2.3.1 Exposición química

Las sustancias químicas pueden provocar daño cuando ingresan al cuerpo. Esto se conoce como exposición química. Usted puede estar expuesto a sustancias químicas tóxicas a través de la piel, la boca, los ojos y los pulmones. Estas se conocen como rutas de exposición. Las sustancias químicas se pueden absorber por contacto directo con la piel. Las heridas abiertas incrementan la exposición. Fumar o comer sin lavarse las manos luego de manejar químicos puede hacer que ingiera toxinas. Es posible que las sustancias entren en los

Figura 2 ◆ Etiquetas comunes para materiales inflamables, combustibles y explosivos.

Figura 3 ◆ Etiquetas comunes para materiales tóxicos.

> **¿SABÍA USTED?**
> ### *Peligros del cemento*
> El polvo de cemento seco puede entrar en heridas abiertas y provocar septicemia. Si el polvo de cemento entra en contacto con los líquidos corporales, puede provocar quemaduras químicas en las membranas de los ojos, la nariz, la boca, la garganta o los pulmones. También puede provocar una enfermedad pulmonar mortal llamada silicosis. El cemento o el concreto fresco puede provocar quemaduras químicas en los ojos y en la piel. El contacto repetido con cemento o concreto fresco puede provocar una reacción alérgica en la piel conocida como dermatitis del cemento. Siempre use el equipo de protección personal para evitar que el polvo del cemento ingrese en los ojos, la nariz, la boca, la garganta o los pulmones.

ojos al restregarlos. Las salpicaduras, el rociado o los vapores también permiten que los químicos entren en los ojos. La inhalación de vapor, rocío o polvo químico permite que los químicos ingresen a los pulmones. El equipo de protección personal que se utiliza debe reducir o eliminar las fuentes de exposición química. Por ejemplo, se deben utilizar respiradores para proteger los pulmones de químicos en suspensión (*Figura 4*).

> **¿SABÍA USTED?**
> ### *Madera tratada con presión*
> ¿Sabía que la madera tratada con presión es peligrosa? Las sustancias químicas que se utilizan para tratarla, entre ellas el arsénico, pueden provocar enfermedades y la muerte. Remítase a la MSDS correspondiente y respete las precauciones cuando trabaje con madera tratada con presión.
> - Cuando corte esta madera, siempre utilice protección ocular y una máscara antipolvo.
> - Lave la piel que quede expuesta al cortar o manipular la madera.
> - Lave la ropa que esté expuesta al aserrín separada de otra ropa.
> - No queme madera tratada con presión porque la ceniza que genera es peligrosa.
> - Si tiene que desechar madera tratada, entiérrela o tírela en la basura.
> - Asegúrese de leer y seguir las instrucciones de seguridad del fabricante.

Los efectos sobre la salud dependen del individuo, la toxicidad y la dosis. Cada persona reacciona de manera diferente a las sustancias químicas. Algunas personas son más sensibles que otras. Su sensibilidad a las sustancias químicas puede variar en el tiempo. La toxicidad es una medida de cuán venenosa es una sustancia. Algunos químicos son muy venenosos y otros son sólo moderadamente irritantes. La dosis es la cantidad de sustancia que ingresa en el cuerpo en un cierto período de tiempo. Es similar a una dosis de medicamento. A menudo, se dice que la dosis hace al veneno. Una gran dosis de una toxina leve puede ser mortal. Usted debe comprender los peligros y saber cómo protegerse.

2.3.2 Efectos de la exposición química

Si usted toma un frasco entero de aspirinas, se sentirá muy mal. Sin embargo, tomar una o dos aspirinas para el dolor de cabeza harán que se sienta mejor. Diferentes exposiciones dan diferentes resultados. Los funcionarios de salud calculan los límites de seguridad para varias rutas de exposición (ojos, piel y boca) en diferentes lapsos de tiempo (15 minutos, 1 hora y 8 horas). Generalmente, podemos pensar en los dos extremos: agudo y crónico. Un contacto intenso y de corto plazo con una sustancia química se llama **exposición aguda**. Algunas exposiciones químicas pueden afectarlo inmediatamente. Esto se llama **efecto agudo**. Mareos, dolores de cabeza y urticaria en la piel son efectos agudos comunes. Por ejemplo, la inhalación de vapores de acetona (exposición) provocará mareos inmediatos (efecto).

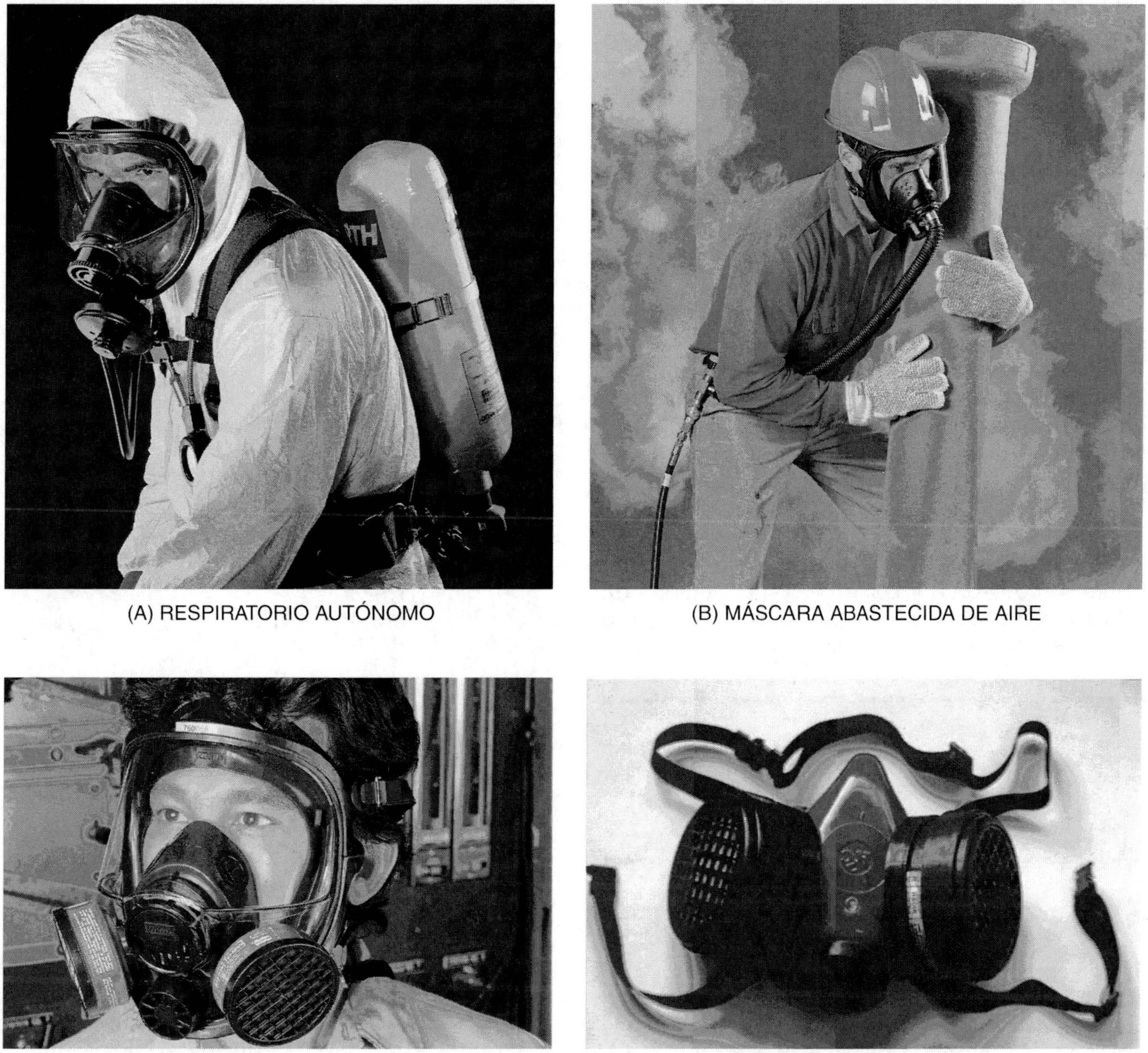

(A) RESPIRATORIO AUTÓNOMO

(B) MÁSCARA ABASTECIDA DE AIRE

(C) RESPIRADOR DE MÁSCARA COMPLETA

(D) RESPIRADOR DE MEDIA MÁSCARA

102F04.EPS

Figura 4 ◆ Diferentes tipos de equipos respiradores.

CARRIL INTERNO

Las diez sustancias más peligrosas

Esta es una lista de las 10 sustancias más peligrosas utilizadas en los lugares de trabajo. Estas sustancias son ingredientes de muchos productos. El solvente que utiliza puede contener una de estas sustancias. Revise siempre las etiquetas. Revise la MSDS de cada producto antes de usarlo.

1. Arsénico
2. Plomo
3. Mercurio
4. Cloruro de vinilo
5. Bifenilos policlorados (PCB)
6. Benceno
7. Cadmio
8. Benzopireno
9. Hidrocarburos aromáticos policíclicos
10. Benzofluoranteno

Fuente: Agencia de Registro de Enfermedades y Sustancias Tóxicas (ATSDR, Agency for Toxic Substances and Disease Registry)

Algunos efectos provocados por las sustancias químicas no aparecen hasta después de varios meses o años. Un nivel de exposición bajo durante un período de tiempo largo también puede provocar problemas de salud. Esto se conoce como **exposición crónica**. A menudo las personas no se dan cuenta de que están afectadas. Respirar polvo de asbestos durante muchos años provocará asbestosis. Este es un **efecto crónico**.

El equipo de protección personal puede evitar tanto la exposición crónica como la aguda. Esto puede variar desde gafas de seguridad y guantes hasta trajes completos (*Figura 5*).

Es importante saber con qué tipo de sustancias químicas trabaja y cómo protegerse. También debe saber qué hacer cuando esté expuesto o se derramen químicos. La MSDS y otras guías de seguridad como la *Guía de Bolsillo sobre Riesgos Químicos de NIOSH* pueden ayudarlo (vea el *Apéndice* al final de este módulo). Siempre respete las pautas de seguridad establecidas, utilice el equipo de protección personal y consulte con la persona de seguridad del sitio si no está seguro sobre cómo protegerse de los riesgos químicos.

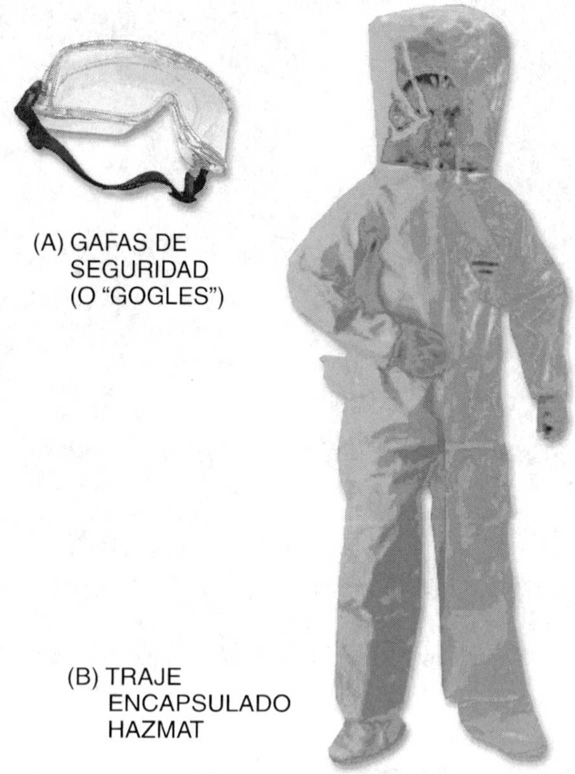

Figura 5 ◆ Equipo de protección personal.

> **NOTA**
> Para mayor información acerca del equipo de protección personal, remítase al módulo, *Equipo de Protección Personal.*

3.0.0 ◆ ETIQUETADO

En una construcción, todos los materiales que se encuentren en contenedores deben llevar una etiqueta. Las etiquetas describen lo que hay en un contenedor. También advierten de riesgos químicos.

El estándar "HazCom" indica que los contenedores de materiales peligrosos deben estar etiquetados o marcados. La etiqueta debe incluir el nombre del material, las advertencias correspondientes al riesgo y el nombre y el domicilio del fabricante. La OSHA no exige etiquetas específicas. La información de la etiqueta puede ser cualquier tipo de mensaje con palabras, dibujos o símbolos. Sin embargo, las etiquetas deben describir los riesgos presentes. Las etiquetas deben ser legibles y fáciles de ver.

Dos sistemas comunes de etiquetado son el de la Asociación Nacional de Protección contra Incendios (NFPA, National Fire Protection Association) y el del Departamento de Transporte de EE.UU. (DOT, Department of Transportation). La NFPA desarrolló el *NFPA 704* Puede haber escuchado que lo llaman el diamante de advertencia de peligros de NFPA (*Figura 6*). El diamante de cuatro colores puede ser una etiqueta de un contenedor. También se utiliza en puertas para indicar el riesgo en una habitación o edificio. Cada sección y color representa un riesgo: salud, inflamabilidad, inestabilidad y peligros específicos. Los números de cero a cuatro indican riesgos crecientes. El DOT también requiere el uso de etiquetas para el transporte de materiales peligrosos (*Figura 7*). Cualquiera de estas etiquetas puede formar parte del programa de etiquetado "HazCom" de su empresa. Puede ver estas etiquetas en su lugar de trabajo.

Los materiales peligrosos en el lugar deben estar correctamente etiquetados. Si el material se traslada de un contenedor etiquetado a otro, se debe etiquetar el nuevo contenedor. La nueva etiqueta debe contar con toda la información de la etiqueta original. Asegúrese de que los materiales con los que trabaja estén etiquetados. Y esté seguro de comprender las etiquetas de su empresa.

> **¡ADVERTENCIA!**
> Nunca use sustancias químicas de envases sin etiquetar.

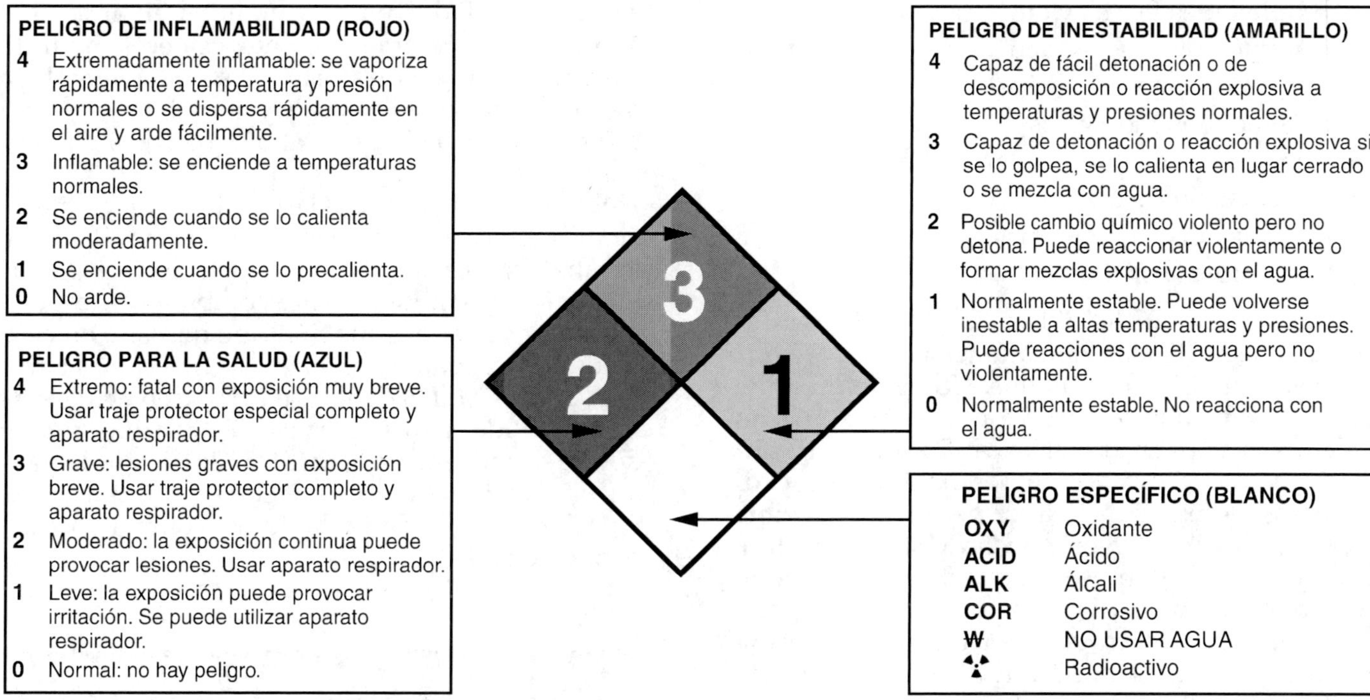

Figura 6 ◆ Diamante de advertencia de riesgos de NFPA.

Figura 7 ◆ Etiquetas de materiales peligrosos del DOT.

4.0.0 ◆ HOJAS DE DATOS DE MATERIALES PELIGROSOS (MSDS)

Las hojas de datos de materiales peligrosos (MSDS, Material Safety Data Sheet) son hojas de datos preparadas por el fabricante de la sustancia química o el importador. Todos los productos utilizados en una construcción deben contar con una MSDS. Una MSDS describe la sustancia, los riesgos, el manejo seguro, los primeros auxilios y los procedimientos de emergencia en caso de derrames. La OSHA no tiene un formulario obligatorio, pero requiere la inclusión de información específica. La Asociación de Fabricantes de Sustancias Químicas de los EE.UU. ha desarrollado un formulario estándar que cumple los estándares nacionales e internacionales. La mayoría de los fabricantes usa este formato. Las secciones del formulario incluyen:

- Información del producto químico y de la empresa
- Composición/información sobre los ingredientes
- Identificación del peligro
- Medidas de primeros auxilios
- Información para combatir incendios
- Medidas a tomar en casos de liberación accidental
- Manejo y almacenamiento
- Control de exposición/protección personal

- Propiedades físicas y químicas
- Estabilidad y reactividad
- Propiedades toxicológicas
- Propiedades ecológicas
- Consideraciones sobre eliminación
- Información de transporte
- Información reglamentaria
- Otra información

Puede resultar difícil leer una MSDS. La información científica es bastante técnica. La *Figura 8* presenta un ejemplo de una MSDS de un adhesivo común en la construcción. Las cosas más importantes a observar en una MSDS son los riesgos específicos, la protección personal, los procedimientos de manejo y la información sobre primeros auxilios. La mayoría de las MSDS indican un número de teléfono de respuesta ante emergencias que atiende las 24 horas.

En la *Figura 8*, trate de encontrar la información que necesitaría para usar el adhesivo descrito el ejemplo de la MSDS de muestra. Primero, localice los peligros. La sección 3 de la MSDS de la *Figura 8* indica que el adhesivo es extremadamente inflamable. También es dañino o fatal si lo ingiere. La exposición repetida durante varios años puede provocar daño cerebral.

Luego, busque cómo reducir estos peligros. La sección 8 dice que es necesaria la ventilación mecánica para reducir los vapores peligrosos. Puede ser un ventilador en una ventana abierta. Si la ventilación no fuera suficiente, es necesario utilizar protección respiratoria. La sección 8 también dice cómo proteger los ojos y la piel. La sección 7 brinda información general del manejo y almacenamiento.

La sección 4 enumera las medidas de primeros auxilios en caso de contacto con los ojos, la piel o la inhalación. La sección 5 explica los riesgos de incendio y las medidas para combatir el incendio. Ahora tiene la información que necesita en caso de una emergencia.

Todas las MSDS deben guardarse en el lugar de trabajo. Pida a su supervisor que le indique en dónde se encuentran las MSDS. Pídale que le indique las secciones que se relacionan con su trabajo. Su salud y seguridad y la de sus compañeros dependen de ello.

¡ADVERTENCIA!

Las MSDS deben guardarse en el área de trabajo y ser fácilmente accesibles para todos los trabajadores. Las hojas de datos de materiales peligrosos deben estar escritas en inglés. El oficial de seguridad de la empresa o la persona competente debe revisar la MSDS antes de utilizar el material peligroso.

CARRIL INTERNO

Asbestos

El asbesto es una sustancia fibrosa y peligrosa que provoca enfermedades pulmonares, incluso cáncer. Antes, se lE usaba regularmente en la construcción. El aislamiento de tuberías, las tejas, los paneles, el recubrimiento de pisos y el aislamiento soplado son algunos de los productos que contienen asbesto.

El gobierno federal de los EE.UU. detuvo la producción de la mayoría de los productos con asbesto a comienzos de los 1970. Sin embargo, la instalación de estos productos continuó hasta fines de la década del 70 y principios de los 80. Hoy día, las fibras de asbesto puede liberarse durante la renovación de edificios viejos. La inhalación del polvo de asbesto puede producir efectos crónicos. El fumar aumenta el riesgo de enfermedades graves producidas por el asbesto. Nunca trabaje cerca del asbesto, a menos que tenga el entrenamiento adecuado.

Fuente: Agencia de Registro de Enfermedades y Sustancias Tóxicas (ATSDR, Agency for Toxic Substances and Disease Registry)

MATERIAL SAFETY DATA SHEET

SECTION 1 - CHEMICAL PRODUCT AND COMPANY IDENTIFICATION

PRODUCT NAME : 2000 CONSTRUCTION ADHESIVE
UPC NUMBER : 7079825010, 70709825013, 7079825014, 7079825016, 7079825107
PRODUCT USE/CLASS : Construction Adhesive

MANUFACTURER:
DAP INC.
2400 BOSTON ST.
BALTIMORE, MD 21224

24 HOUR EMERGENCY:
TRANSPORTATION: 1-800-535-5053 (352-323-3500)
MEDICAL : 1-800-327-3874 (513-558-5111)

PREPARE DATE : 02/03/1999
REVISION NO. : 6
REVISION DATE: 02/14/2000

GENERAL INFORMATION:
DAP INC.: 1-800-DAP-TIPS (1-888-327-8477)

SECTION 2 - COMPOSITION/INFORMATION ON INGREDIENTS

ITEM	CHEMICAL NAME	CAS NUMBER	WT/WT % RANGE
01	N-Hexane	110-54-3	5.0-10.0 %
02	Aliphatic Petroleum Distillate	64742-89-8	15.0-20.0 %
03	2-Methyl Pentane	107-83-5	5.0-10.0 %
04	3-Methyl Pentane	96-14-0	5.0-10.0 %

EXPOSURE LIMITS

	ACGIH		OSHA		COMPANY	
ITEM	TLV-TWA	TLV-STEL	PEL-TWA	PEL-CEILING	TLV-TWA	SKIN
01	50 ppm	N.E.	50 ppm	N.E.	N.E.	NO
02	400 ppm	N.E.	400 ppm	N.E.	N.E.	NO
03	N.E.	N.E.	N.E.	N.E.	N.E.	NO
04	N.E.	N.E.	N.E.	N.E.	N.E.	NO

(See Section 16 for abbreviation legend)

Remaining ingredients are not considered hazardous per the OSHA Hazard Communication Standard.

Listed Permissible Exposure Levels (PEL) are from the U.S. Dept. of Labor OSHA Final Rule Limits (CFR 29 1910.1000); limits may vary between states.

SECTION 3 - HAZARDS IDENTIFICATION

EMERGENCY OVERVIEW: DANGER! Extremely flammable liquid and vapor. Vapor harmful. Harmful or fatal if swallowed. Vapors may cause flash fire or explosion. Aspiration hazard if swallowed - can enter lungs and cause damage. Harmful if inhaled.

POTENTIAL HEALTH EFFECTS:

EFFECTS OF OVEREXPOSURE - EYE CONTACT: May cause eye irritation.

EFFECTS OF OVEREXPOSURE - SKIN CONTACT: May irritate skin. Prolonged or repeated contact can result in defatting and drying of the skin which may result in skin irritation and dermatitis (rash).

EFFECTS OF OVEREXPOSURE - INHALATION: Vapor harmful if inhaled. Vapor may irritate nose and upper respiratory tract. Vapor inhalation may affect the brain or nervous system causing dizziness, headache or nausea.

102F08A.EPS

Figura 8 ◆ MSDS de adhesivo para la construcción DAP 2000 (1 de 5).

EFFECTS OF OVEREXPOSURE - INGESTION: This material may be harmful or fatal if swallowed. Aspiration of material into the lungs due to vomiting can cause chemical pneumonitis which can be fatal. If ingested, this product may cause vomiting, diarrhea, and depressed respiration.

EFFECTS OF OVEREXPOSURE - CHRONIC HAZARDS: Reports have associated permanent brain and nervous system damage with prolonged and repeated occupational overexposure to solvents. Hexane exposure may cause damage to the arms and legs which may be permanent. Symptoms include: loss of memory, loss of intellectual ability, and loss of coordination.

MEDICAL CONDITIONS WHICH MAY BE AGGRAVATED BY CONTACT: None known.

PRIMARY ROUTE(S) OF ENTRY: SKIN CONTACT INHALATION

SECTION 4 - FIRST AID MEASURES

EYE CONTACT: Flush with large quantities of water until irritation subsides. Contact a physician.

SKIN CONTACT: Wash with soap and water.

INHALATION: Remove to fresh air. If not breathing, give artificial respiration. If breathing is difficult, give oxygen. Contact a physician immediately.

Note: Only trained personnel should give artificial respiration or administer oxygen.

INGESTION: DO NOT INDUCE VOMITING. If irritation or complications arise, contact a physician or Regional Poison Control Center immediately.

COMMENTS: None.

SECTION 5 - FIRE FIGHTING MEASURES

FLASH POINT: -30 F
(SETAFLASH CLOSED CUP)

LOWER EXPLOSIVE LIMIT: N.A.
UPPER EXPLOSIVE LIMIT: N.A.

AUTOIGNITION TEMPERATURE: N.E.

EXTINGUISHING MEDIA: CO2 DRY CHEMICAL FOAM

UNUSUAL FIRE AND EXPLOSION HAZARDS: Extremely flammable. Material will readily ignite at room temperature. Vapors may form an explosive mixture with air. Vapors can travel long distances to a source of ignition and flashback. Containers may explode if exposed to extreme heat. Eliminate sources of ignition: heat, electrical equipment, sparks, and flames. Do not put in contact with oxidizing or caustic materials.

SPECIAL FIREFIGHTING PROCEDURES: Full protective equipment, including self-contained breathing apparatus, is recommended to protect from combustion products. Cool exposed containers with water.

SECTION 6 - ACCIDENTAL RELEASE MEASURES

SPILL OR LEAK PROCEDURES: Dike spill area. Immediately eliminate sources of ignition. Use absorbent material or scrape up dried material and place into containers.

102F08B.EPS

Figura 8 ◆ MSDS de adhesivo para la construcción DAP 2000 (2 de 5).

SECTION 7 - HANDLING AND STORAGE

HANDLING INFORMATION: KEEP OUT OF REACH OF CHILDREN. Avoid skin and eye contact. Avoid breathing vapors. Use only in a well ventilated area.

STORAGE INFORMATION: Store away from caustics and oxidizers. Keep away from heat, spark, and flame. Keep containers tightly closed when not in use. Keep containers from excessive heat and freezing. Do not store at temperatures above 120 degrees F.

OTHER PRECAUTIONS: Intentional misuse by deliberately concentrating and inhaling vapors may be harmful or fatal. Do not take internally. Construction and repair activities can adversely affect indoor air quality. Consult with the occupants or a representative (i.e. maintenance, building manager, industrial hygienist, or safety officer) to determine ways to minimize any impact.

SECTION 8 - EXPOSURE CONTROLS/PERSONAL PROTECTION

ENGINEERING CONTROLS: Provide sufficient mechanical ventilation (local or general exhaust) to maintain exposure below PEL and TLV. Vapors are heavier than air and will collect in low areas. Check all low areas (basements, sumps, etc.) for vapors before entering.

RESPIRATORY PROTECTION: If 8 hour exposure limit or value is exceeded for any component, use an approved NIOSH/OSHA respirator. Consult your safety equipment supplier and the OSHA regulation, 29 CFR 1910.134 for respirator requirements. A respiratory protection program that meets OSHA 1910.134 and ANSI Z88.2 requirements must be followed whenever workplace conditions warrant a respirator's use.

EYE PROTECTION: Goggles or safety glasses with side shields.

SKIN PROTECTION: Solvent impervious gloves.

OTHER PROTECTIVE EQUIPMENT: Provide eyewash and solvent impervious apron if body contact may occur.

HYGIENIC PRACTICES: Remove contaminated clothing and wash before reuse.

SECTION 9 - PHYSICAL AND CHEMICAL PROPERTIES

BOILING RANGE	: 150 - 160 F	VAPOR DENSITY	: Is heavier than air
ODOR	: Gasoline-like		
APPEARANCE	: Gray color paste	EVAPORATION RATE:	Is faster than Butyl Acetate
SOLUBILITY IN H2O	: Negligible		
SPECIFIC GRAVITY	: 1.3058		
VAPOR PRESSURE	: 125 mm Hg @ 68F		
PHYSICAL STATE	: Paste		

(See Section 16 for abbreviation legend)

SECTION 10 - STABILITY AND REACTIVITY

CONDITIONS TO AVOID: Excessive heat and freezing.

INCOMPATIBILITY: Strong oxidizers and caustics.

HAZARDOUS DECOMPOSITION PRODUCTS: Normal decomposition products, i.e. COx, NOx

HAZARDOUS POLYMERIZATION: Will not occur under normal conditions.

STABILITY: This product is stable under normal storage conditions.

102F08C.EPS

Figura 8 ◆ MSDS de adhesivo para la construcción DAP 2000 (3 de 5).

SECTION 11 - TOXICOLOGICAL PROPERTIES

No product or component toxicological information is available.

SECTION 12 - ECOLOGICAL INFORMATION

No Information.

SECTION 13 - DISPOSAL CONSIDERATIONS

WASTE MANAGEMENT/DISPOSAL: Dispose of according to Federal, State, and Local Standards. Discarded material should be incinerated at a permitted facility. Liquids cannot be disposed of in a landfill. Do not reuse empty container. State and Local regulations/restrictions are complex and may differ from Federal regulations. Responsibility for proper waste disposal is with the owner of the waste.

EPA WASTE CODE - If discarded (40 CFR 261): None, yields no liquid component when evaluated by EPA method 1311 (TCLP)

SECTION 14 - TRANSPORTATION INFORMATION

DOT PROPER SHIPPING NAME: Adhesive(Consumer Commodity*)

DOT HAZARD CLASS: 3(ORM-D*)

DOT UN/NA NUMBER: UN 1133(NONE*) PACKING GROUP: III(NONE*)

* For containers of 1 gallon or less.
Note: The shipping information provided is applicable for domestic ground transport only. Different categorization may apply if shipped via other modes of transportation and/or to non-domestic destinations.

SECTION 15 - REGULATORY INFORMATION

U.S. FEDERAL REGULATIONS: AS FOLLOWS -

OSHA: Hazardous by definition of Hazard Communication Standard (29 CFR 1910.1200)

SARA SECTION 313:
This product contains the following substances subject to the reporting requirements of Section 313 of Title III of the Superfund Amendments and Reauthorization Act of 1986 and 40 CFR Part 372:

----------- CHEMICAL NAME -----------	CAS NUMBER	WT/WT % RANGE
N-Hexane	110-54-3	5.0-10.0%

TOXIC SUBSTANCES CONTROL ACT:
This product contains the following chemical substances subject to the reporting requirements of TSCA 12(B) if exported from the United States:

----------- CHEMICAL NAME -----------	CAS NUMBER
No information is available.	

All ingredients are listed on the TSCA inventory

NEW JERSEY RIGHT-TO-KNOW:
The following materials are non-hazardous, but are among the top five components in this product:

102F08D.EPS

Figura 8 ◆ MSDS de adhesivo para la construcción DAP 2000 (4 de 5).

CHEMICAL NAME	CAS NUMBER
Hydrocarbon resin	TSRN-1223370035031P
Magnesium Carbonate	546-93-0
SB Rubber	TSRN-618608-5085P
Calcium Carbonate	1317-65-3

PENNSYLVANIA RIGHT-TO-KNOW:
The following non-hazardous ingredients are present in the product at greater than 3%:

CHEMICAL NAME	CAS NUMBER
Hydrocarbon resin	proprietary
Magnesium Carbonate	546-93-0
SB Rubber	proprietary
Calcium Carbonate	1317-65-3

CALIFORNIA PROPOSITION 65:
WARNING: The chemical(s) noted below and contained in this product, are known to the state of California to cause cancer, birth defects or other reproductive harm:

----------- CHEMICAL NAME ----------- CAS NUMBER
No Proposition 65 chemicals are present in this product.

INTERNATIONAL REGULATIONS: AS FOLLOWS -

CANADIAN WHMIS: This MSDS has been prepared in compliance with Controlled Product Regulations except for use of the 16 headings.

CANADIAN WHMIS CLASS: No information available.

SECTION 16 - OTHER INFORMATION

HMIS RATINGS - HEALTH: 2 FLAMMABILITY: 3 REACTIVITY: 1

PREVIOUS MSDS REVISION DATE: 07/17/1999
REASON FOR REVISION:
SECTION 1: New Emergency Contact Phone Numbers

VOC less water, less exempt solvent: 330-340 gm/l(25-26%)
VOC material: 330-340 gm/l

LEGEND:
- ACGIH - AMERICAN CONFERENCE OF GOVERNMENTAL INDUSTRIAL HYGIENISTS
- N.A. - NOT APPLICABLE
- N.E. - NOT ESTABLISHED
- PEL - PERMISSIBLE EXPOSURE LIMIT
- NTP - NATIONAL TOXICOLOGY PROGRAM
- SARA - SUPERFUND AMENDMENTS AND REAUTHORIZATION ACT OF 1986
- STEL - SHORT TERM EXPOSURE LIMIT
- TLV - THRESHOLD LIMIT VALUE(8 HR. TIME WEIGHTED AVERAGE OR TWA)
- VOC - VOLATILE ORGANIC COMPOUND
- NJRTK - NEW JERSEY RIGHT TO KNOW LAW
- N.D. - NOT DETERMINED

MSDS# 10302

This data is offered in good faith as typical values and not as a product specification. No warranty either expressed or implied, is hereby made. The recommended industrial hygiene and safe handling procedures are believed to be generally applicable. However, each user should review the recommendations in specific context of the intended use and determine if they are appropriate.

< End OF MSDS >

102F08E.EPS

Figura 8 ◆ MSDS de adhesivo para la construcción DAP 2000 (5 de 5).

5.0.0 ◆ RESPUESTA ANTE EMERGENCIAS

Todos los lugares de trabajo deben contar con un plan para responder en caso de emergencia. La planificación es particularmente importante si el accidente ocurre en un área remota sin teléfono. Asegúrese de saber qué implica el plan de emergencia de su empleador. Averigüe a quién hay que llamar en caso de emergencia y qué debe hacer para protegerse.

5.1.0 Equipos de respuesta ante emergencias

Los equipos de respuesta ante emergencias son la primera línea de defensa en emergencias. Sólo los empleados que son físicamente capaces de realizar la tarea y aquellos que han sido correctamente entrenados pueden ser asignados a un equipo de respuesta ante emergencias. Según las dimensiones de la operación, puede haber uno o varios equipos entrenados en las siguientes áreas:

- Uso de diversos tipos de extintores
- Primeros auxilios, incluso resucitación cardiopulmonar (RCP)
- Procedimientos de extinción
- Procedimientos de evacuación
- Procedimientos de control de derrames químicos
- Uso de aparatos de respiración autónomos (SCBA)
- Procedimientos de búsqueda y rescate en emergencias

El tipo y la dimensión de la emergencia dependerá de las operaciones que se desarrollen en el lugar. La respuesta variará según el tipo de proceso, el material que se manipula, la cantidad de empleados y la disponibilidad de recursos externos.

Los equipos de respuesta en emergencia deben estar entrenados en los tipos de emergencia que pudieran ocurrir y deben saber las acciones de emergencia que se deben llevar a cabo. Deben estar informados acerca de los riesgos especiales, como el uso y almacenamiento de materiales inflamables, químicos tóxicos y fuentes reactivas a las que podrían estar expuestos durante un incendio y otras emergencias.

Es importante determinar cuándo no se debe intervenir. Por ejemplo, los miembros del equipo pueden determinar si el incendio es demasiado grande para que lo controlen ellos o si es seguro realizar un rescate de emergencia. Si los miembros del equipo pudieran lesionarse o quedar incapacitados, deberán esperar a los bomberos profesionales y/o a los grupos de respuesta ante emergencias.

5.2.0 Equipo de protección personal (PPE)

Un equipo de protección personal efectivo es esencial para todas las personas que pueden estar expuestas a sustancias potencialmente peligrosas. En situaciones de emergencia, los empleados pueden quedar expuestos a una amplia variedad de circunstancias peligrosas, entre ellas:

- Salpicadura de sustancias químicas o contacto con materiales tóxicos
- Caída de objetos y partículas en el aire
- Atmósferas desconocidas que pueden contener gases tóxicos o poco oxígeno para mantenerse con vida
- Riesgos eléctricos y de incendios

Es sumamente importante que los empleados estén correctamente protegidos en esas situaciones. El equipo de protección personal que se puede utilizar incluye:

- Gafas de seguridad, gogles o máscaras faciales para proteger la vista
- Cascos y calzado de seguridad para proteger la cabeza y los pies
- Respiradores adecuados para protección respiratoria
- Ropa de protección, guantes, capuchas y botas para proteger todo el cuerpo de las sustancias químicas
- Protección de condiciones ambientales como temperaturas extremas

Resumen

Trabajar con materiales peligrosos es un tema serio. Usted tiene derecho a saber a qué peligros podría estar expuesto. Su empleador tiene la responsabilidad de informarle acerca de estos peligros. La lectura y comprensión de las etiquetas y MSDS es una parte importante de la seguridad general del trabajo. También es importante utilizar la ropa de protección adecuada y conocer el plan de respuesta ante emergencias de la empresa. Muchos accidentes ocurren porque los trabajadores no están correctamente protegidos de los materiales peligrosos y no saben cómo responder cuando quedan expuestos a ellos.

Preguntas de repaso

1. El Estándar de Comunicación de Riesgos (HazCom) de la OSHA requiere que todos los empleadores informen a los empleados sobre las sustancias químicas peligrosos en el lugar de trabajo.
   a. Verdadero
   b. Falso

2. El concreto común puede provocar enfermedades pulmonares.
   a. Verdadero
   b. Falso

Remítase a la *Figura 1* para responder a la pregunta 3.

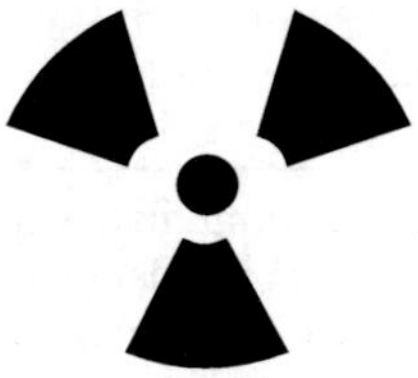

102E01.EPS

Figura 1

3. Este símbolo representa peligro _____.
   a. biológico
   b. combustible
   c. de incendio
   d. de radiación

4. Lavarse las manos puede ayudar a evitar la exposición química.
   a. Verdadero
   b. Falso

5. La inhalación de asbesto durante varios años se conoce como exposición aguda.
   a. Verdadero
   b. Falso

6. Las náuseas producto de la inhalación de vapores de solvente _____.
   a. es motivo para una multa de la OSHA
   b. es un efecto agudo de exposición química
   c. no se menciona en la MSDS
   d. no es causa de preocupación

7. Una etiqueta de NFPA con una calificación de inflamabilidad 3 indica que el producto _____.
   a. no arderá
   b. debe ser precalentado para que arda
   c. se enciende cuando se lo calienta moderadamente
   d. se enciende a temperaturas normales

Remítase a la *Figura 2* para responder a la pregunta 8.

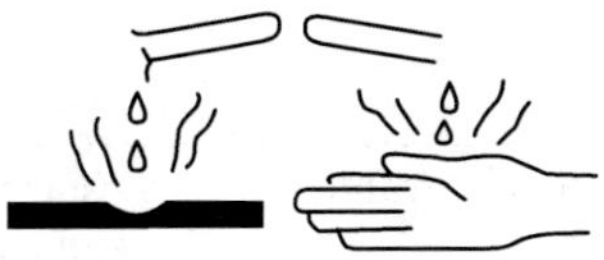

102E02.EPS

Figura 2

8. Este símbolo se encuentra en envases que contienen materiales _____.
   a. venenosos
   b. explosivos
   c. radioactivos
   d. corrosivos

9. La información de la MSDS incluye _____.
   a. el costo y la disponibilidad
   b. las propiedades ecológicas
   c. los códigos locales de incendio
   d. los límites de la garantía

10. La información de la MSDS es para _____.
    a. el oficial de seguridad
    b. cualquier persona que utilice el producto
    c. los fabricantes de sustancias químicas
    d. el inspector de la OSHA

Procedimientos de primeros auxilios
Guía de Bolsillo sobre Riesgos Químicos de NIOSH

Código	Definición
Ojos: Lavar inmediatamente	Si esta sustancia química entra en contacto con los ojos, lave inmediatamente los ojos con abundante agua, levantando cada tanto los párpados. Busque atención médica inmediatamente. No se deben usar lentes de contacto cuando se trabaja con esta sustancia.
Ojos: Lavar lo más pronto posible	Si esta sustancia química entra en contacto con los ojos, lavear los ojos lo más pronto posible con abundante agua, levantando cada tanto los párpados. Busque atención médica si la molestia continúa. No se deben usar lentes de contacto cuando se trabaja con esta sustancia.
Ojos: Congelamiento	Si el tejido ocular está congelado, busque atención médica inmediatamente, si el tejido no está congelado, enjuague bien los ojos inmediatamente con abundante agua durante, al menos, 15 minutos, levantando cada tanto los párpados. Si la irritación, el dolor, la inflamación, el lagrimeo o la fotofobia persisten, busque atención médica tan pronto como sea posible.
Ojos: Atención médica	Se explica por si mismo.
Piel: Secar con absorbente/cepillar	Si se produjera irritación, seque con absorbente o cepille suavemente el exceso.
Piel: Retirar los sólidos, enjuagar con agua	Si esta sustancia química sólida entra en contacto con la piel, limpie inmediatamente y luego lave la piel contaminada con agua. Si esta sustancia o líquidos con esta sustancia penetran en la ropa, quítese la ropa lo más pronto posible y enjuague la piel con abundante agua. Busque atención médica inmediatamente.
Piel: Congelamiento	Si se ha producido el congelamiento, busque atención médica inmediatamente, NO frote las zonas afectadas ni las lave con agua. Para evitar mayores daños en los tejidos, NO trate de quitar la ropa congelada de las zonas que se hayan congelado. Si NO se ha producido el congelamiento, lave profundamente y de manera inmediata la piel contaminada con agua y jabón.
Piel: Retirar con agua el material derretido inmediatamente / lavar con agua y jabón inmediatamente el material sólido o líquido	Si esta sustancia derretida entra en contacto con la piel, lave inmediatamente la piel con abundante agua. Busque atención médica inmediatamente. Si esta sustancia (o líquidos que contengan esta sustancia) entra en contacto con la piel, lave lo más pronto posible la piel contaminada con agua y jabón. Si esta sustancia o líquidos con esta sustancia penetran en la ropa, quítese la ropa lo más pronto posible y lave la piel con agua y jabón. Si la irritación persiste luego del lavado, busque atención médica.
Piel: Enjuagar inmediatamente con jabón	Si esta sustancia entra en contacto con la piel, enjuague inmediatamente la piel contaminada con agua y jabón. Si la sustancia penetra en la ropa, quítese inmediatamente la ropa y enjuague la piel con agua. Si la irritación persiste luego del lavado, busque atención médica.
Piel: Enjuague con jabón lo más pronto posible	Si esta sustancia entra en contacto con la piel, enjuague lo más pronto posible la piel contaminada con agua y jabón. Si la sustancia penetra en la ropa, quítese la ropa lo más pronto posible y enjuague la piel con agua. Si la irritación persiste luego del lavado, busque atención médica.
Piel: Enjabonar lo más pronto posible/enjuagar el material derretido inmediatamente	Si esta sustancia, o un líquido que contenga esta sustancia, entra en contacto con la piel, lave lo más pronto posible la piel contaminada con agua y jabón. Si la irritación persiste luego del lavado, busque atención médica. Si esta sustancia derretida entra en contacto con la piel o con ropa no impermeable, enjuague inmediatamente la zona afectada con abundante agua para bajar la temperatura. Busque atención médica inmediatamente.

102A01.EPS

Piel: Lavar con jabón	Si esta sustancia entra en contacto con la piel, lave la piel contaminada con agua y jabón.
Piel: Lavar con jabón inmediatamente	Si esta sustancia entra en contacto con la piel, lave inmediatamente la piel contaminada con agua y jabón. Si esta sustancia penetra en la ropa, quítese inmediatamente la ropa, lave la piel con agua y jabón y busque atención médica lo más pronto posible.
Piel: Lavar con jabón lo más pronto posible	Si esta sustancia entra en contacto con la piel, lave lo más pronto posible la piel contaminada con agua y jabón. Si la sustancia penetra en la ropa, quítese la ropa lo más pronto posible y lave la piel con agua y jabón. Busque atención médica lo más pronto posible.
Piel: Enjuagar con agua	Si esta sustancia entra en contacto con la piel, enjuague la piel contaminada con agua. Si hubiera evidencia de irritación cutánea, busque atención médica.
Piel: Enjuagar con agua inmediatamente	Si esta sustancia entra en contacto con la piel, enjuague inmediatamente la piel contaminada con agua. Si la sustancia penetra en la ropa, quítese inmediatamente la ropa y enjuague la piel con agua. Busque atención médica lo más pronto posible.
Piel: Enjuagar con agua lo más pronto posible	Si esta sustancia entra en contacto con la piel, enjuague la piel contaminada con agua lo más pronto posible. Si la sustancia penetra en la ropa, quítese inmediatamente la ropa y enjuague la piel con agua lo más pronto posible. Si la irritación persiste luego del lavado, busque atención médica.
Piel: Lavar con agua	Si esta sustancia entra en contacto con la piel, lave la piel contaminada con agua.
Piel: Lavar con agua inmediatamente	Si esta sustancia entra en contacto con la piel, lave inmediatamente la piel contaminada con agua. Si la sustancia penetra en la ropa, quítese inmediatamente la ropa y lave la piel con agua. Si los síntomas se producen luego del lavado, busque atención médica inmediatamente.
Piel: Lavar con agua lo más pronto posible	Si esta sustancia entra en contacto con la piel, lave lo más pronto posible la piel contaminada con agua. Si la sustancia penetra en la ropa, quite la ropa lo más pronto posible y lave la piel con agua. Si la irritación persiste luego del lavado, busque atención médica.
Respiración: Asistencia respiratoria	Si una persona inhala grandes cantidades de esta sustancia, lleve a la persona expuesta a un lugar con aire puro en seguida. Si la persona no respira, realice respiración boca a boca. Mantenga a la persona afectada abrigada y en reposo. Busque atención médica lo más pronto posible.
Respiración: Aire puro	Si una persona inhala grandes cantidades de esta sustancia, lleve a la persona expuesta a un lugar con aire puro enseguida. Las otras medidas generalmente son innecesarias.
Respiración: Aire puro, O_2 100%	Si una persona inhala grandes cantidades de esta sustancia, lleve a la persona expuesta a un lugar con aire puro enseguida. Si la persona no respira, realice respiración artificial. Si la respiración es dificultosa, el personal adecuadamente entrenado podrá asistir a la persona afectada mediante la administración de oxígeno al 100%. Mantenga a la persona afectada abrigada y en reposo. Busque atención médica lo más pronto posible.
Ingestión: Atención médica inmediata	Si se ingiere esta sustancia, busque atención médica inmediatamente.

102A02.EPS

GLOSARIO

Términos especializados introducidos en este módulo

Efecto agudo: Reacción inmediata a la exposición química, como náuseas o la muerte.

Efecto crónico: Reacción demorada o a largo plazo a una exposición química. Los efectos crónicos también pueden ser mortales, como el cáncer.

Estándar de Comunicación de Riesgos (HazCom): Reglamentación federal de la OSHA que requiere que los empleadores eduquen e informen a los trabajadores sobre los riesgos químicos en el lugar de trabajo (*29 CFR 1910.1200*).

Exposición aguda: Exposición a corto plazo, generalmente intensa, a una sustancia química.

Exposición crónica: Exposición en largo plazo, generalmente en dosis bajas, a una sustancia química.

Hoja de datos de materiales peligrosos (MSDS): Documento que debe acompañar a todos los materiales peligrosos. La MSDS identifica la sustancia e indica los límites de exposición, las características físicas y químicas, el tipo de peligro que presenta, las precauciones para un manejo y uso seguro y medidas específicas de control.

Créditos de las figuras

North Safety Products	102F04 (A) a (C)
Becki Swinehart	102F04 (D)
Bacou-Dalloz	102F05 (A)
TNT Safety-Quip	102F05 (B)
DAP, Inc.	102F08
El Instituto Nacional para la Salud y Seguridad Laboral (NIOSH, The National Institute for Occupational Safety and Health)	Apéndice

MÓDULO 75102-03 — RESPUESTAS A LAS PREGUNTAS DE REPASO

Respuesta	Sección
1. a	1.0.0
2. a	2.0.0; Tabla 1
3. d	2.1.0; Figura 1
4. a	2.3.1
5. b	2.3.2
6. b	2.3.2
7. d	3.0.0; Figura 6
8. d	3.0.0; Figura 7
9. b	4.0.0
10. b	4.0.0

SERIE EDUCATIVA CONTREN® — COMENTARIOS DEL USUARIO

NCCER hace el esfuerzo de mantener estos libros de texto actualizados y libres de errores técnicos. Apreciamos su ayuda en este proceso. Si tiene una idea para mejorar este libro de texto, o si encuentra algún error, ya sea tipográfico, o de contenido en los libros de texto de *Contren®*, favor de escribirnos usando esta forma o una fotocopia de la misma. Asegúrese de incluir el número exacto del módulo, la página, una descripción detallada, y la corrección, si es aplicable. Su comentario será traído a la atención del comité técnico de revisión. Gracias por su ayuda.

Instructores – si usted encontró que algún material adicional es necesario para enseñar este módulo con eficacia, por favor déjenos saber para poder incluirlos en la lista de Equipo y Materiales en la guía anotada del instructor.

Dirección postal: Departamento de Desarrollo de Productos
National Center for Construction Education and Research
3600 NW 43rd Street, Bldg. G, Gainesville, FL 32606

Fax: 352-334-0932

E-mail: curriculum@nccer.org

Oficio ______ Nombre del Módulo ______

Fecha del Copyright ______ Número del Módulo ______ Número(s) de Página(s) ______

Descripción ______

______

______

______

Corrección (opcional) ______

______

______

Su nombre y dirección (opcional) ______

______

______

Módulo 75103-03

Equipo de protección personal

MAPA DEL CURSO

Este mapa del curso muestra todos los módulos de Seguridad de campo. El orden sugerido de entrenamiento comienza en la parte inferior y avanza hacia arriba. El Patrocinador local del Programa de Entrenamiento puede modificar el orden del entrenamiento.

SEGURIDAD DE CAMPO

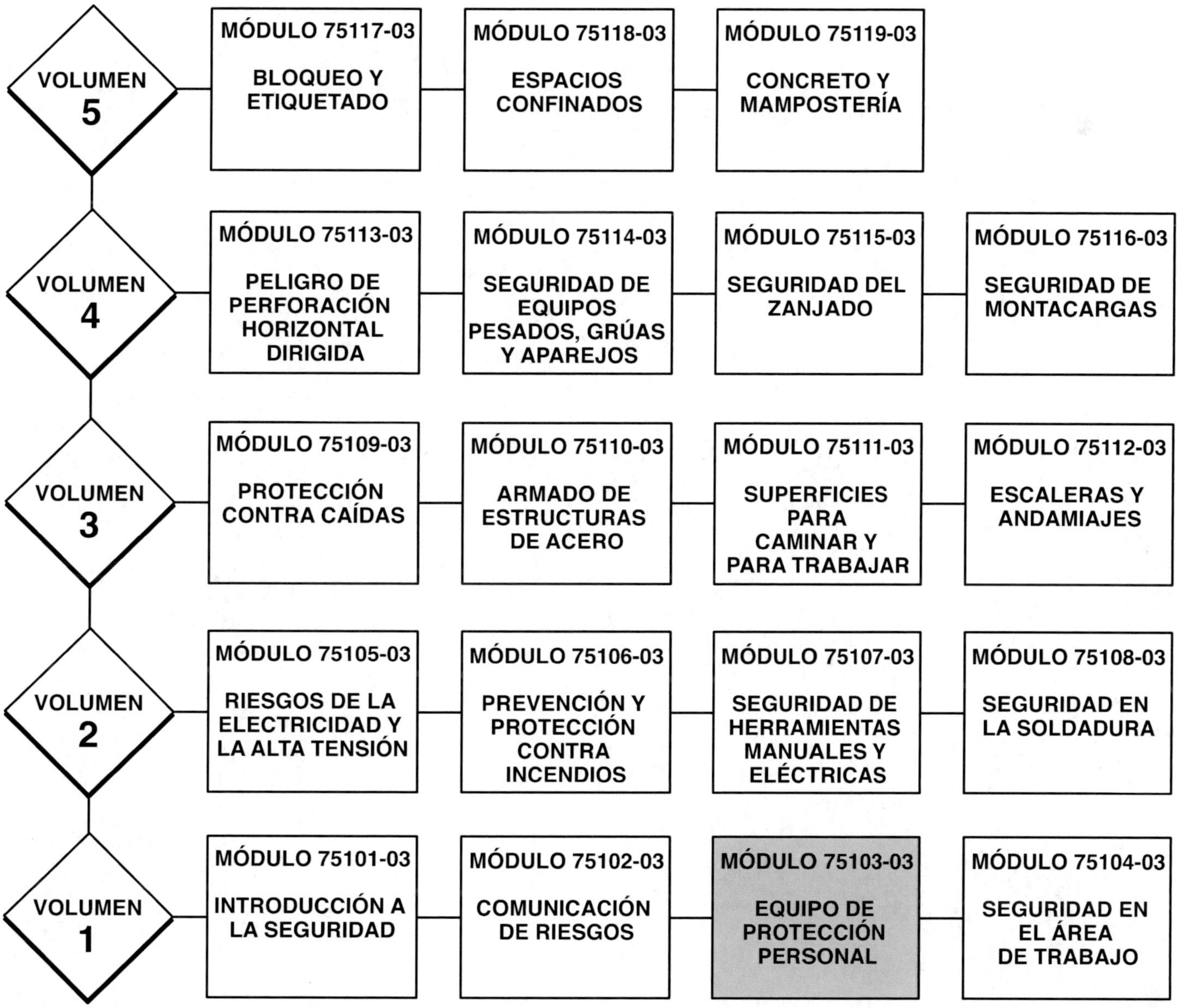

103CMAP.EPS

CONTENIDO DEL MÓDULO 75103-03

Figuras

Tablas

Equipo de protección personal

Objetivos

Cuando haya terminado este módulo, podrá hacer lo siguiente:

1. Describir los tipos comunes de equipos de protección personal (PPE) necesarios para trabajar en un sitio de construcción.
2. Describir cómo utilizar y cuidar correctamente el equipo de protección personal (PPE).
3. Identificar y describir los tres tipos principales de respiradores utilizados en los sitios de construcción.

Prerrequisitos

Antes de comenzar este módulo, se recomienda que haya completado con éxito lo siguiente: Seguridad de campo, Módulos 75101-03 y 75102-03.

Material necesario

1. Lápiz y papel
2. Equipo de protección personal adecuado

1.0.0 ◆ INTRODUCCIÓN

El equipo de protección personal (PPE) ha sido diseñado para protegerlo de lesiones. Muchos trabajadores se lesionan en el trabajo debido a que no utilizan el equipo de protección. En un incidente, un trabajador sufrió una herida grave en un ojo cuando le entraron residuos que había en el lugar de trabajo. El supervisor le había indicado a este trabajador repetidas veces que utilizara gafas de seguridad. Si hubiera utilizado las gafas de seguridad correspondientes, este trabajador no hubiera sufrido lesiones ni hubiera tenido que tomar tiempo de ausencia para recuperarse.

Usted no podrá ver todas las condiciones potencialmente peligrosas con sólo mirar un lugar de trabajo. Es importante detenerse y considerar qué tipo de accidentes podrían ocurrir antes de realizar cualquier trabajo. Utilizar el sentido común y saber cómo usar el equipo de protección personal reducirá en gran medida las posibilidades de resultar herido.

2.0.0 ◆ USO Y CUIDADO DEL EQUIPO DE PROTECCIÓN PERSONAL

El mejor equipo de protección personal es inútil a menos que usted haga lo siguiente:

- Revíselo regularmente.
- Cuídelo como corresponde.
- Utilícelo correctamente cuando sea necesario.
- Nunca lo altere o lo modifique de manera alguna.

El equipo de protección que se utiliza habitualmente en los sitios de construcción incluye lo siguiente:

- Cascos
- Protección visual
- Arneses de seguridad
- Guantes
- Zapatos de seguridad
- Protección auditiva
- Protección respiratoria

> **NOTA**
> No corra riesgos con su seguridad. Use el equipo de protección personal siempre que el trabajo lo requiera.

2.1.0 Cascos

La *Figura 1* muestra un casco típico. La capa externa del casco le puede proteger la cabeza de un golpe fuerte. La estructura interna del casco mantiene un espacio entre la capa externa y la cabeza. Ajuste la banda alrededor de la cabeza para que la estructura se ajuste a su cabeza y quede un espacio de por lo menos dos centímetros y medio entre la cabeza y la capa externa del casco. No altere el casco de manera alguna.

Los cascos antes eran de metal. Sin embargo, el metal conduce electricidad, así que la mayoría de los cascos ahora se hacen de plástico o fibra de vidrio reforzados.

2.2.0 Gafas de seguridad, "gogles" y máscaras faciales

Utilice protección visual (*Figura 2*) siempre que haya la más leve posibilidad de lesiones oculares.

103F01.EPS

Figura 1 ◆ Casco típico.

Las áreas donde hay riesgos potenciales para los ojos por caída de objetos u objetos volátiles generalmente están identificadas, pero usted siempre debe estar atento a posibles riesgos.

Las gafas de seguridad normales lo protegerán de objetos que vuelen hacia usted desde el frente, como astillas grandes, partículas, arena o polvo. Se pueden agregar protecciones laterales a las gafas. En algunos casos, deberá utilizar una máscara facial. Los "gogles" de seguridad les brindan a los ojos la mejor protección en todas direcciones.

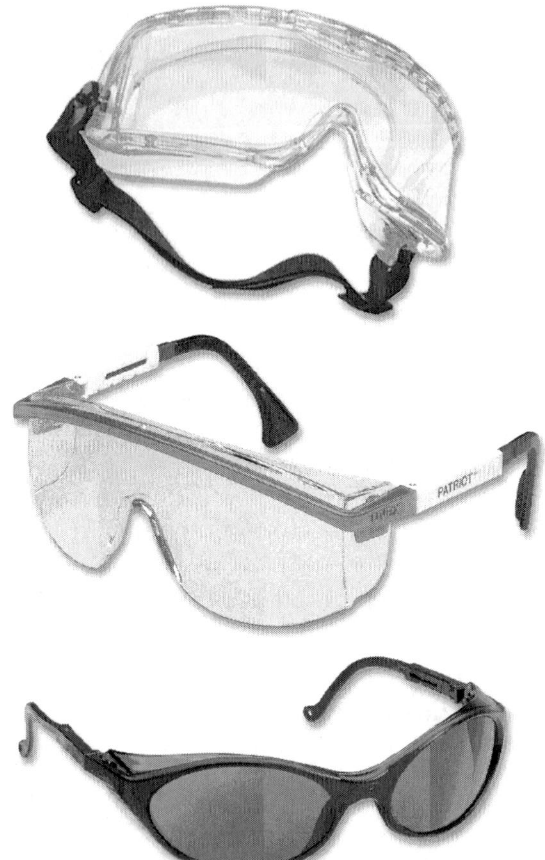

103F02.EPS

Figura 2 ◆ Gafas de seguridad y gafas típicas.

> CASOS HISTÓRICOS
>
> ### *Sin entrenamiento + sin PPE = muerte*
>
> Un aprendiz de carpintería murió cuando lo golpeó en la cabeza un clavo que salió disparado de una herramienta eléctrica en otra habitación. El operador de la herramienta trataba de fijar un panel de madera contrachapada en un encofrado para verter el hormigón de una pared. Cuando disparó la pistola, el clavo atravesó la pared hueca y recorrió ocho metros antes de alcanzar a la víctima. El operador nunca había recibido entrenamiento para el uso correcto de la herramienta y ninguno de los empleados del área utilizaba equipo de protección personal.
>
> **Moraleja:** Usted puede sufrir lesiones por los actos de otras personas. Use el PPE como primera línea de defensa frente a los accidentes.
>
> *Fuente: Administración de Seguridad y Salud Laboral (OSHA)*

Los soldadores deben usar gogles con tinte o pantalla para soldadura. Los lentes con tinte protegen los ojos del brillo del **arco** o de la llama de soldadura.

La *Tabla 1* muestra un cuadro de selección de protección facial y visual.

2.3.0 Arneses de seguridad

Los arneses de seguridad (*Figura 3*) son arneses de alta resistencia que se atan alrededor del cuerpo. Tienen tiras para las piernas, los hombros, el pecho y la pelvis.

Los arneses de seguridad cuentan con un anillo con forma de D enganchado en un extremo de una cuerda corta llamada cuerda de seguridad (*Figura 4*). El otro extremo de la cuerda de seguridad debe estar enganchado en un punto de anclaje firme ubicado por encima del área de trabajo. Una persona calificada seleccionará el punto de anclaje. La cuerda de seguridad debe ser lo suficientemente larga para permitirle trabajar, pero lo suficientemente corta para evitar que caiga más de 2 metros.

Use un arnés con cuerda de seguridad cuando trabaje en las siguientes situaciones:

- A más de 2 metros del suelo o según la política de la empresa
- Cerca de una abertura grande en el piso
- Cerca de un agujero profundo
- Cuando hay peligro de caer sobre una varilla de refuerzo

Su vida puede depender de un arnés de seguridad. Revise cuidadosamente el arnés cada vez que lo use. Revise que las hebillas y el anillo en D no estén doblados o con rayones profundos. Revise que el arnés no tenga cortes o puntos ásperos. Si encuentra algún daño, devuelva el arnés para su revisión o reemplazo.

Tabla 1 Cuadro de selección de protección facial y visual

Cuadro de selección de protección facial y visual		
Fuente	**Peligro**	**Protección**
IMPACTO – Troceado, amolado, mecanizado, perforado, cincelado, remachado, arenado, etc.	Fragmentos, objetos que salen disparados, astillas grandes, partículas, arena, polvo, etc.	Gafas con protección lateral, gogles, máscaras faciales. Para exposición severa, usar máscara facial sobre la protección ocular primaria.
QUÍMICOS – Manejo de ácidos y sustancias químicas	Salpicaduras	Gogles, del tipo copa y cubierta. Para exposición severa, usar máscara facial sobre la protección ocular primaria.
	Rocíos irritantes	Gogles para usos especiales.
POLVO – Trabajo en madera, pulido, condiciones polvorientas en general	Polvillo molesto	Gogles, del tipo copa y cubierta.
LUZ y/o RADIACIÓN		
Soldadura – arco eléctrico	Radiación óptica	Cascos para soldadura o máscaras para soldadura. Tintes típicos: 10-14.
Soldadura – gas	Radiación óptica	Gogles para soldadura o máscara facial para soldadura. Tintes típicos: soldadura con gas 4-8, corte 3-6, soldadura de bronce 3-4.
Corte, soldadura de metales ferrosos y no ferrosos con soplete	Radiación óptica	Gafas o máscara facial para soldadura. Tintes típicos: 1,5-3.
Resplandor	Visión defectuosa	Gafas con lentes con tinte o para usos especiales, según conveniencia.

NOTA

Para obtener información sobre protección contra caídas, remítase al módulo, *Protección contra caídas.*

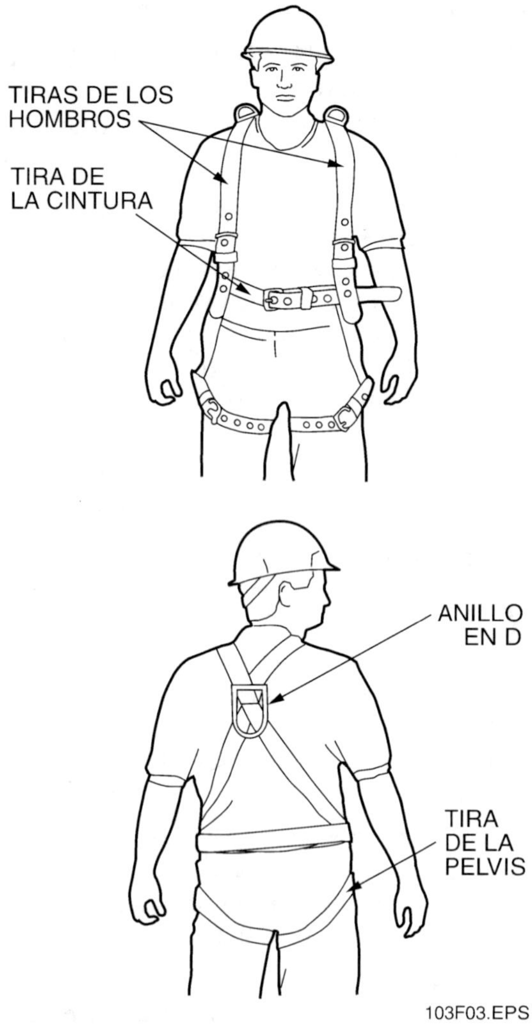

Figura 3 ◆ Arnés de seguridad típico.

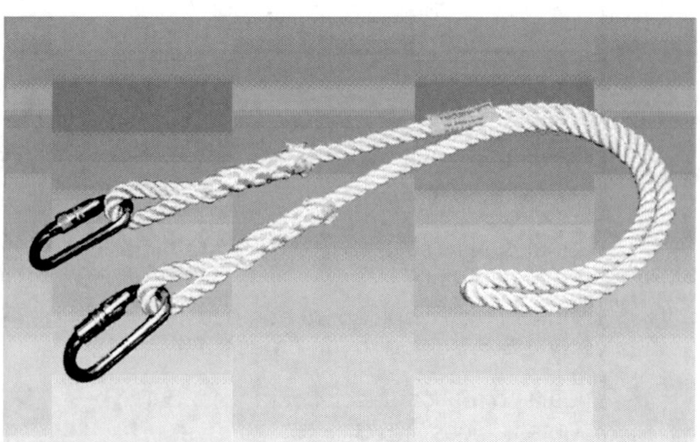

Figura 4 ◆ Cuerda de seguridad.

2.4.0 Guantes

En muchos trabajos de construcción, se deben utilizar guantes de alta resistencia para protegerse las manos (*Figura 5*). Los guantes de trabajo de construcción están hechos generalmente de tela, lienzo o cuero. Nunca use guantes de tela cerca de equipos rotatorios o en movimiento.

Los guantes ayudan a evitar cortes y raspones cuando se manejan materiales filosos o ásperos. Los guantes resistentes a la temperatura a veces se usan para manejar materiales calientes. Los electricistas usan guantes especiales de caucho aislantes cuando trabajan en circuitos vivos o sus alrededores. Los guantes de látex u otros guantes no porosos protegen las manos de sustancias químicas, pinturas o adhesivos. Elija los guantes correctos para la tarea.

Revise los guantes antes de ponérselos. Reemplácelos cuando estén gastados, desgarrados o empapados de aceite o sustancias químicas.

Los guantes de caucho para electricistas deben ser evaluados regularmente para garantizar la protección al usuario. Después de inspeccionar visualmente los guantes de caucho, se pueden observar otros defectos aplicando la prueba de aire que se muestra en la *Figura 6*:

Paso 1 Estire el guante y mire si hay defectos.

Paso 2 Retuerza el guante rápidamente o enróllelo desde el puño del guante para que quede aire dentro.

Paso 3 Mantenga el aire dentro apretando el guante con una mano. Use la otra mano para apretar la palma, los dedos y el pulgar para verificar si hay puntos débiles y defectos.

Paso 4 Sostenga el guante cerca del oído para intentar detectar cualquier escape de aire.

Paso 5 Si el guante no pasa la inspección, debe ser desechado.

2.5.0 Zapatos de seguridad

Los mejores zapatos para trabajar en una construcción son zapatos de seguridad con punta y suela de acero (*Figura 7*). La punta de acero protege los dedos de la caída de objetos. La suela de acero evita que los clavos y otros objetos punzantes hieran los pies. El segundo mejor material para el calzado es el cuero duro. Nunca use calzado de tela o sandalias en una construcción. Los zapatos de tela pueden incendiarse fácilmente y no lo protegen de los objetos punzantes. Siempre reemplace las botas o los zapatos cuando se desgaste el

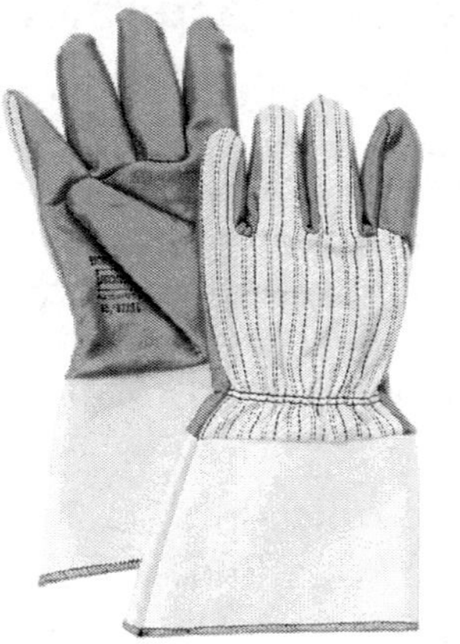

103F05.EPS

Figura 5 ◆ Guantes de trabajo.

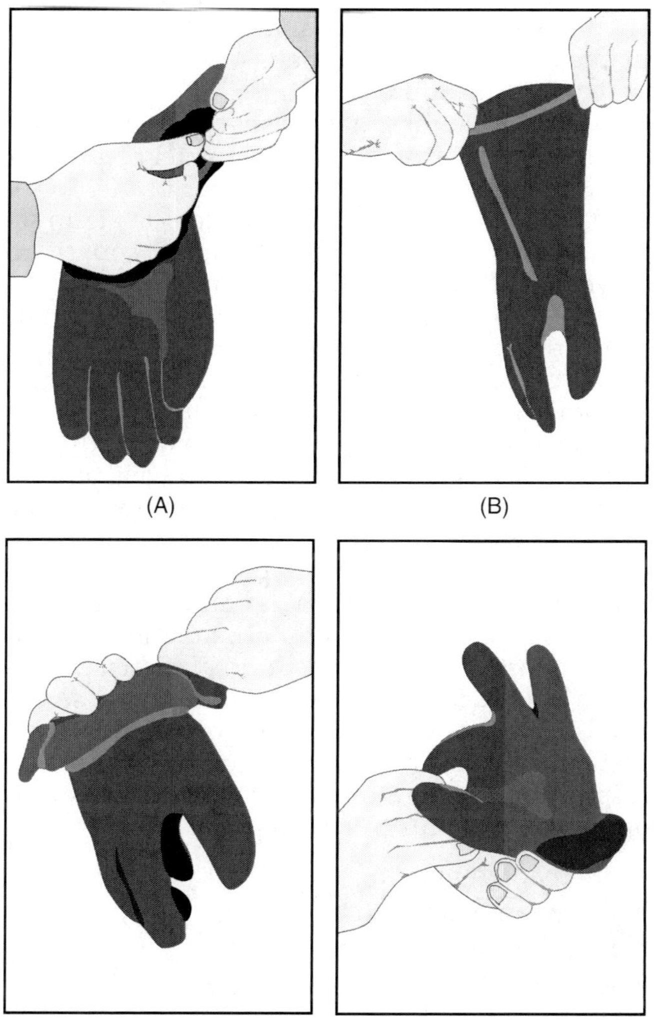

(A) (B) (C) (D)

103F06.EPS

Figura 6 ◆ Inspección de los guantes.

103F07.EPS

Figura 7 ◆ Zapatos de seguridad.

dibujo de la suela o el zapato tenga agujeros, incluso si los agujeros fueran en la parte superior. No use zapatos empapados en aceite cuando esté soldando debido al riesgo de incendio.

2.6.0 Protección auditiva

Los daños en la mayoría de las partes del cuerpo causan dolor. Sin embargo, el daño auditivo no siempre provoca dolor. La exposición a ruidos fuertes durante un período de tiempo largo puede provocar la pérdida de la audición, incluso si el ruido no es lo suficientemente fuerte como para causar dolor.

La mayoría de las empresas de construcción siguen las normas de la Administración de Seguridad y Salud Laboral (OSHA) para determinar cuándo se debe usar protección auditiva. Los tapones especialmente diseñados que se colocan en el oídos y filtran el ruido (*Figura 8*) son un tipo de protección auditiva. Estos tapones se deben lim-

Use la cabeza y el casco

Unos empleados estaban desmantelando tolvas en un elevador de granos. Las secciones de la tolva estaban conectadas por abrazaderas. Se estaba sacando una sección de tolva de tres metros y 270 kilos de peso a través de una boca de ventilación con un cabrestante de 5 toneladas. Cuando la tolva se trasladaba por la abertura, se atascó en el punto donde debía pasar la abrazadera. Cuando los empleados usaron palancas para liberar la abrazadera, la tolva saltó de la boca de ventilación. Un empleado que estaba de pie al lado de la tolva fue golpeado en la cabeza y murió. No llevaba puesto el casco.

Moraleja: Siempre use el caso para proteger la cabeza de lesiones. Podría salvarle la vida.

Fuente: Administración de Seguridad y Salud Laboral (OSHA)

piar regularmente con agua y jabón para evitar infecciones en los oídos.

Otro tipo de protección auditiva son los auriculares, que son cubiertas grandes y acolchadas para toda la oreja (*Figura 9*). Se debe adecuar la banda superior de los auriculares para un ajuste correcto. Si el nivel de ruido es muy alto, es posible que deba usar tanto tapones como auriculares.

La pérdida de audición inducida por ruido puede evitarse limitando la exposición y utilizando el equipo de protección personal adecuado. La *Tabla 2* muestra la duración recomendada de exposición a niveles de sonido de 90 decibeles o superiores.

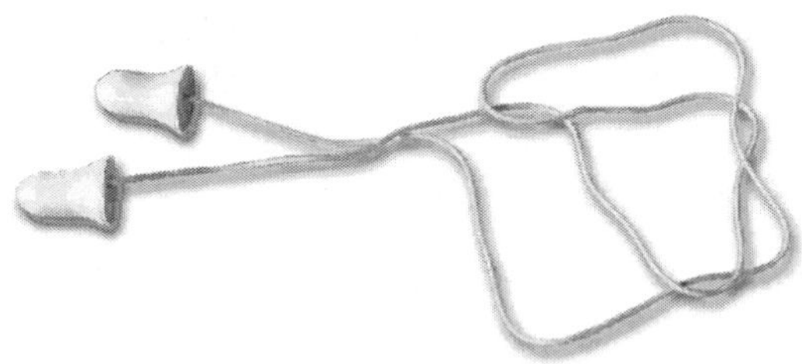

103F08.EPS

Figura 8 ◆ Protección auditiva tipo tapón.

103F09.EPS

Figura 9 ◆ Protección auditiva tipo auriculares.

Tabla 2 Niveles máximos de ruido

Nivel de ruido (decibeles)	Máximo de horas de exposición continua por día	Ejemplos
90	8	Cortadora de césped eléctrica
92	6	Lijadora de correa
95	4	Tractor
97	3	Taladro manual
100	2	Motosierra
102	1.5	Llave neumática
105	1	Pistola rociadora de pintura
110	0.5	Pala mecánica
115	0.25 o menos	Taladro percutor

2.7.0 Protección respiratoria

Siempre que haya peligro de asfixia u otros peligros para la respiración, se debe utilizar un respirador. La ley federal especifica qué tipo de respirador se debe usar para diversos peligros para la respiración. Los respiradores están agrupados en tres tipos principales según cómo funcionan para proteger al usuario de los contaminantes. Estos tipos son:

- Respirador purificador
- Respirador con suministro de aire (SAR)
- **Aparato** respirador autónomo (SCBA)

2.7.1 Respiradores purificadores de aire

Estos respiradores proporcionan el nivel más bajo de protección. Están hechos para usar solamente en atmósferas que tienen suficiente oxígeno para mantener la vida (por lo menos 19.5%). Los respiradores purificadores utilizan filtros especiales y cartuchos para filtrar gases específicos, vapores y partículas del aire. Los cartuchos del respirador contienen carbón, que absorbe ciertos vapores y gases tóxicos. Cuando el usuario detecta algún sabor u olor, indica que se ha agotado la capacidad de absorción del carbón. Esto significa que el cartucho ya no puede filtrar los contaminantes. Los filtros del respirador retienen partículas como el polvo, el rocío y las emanaciones de metales atrapándolos en el material filtrante. Los filtros deben cambiarse cuando la respiración se vuelva dificil.

Según los contaminantes, los cartuchos pueden usarse solos o en combinación con una cubierta de filtro y de filtro/pre-filtro. Los respiradores purificadores se deben usar como protección sólo contra los tipos de contaminantes enumerados en los filtros y los cartuchos. Remítase también a la etiqueta de aprobación del Instituto Nacional para la Salud y Seguridad Laboral (NIOSH) que se encuentra adherida al cartón del respirador y del cartucho/filtro de repuesto. Los fabricantes de respiradores generalmente clasifican los respiradores purificadores en cuatro grupos:

- Sin mantenimiento
- Bajo mantenimiento
- Reutilizables
- Respiradores purificadores de aire eléctricos (PAPR)

Los respiradores sin mantenimiento y de bajo mantenimiento se usan generalmente para trabajo residencial o comercial liviano que no requiere el uso constante e intenso de un respirador. Los respiradores sin mantenimiento generalmente son mascarillas con cartuchos o filtros fijos y perma-

CASOS HISTÓRICOS

Esté preparado

Un empleado sentado en un bucle de cadena de aproximadamente 5 metros bajó a una boca de inspección de 6 metros de profundidad. Veinte segundos después comenzó a faltarle el aire y cayó del asiento de cadena cara hacia abajo en el agua acumulada en el fondo del pozo. Una autopsia determinó que la causa de la muerte fue la deficiencia de oxígeno. Una evaluación del aire y un respirador podrían haber salvado su vida.

Moraleja: Los peligros para la respiración no se pueden ver. Asegúrese de evaluar el aire y de ejercer su derecho a un respirador para realizar su trabajo.

Fuente: Administración de Seguridad y Salud Laboral (OSHA)

nentes. El respirador completo se descarta cuando se han agotado los filtros o los cartuchos. Los respiradores de bajo mantenimiento generalmente son mascarillas que utilizan filtros y cartuchos reemplazables. Sin embargo, no están diseñados para uso constante.

Los respiradores reutilizables (*Figura 10*) vienen en estilo de mascarilla o de máscara completa. Estos respiradores necesitan reemplazo de cartuchos, filtros y partes del respirador. Su uso también requiere un programa completo de mantenimiento del respirador.

Los respiradores purificadores eléctricos (PAPR) vienen en estilo de mascarilla, máscara completa y capucha. Usan sopladores a batería para extraer el aire a través de los cartuchos y filtros del respirador. Los motores de los sopladores pueden estar montados en un cinturón o en la máscara. Según los cartuchos que se usen, pueden filtrar partículas, polvo, emanaciones y rocíos junto a ciertos gases y vapores. Los PAPR como el que se muestra en la *Figura 11* cuentan con una unidad purificadora de aire eléctrica que va montada en un cinturón y conectada a la máscara por un tubo de respiración. Muchos modelos también tienen una alarma visual y sonora que se activa cuando el flujo de aire cae por debajo del nivel mínimo necesario. Esta funcionalidad brinda una indicación inmediata de que el filtro está agotado o la carga de la batería es baja. Las unidades con el soplador montado en la máscara no usan un purificador montado en un cinturón conectado a un tubo de respiración.

103F10.EPS

Figura 10 ◆ Respirador purificador de aire de mascarilla reutilizable.

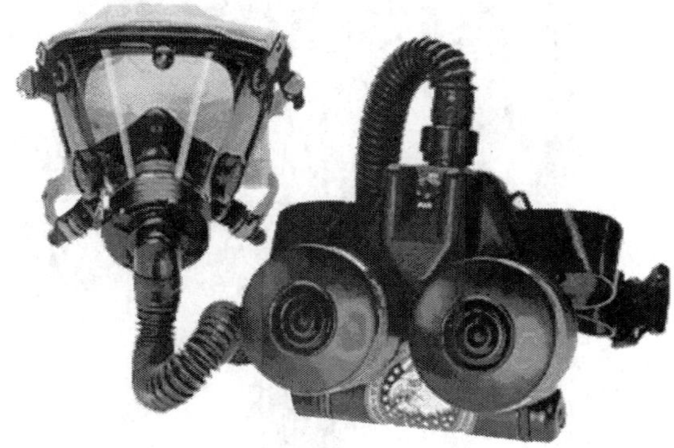

103F11.EPS

Figura 11 ◆ Respirador purificador de aire eléctrico.

2.7.2 Respirador con suministro de aire

Los respiradores con suministro de aire (*Figura 12*) proporcionan un suministro de aire durante períodos prolongados a través de una manguera de alta presión conectada a una fuente externa de aire, como por ejemplo, un compresor, un cilindro de aire comprimido o una bomba. Proporcionan un nivel más alto de protección en atmósferas donde los respiradores purificadores de aire no son adecuados. Estos tipos de respiradores se utilizan generalmente en atmósferas tóxicas. Algunos se pueden utilizar en atmósferas que son inmediatamente peligrosas para la vida y la salud (IDLH) mientras estén equipados con un cilindro de aire para escape de emergencia. Una atmósfera es considerada IDLH si representa un peligro inmediato para la vida o produce efectos inmediatos, irreversibles y debilitantes para la salud. Hay dos tipos de respiradores con suministro de aire: de flujo continuo y de presión-demanda.

Un respirador de flujo continuo proporciona aire al usuario en una circulación constante. Se usan una o dos mangueras para llevar el aire desde la fuente de aire a la pieza facial. A menos que la bomba o el compresor estén especialmente diseñados para filtrar el aire, o se utilice un sistema portátil de filtrado de aire, la unidad debe colocarse donde haya aire respirable. Los respiradores de flujo continuo vienen con mascarillas herméticas o máscaras completas. También se fabrican con capucha.

103F12.EPS

Figura 12 ◆ Respirador con suministro de aire.

El flujo de aire al usuario puede ajustarse tanto en la fuente de aire (flujo fijo) como en el regulador de la unidad (flujo ajustable). El respirador de presión-demanda es similar al tipo de flujo continuo, salvo que suministra aire a la pieza facial del usuario mediante una válvula de presión-demanda a medida que el usuario inhala y necesita aire fresco. Generalmente cuenta con una válvula de exhalación de dos posiciones que permite que el trabajador cambie entre el modo de presión-demanda y de presión negativa para facilitar el ingreso al área de trabajo, el movimiento dentro de ella y la salida.

2.7.3 Aparato respirador autónomo (SCBA)

Los SCBA proporcionan el nivel más alto de protección respiratoria. Se los puede usar en atmósferas con poco oxígeno (por debajo 19.5% de oxígeno), lugares con poca ventilación o en **espacios confinados** y en atmósferas IDLH. Estos respiradores brindan un suministro de aire durante aproximadamente 30 a 60 minutos desde un cilindro de aire comprimido que lleva el usuario sobre la espalda. Un aparato respirador para escape de emergencia (EEBA) es una versión más pequeña de un cilindro de SCBA (*Figura 13*). Los EEBA se usan para escapar de ambientes peligrosos y generalmente brindan un suministro de aire entre cinco a diez minutos.

2.8.0 Programa respiratorio

Se debe seleccionar correctamente un respirador para el contaminante presente y su nivel de concentración (*Figura 14*). Debe estar bien ajustado y ser usado de acuerdo a las instrucciones del fa-

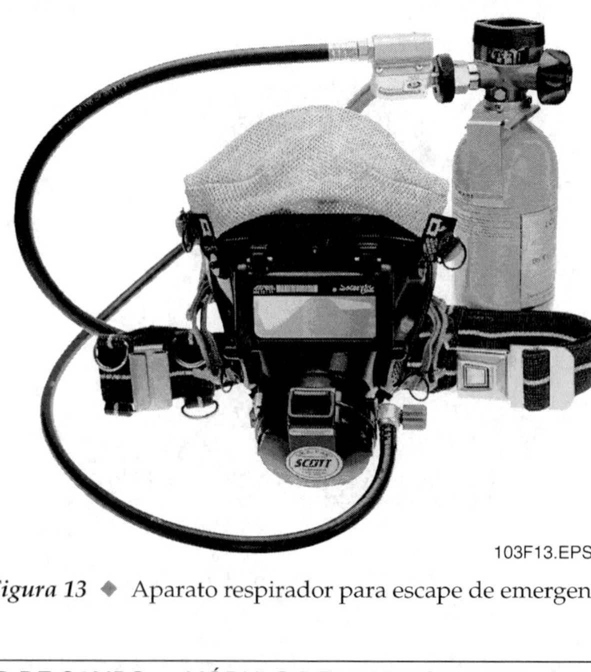

103F13.EPS

Figura 13 ◆ Aparato respirador para escape de emergencia.

Figura 14 ◆ Use el respirador correcto.

bricante. Debe utilizarse en todo momento de la exposición.

Los empleadores deben contar con un programa de protección respiratoria con los siguientes componentes:

- Procedimientos operativos estándar para selección y uso
- Entrenamiento de empleados
- Limpieza y desinfección regular
- Almacenamiento higiénico
- Inspección regular
- Evaluación anual de aptitud
- Evaluación de la función pulmonar

Como empleado, usted es responsable de utilizar protección respiratoria cuando sea necesario. En ciertas concentraciones, los vapores o emanaciones pueden eliminarse mediante el uso de dispositivos purificadores, siempre y cuando los niveles de oxígeno sean aceptables. Las bocanadas de humo de un incendio y las emanaciones generadas en la soldadura son ejemplos de emanaciones. Siempre revise el cartucho de su respirador para asegurarse de que es el tipo correcto para las condiciones de aire y los contaminantes que se hallan en su lugar de trabajo.

Cuando seleccione un respirador para utilizar durante el trabajo con materiales específicos, primero debe determinar los ingredientes peligrosos que contiene el material y el nivel de exposición y luego elegir el respirador correcto para protegerse en ese nivel. Siempre lea la hoja de datos de materiales peligrosos del producto (MSDS). Esta hoja identifica los ingredientes peligrosos y debe indicar el tipo de respirador y cartucho recomendado para utilizar con ese producto.

Las limitaciones que corresponden a todos los respiradores (purificadores) de mascarilla son las siguientes:

- Estos respiradores no eliminan completamente la exposición a los contaminantes pero reducen la exposición a un nivel aceptable.
- Estos respiradores no suministran oxígeno y no deben utilizarse en áreas donde el nivel de oxígeno esté por debajo de 19.5%.
- Estos respiradores no deben utilizarse en áreas donde haya químicos que den pocas señales de advertencia, como falta de gusto u olor.

Si la respiración se hace dificil, si se marea o tiene náuseas, si huele o siente el gusto de la sustancia química o si tiene cualquier otro efecto notorio de exposición, retírese inmediatamente del área, regrese a un lugar con aire fresco y busque la ayuda necesaria.

2.8.1 Pruebas de ajuste positivas y negativas

Los respiradores son inútiles a menos que se pruebe el ajuste para cada persona. Para lograr la mejor protección del respirador, se deben realizar pruebas de ajuste positivas y negativas cada vez que lo utilice. Estas pruebas de ajuste deben repetirse hasta que se logre un buen sellado con la cara.

Para realizar una prueba de ajuste positiva, haga lo siguiente:

Paso 1 Acomode la pieza facial para un ajuste óptimo, luego ajuste las tiras del cuello y la cabeza para asegurar un buen ajuste y comodidad.

¡ADVERTENCIA!

No ajuste excesivamente las tiras de la cabeza y el cuello. Ajústelas sólo lo suficiente para evitar la filtración. El ajuste excesivo puede provocar una distorsión de la pieza facial y filtraciones peligrosas.

Paso 2 Bloquee la válvula de exhalación con la mano u otro material.

Paso 3 Exhale dentro de la máscara.

Paso 4 Revise si hay escapes de aire alrededor de los bordes de la pieza facial.

Paso 5 Si la pieza facial se infla levemente por algunos segundos, se ha logrado un buen sellado.

Para realizar una prueba de ajuste negativa, haga lo siguiente:

Paso 1 Bloquee la válvula de inhalación con la mano u otro material.

Paso 2 Trate de inhalar.

Paso 3 Revise si hay escapes de aire alrededor de los bordes de la pieza facial.

Paso 4 Si la pieza facial se hunde levemente hacia adentro por algunos segundos, se ha logrado un buen sellado.

Un respirador debe estar limpio, en buenas condiciones y todas sus piezas deben estar en su lugar para que le brinde la protección adecuada. Los respiradores deben limpiarse todos los días. Si no se limpian, se limita su eficacia y ofrecen poca o ninguna protección. Por ejemplo, supongamos que usted usó el respirador durante dos semanas y no lo limpió. Las bacterias de la respiración dentro del respirador, más los contaminantes del aire que lograron entrar a la pieza facial, hacen que el interior de su respirador sea muy poco higiénico. El uso continuo puede provocarle más daño que beneficio. Recuerde, sólo un respirador limpio y completo le proporcionará la protección necesaria. Siga estas pautas generales:

- Revise el estado de su respirador antes y después de cada uso.
- No use un respirador si la pieza facial está torcida o si está gastada y resquebrajada. No podrá lograr un buen sellado con el rostro.
- No use los respiradores si les falta alguna pieza. Reemplace las tiras gastadas o las piezas faltantes antes de usarlo.
- No exponga los respiradores a calor o frío excesivos, a sustancias químicas o a los rayos del sol.
- Limpie y lave el respirador todos los días. Retire el cartucho y el filtro, lave a mano el respirador con jabón neutro y un cepillo suave y déjelo secar al aire durante la noche.
- Desinfecte el respirador todas las semanas. Retire el cartucho y el filtro y luego empape el respirador con una solución desinfectante durante al menos dos minutos. Enjuague bien con agua tibia y déjelo secar al aire durante la noche. Guarde el respirador limpio y desinfectado en su bolsa plástica resellable. No guarde el respirador cara hacia abajo. Esto podría torcer la pieza facial.

Resumen

Es importante estar consciente de los peligros de su trabajo y saber cómo protegerse de ellos. El uso del equipo de protección personal es una parte importante de la seguridad general del trabajo. Muchos accidentes ocurren debido a que los trabajadores no están correctamente protegidos de los peligros. Se deben usar cascos, protección visual y facial, arneses de cuerpo entero, zapatos y guantes de seguridad, protección auditiva y respiratoria para contribuir a evitar accidentes y lesiones en el lugar de trabajo.

La protección respiratoria es un tipo de equipo de protección personal especialmente importante. Lo protege de la asfixia y de otros peligros para la respiración. Es importante saber cómo usar un respirador y usarlo correctamente siempre.

Preguntas de repaso

1. Cuando se usa un casco, debe haber _____ de espacio entre la capa externa y la cabeza.
   a. 6 mm
   b. 1.3 cm
   c. 2.5 cm
   d. 5 cm

2. Las gafas de seguridad brindan a los ojos protección en todas direcciones.
   a. Verdadero
   b. Falso

3. Los arneses de seguridad cuentan con todos los tipos de tiras a continuación *salvo* para _____.
   a. el pecho
   b. la pierna
   c. el cuello
   d. la pelvis

4. Una cuerda de seguridad debe evitar que la persona caiga más de _____.
   a. 1.82 m
   b. 2.44 m
   c. 3.05 m
   d. 3.66 m

5. Es seguro usar guantes de tela cerca de equipos rotatorios o en movimiento.
   a. Verdadero
   b. Falso

6. Los mejores zapatos para trabajar en una construcción son _____.
   a. los zapatos de tela
   b. los zapatos de cuero duro
   c. los zapatos deportivos con suela de caucho
   d. los zapatos con punta de acero

7. Si el nivel de ruido en la construcción es muy alto, los trabajadores deberán usar tanto los tapones como los auriculares.
   a. Verdadero
   b. Falso

8. La exposición continua a niveles de ruido de 102 decibeles, como el de una llave neumática, no debe durar más de _____ hora(s).
   a. 0.25
   b. 1.5
   c. 2.5
   d. 4

9. El nivel más alto de protección respiratoria lo proporcionan _____.
   a. los respiradores purificadores
   b. los respiradores con suministro de aire (SAR)
   c. los aparatos respiradores autónomos (SCBA)
   d. las capuchas de extracción

10. Sólo es necesario realizar una prueba de ajuste positiva y negativa la primera vez que se utiliza un respirador.
   a. Verdadero
   b. Falso

GLOSARIO

Términos especializados introducidos en este módulo

Aparato: Conjunto de máquinas usadas en conjunto para realizar una tarea específica.

Arco: Flujo de corriente eléctrica de un punto a otro a través de un gas como el aire.

Espacio confinado: Área que es lo suficientemente grande para que una persona trabaje dentro pero con medios limitados de ingreso y egreso y cuyo fin no es la ocupación humana continua.

Créditos de las figuras

Bullard Classic Head Protection	103F01
Bacou-Dalloz	103F02
Protecta International, Inc.	103F04
Productos North Safety	103F05
Milwaukee Electric Tool Company	103F07
Charles Rogers	103F08, 103F09
Scott Health and Safety	103F10, 103F11, 103F13
Hornell, Inc.	103F12

MÓDULO 75103-03 — RESPUESTAS A LAS PREGUNTAS DE REPASO

Respuesta	Sección
1. c	2.1.0
2. b	2.2.0
3. c	2.3.0
4. a	2.3.0
5. b	2.4.0
6. d	2.5.0
7. a	2.6.0
8. b	2.6.0; Tabla 2
9. c	2.7.3
10. b	2.8.1

SERIE EDUCATIVA CONTREN® — COMENTARIOS DEL USUARIO

NCCER hace el esfuerzo de mantener estos libros de texto actualizados y libres de errores técnicos. Apreciamos su ayuda en este proceso. Si tiene una idea para mejorar este libro de texto, o si encuentra algún error, ya sea tipográfico, o de contenido en los libros de texto de *Contren®*, favor de escribirnos usando esta forma o una fotocopia de la misma. Asegúrese de incluir el número exacto del módulo, la página, una descripción detallada, y la corrección, si es aplicable. Su comentario será traído a la atención del comité técnico de revisión. Gracias por su ayuda.

Instructores – si usted encontró que algún material adicional es necesario para enseñar este módulo con eficacia, por favor déjenos saber para poder incluirlos en la lista de Equipo y Materiales en la guía anotada del instructor.

Dirección postal: Departamento de Desarrollo de Productos
National Center for Construction Education and Research
3600 NW 43rd Street, Bldg. G, Gainesville, FL 32606

Fax: 352-334-0932

E-mail: curriculum@nccer.org

Oficio ______ Nombre del Módulo ______

Fecha del Copyright ______ Número del Módulo ______ Número(s) de Página(s) ______

Descripción ______

______

______

______

Corrección (opcional) ______

______

______

Su nombre y dirección (opcional) ______

______

______

Módulo 75104-03

Seguridad en el área de trabajo

MAPA DEL CURSO

Este mapa del curso muestra todos los módulos de Seguridad de campo. El orden sugerido de entrenamiento comienza en la parte inferior y avanza hacia arriba. El Patrocinador local del Programa de Entrenamiento puede modificar el orden del entrenamiento.

SEGURIDAD DE CAMPO

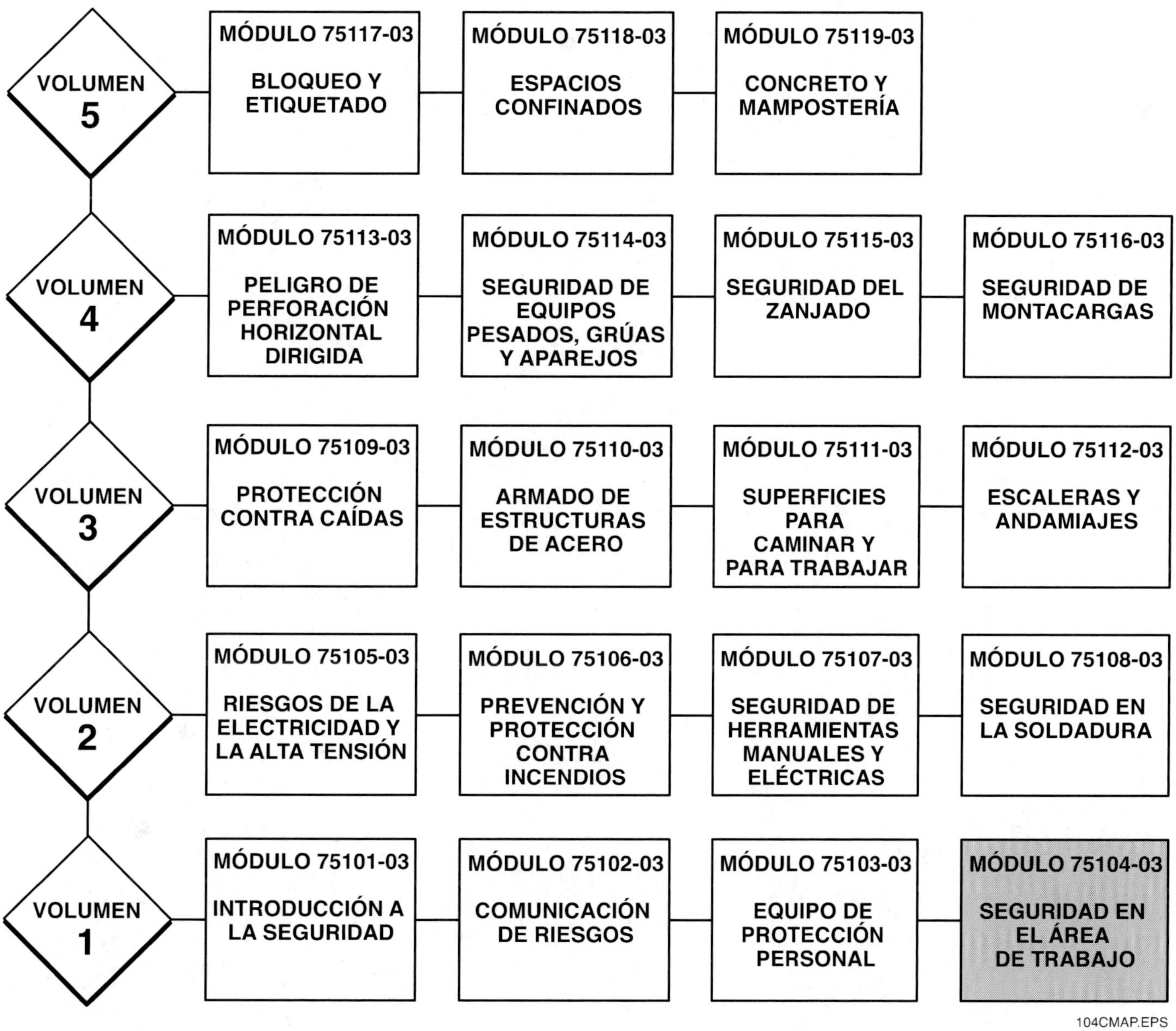

CONTENIDO DEL MÓDULO 75104-03

Figuras

MÓDULO 75104-03

Seguridad en el área de trabajo

Objetivos

Cuando haya terminado este módulo, podrá hacer lo siguiente:

1. Identificar carteles, señales y barricadas que lo ayudarán a realizar el trabajo de manera segura.
2. Identificar los peligros y las precauciones del trabajo en una zona de carretera.

Prerrequisitos

Antes de comenzar este módulo, se recomienda que haya completado con éxito lo siguiente: Seguridad de campo, Módulos 75101-03 a 75103-03.

Material necesario

1. Lápiz y papel
2. Equipo de protección personal adecuado

1.0.0 ◆ INTRODUCCIÓN

El trabajo de construcción a menudo se realiza en lugares públicos o cerca de ellos. Generar una zona de trabajo despejada es una parte importante del trabajo seguro. Las barricadas, las vallas, la cinta de precaución, los carteles y los conos se usan para demarcar una zona de trabajo de construcción. Para garantizar la seguridad de todos, se deben mantener a los vehículos y a las personas alejados del área de trabajo.

Los carteles, las etiquetas y los códigos de color se utilizan en el lugar de trabajo para proteger a los empleados de situaciones peligrosas y para ayudarlos a responder en emergencias (*Figura 1*). Para que estas cosas resulten efectivas, todos los trabajadores deben comprender lo que significan y qué medidas deben tomar. Esto ayuda a evitar la confusión y asegura su efectividad.

Las señales como alarmas, campanas, timbres, silbatos y sirenas también se usan para comunicar peligros a los trabajadores. Por ejemplo, las alarmas de retroceso se utilizan en carretillas elevadoras, equipos de construcción y camiones. Las alarmas de incendios se usan para despejar áreas de trabajo. Las líneas de las cintas transportadoras tienen timbres, campanas y/o silbatos para avisar a los trabajadores que las cintas entran en movimiento.

Las barricadas son otra forma de advertir sobre peligros potenciales. Se las utiliza en las construcciones para mantener alejado al personal no autorizado y para controlar el tránsito (*Figura 2*). Las barricadas también se usan para controlar el tránsito peatonal fuera de o en habitaciones o pasillos que han sido recientemente lavados o encerados.

Es importante reconocer todos los carteles y señales relacionados con el lugar de trabajo y asegurarse de que están bien colocados y funcionan correctamente. Hacer esto puede salvar su vida.

2.0.0 ◆ CARTELES

Todos los lugares de trabajo tienen marcas y carteles específicos para identificar los peligros y para proporcionar información de emergencia (*Figura 3*). Aprenda a reconocer los tipos de carteles:

- Carteles de peligro
- Carteles de precaución
- Carteles de información
- Carteles de seguridad
- Etiquetas de seguridad

104F01.EPS

Figura 1 ◆ Carteles y etiquetas de comunicación.

2.1.0 Carteles de peligro

Los carteles de peligro generalmente son rojos, negros y blancos. Se utilizan para informar a los trabajadores que existe un peligro inmediato y que deben tomarse precauciones específicas para evitar un accidente (*Figura 4*). Por ejemplo:

- PELIGRO – ALTA TENSIÓN (tambien conocido como "alto voltaje")
- PELIGRO – NO FUMAR, NO USAR FÓSFOROS O ENCENDEDORES ABIERTOS
- PELIGRO – MANTENGA DISTANCIA

Algunos de los peligros que puede experimentar en un sitio son riesgos biológicos y de radiación. También preste atención a este tipo de carteles.

2.1.1 Carteles de radiación

Los carteles de radiación se usan en el lugar de trabajo para alertar a los trabajadores sobre el riesgo de radiación (*Figura 5*). El cartel de peligro

104F02.EPS

Figura 2 ◆ Usos comunes de las barricadas.

de radiación contiene la palabra RADIACIÓN y el símbolo correspondiente. El fondo del cartel es amarillo y el panel es de color púrpura rojizo con letras amarillas. Cualquier otra leyenda que aparezca sobre el fondo amarillo será negra.

104F03.EPS

Figura 3 ◆ Ejemplos de carteles.

104F04.EPS

Figura 4 ◆ Cartel típico de peligro.

104F05.EPS

Figura 5 ◆ Ejemplo de cartel de radiación.

2.1.2 Carteles de peligro biológico

Los carteles de peligro biológico se usan para advertir a los trabajadores de la presencia real o posible de un peligro biológico (*Figura 6*). Este tipo de peligros pueden ser agentes infecciosos que crean un riesgo real o potencial para la salud. Los carteles de este tipo se usan comúnmente para identificar equipos, envases, habitaciones, materiales y áreas de animales experimentales contaminados.

El símbolo de riesgo biológico que se usa en este cartel es de color anaranjado fluorescente o anaranjado rojizo. Los colores de fondo pueden variar pero deben hacer suficiente contraste para que se identifique fácilmente el símbolo. Las palabras que aparecen en el cartel indican la naturaleza del peligro o identifican el peligro específico.

2.2.0 Carteles de precaución

Los carteles de precaución se usan para informar a los trabajadores sobre peligros potenciales o prácticas poco seguras (*Figura 7*). Cuando vea un cartel de precaución, tome medidas para protegerse. Estos carteles son amarillos con letras negras. Por ejemplo:

- PRECAUCIÓN – NO OPERAR
- PRECAUCIÓN – MANTENER DESPEJADOS LOS PASILLOS
- PRECAUCIÓN – VALLA ELÉCTRICA

104F06.EPS

Figura 6 ◆ Cartel de peligro biológico.

104F07.EPS

Figura 7 ◆ Cartel típico de precaución.

El amarillo es el color básico que se usa para la precaución. Se lo usa para identificar lugares donde pueden presentarse peligros físicos por golpes contra objetos, tropezones, caídas y donde existe la posibilidad de quedar atrapado entre obstáculos. El amarillo, el amarillo con bandas negras o las cuadrículas amarillas y negras advierten a los trabajadores de estos peligros.

Los carteles de precaución y los sistemas de tuberías que contienen materiales peligrosos también son amarillos. El amarillo se usa para advertir a los trabajadores sobre el encendido de una máquina que está siendo reparada. Las barreras pintadas y las banderas deben ubicarse en el punto de encendido o en la fuente de energía. Deben quedar a la vista, de modo que los trabajadores los noten fácilmente en lugares como controles eléctricos, escaleras, andamios, bóvedas, válvulas, secadoras, calderas, elevadores y tanques.

2.3.0 Carteles de información

Los carteles de información se usan cuando es necesario brindar información general no relacionada con la seguridad (*Figura 8*). El color habitual es el azul. El fondo, todo el cartel o sólo un panel puede ser azul. Por ejemplo:

- PROHIBIDO EL INGRESO
- NO PASAR
- EXCLUSIVO PARA EMPLEADOS

104F08.EPS

Figura 8 ◆ Cartel común de información.

2.3.1 Carteles de tránsito y mantenimiento

Los carteles de información en blanco y negro se usan como marcas de tránsito y mantenimiento. Estos carteles identifican cosas como por ejemplo:

- Pasajes o pasillos sin salida
- Ubicación de cestos de basura
- Ubicación y ancho de pasillos
- Habitación o pasajes
- Escaleras (elevadores, dirección, bordes)
- Fuentes de bebidas y máquinas expendedoras de alimentos

2.3.2 Carteles indicadores

Los carteles indicadores ayudan a los trabajadores y a los visitantes a encontrar lugares como sanitarios, escaleras y vestuarios. Los colores habituales para los carteles indicadores son blanco y negro.

Los carteles de salida y de extintor de incendio son carteles indicadores especiales que brindan información de seguridad vital y deben tener colores distintivos. Estos son rojo y blanco, como se muestra en la *Figura 9*.

2.3.3 Carteles de tránsito en el lugar de trabajo

Los carteles de tránsito en el lugar de trabajo ayudan al movimiento seguro de vehículos y peatones. Así como se deben respetar los carteles de tránsito de las rutas y calles, también se los debe respetar en el lugar de trabajo.

En vehículos que se mueven a una velocidad de 25 millas por hora (40 kilómetros) o menos, se utiliza un emblema de un vehículo lento. El emblema es un triángulo amarillo anaranjado fluorescente con un borde refractante rojo oscuro (*Figura 10*). Se lo ve con frecuencia en equipos de construcción y agrarios.

2.4.0 Carteles de seguridad

Los carteles de instrucciones de seguridad se usan cuando es necesario dar instrucciones y sugerencias de orden general relacionadas con medidas de seguridad (*Figura 11*). El fondo y las letras de estos carteles son blancos y verdes pero pueden variar según el mensaje y la ubicación del cartel. Las letras que aparezcan sobre el fondo blanco serán negras. Por ejemplo:

- INFORME TODAS LAS CONDICIONES DE INSEGURIDAD AL SUPERVISOR
- CAMINE, NO CORRA
- AYUDE A MANTENER ESTA PLANTA SEGURA Y LIMPIA

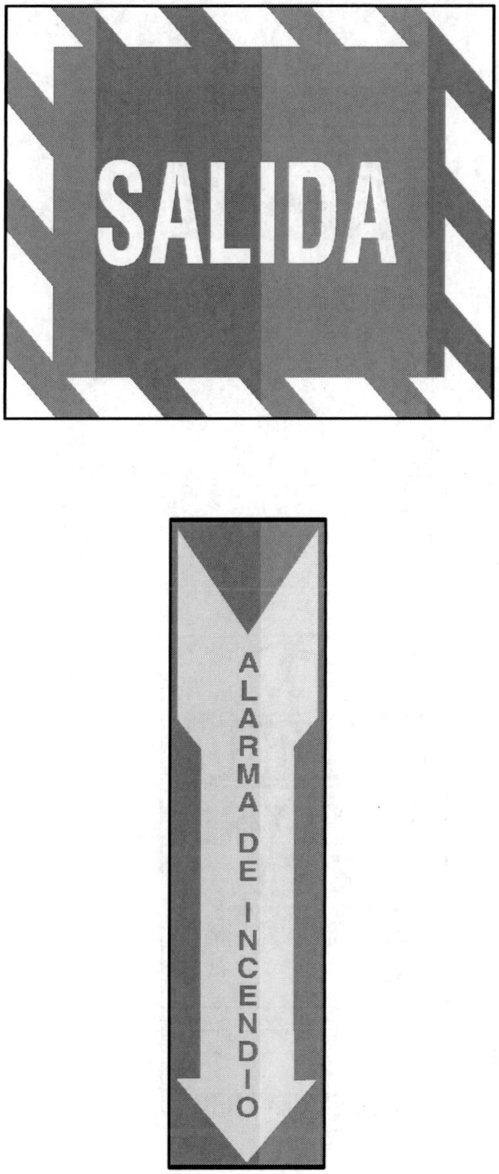

104F09.EPS

Figura 9 ◆ Carteles indicadores.

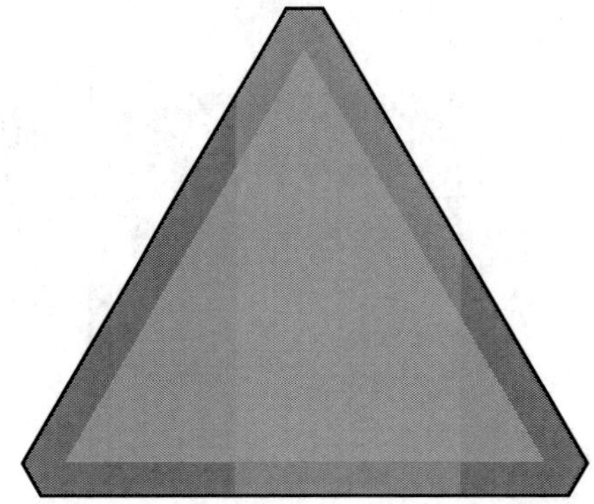

104F10.EPS

Figura 10 ◆ Cartel de vehículo lento.

104F11.EPS

Figura 11 ◆ Cartel común de seguridad.

2.5.0 Etiquetas de seguridad

Las etiquetas de prevención de accidentes se usan como una forma temporal de advertir a los trabajadores sobre peligros inmediatos y potenciales (*Figura 12*). Son similares a los carteles, sin embargo, no están diseñadas para ser utilizadas en reemplazo de los carteles o como medio permanente de protección. Por ejemplo, una etiqueta de Fuera de servicio se puede usar en un equipo averiado hasta que se lo pueda eliminar o reparar. Una etiqueta de No encender puede colocarse en máquinas durante procedimientos de bloqueo. Las etiquetas pueden ser una forma efectiva de proteger a los trabajadores y a la propiedad. Las etiquetas y los dispositivos usados para colocarlas deben cumplir requisitos físicos específicos para garantizar su durabilidad y su eficacia.

2.5.1 Etiquetas de No encender

Estas etiquetas se usan para evitar una aplicación imprevista de energía al equipo que podría resultar en lesiones, daños al equipo o ambos. Las etiquetas deben colocarse en un **lugar evidente** que bloquee efectivamente el mecanismo de encendido. La etiqueta es blanca. El panel cuadrado es rojo y las letras pueden ser blancas, grises o grabadas visiblemente en la etiqueta.

2.5.2 Etiquetas de peligro

Las etiquetas de peligro se usan donde existe un peligro inmediato. Le indican al trabajador que deben tomarse precauciones específicas. Las etiquetas de peligro son blancas. Las letras blancas aparecen sobre un óvalo rojo dentro de un cuadrado negro. Una etiqueta de peligro puede decir: PELIGRO – PELIGROSO – NO USAR.

Figura 12 ◆ Ejemplos de etiquetas de seguridad.

2.5.3 Etiquetas de precaución

Las etiquetas de precaución se usan para advertir a los trabajadores sobre riesgos potenciales y previenen a los trabajadores sobre prácticas inseguras. Estas etiquetas le informan al trabajador que se deben tomar las medidas de precaución correspondientes. Por ejemplo, una etiqueta dice: PRECAUCIÓN – DETENGA LA MÁQUINA PARA LIMPIEZA, ACEITADO O REPARACIÓN. Las etiquetas de precaución son amarillas. Contienen un panel cuadrado negro con letras amarillas.

2.5.4 Etiquetas de Fuera de servicio

Las etiquetas de Fuera de servicio sólo se deben usar para notificar a los trabajadores que una máquina o herramienta en particular está fuera de servicio y que su uso puede representar un riesgo. Las etiquetas de Fuera de servicio son blancas. Contienen un cuadrado negro con letras blancas.

2.5.5 Etiquetas de radiación

Las etiquetas de radiación son amarillas con un panel púrpura rojizo. Las letras que aparezcan sobre el fondo amarillo serán negras. El símbolo de radiación también debe aparecer en la etiqueta. Estas etiquetas notifican a los trabajadores sobre peligros de radiación reales o potenciales.

2.5.6 Etiquetas de peligro biológico

Las etiquetas de peligro biológico significan la presencia de un peligro biológico real o poten-

¿Capta la señal?

Un supervisor de 45 años de una empresa de excavaciones en construcción murió cuando la máquina excavadora que conducía sobre un remolque de plataforma se deslizó lateralmente. Esto pasó porque después de un intento fallido de subir la máquina excavadora sobre la plataforma, decidió conducir subiendo las rampas. Cuando hizo esto, la oruga de la máquina comenzó a deslizarse lateralmente hacia la zanja y la máquina cayó del remolque. El supervisor trató de saltar de la cabina pero quedó atrapado debajo de la estructura de la cabina cuando ésta aterrizó sobre él. Se utilizaron bolsas de aire y bloques para elevar la máquina excavadora y retirar el cuerpo de la víctima. No se usó un observador para dirigir a la máquina excavadora durante este incidente.

Moraleja: Siempre combine con un observador calificado para que le brinde indicaciones visuales o verbales cuando cargue equipos de oruga en un remolque.

Fuente: Instituto Nacional para la Salud y Seguridad Laboral (NIOSH)

cial. Estos peligros pueden ser cualquier agente infeccioso que represente un riesgo real o potencial para los trabajadores. Estas etiquetas generalmente son de color blanco o anaranjado fluorescente con letras negras. La etiqueta también muestra el símbolo de peligro biológico (remítase a la *Figura 6*).

3.0.0 ◆ SEÑALES

Las señales se usan para informar a los trabajadores sobre peligros potenciales. Hay varios tipos de señales que se pueden usar. Estos son:

- Alarmas
- Campanas
- Timbres
- Silbatos
- Sirenas
- Señales manuales

Las señales manuales (*Figura 13*) controlan el tránsito vehicular, el manejo de materiales y dan asistencia a los operadores de equipos. Es esencial que todos los trabajadores afectados sepan qué significa cada señal manual antes de usarla. El significado debe confirmarse entre el operador del equipo y el observador o persona que dará las señales al operador antes de comenzar la tarea.

4.0.0 ◆ BARRICADAS Y BARRERAS

Cualquier abertura en una pared, en el piso o el suelo es un riesgo para la seguridad. Hay dos tipos de protección para estas aberturas: pueden estar valladas o cubiertas. Cubra los agujeros

Esté alerta

Un aprendiz de tendido de cables de 23 años murió por las heridas que sufrió luego de ser arrollado por las ruedas duales de un camión perforador. El joven era parte de un equipo de cinco personas que había estado trabajando en la tarea durante tres días. En el momento del incidente, la víctima y otros dos miembros del equipo acababan de colocar un poste de electricidad y de rellenar la base. Procedieron a seguir con el próximo poste que necesitaba de estructura y colocación y avanzaron 9 metros más adelante del camión que estaba en un carril del camino. El camión se desplazó lentamente en reversa hacia el mismo poste. Un punto aproximadamente a mitad de camino entre los dos postes, la víctima se arrodilló dándole la espalda al camión, aparentemente para escribir una palabra o iniciales en el suelo de la calle. Las ruedas duales traseras del lado del pasajero del camión que retrocedía pasaron por sobre el hombre. El camión no tenía un sistema de alarma de retroceso.

Moraleja: Concéntrese en el trabajo. La comunicación con otros trabajadores puede salvar su vida. Revise si el equipo cuenta con señales de advertencia antes de usarlo. Si no cuenta con señales, use señales de radio o manuales.

Fuente: Instituto Nacional para la Salud y Seguridad Laboral (NIOSH)

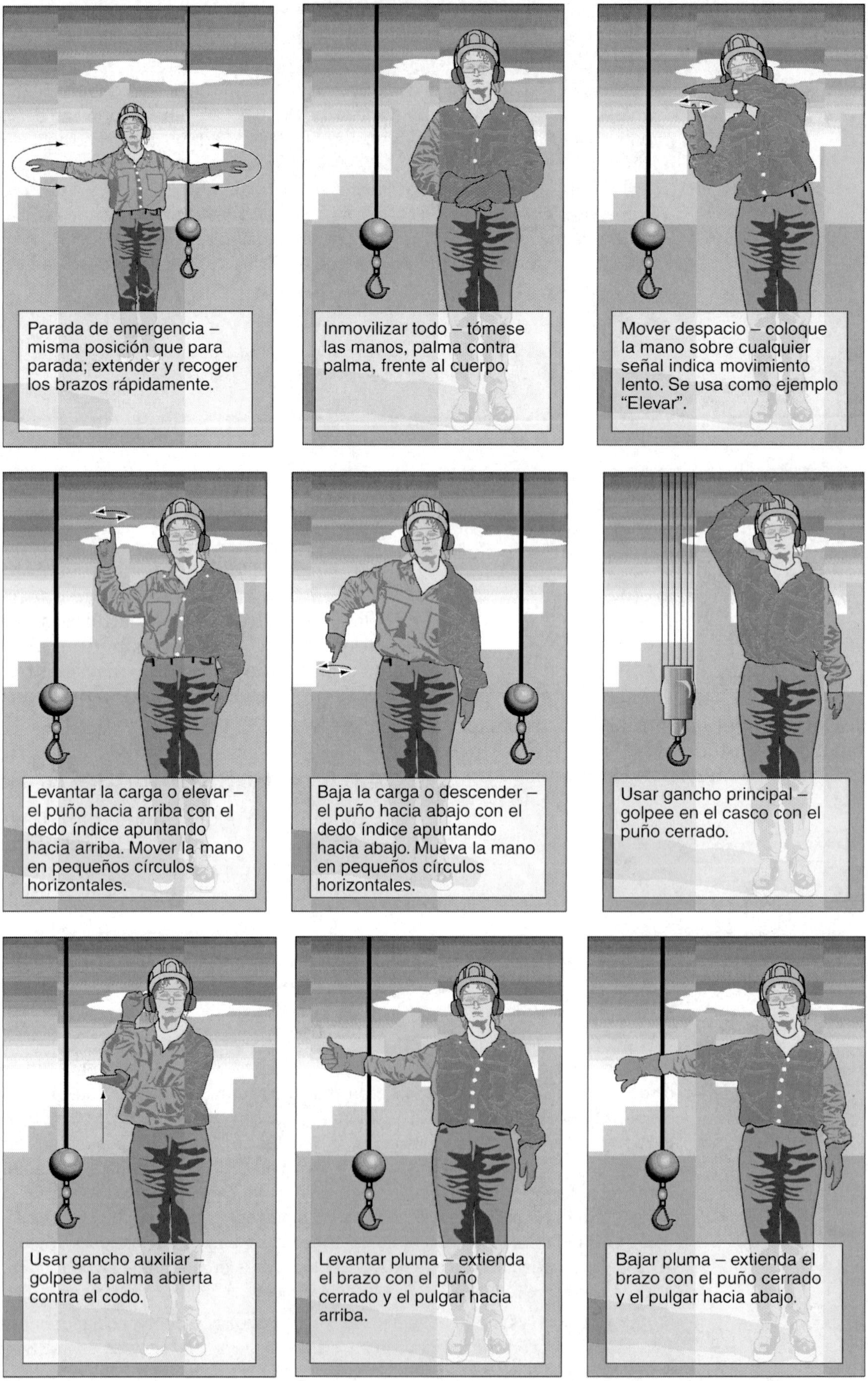

104F13.EPS

Figura 13 ◆ Señales manuales utilizadas durante la operación de grúas y otros vehículos para levantar cargas.

CASOS HISTÓRICOS

Manténgase alerta

Un señalizador de 18 años, vestido con chaleco, pantalones y casco refractantes, dirigía el tránsito en un extremo de la entrada de un puente durante una operación nocturna de fresado. La zona de trabajo estaba correctamente demarcada con conos y carteles y todo el puente estaba iluminado por las luces de la calle. El señalizador estaba de pie debajo de reflectores portátiles en el carril opuesto al tránsito cerca de la línea central, de frente al avance del tránsito. Una camioneta que transitaba por el carril incorrecto a una velocidad de 55 a 60 millas por hora (90 a 100 kilómetros) golpeó la cabeza del señalizador y lo arrastró aproximadamente 200' (60 metros). El joven murió de politraumatismo en el lugar del accidente.

Moraleja: La construcción vial es muy peligrosa. Incluso si se respetan todas las normas de seguridad, aún así se corre riesgo. Manténgase alerta.

Fuente: Instituto Nacional para la Salud y Seguridad Laboral (NIOSH)

siempre que sea posible. Cuando no resulte práctico cubrir un agujero, use barricadas. Si el borde inferior de una abertura en la pared se encuentra a menos de 3' (1 metro) por sobre el piso y puede hacer que alguien caiga más de 4' (1.20 metros), coloque vallas alrededor de la abertura. Hay varios métodos distintos de vallado:

- Las barandillas se usan cruzando aberturas en las paredes o como vallas alrededor de aberturas en el piso para evitar caídas. Vea la *Figura 14(A)*.
- Las barricadas de alerta advierten a los trabajadores sobre el peligro pero no brindan protección. Vea la *Figura 14(B)*. Las típicas barricadas de advertencia son de cuerda o cinta plástica colgadas en alambres o entre postes.

  La cinta o cuerda tiene un código de color:

  – Rojo significa peligro. Nadie puede ingresar a un área con una barricada de advertencia color rojo. Una barricada roja se usa cuando hay peligro de caída de objetos o cuando hay una carga suspendida sobre el área.

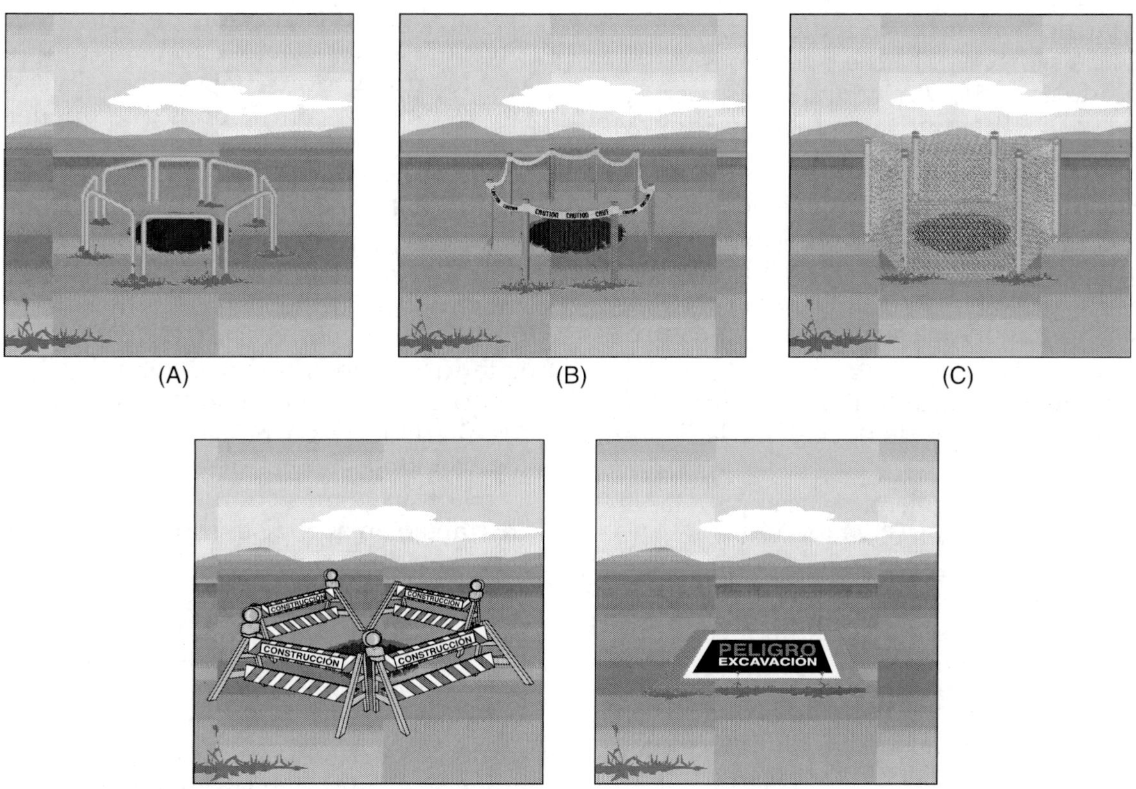

104F14.EPS

Figura 14 ◆ Tipos comunes de barricadas y barreras.

CASOS HISTÓRICOS

Trabaje dentro del área

Un electricista de 41 años murió luego de que cayó de la canastilla de un camión elevador aéreo. Él y dos compañeros de trabajo realizaban la instalación eléctrica de un cartel en el lateral de un puente de una autopista. Los dos carriles de la izquierda estaban cerrados al tránsito. Los trabajadores llegaron al lugar con una camioneta y un camión equipado con una plataforma de trabajo con canastilla acoplada a un brazo hidráulico. En ese momento, la canastilla fue colocada sobre los carriles cerrados. Mientras los compañeros cortaban el caño, la víctima movió la canastilla hacia un lugar por sobre el carril abierto más cercano. Un remolque de tractor se acercó al lugar y observó los conos y carteles de advertencia que indicaban al tránsito que se desviara a la derecha. El conductor se dirigió hacia al lugar de trabajo en el carril abierto al tránsito más cercano a los carriles cerrados. Cuando el camión se acercó al área de trabajo, el conductor notó la canastilla sobre el carril con tránsito por el que él circulaba. Antes de que el conductor pudiera aminorar la marcha o moverse sin riesgos al siguiente carril, el remolque golpeó la canastilla. La colisión hizo que la víctima saliera despedida de la canastilla hacia la superficie de la autopista. El trabajador murió debido a que eligió trabajar fuera de la zona de seguridad establecida.

Moraleja: Trabajar fuera de la zona de seguridad puede ser fatal.

Fuente: Instituto Nacional para la Salud y Seguridad Laboral (NIOSH)

  - Amarillo significa precaución. Se puede ingresar en un área con una barricada amarilla pero debe saber cuál es el peligro y tener cuidado. Las barricadas amarillas se usan alrededor de áreas mojadas o con polvo suelto. El amarillo con letras negras advierte de peligros físicos como chocar contra algo, tropezones o caídas.
  - El amarillo con púrpura indica una advertencia de radiación. Nadie puede pasar una barricada amarilla y púrpura. Estas barricadas se usan a menudo cuando se aplican rayos X a las soldaduras de tuberías.
- Las barricadas protectoras dan una advertencia visual y protección de lesiones. Vea la *Figura 14(C)*. Pueden ser postes y barandillas de madera, postes y cadenas o cables de acero. Las personas no pueden pasar las barricadas protectoras.
- Se colocan luces intermitentes en las barricadas para que se las vea de noche. Vea la *Figura 14(D)*.
- Las cubiertas de los agujeros se usan para tapar agujeros en el piso o en el suelo. Vea la *Figura 14(E)*. Deben estar aseguradas y etiquetadas. Deben ser lo suficientemente fuertes para soportar dos veces el peso de cualquier cosa que pudiera colocarse sobre ellas.

Los tipos de barreras y barricadas que se ven varían entre los lugares de trabajo. También puede haber diferentes procedimientos sobre el momento y la forma de colocar las barricadas. Aprenda y respete las políticas de su lugar de trabajo.

5.0.0 ◆ SEGURIDAD EN ÁREAS DE TRABAJO EN RUTAS

Los contratistas de construcción, agencias contratistas y otros responsables de la seguridad en el área de trabajo enfrentan el desafío de brindar un lugar de trabajo seguro y a la vez asegurar el movimiento seguro del público a través del área de trabajo. La construcción de calles y autopistas presenta situaciones de trabajo complejas en las que los trabajadores encuentran diversos riesgos de lesiones en condiciones que pueden cambiar sin previo aviso.

Los trabajadores de este tipo de construcción están en riesgo de lesiones graves no fatales o fatales cuando trabajan en las proximidades de conductores en tránsito, vehículos y equipos de construcción. Todos los años, más de 100 trabajadores mueren y más de 20,000 resultan heridos en la industria de la construcción vial. Los vehículos y equipos que operan en el área de trabajo o en los alrededores participan en más de la mitad de los accidentes fatales de esta industria.

Las causas más comunes de lesiones en áreas de trabajo en autopista son los camiones, equipos de nivelado y afirmado y los automóviles. En un caso, un trabajador de 27 años murió por las heridas que sufrió cuando un auto a alta velocidad ingresó en el área de trabajo y chocó contra la parte trasera del camión en el que trabajaba.

Es importante saber cómo estar seguro en entorno constantemente inseguro. Respetar las siguientes pautas puede salvar su vida:

CARRIL INTERNO

Seguridad para los señalizadores

Para el trabajo a la luz del día, el chaleco, la camisa o la chaqueta del señalizador debe ser de color anaranjado, amarillo, amarillo verdoso o una versión fluorescente de estos colores.

Para trabajo durante la noche, el chaleco, la camisa o la chaqueta deben ser refractantes. El material refractante debe ser de color anaranjado, amarillo, blanco, plateado, amarillo verdoso o una versión fluorescente de estos colores.

Fuente: Departamento de Transporte (DOT), Manual de Dispositivos de Control de Tránsito Uniformes 2001

- Asegúrese de que todos los carteles (*Figura 15*), dispositivos de advertencia, barreras y barricadas correspondientes estén en su lugar (*Figura 16*).
- Si usted es un señalizador, esté muy atento al tránsito vehicular.

104F15.EPS

Figura 15 ◆ Cartel típico de construcción vial.

- Siempre use un chaleco refractante de alta visibilidad (*Figura 17*) y ropa protectora incluso casco, bandas para brazos y botas.
- Conozca y use las señales manuales correspondientes.
- Asegúrese de tener contacto visual con todos los que usen equipos pesados.

5.1.0 Control de tránsito

Los trabajadores de la construcción vial son responsables de saber las reglamentaciones de tránsito locales, así como también las prácticas de seguridad de su empleador. Los dispositivos de seguridad como los carteles, las señales y las marcas se usan para regular o guiar el tránsito cercano a las construcciones de rutas.

5.1.1 Carteles

Los carteles en áreas de control de tránsito brindan mensajes generales y específicos. Pueden ser tan simples como un cartel de pare o tan complejos como un cartel electrónico que da indicaciones de desvío. Son especialmente importantes en un área de trabajo vial donde hay peligro tanto por el tránsito de la ruta como por el equipo pesado que se utiliza.

104F16.EPS

Figura 16 ◆ Barricadas utilizadas en construcción vial.

104F17.EPS

Figura 17 ◆ Chaleco común refractante de alta visibilidad.

5.1.2 Señalizadores

Los trabajadores que controlan el tránsito se llaman señalizadores. Los señalizadores son responsables de la seguridad de los trabajadores y del público. Deben usar ropa de alta visibilidad y usar dispositivos para señalización manual, como carteles de PARE/DESPACIO, luces y banderas rojas para controlar a los usuarios de la ruta a través de áreas con control vehicular. Los señalizadores deben mantener una distancia segura tanto del tránsito como del equipo pesado de la construcción.

5.2.0 Movimiento de equipos viales pesados

Los trabajadores de la construcción vial operan diferentes tipos y tamaños de equipos pesados como camiones volcadores, retroexcavadoras y niveladoras e incluso excavadoras y topadoras muy grandes. Los trabajadores viales son necesarios para proyectos de construcción vial, de puentes y mantenimiento de rutas.

La carga y movimiento de equipos puede presentar muchos peligros inesperados. Cuando cargue equipo pesado, asegúrese de:

- Siempre hacer señas antes de moverse.
- Usar los topes de la oruga y las cadenas de seguridad.
- Contar con una persona que le dé indicaciones cuando los espacios sean muy reducidos.
- Nunca sobrecargar un remolque.
- Saber siempre la altura, ancho y peso de su carga.
- Usar rampas o bloques fuertes cuando cargue.
- Siempre poner el freno de giro y/o la traba cuando termine la carga.

Respetar estas pautas cuando mueva equipos pesados:

- Verificar que todos los engranajes sueltos, las barras estabilizadoras y las zapatas estén asegurados.
- Seguir las instrucciones del fabricante cuando remolque vehículos.

Use el cinturón de seguridad y mire hacia donde va

Un trabajador de la construcción de 30 años murió en un sitio de construcción vial luego de que el vehículo que conducía chocara con un vehículo que remueve tierra llamado traílla. El camión no tenía instalado un sistema de cinturón de seguridad. Aproximadamente a las 2.30 de la tarde, la víctima conducía el camión que regaba la superficie de la ruta a 70 kilómetros por hora. A la vez, otro trabajador conducía una traílla totalmente cargada en dirección opuesta en la misma sección del camino. Cuando los vehículos se acercaron, el camión de agua viró repentinamente a la izquierda cruzándose en el camino de la traílla. El frente del camión de agua golpeó contra la rueda izquierda de adelante, el conjunto de dirección y el guardafango de la traílla y el camión volcó. La víctima murió instantáneamente como resultado de heridas masivas en la cabeza sufridas en la colisión y el médico forense del condado lo declaró muerto en el lugar de trabajo.

Moraleja: Use el cinturón de seguridad y esté atento a vehículos en tránsito.

Fuente: Instituto Nacional para la Salud y Seguridad Laboral (NIOSH)

- Siempre tener las luces encendidas y usar los carteles y las banderas de advertencia correspondientes.
- No exceder los límites de carga de los puentes.
- Observar si hay lugares angostos o bajos.
- Dejar espacio para la estructura y la pluma cuando gire en esquinas.
- Desacelerar cuando cruce obstáculos, como juntas de dilatación de un puente, vallas de ganado o baches.
- Asegurarse de revisar los espacios en altura cuando mueva equipos con pluma.

> **PRECAUCIÓN**
> El suelo irregular puede hacer que la pluma se balancee y se mueva lo suficiente como para golpear los obstáculos.

Resumen

La seguridad en el área de trabajo es una parte importante de la seguridad general del trabajo. Muchos accidentes ocurren debido a la falta de comunicación. Los carteles, señales y barricadas hacen que la comunicación sea clara en un lugar de trabajo y en zonas públicas donde se realizan trabajos. Es importante saber los peligros de su trabajo y poder reconocer los carteles, señales y barricadas que podrían salvar su vida.

Se debe establecer un área de trabajo despejada con cinta, vallas, conos o barreras. Esto es particularmente importante cuando se trabaja en una calle o autopista transitada. Asegúrese de que su área de trabajo incluya todas las áreas de trabajo. Esté alerta al tránsito.

Preguntas de repaso

1. El cartel usado para informar a los trabajadores que existe un peligro inmediato es un cartel de _____.

a. precaución
b. peligro
c. información
d. advertencia

2. El rojo es el color habitual que se usa para la precaución.

a. Verdadero
b. Falso

3. Las señales manuales se usan para controlar el tránsito vehicular, para el manejo de materiales y para asistir a los operadores de equipos.

a. Verdadero
b. Falso

4. Una barricada que advierte a los trabajadores sobre el peligro pero no brinda protección se llama _____.

a. cubierta de agujero
b. barricada temporal
c. barandilla
d. barricada de advertencia

5. Los vehículos y equipos que operan en el área de trabajo o en los alrededores son responsables de más de la mitad de las muertes en la industria de la construcción vial.

a. Verdadero
b. Falso

En las preguntas 6 a 10, indique la letra de la descripción correspondiente al tipo de cartel o etiqueta.

6. _____ Peligro

7. _____ Precaución

8. _____ De información

9. _____ De seguridad

10. _____ Prevención de accidentes

a. Este cartel o etiqueta se usa cuando es necesario brindar a los trabajadores información general no relacionada con la seguridad.
b. Este cartel o etiqueta se usa cuando es necesario dar instrucciones y sugerencias de orden general relacionadas con medidas de seguridad.
c. Este cartel o etiqueta se usa para informar a los trabajadores que existe un peligro inmediato y deben tomarse precauciones específicas para evitar un accidente.
d. Este cartel o etiqueta se usa como una forma temporal de advertir a los trabajadores sobre peligros inmediatos y potenciales.
e. Este cartel o etiqueta se usa para informar a los trabajadores sobre peligros potenciales o prácticas poco seguras.

GLOSARIO

Términos especializados introducidos en este módulo

Lugar evidente: Lugar particularmente notorio, como lugar adecuado para colocar un cartel o etiqueta importante para asegurar que se lo vea.

Créditos de las figuras

Carteles Marzetta	104F01, 104F12 (E) y (F)
Brigid McKenna	104F02, 104F15, 104F16
IDESCO	104F12 (A) a (D)
Champion America	104F17

MÓDULO 75104-03 — RESPUESTAS A LAS PREGUNTAS DE REPASO

Respuesta	Sección
1. b	2.1.0
2. b	2.2.0
3. a	3.0.0
4. d	4.0.0
5. a	5.0.0
6. c	2.1.0
7. e	2.2.0
8. a	2.3.0
9. b	2.4.0
10. d	2.5.0

SERIE EDUCATIVA CONTREN® — COMENTARIOS DEL USUARIO

NCCER hace el esfuerzo de mantener estos libros de texto actualizados y libres de errores técnicos. Apreciamos su ayuda en este proceso. Si tiene una idea para mejorar este libro de texto, o si encuentra algún error, ya sea tipográfico, o de contenido en los libros de texto de *Contren®*, favor de escribirnos usando esta forma o una fotocopia de la misma. Asegúrese de incluir el número exacto del módulo, la página, una descripción detallada, y la corrección, si es aplicable. Su comentario será traído a la atención del comité técnico de revisión. Gracias por su ayuda.

Instructores – si usted encontró que algún material adicional es necesario para enseñar este módulo con eficacia, por favor déjenos saber para poder incluirlos en la lista de Equipo y Materiales en la guía anotada del instructor.

Dirección postal: Departamento de Desarrollo de Productos
National Center for Construction Education and Research
3600 NW 43rd Street, Bldg. G, Gainesville, FL 32606

Fax: 352-334-0932

E-mail: curriculum@nccer.org

Oficio ________________ Nombre del Módulo ________________

Fecha del Copyright ________ Número del Módulo ________ Número(s) de Página(s) ________

Descripción

____

____

____

____

Corrección (opcional)

____

____

____

Su nombre y dirección (opcional)

____

____

____

Módulo 75105-03

Riesgos de la electricidad y la alta tensión

MAPA DEL CURSO

Este mapa del curso muestra todos los módulos de Seguridad de campo. El orden sugerido de entrenamiento comienza en la parte inferior y avanza hacia arriba. El Patrocinador local del Programa de Entrenamiento puede modificar el orden del entrenamiento.

SEGURIDAD DE CAMPO

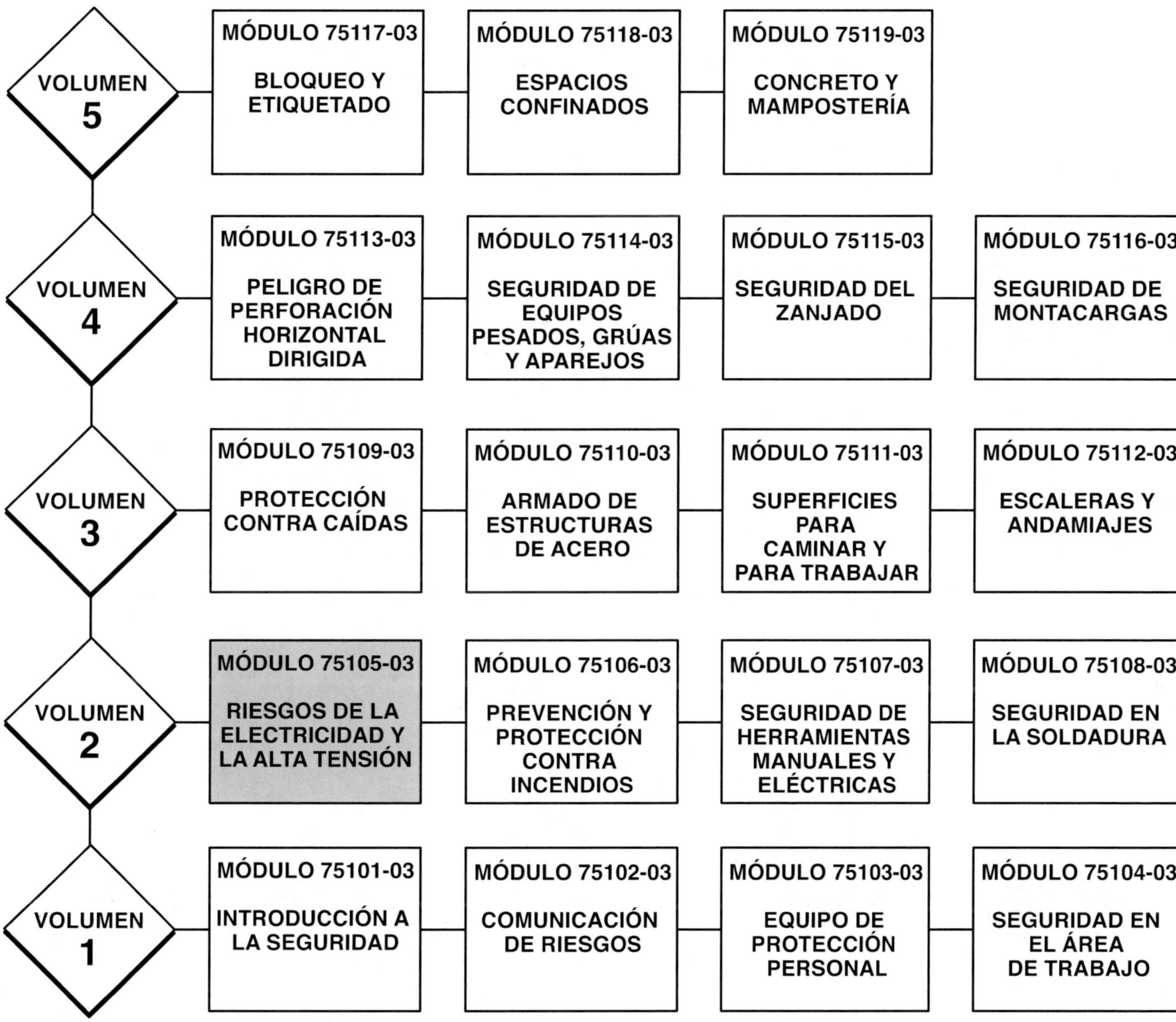

105CMAP.EPS

CONTENIDO DEL MÓDULO 75105-03

Figuras

MÓDULO 75105-03

Riesgos de la electricidad y la alta tensión

Objetivos

Cuando haya terminado este módulo, podrá hacer lo siguiente:

1. Describir los riesgos asociados al trabajo con la electricidad y la alta tensión (también conocida como "voltaje").
2. Describir los efectos de la descarga eléctrica en el cuerpo humano.
3. Definir *aislamiento* y *descarga a tierra*.
4. Describir cómo funciona un disyuntor diferencial (GFCI).
5. Explicar dónde es necesario un disyuntor diferencial.
6. Discutir el objetivo de un programa de conductor de descarga a tierra de equipos asegurado.
7. Definir un *bloqueo y etiquetado* y describir de qué manera protege a los trabajadores.

Prerrequisitos

Antes de comenzar este módulo, se recomienda que haya completado con éxito lo siguiente: Seguridad de campo, Módulos 75101-03 a 75104-03.

Material necesario

1. Lápiz y papel
2. Equipo de protección personal adecuado

1.0.0 ◆ INTRODUCCIÓN

En el lugar de trabajo, se verá expuesto a muchas condiciones potencialmente peligrosas. Ningún manual de entrenamiento, conjunto de normas y reglamentos o enumeración de los peligros puede hacer que las condiciones sean totalmente seguras. Esto es particularmente cierto cuando se trabaja con herramientas eléctricas o cerca de alta tensión. Los accidentes eléctricos son la tercera causa principal de muerte en el trabajo. De hecho, todos los años en los EE.UU. hay aproximadamente 700 muertes relacionadas con electricidad en el trabajo. Sin embargo, es posible trabajar cerca de la electricidad sin sufrir accidentes o lesiones graves. Para estar seguro, usted debe ser consciente de los riesgos potenciales y estar alerta. Se deben tomar las precauciones necesarias y poner en práctica las normas básicas de seguridad. Se debe cuidar la seguridad en todo momento. La seguridad debe convertirse en un hábito. Mantener una actitud positiva frente a la seguridad en el trabajo es un gran paso hacia la reducción del número y de la gravedad de los accidentes. Recuerde: su seguridad depende de usted.

2.0.0 ◆ DESCARGA ELÉCTRICA

El mayor riesgo cuando se trabaja con electricidad, especialmente con alta tensión, es el de una descarga eléctrica. Una causa principal de muerte por descarga eléctrica es porque la corriente eléctrica altera el ritmo cardíaco. Normalmente, el funcionamiento del corazón usa una señal eléctrica muy baja para hacer que el músculo se contraiga y bombee sangre. Cuando una señal eléctrica anormal, como la corriente de una descarga eléctrica, llega al corazón, las señales cardíacas de bajo nivel se ven superadas. El corazón comienza a tener espasmos irregulares y pierde el ritmo con el pulso. Este espasmo se llama **fibrilación**. A menos que se restablezca el ritmo cardíaco mediante un equipo especial de desfibrilación (*Figura 1*), la persona morirá. No se sabe de casos de

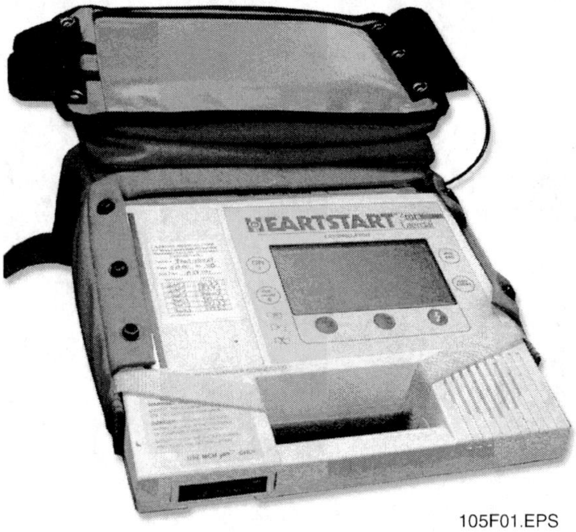

105F01.EPS

Figura 1 ◆ Equipo desfibrilador.

fibrilación cardíaca que se hayan corregido sin el uso de un desfibrilador operado por un médico calificado. Otros efectos de la descarga eléctrica incluyen un paro cardíaco inmediato y quemaduras. Además, la reacción del cuerpo a la descarga puede provocar una caída u otro accidente. También pueden producirse problemas internos posteriores.

2.1.0 Efecto de la corriente

La cantidad de corriente que recorre el cuerpo determina el desenlace de una descarga eléctrica. Cuanto más alta sea la tensión, mayor es la posibilidad de una descarga fatal. En un estudio reciente llevado a cabo en California, EE.UU., la División Estatal de Seguridad Industrial detectó los siguientes resultados:

- En un estudio de diez años, los investigadores revisaron 9,765 lesiones por electricidad. Dos tercios de esos accidentes involucraban conductores de baja tensión, de los que conducen 600 voltios (V) o menos.
- Las herramientas manuales que funcionan con electricidad ocupaban el segundo puesto en cantidad de lesiones. La mayoría de esas lesiones se produjo porque la carcasa de la herramienta recibía electricidad. Estas lesiones se hubieran podido evitar respetando las prácticas seguras correspondientes, mediante herramientas con descarga a tierra o doble aislamiento y mediante la protección de un **disyuntor diferencial (GFCI)**.
- Más del 18% de estas lesiones involucró contacto con niveles de tensión superiores a los 600 V. Cuando las herramientas o equipos tocan cables de alta tensión, la posibilidad de que se produzca una lesión fatal asciende al 28%.

¿SABÍA USTED?

La corriente mata

La corriente, medida en amperios, aumenta si la resistencia, medida en ohmios, disminuye y la tensión, medida en voltios, permanece igual. Por ejemplo, una descarga de un enchufe de 110 V a través de piel seca puede ser molesto; sin embargo, la misma descarga a través de piel transpirada puede ser fatal debido a que la piel húmeda ofrece menos resistencia y aumenta el amperaje de la descarga.

Las corrientes de alta tensión se encuentran principalmente en el cableado de energía. Los equipos eléctricos, el cableado de los edificios y los generadores portátiles generalmente usan baja tensión (menos de 600 V). Debido a la frecuencia de contacto, la mayoría de las muertes por electrocución se produce a baja tensión. Una actitud de descuido con respecto a la baja tensión puede matarlo.

Comprender los riesgos que implica trabajar con equipos eléctricos es el primer paso para aprender a trabajar con seguridad.

2.2.0 Resistencia del cuerpo

La electricidad se traslada en circuitos cerrados y su ruta normal es a través de un conductor. La descarga ocurre cuando el cuerpo pasa a formar parte del circuito eléctrico. Esto se muestra en la *Figura 2*.

La corriente debe ingresar al cuerpo en un punto y salir por otro. La descarga normalmente ocurre de tres formas: la persona debe entrar en contacto con los dos cables del circuito eléctrico, un cable del circuito eléctrico y la tierra o una parte metálica que está en contacto con un cable con carga mientras la persona está en contacto con la tierra. Para comprender acabadamente el daño que produce una descarga eléctrica, debemos comprender algo acerca del cuerpo humano y sus partes: la piel, el corazón y los músculos.

La piel cubre el cuerpo y está formada por tres capas. La capa más importante, en lo que se refiere a una descarga eléctrica, es la capa externa de células muertas llamada capa córnea. Esta capa se compone mayormente de una proteína llamada queratina y es ésta la que da la mayor proporción de resistencia eléctrica del cuerpo. Cuando está seca, la capa externa de la piel puede tener una resistencia de varios miles de ohmios pero cuando está húmeda, hay una notoria disminución en la resistencia. Esto también ocurre si

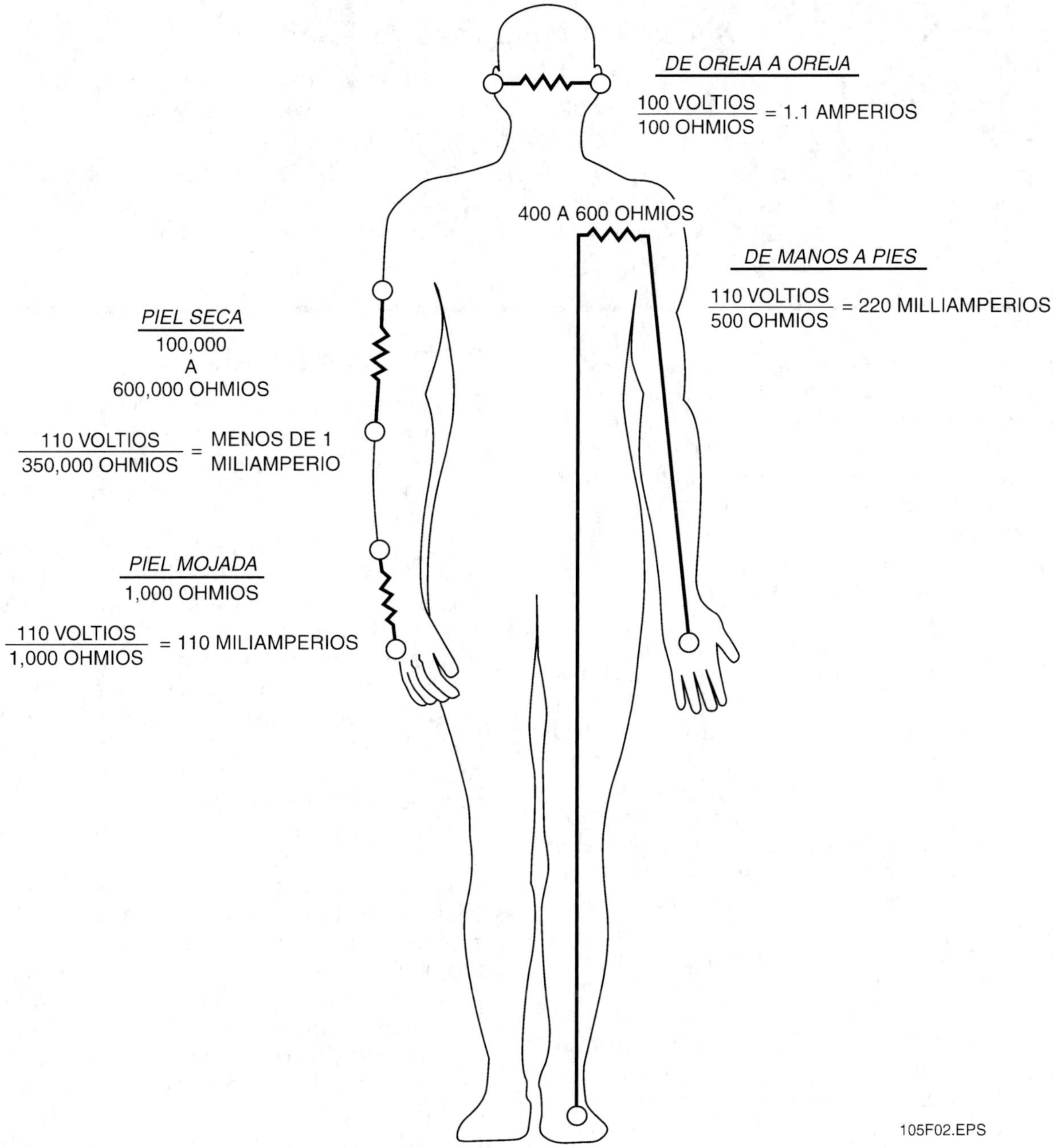

Figura 2 ◆ Corrientes y resistencias típicas del cuerpo.

hay un corte o un raspón que rasgue la capa córnea. La cantidad de resistencia que da la piel varía mucho de persona a persona. Un trabajador con una capa córnea gruesa tendrá una resistencia mucho mayor que alguien con una capa córnea fina, como puede ser un niño. La resistencia también varía en diferentes partes del cuerpo. Por ejemplo, un trabajador con manos con mucha resistencia puede tener una piel de baja resistencia en la parte trasera de la pantorrilla.

La piel, como cualquier aislante, tiene una **tensión de quiebre** en la que deja de funcionar como resistor y se perfora fácilmente, dejando sólo el tejido corporal de menor resistencia para impedir el flujo de corriente. La tensión de quiebre varía según la persona, pero es alrededor de los 600 V. Debido a que la mayoría de los sistemas de distribución industrial funcionan a 4890 V o más, los técnicos que trabajan en esos niveles deben ser conscientes del potencial de descarga.

El corazón es la bomba que genera el flujo sanguíneo en el cuerpo. El flujo sanguíneo es provocado por las contracciones del músculo cardíaco, que es controlado por impulsos eléctricos. Estos impulsos eléctricos se envían a través de un complejo sistema de tejido nervioso con mecanismos temporizadores integrados que hacen que las cavidades del corazón se contraigan en el momento

CASOS HISTÓRICOS

El riesgo adicional del uso de joyas

Las personas que trabajan con electricidad no deben usar ninguna joya, incluidos anillos de boda, pulseras y collares. Un trabajador desafortunado perdió el dedo anular cuando su anillo de bodas entró en contacto con un capacitor eléctrico.

Moraleja: Las joyas generalmente están hechas de materiales que son excelentes conductores, como por ejemplo oro, plata o platino. El uso de estos artículos aumenta notoriamente el riesgo de sufrir lesiones graves o la muerte por una descarga eléctrica.

Fuente: Publicaciones Topaz

exacto. Una corriente eléctrica externa de tan sólo 75 miliamperios puede desordenar el latido rítmico y coordinado del corazón mediante una alteración de los impulsos nerviosos. Cuando ocurre esto, se dice que el corazón está fibrilando y la acción de bombeo se detiene. La muerte ocurre rápidamente si no se recupera el latido normal. Aunque parezca extraño, para desfibrilar un corazón es necesario aplicar una descarga de mayor intensidad.

Los otros músculos del cuerpo también son controlados por impulsos eléctricos enviados a través de los nervios. Una descarga eléctrica puede provocar la pérdida del control muscular, lo que resulta en la imposibilidad de soltar un conductor eléctrico. La descarga eléctrica también puede causar lesiones de naturaleza indirecta en las que la reacción involuntaria del músculo por la descarga puede provocar hematomas, fracturas e incluso la muerte por colisiones o caídas.

La severidad de la descarga recibida cuando una persona pasa a formar parte de un circuito eléctrico se ve afectada por tres factores principales: la cantidad de corriente que fluye por el cuerpo (medida en amperios), el recorrido de la corriente a través del cuerpo y el tiempo que el cuerpo permanece en el circuito. Otros factores que pueden afectar la severidad de la descarga son la frecuencia de la corriente, la fase del ciclo cardíaco cuando ocurre la descarga y el estado general de salud de la persona antes de la descarga. Los efectos pueden variar desde un cosquilleo apenas perceptible a un ataque cardíaco inmediato. Entre una corriente que es apenas perceptible y una que puede ser fatal hay una diferencia de apenas 100 miliamperios.

Una descarga severa puede causar al cuerpo un daño mayor del que se puede ver. Por ejemplo, una persona puede sufrir hemorragias internas y destrucción de tejidos, nervios y músculos. Además, la descarga a menudo es la primera lesión en una cadena de sucesos. La lesión final bien puede ser por una caída, cortes, quemaduras o huesos rotos.

2.3.0 Quemaduras

La lesión más común por la electricidad es la quemadura. Las quemaduras en accidentes eléctricos pueden ser de tres tipos: quemaduras eléctricas, quemaduras de arco y quemaduras térmicas por contacto.

Las quemaduras eléctricas son el resultado del flujo de la corriente eléctrica a través de los tejidos o los huesos. El daño al tejido es provocado por el calor generado por el flujo de corriente a través del cuerpo. Una quemadura eléctrica es una de lesiones más graves que puede sufrir una persona y, en tal caso, debe recibir atención inmediata. Debido a que es muy posible que la quemadura más grave sea interna, lo que puede parecer una pequeña lesión superficial puede ser realmente una indicación de quemaduras internas graves.

Las quemaduras por arco forman gran parte de las lesiones por mal funcionamiento eléctrico. El arco eléctrico entre metales puede ser de hasta 20,000°C, que es casi cuatro veces más que la temperatura de la superficie solar. Los trabajadores que se encuentren a varios metros de la fuente del arco pueden sufrir quemaduras graves o fatales. Debido a que la mayoría de las pautas de seguridad para electricidad recomiendan distancias seguras de trabajo basadas en consideraciones sobre descargas, incluso si los trabajadores respetan estas pautas, pueden estar en riesgo de sufrir quemaduras por arco. Los arcos eléctricos pueden producirse debido a un mal contacto eléctrico o a falta de **aislamiento**. El arco eléctrico se produce por el paso de cantidades considerables de corriente a través del material del terminal vaporizado, generalmente metal o carbono.

Una quemadura térmica por contacto se produce por los objetos despedidos durante una explosión asociada con un arco eléctrico. Esta explosión proviene de la presión que desarrolla el calentamiento casi instantáneo del aire que rodea al arco y de la expansión del metal que se vaporiza. (El cobre se expande en un factor superior a 65,000 veces cuando se vaporiza.) Estas presiones pueden ser lo suficientemente fuertes para impulsar personas, paneles de interruptores y armarios a distancias importantes. Otro peligro asociado a la explosión es el estallido de gotas de metal derretido, que también puede producir quemaduras térmicas y daños asociados. Un efecto positivo posible de la explosión es que podría arrojar a una persona cercana lejos del arco, reduciendo de esta manera el efecto de las quemaduras por arco.

3.0.0 ◆ PELIGROS DE LOS CABLES DE ELECTRICIDAD

Los cables eléctricos flexibles de electricidad (cables de extensión) que se usan para suministrar energía a herramientas y equipos en una construcción son muy comunes en un lugar de trabajo. Dentro de un cable hay conductores que transmiten tensiones potencialmente letales. El aislamiento de la parte externa del cable protege contra una descarga. Sin embargo, el aislamiento del cable está sujeto a daño porque los cables a menudo se usan con brusquedad y están expuestos a tránsito peatonal y vehicular, a bordes filosos y al esfuerzo por tirones. Con el tiempo, el aislamiento protector se puede desgastar o cortar. Una vez que se daña el aislamiento, se puede recibir una descarga por tocar el conductor expuesto. También se puede recibir una descarga si una persona y el conductor expuesto tocan la misma superficie conductora, como metal o agua. Por ejemplo, si está de pie sobre un techado de metal y un conductor toca el techado, usted puede recibir una descarga.

Los siguientes son consejos importantes que pueden protegerlo de una descarga eléctrica:

- Nunca use cinta para reparar un cable eléctrico dañado. No reemplaza el aislamiento original y es posible que no evite una descarga.
- Nunca use un cable al que se le haya quitado el conductor de descarga a tierra (*Figura 3*).

¿SABÍA USTED?

¿Alguna vez se preguntó por qué un ave puede posarse sin inconvenientes en un cable eléctrico mientras otros animales, como las ardillas, generalmente se electrocutan en las líneas de energía o en las subestaciones? Esto se debe a que las aves nunca completan el circuito mediante el contacto con las líneas de energía y la tierra al mismo tiempo. Las ardillas pueden tocar los conductores cargados y la tierra (el poste de energía) simultáneamente y quedar electrocutadas.

- Siempre conecte las herramientas eléctricas a un circuito protegido por un disyuntor diferencial (descrito más adelante en este módulo).
- Tenga mucho cuidado cuando use un cable en una zona húmeda o mojada. Mantenga el cable fuera del agua. La electricidad de un conductor expuesto puede trasladarse por el exterior del cable o por una superficie mojada y darle una descarga.

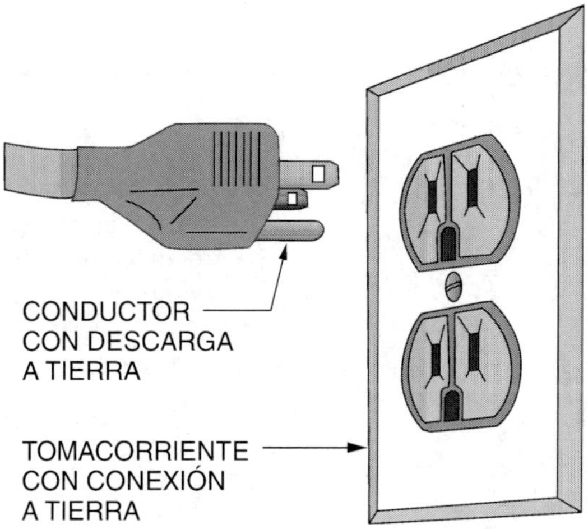

Figura 3 ◆ Conductor eléctrico con descarga a tierra.

Sepa qué hay sobre su cabeza

Cinco empleados construían una barda de eslabones de cadena frente a una casa justo debajo de una línea de energía de 7,200 V. Estaban instalando el cabrio de la barda con secciones de riel de metal de 21' (6 metros). Un empleado levantó una sección de cabrio y la sostuvo en posición vertical. El riel tocó la línea de 7,200 V y el empleado se electrocutó.

Moraleja: Luego de la inspección, la OSHA determinó que el empleado que murió nunca había recibido entrenamiento de seguridad por parte de su empleador ni instrucciones específicas para evitar los riesgos que presentan los cables de energía elevados.

Fuente: Administración de Seguridad y Salud Laboral de los EE.UU. (OSHA)

4.0.0 ◆ PELIGROS DE LA ALTA TENSIÓN

Hay diez veces más posibilidades de que la electricidad de alta tensión, definida como 600 V o más, lo mate en comparación con la tensión residencial, que es de aproximadamente 120 V o 240 V.

Los peligros de la alta tensión provienen de diversas fuentes; sin embargo, las más comunes son:

- El contacto de escaleras, andamios o equipos con brazos, como las grúas, con líneas de energía elevadas.
- El contacto de retroexcavadoras y otros equipos de excavación con líneas de energía subterráneas. Todas las comunidades cuentan con leyes que exigen que los contratistas se comuniquen con la empresa local de energía o una agencia independiente antes de excavar. La agencia indicará la ubicación de las líneas de energía y otros servicios para que se las pueda evitar.

Las líneas principales de energía transportan miles de voltios. El contacto con ellas puede resultar en quemaduras graves o la muerte. Incluso acercarse mucho es peligroso, ya que la alta tensión puede hacer un arco hacia una fuente conductora con descarga a tierra, como lo es una persona.

NOTA
Cualquier persona que corte líneas de energía, gas o comunicaciones está sujeta al costo de reparar las líneas y también puede verse obligada a pagar el tiempo fuera de servicio de los equipos. Imagine cuál sería el costo de pérdida de servicio si alguien cortara un cable que lleva miles de líneas telefónicas.

Antes de comenzar cualquier trabajo, evalúe las líneas de energía elevadas del lugar. Comuníquese con la empresa de servicio para cortar o aislar la líneas si debe trabajar cerca de ellas. Trate todas las líneas como si estuvieran energizadas hasta que la empresa de servicios le haya confirmado que es seguro proceder. La Administración de Seguridad y Salud Laboral de los EE.UU.

CARRIL INTERNO

Trabajo seguro cerca de alta tensión

Si trabaja cerca de equipos de alta tensión, deben colocarse carteles de PELIGRO como el que se ve aquí en el lugar de trabajo. Las líneas eléctricas elevadas no tienen carteles para recordarle el peligro de la tensión. Siempre que trabaje con escaleras, andamios o equipos con brazos mecánicos, asegúrese de que no haya líneas eléctricas cerca.

También es posible que no haya advertencia alguna sobre las líneas eléctricas subterráneas. Para evitar un contacto accidental con estas líneas, la ley exige que se solicite a la autoridad designada que ubique y marque cualquier línea de servicio bajo tierra antes de excavar en la zona.

105SA01.EPS

La puesta a tierra y el aislamiento salvan vidas

CASOS HISTÓRICOS

Un trabajador subía una escalera metálica para entregarle un taladro eléctrico al instalador primerizo que se encontraba a 5' (un metro y medio) por sobre él. Cuando el trabajador que subía llegó al tercer escalón de la escalera, recibió una descarga fatal. Murió porque el cable del taladro que llevaba tenía un cable expuesto que tocó la escalera conductora.

Moraleja: Revise todos los equipos antes de usarlos. Nunca use equipos eléctricos con el cable dañado. Use escaleras de fibra de vidrio cuando trabaje con equipos eléctricos.

Fuente: Administración de Seguridad y Salud Laboral de los EE.UU. (OSHA)

(OSHA) recomienda trabajar a una distancia mínima de seguridad de 10' (3 metros) de las líneas energizadas elevadas. Los equipos deben usarse a velocidades inferiores a las normales para mantener distancias seguras. Use carteles de advertencia. Puede necesitarse un observador para evitar el contacto accidental con las líneas de energía.

5.0.0 ◆ AISLAMIENTO Y DESCARGA A TIERRA

El aislamiento y la **puesta a tierra** son dos medios reconocidos para evitar las lesiones por equipos eléctricos. El aislamiento del conductor puede suministrarse mediante material no conductor como plástico alrededor del conductor. La puesta a tierra puede lograrse con el uso de una conexión directa a una descarga a tierra, como una tubería metálica de agua fría.

Tome el caso de la carcasa o el recinto metálico de un motor o de una herramienta o generador portátil, por ejemplo. Dichos recintos protegen al equipo del polvo y la humedad y evitan el contacto accidental con cables expuestos. Sin embargo, existe un riesgo asociado con las carcasas y los recintos. Un mal funcionamiento del equipo, como aislamiento dañado, puede aumentar el riesgo de una descarga eléctrica. Muchos recintos metálicos están conectados a tierra para eliminar este peligro. Si un cable caliente toca un recinto con descarga a tierra, se produce una falla de descarga a tierra, lo que normalmente haría desconectar a un interruptor de circuito o haría volar un fusible. Los recintos y las carcasas metálicas generalmente se descargan a tierra con un cable que las conecta a la tierra. Esto se llama **conductor con descarga a tierra del equipo**. La mayoría de las herramientas y los aparatos eléctricos portátiles se descargan a tierra de esta manera. La descarga a tierra tiene una desventaja: se puede producir un corte en el sistema de descarga sin que el usuario lo sepa.

El aislamiento puede dañarse si se deja caer la herramienta, si se le usa mucho en el trabajo o simplemente por el tiempo. Si este daño provoca un corte en el sistema de descarga a tierra, existe el riesgo de una descarga y la herramienta debe quedar fuera de servicio. Se puede utilizar el doble aislamiento como protección adicional sobre las partes vivas de una herramienta, pero este doble aislamiento no protege de cables y enchufes defectuosos o de condiciones de mucha humedad. La *Figura 4* muestra un ejemplo de una herramienta con doble aislamiento y sin descarga a tierra.

El uso de un disyuntor diferencial (GFCI) es un método utilizado para superar los problemas de aislamiento y de descarga a tierra.

5.1.0 Disyuntores diferenciales

Un disyuntor diferencial (GFCI) es un interruptor de circuito de acción rápida que percibe los pequeños desequilibrios del circuito provocados por filtraciones de corriente a la tierra. Un disyuntor equilibra constantemente la cantidad de corriente que va a un dispositivo eléctrico con la cantidad de corriente que regresa del dispositivo. Cuando la diferencia entre los valores es de más de 5 miliamperios, el disyuntor interrumpe la energía eléctrica en ¼ de segundo. La *Figura 5* muestra un cable de extensión con disyuntor.

Un disyuntor no lo protegerá del riesgo de contacto entre dos líneas como por ejemplo sostener dos cables vivos o uno vivo y uno neutro en

Figura 4 ◆ Taladro eléctrico con doble aislamiento.

CASOS HISTÓRICOS

Los disyuntores pueden salvarle la vida

Un constructor independiente utilizaba una herramienta de corte de metal en el techo metálico de un porche y no contaba con la protección de un disyuntor (GFCI). Los enchufes macho y hembra de su cable de extensión se separaron un poco y el borne activo tocó el techo metálico. Cuando el constructor tocó tierra en la canaleta de un techo vecino, recibió una descarga fatal.

Moraleja: Siempre use la protección de un disyuntor y sea consciente de los peligros potenciales.

Fuente: Administración de la Seguridad y Salud Ocupacionales (OSHA)

105F05.EPS

Figura 5 ◆ Cable de extensión con un GFCI.

cada mano. Da protección contra la forma más común de descarga eléctrica, que es una falla a tierra. También da protección contra incendios, sobrecalentamiento y deterioro del aislamiento del cableado.

Los disyuntores pueden usarse con buenos resultados para reducir los riesgos eléctricos en los lugares de construcción. La interrupción del flujo del circuito por desconexión del disyuntor es provocada a veces por conectores y herramientas mojadas. Limite la cantidad de agua con la que entran en contacto las herramientas y conectores mediante conectores herméticos o sellables. Tener varios disyuntores o circuitos más cortos puede evitar la desconexión provocada por la filtración acumulativa de varias herramientas o de circuitos demasiado largos.

5.2.0 Requisitos del GFCI

La OSHA determinó que, para minimizar el riesgo de descarga eléctrica en una construcción, es responsabilidad del constructor proporcionar una de las siguientes opciones:

- Disyuntores necesarios para todas las tomas de corriente de 15 A y 20 A, monofásicas, de 120 V que se estén utilizando si no son parte del cableado permanente del edificio o la estructura. Esto puede incluir las tomas en los extremos de los cables de extensión, incluso si la extensión está enchufada en el cableado permanente del edificio.
- Es necesario un **programa de conductor de descarga a tierra de equipos asegurado** registrado y con cronograma para cubrir conjuntos de cables, tomas de corriente que no sean parte del cableado permanente del edificio y equipos conectados mediante cables y enchufes que puedan usar los empleados.

6.0.0 ◆ PROGRAMA DE CONDUCTOR DE DESCARGA A TIERRA DE EQUIPOS ASEGURADO

El programa de conductor de descarga a tierra de equipos asegurado cubre conjuntos de cables, tomacorrientes que no sean parte del cableado permanente del edificio y equipos conectados mediante cables o enchufes que estén disponibles para uso de los empleados. La OSHA exige que se mantenga en el lugar de trabajo una descripción escrita del programa de conductor de descarga a tierra de equipos asegurado del empleador que incluya los procedimientos específicos que se utilizan. Este programa debe describir los procedimientos específicos del empleador para las inspecciones, las pruebas y el cronograma de pruebas exigidos para los equipos.

Las pruebas exigidas deberán ser registradas y el registro se debe mantener en el lugar de trabajo. La descripción escrita del programa y los resultados de las pruebas deben estar a disposición del empleado que los solicite. El empleador debe designar a una o más personas competentes para implementar el programa.

Los equipos eléctricos que figuren en el programa deben ser revisados visualmente en busca de daños o defectos antes del uso diario. No se deben usar los equipos dañados o defectuosos hasta que se los repare. Si se encuentra con un cable, una toma de corriente o equipo con un cable en estado dudoso, no lo use. Muéstreselo inmediatamente al supervisor.

Se exigen dos pruebas para el programa de conductor de descarga a tierra de equipos asegurado. Una es la prueba de continuidad para asegurar que el conductor de puesta a tierra del equipo sea continuo. Debe realizarse en todos los cables, los tomacorrientes no permanentes y los equipos conectados por cables y enchufes que deban ser puestos a tierra. Hay disponibles muchos medidores de continuidad, entre ellos:

- Lámpara y batería
- Alarma y batería
- Multímetro
- Medidor de tomacorrientes

La *Figura 6* muestra un medidor de continuidad y un multímetro. Este equipo se puede utilizar también para realizar una segunda prueba. En la segunda prueba, se revisan los enchufes y tomacorrientes para asegurarse de que el conductor con descarga a tierra del equipo esté conectado en su terminal correcta. No se podrán utilizar los equipos que no pasen estas pruebas hasta que se los repare y pasen las pruebas. Si encuentra una herramienta, una máquina o un equipo que no sean seguros, avise al supervisor. Los cables de extensión con cortes o rotos, las herramientas eléctricas con carcasas rotas o equipos con cables modificados pueden presentar riesgos eléctricos. Deben ser etiquetados y reemplazados o reparados.

7.0.0 ◆ BLOQUEO Y ETIQUETADO

Los procedimientos de bloqueo y etiquetado lo mantienen a salvo de descargas o arranques accidentales cuando trabaja en un circuito eléctrico o cerca de algunos equipos eléctricos. Se corta la energía del sistema y luego se lo aísla con una etiqueta y un dispositivo de bloqueo. La persona que realiza el bloqueo es la única que puede quitarlo. Esto evita que otros enciendan la máquina mientras usted trabaja en ella. Siempre notifique al supervisor cuando realizará un procedimiento de bloqueo y etiquetado.

Si trabaja más de una persona en el mismo circuito, cada persona realiza un bloqueo y un etiquetado. La *Figura 7* muestra un dispositivo para múltiples bloqueos y etiquetados.

> **NOTA**
> Los procedimientos de bloqueo y etiquetado se tratan en más detalle en el módulo, *Bloqueo y Etiquetado.*

8.0.0 ◆ RESPUESTA ANTE EMERGENCIAS

Si alguien cercano a usted recibe una descarga eléctrica, no toque a esa persona. En cambio, corte inmediatamente la fuente de energía. Si no fuera posible, trate de usar material no conductor como una frazada, una cuerda, una chaqueta o un pedazo de madera seca para separar a la persona de

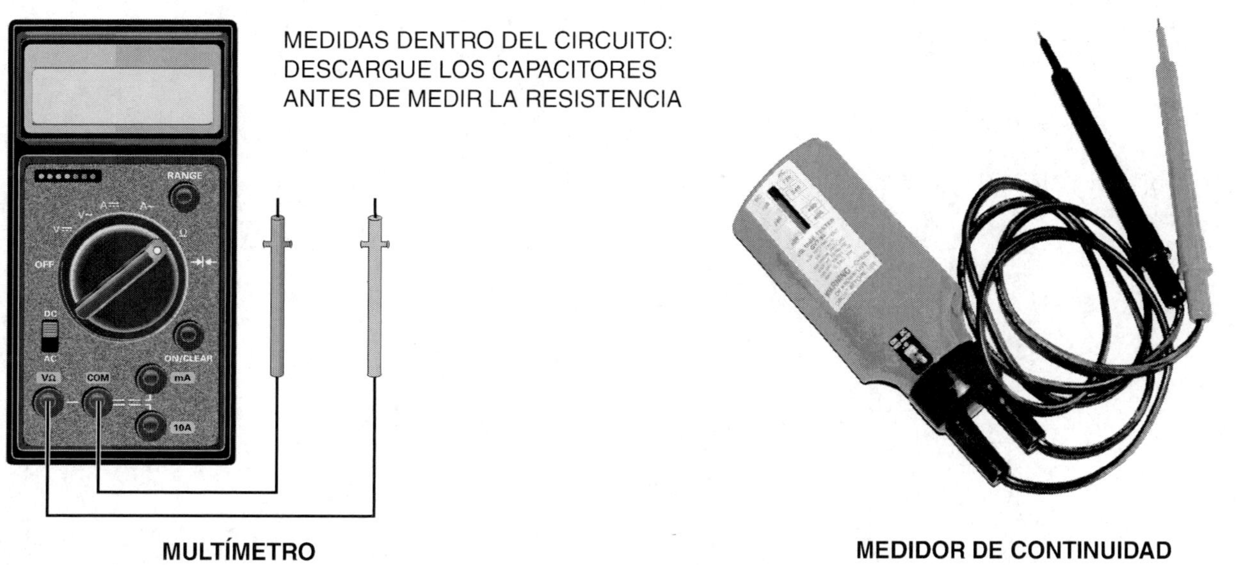

Figura 6 ◆ Equipos de medición.

la fuente eléctrica. Nunca use algo húmedo o mojado. Si toca a la persona con el cuerpo, usa un objeto metálico o material mojado o húmedo, usted podría convertirse en otra víctima.

Una vez que la persona ha sido separada de la fuente de descarga, solicite inmediatamente asistencia médica. Si la víctima no respira, una persona entrenada debe comenzar inmediatamente la respiración artificial.

105F07.EPS

Figura 7 ◆ Dispositivo múltiple para bloqueos y etiquetados.

Resumen

La seguridad debe de ser su preocupación principal en todo momento para que no convertirse en víctima o causante de un accidente. La OSHA y su empleador indican los requisitos de seguridad y las prácticas de trabajo seguras. Usted debe respetar todos los requisitos de seguridad y las prácticas y procedimientos seguros de trabajo de su empleador. También, debe ser capaz de identificar los riesgos potenciales del lugar de trabajo. Las consecuencias de una conducta insegura en el trabajo pueden ser costosas, dolorosas e incluso mortales.

Aquí encontrará un resumen de las cosas importantes que debe recordar sobre la seguridad con la electricidad:

- Use cables de extensión de tres conductores y protéjalos de daños. Nunca use cables dañados.
- Asegúrese de que los paneles, interruptores, tomacorrientes y enchufes estén puestos a tierra.
- Nunca use escaleras metálicas cerca de fuentes de electricidad.
- Siempre revise las herramientas eléctricas antes de usarlas.
- Nunca opere un equipo eléctrico que tenga un dispositivo de bloqueo instalado.
- Use un disyuntor.

Preguntas de repaso

1. Algunas lesiones por descarga eléctrica pueden deberse a una caída provocada por la reacción del cuerpo a la descarga.
   a. Verdadero
   b. Falso

2. En un accidente con electricidad, cuanto mayor sea la tensión que pasa por el cuerpo, _____.
   a. mayor será la resistencia de la capa córnea del cuerpo
   b. mayor será la posibilidad de una descarga fatal
   c. mayor será la posibilidad de que el trabajador sea arrojado lejos del peligro
   d. menor será el amperaje necesario para matarlo

3. El contacto con conductores de baja tensión provoca la mayoría de las muertes por electrocución.
   a. Verdadero
   b. Falso

4. La fibrilación ocurre cuando una corriente eléctrica de tan sólo 75 miliamperios altera el ritmo de bombeo cardíaco normal.
   a. Verdadero
   b. Falso

5. La descarga puede ocurrir de cualquiera de estas formas, *salvo* por contacto con _____.
   a. agua y un cable puesto a tierra
   b. ambos cables de un circuito eléctrico
   c. un cable de un circuito y la tierra
   d. la tierra y un objeto metálico energizado por contacto con el circuito

6. Una quemadura _____ es una de lesiones más graves que puede sufrir y, en tal caso, debe recibir atención médica inmediata.
   a. por arco
   b. eléctrica
   c. de polvo
   d. térmica por contacto

7. Un disyuntor diferencial es un interruptor de circuito de acción rápida que percibe los pequeños desequilibrios del circuito y desconecta rápidamente la electricidad.
   a. Verdadero
   b. Falso

8. Un disyuntor brinda protección contra todo lo siguiente, *salvo* contra _____.
   a. fallas de descarga a tierra
   b. contacto entre dos líneas
   c. sobrecalentamiento
   d. deterioro del aislamiento del cableado

9. Todos los equipos de medición a continuación se pueden usar para medir la continuidad de un conductor de puesta a tierra del equipo *salvo* un _____.
   a. amperímetro
   b. lámpara y batería
   c. medidor de tomacorrientes
   d. multímetro

10. Todo lo siguiente debe formar parte de un procedimiento de bloqueo y etiquetado *salvo* _____.
    a. la prueba del equipo para descubrir por qué falla
    b. la notificación al supervisor o al técnico de seguridad
    c. la desconexión del equipo
    d. el bloqueo y etiquetado de la fuente de energía del equipo

PERFIL DEL ÉXITO

Paul Foley, Foster Wheeler Corp.

Gerente de Seguridad

¿Cómo eligió hacer una carrera en la industria de la seguridad?

Al principio de mi carrera, noté que no había nadie en el lugar de trabajo para brindar atención médica inmediata. Fui a la escuela nocturna para ser técnico en emergencias médicas (EMT). Durante el transcurso de un corte programado de una planta de energía, un empleado se quebró un brazo y yo lo entablillé. Al día siguiente, el dueño me preguntó por qué había interferido con el superintendente que iba a brindar la atención. Le expliqué que estaba entrenado para manejar situaciones de emergencias médicas y, en lugar de despedirme, me ofreció trabajo como especialista en seguridad.

¿Qué tipo de entrenamientos ha recibido?

He asistido al Curso de Técnico de Seguridad de NCCER, al OSHA 500, al Instituto de Tecnología de Georgia, al Curso de Competencia de Entrenador en Andamios, al programa de promoción de Sistemas de Andamios Safeway, a Servicios Médicos en Emergencia, al Daytona Beach Community College, al de Entrenador en Respirador de 3M, al entrenamiento de desarrollo y liderazgo del ejército de los EE.UU.

¿Qué tipo de trabajos ha realizado en su carrera?

He sido técnico de seguridad en sitio, supervisor de seguridad en sitio, gerente de seguridad en sitio, gerente de casos médicos, instructor de concientización de seguridad para supervisores y especialista con orientación.

Cuéntenos acerca de su trabajo actual.

Actualmente trabajo en un proyecto de una planta de energía en Pensilvania. Mis tareas incluyen gerencia de casos médicos, auditorías de sitio diarias, orientación para empleados nuevos, investigación de accidentes (no hay muchos que investigar), asesoramiento sobre peligros en lugares cerrados y administración de primeros auxilios.

¿Qué factores han contribuido más a su éxito?

El ejército me dio la confianza y el conocimiento para liderar. El curso de tecnología en seguridad y el OTI 500 me dieron credibilidad para abordar a posibles empleadores.

¿Qué consejo les daría a los nuevos en la industria de la seguridad?

No importa cuánta autoridad les asignen o cuánto entrenamiento tengan, no olviden de que la única razón por la que tienen un trabajo es por las personas que lo rodean. Algunas empresas dan mucho poder a los profesionales de seguridad; no abusen de ese poder. Los compañeros y subordinados los respetarán si son honestos y humildes; no dobleguen la autoridad por el ego.

GLOSARIO

Términos especializados introducidos en este módulo

Aislamiento: Práctica de colocar material no conductor como plástico alrededor del conductor para evitar que la corriente pase a través de él.

Conductor con descarga a tierra del equipo: Cable que conecta las carcasas y contenedores metálicos a la tierra.

Disyuntor diferencial (GFCI): Interruptor de circuito de acción rápida que percibe los pequeños desequilibrios del circuito provocados por filtraciones de corriente a la tierra y que, en una fracción de segundo, desconecta rápidamente la electricidad.

Fibrilación: Contracciones rápidas e irregulares de las fibras musculares del corazón que resultan en la falta de ritmo entre los latidos y el pulso.

Programa de conductor de descarga a tierra de equipos asegurado: Plan detallado que especifica las inspecciones y pruebas de equipos requeridas por el empleador y un cronograma para llevar a cabo esas inspecciones y pruebas.

Puesta a tierra: Proceso de conectar directamente un circuito eléctrico a una conexión a tierra conocida para brindar un nivel de referencia de tensión cero para el equipo o el sistema.

Tensión de quiebre: Tensión en la cual un aislante sufre un quiebre y deja de actuar como resistor.

Créditos de las figuras

Charles Burke	105F01
Coleman Cable Inc.	105F05
Veronica Westfall	105F06

MÓDULO 75105-03 — RESPUESTAS A LAS PREGUNTAS DE REPASO

Respuesta	Sección
1. a	2.0.0
2. b	2.1.0
3. a	2.1.0
4. a	2.2.0
5. a	2.2.0
6. b	2.3.0
7. a	5.1.0
8. b	5.1.0
9. a	6.0.0
10. a	7.0.0

SERIE EDUCATIVA CONTREN® — COMENTARIOS DEL USUARIO

NCCER hace el esfuerzo de mantener estos libros de texto actualizados y libres de errores técnicos. Apreciamos su ayuda en este proceso. Si tiene una idea para mejorar este libro de texto, o si encuentra algún error, ya sea tipográfico, o de contenido en los libros de texto de *Contren*®, favor de escribirnos usando esta forma o una fotocopia de la misma. Asegúrese de incluir el número exacto del módulo, la página, una descripción detallada, y la corrección, si es aplicable. Su comentario será traído a la atención del comité técnico de revisión. Gracias por su ayuda.

Instructores – si usted encontró que algún material adicional es necesario para enseñar este módulo con eficacia, por favor déjenos saber para poder incluirlos en la lista de Equipo y Materiales en la guía anotada del instructor.

Dirección postal: Departamento de Desarrollo de Productos
National Center for Construction Education and Research
3600 NW 43rd Street, Bldg. G, Gainesville, FL 32606

Fax: 352-334-0932

E-mail: curriculum@nccer.org

Oficio Nombre del Módulo

Fecha del Copyright Número del Módulo Número(s) de Página(s)

Descripción

Corrección (opcional)

Su nombre y dirección (opcional)

Módulo 75106-03

Prevención y protección contra incendios

MAPA DEL CURSO

Este mapa del curso muestra todos los módulos de Seguridad de campo. El orden sugerido de entrenamiento comienza en la parte inferior y avanza hacia arriba. El Patrocinador local del Programa de Entrenamiento puede modificar el orden del entrenamiento.

SEGURIDAD DE CAMPO

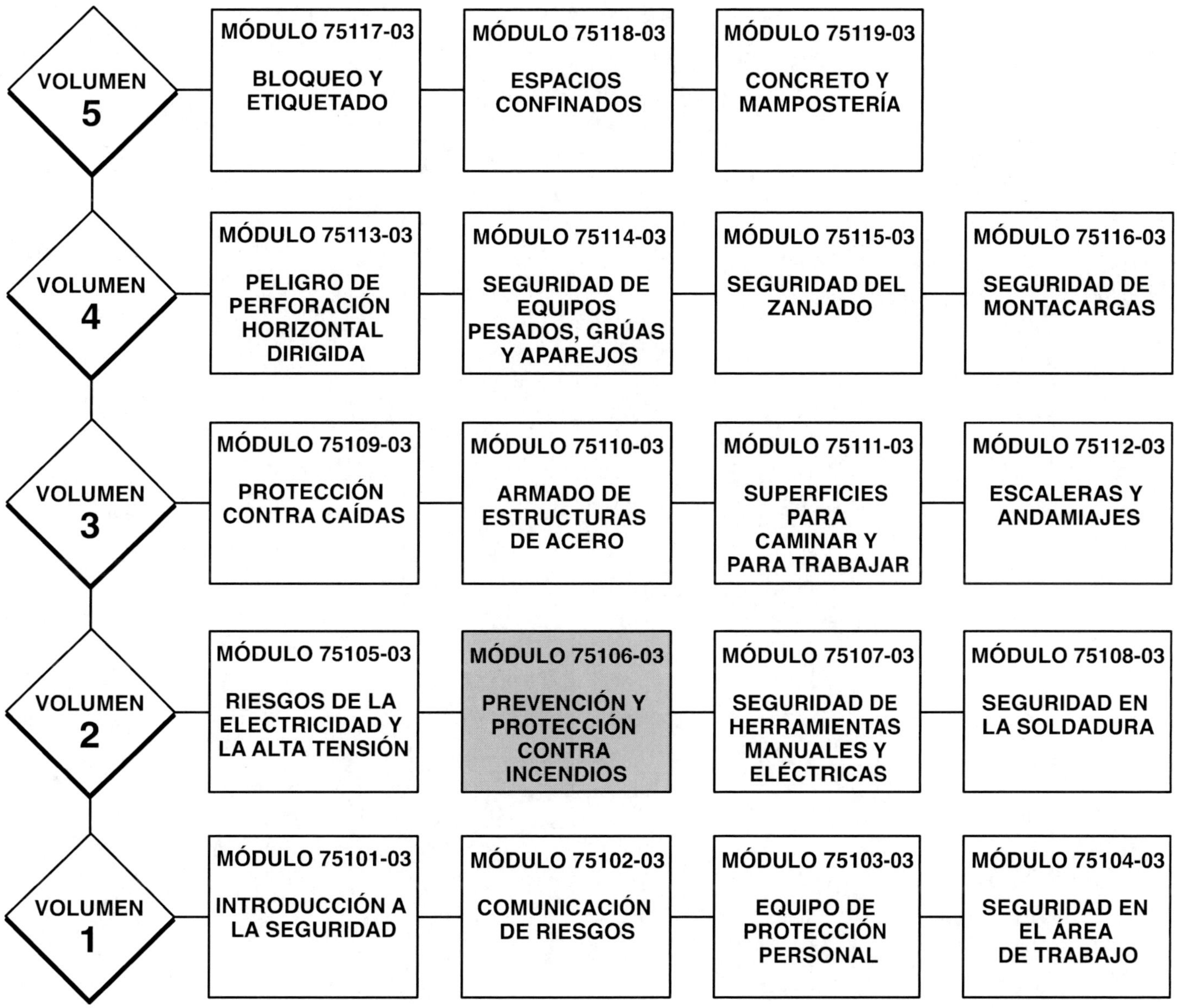

106CMAP.EPS

CONTENIDO DEL MÓDULO 75106-03

Figuras

MÓDULO 75106-03

Prevención y protección contra incendios

Objetivos

Cuando haya terminado este módulo, podrá hacer lo siguiente:

1. Identificar las fuentes de combustible típicas en un lugar de construcción.
2. Identificar las fuentes de ignición típicas en un lugar de construcción.
3. Explicar los procedimientos correctos para el almacenamiento y el manejo de materiales inflamables.
4. Explicar los tipos de extintores de incendios y nombrar el tipo de incendio para el que resulta más eficaz cada uno.
5. Identificar el tipo y el uso de un extintor de incendios a partir de la etiqueta.
6. Usar un extintor para apagar un incendio.

Prerrequisitos

Antes de comenzar este módulo, se recomienda que haya completado con éxito lo siguiente: Seguridad de campo, Módulos 75101-03 a 75105-03.

Material necesario

1. Lápiz y papel
2. Equipo de protección personal adecuado

1.0.0 ◆ INTRODUCCIÓN

Un incendio es un riesgo que es extremadamente peligroso y, a la vez, muy evitable. La prevención de incendios puede ser tan sencilla como mantener las **fuentes de combustibles** alejadas de fuentes de calor. Si trabaja de manera descuidada cerca de fuentes de combustibles, como propano, madera, papel o pintura, puede iniciar rápidamente un incendio que podría resultar en lesiones graves, grandes daños y la muerte. Las lesiones y muertes relacionadas con el fuego son generalmente provocadas por la inhalación de humo u otros gases tóxicos, quemaduras, caídas debido a la poca visibilidad o al desmoronamiento de estructuras así como por quedar atrapado por la caída de escombros.

Este módulo trata sobre las fuentes típicas de combustible e ignición presentes en un lugar de construcción, las formas de evitar que se inicie un incendio y cómo protegerse y proteger a los compañeros y el lugar de trabajo de los incendios.

2.0.0 ◆ FUENTES DE COMBUSTIBLE

Si mira alrededor en el lugar de trabajo, verá varios artículos que pueden considerarse combustible para un incendio. Las fuentes comunes de combustible son:

- Material de construcción **combustible** y escombros como vigas y restos de madera
- Pilas de basura, cestos y contenedores de basura
- Combustible en grandes cantidades, pintura, solventes y gases de soldadura
- Gasolina, propano o combustible diesel en áreas de recarga
- Gas licuado de petróleo (PL)
- Solventes como queroseno o diluyente de pintura (*Figura 1*)

CARRIL INTERNO

Cifras de incendios en la construcción

- Se calcula que cada año se producen 4,800 incendios en sitios de construcción.
- Estos incendios provocan daños en la propiedad por $35 millones por año.
- Los incendios en la construcción son responsables de 30 lesiones graves y 10 muertes por año. Eso significa que un trabajador de la construcción muere o se lesiona cada una semana y media por incendios en los EE.UU.
- Los incendios en sitios de construcción son más difíciles de controlar y de apagar que los residenciales o en bosques debido a los materiales y químicos que se usan en el lugar de trabajo.

Fuente: Administración contra Incendios de los Estados Unidos de América

106F01.EPS

Figura 1 ◆ Fuente de combustible.

Se pueden encontrar en el lugar de trabajo algunos líquidos peligrosamente **inflamables**, como el estireno, el acrilato de metilo y el acrilonitrilo. Pueden emanar suficiente vapor a temperaturas normales para forma mezclas inflamables con el aire. El gas propano líquido, una fuente de combustible alternativa de uso común en lugares de trabajo, es altamente inflamable y más denso que el aire. El gas propano líquido se asienta al nivel del piso como una manta, de modo tal que no es fácil detectarlo por el olfato. Si alguien enciende un fósforo o produce una chispa cerca de un pérdida de gas propano líquido, se producirá un incendio o una explosión. Por lo tanto, todas las sustancias químicas del lugar de trabajo deben tratarse como riesgos graves de incendio y se deben leer y respetar cuidadosamente todas las advertencias e indicaciones sobre su almacenamiento y uso.

3.0.0 ◆ FUENTES DE IGNICIÓN

Lo que se necesita para que comience un incendio se muestra como un **triángulo de fuego** (*Figura 2*). Las **fuentes de ignición** son aquellas cosas que producen calor o llama en un ambiente. Las fuentes de ignición o de calor a veces son obvias y otras veces, no. Algunas fuentes obvias de ignición son: equipos de soldadura, amoladoras (*Figura 3*), calderos de alquitrán para techados, calentadores, sistemas de iluminación temporales y encendedores y cigarrillos. Cada una estas cosas produce suficiente calor y/o llama para iniciar un incendio. Es por esa razón que se las considera fuentes de ignición.

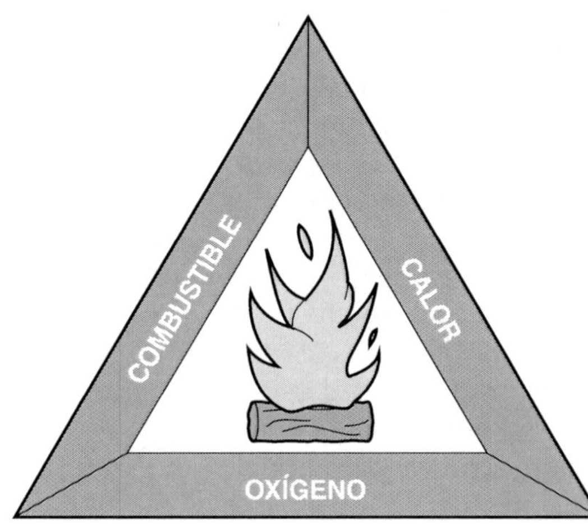

106F02.EPS

Figura 2 ◆ Triángulo de fuego.

106F03.EPS

Figura 3 ◆ Fuentes de ignición.

Menos obvios, pero quizás más peligrosos, son los peligros de incendio que presentan las diversas sustancias químicas en el lugar de trabajo. Las sustancias altamente reactivas, como polímeros, ácidos y petroquímicos, pueden producir reacciones fuertes y descontroladas que pueden provocar una explosión o calor suficiente para iniciar un incendio.

Incluso las reacciones lentas pueden ser peligrosas si involucran grandes cantidades de material o si el calor y los gases están encerrados, como en un tambor de almacenamiento sellado. Los tambores que están hinchados y deformados por la presión excesiva son muy peligrosos. Pueden romperse en cualquier momento sin aviso previo y así liberar su contenido e iniciar un incendio. Los incendios de materiales reactivos peligrosos pueden ser más riesgosos que otros tipos de incendios. El calor de estos incendios puede llevar a reacciones químicas violentas y sin control así como a la posible ruptura explosiva de contenedores sellados.

Es importante conocer y reconocer las fuentes de ignición potenciales en su entorno de trabajo. Siempre consulte con el supervisor si no está seguro acerca de una posible fuente de ignición.

CASOS HISTÓRICOS

Respete las normas

Dos empleados soldaban soportes en un tanque para almacenamiento de aceite de 55,000 galones (200,000 litros). El tanque contenía vapores explosivos de un residuo químico y materiales oleosos de estaciones de servicio de camiones y autos. Un trabajador murió y el otro resultó herido cuando el tanque explotó y la parte superior salió despedida. Ninguno de los trabajadores tenía permiso para trabajar en el tanque ni estaban usando el equipo de protección personal correspondiente.

Moraleja: El trabajo en caliente, como la soldadura, puede provocar incendios y explosiones. Nunca trabaje en un área peligrosa sin autorización y siempre use el equipo de protección correspondiente.

Fuente: Administración de Seguridad y Salud Laboral de los EE.UU. (OSHA)

4.0.0 ◆ PLAN DE ACCIÓN EN EMERGENCIA

La persona competente designada por la empresa, a veces llamado jefe de brigada de incendios o coordinador de plan de acción en emergencias, es responsable de crear un plan de acción en emergencias. Este plan describe las acciones que deben realizar los empleados para garantizar la seguridad en caso de que ocurra un incendio u otra situación de emergencia. Está formado por los siguientes puntos:

- Condiciones en las cuales será necesaria una evacuación
- Una cadena de mandos clara
- Una persona autorizada para ordenar la evacuación
- Procedimientos de evacuación y asignación de rutas de escape en emergencias (*Figura 4*)

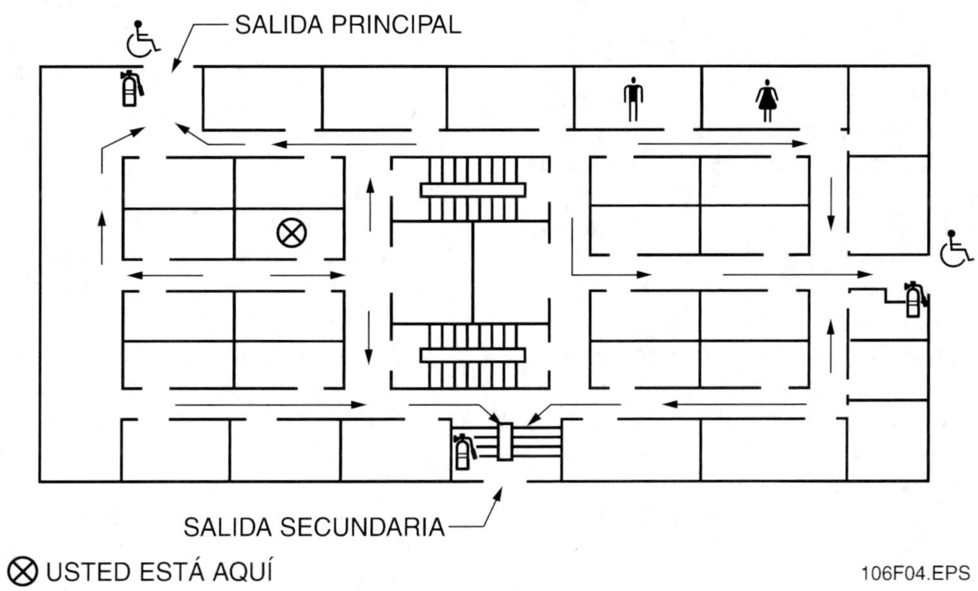

Figura 4 ◆ Plan típico de escape en emergencia.

CARRIL INTERNO

No se queme

Aquí hay algunos datos sobre la gasolina.

- Cuatro litros de gasolina tienen la misma fuerza explosiva que 14 cartuchos de dinamita.
- Los vapores de gasolina son más densos que el aire, pueden trasladarse varios metros hasta una fuente de ignición y pueden encenderse a temperaturas de 45°F (8°C). Para estar seguro, mantenga los envases de gasolina abiertos lejos de toda fuente potencial de ignición.
- La gasolina tiene poca conductividad eléctrica. Como consecuencia, se genera una carga de electricidad estática sobre la gasolina a medida que fluye por una tubería o una manguera. Entrar y salir del auto durante la carga puede generar carga estática, especialmente en días secos. La carga puede provocar una chispa que enciende los vapores de la gasolina si se produce cerca de la boquilla de combustible.

Fuente: Departamento de Energía de los Estados Unidos de América

- Un área de encuentro designada fuera del edificio
- Procedimientos para ayudar a los visitantes a evacuar
- Procedimientos para ayudar a quienes tengan incapacidad o dificultad para comprender el idioma
- Procedimientos para los trabajadores que se quedan para realizar operaciones cruciales de la planta antes de evacuar
- Procedimientos para contar a los trabajadores después de que se haya completado la evacuación
- Personal designado para rescate y primeros auxilios

Si no está seguro acerca del plan de acción de su lugar de trabajo, pida al supervisor que se lo explique. Puede ser la diferencia entre la vida y la muerte.

5.0.0 ◆ DISPOSICIÓN DEL LUGAR

El riesgo de incendio puede reducirse notoriamente mediante la disminución de los peligros de incendio. Tenga en cuenta la diversidad de cosas que ocurren en una construcción todos los días. Una persona puede estar afilando herramientas en un lugar mientras alguien trabaja con diluyente de pintura en otro. La combinación de chispas y emanaciones combustibles podría resultar en un desastre. Una forma de evitar estos desastres es distribuyendo las tareas en el lugar de manera que las fuentes de combustible estén lo suficientemente alejadas de las fuentes de ignición para que haya muy poca posibilidad de que ocurra un incendio. Un **técnico de seguridad** es responsable de distribuir los espacios para mantener el riesgo de incendio a niveles aceptables, pero usted puede colaborar prestando atención a los problemas y avisando al supervisor o al técnico de seguridad si:

- Las salidas de incendio y las rutas de escape no están despejadas y transitables.
- Algún sector no está accesible para combatir el incendio.
- Las zonas de distribución y almacenamiento de combustible no están alejadas del resto del sitio.
- Hay personas fumando en sectores donde hay colocados carteles de Prohibido fumar.
- Los sistemas eléctricos no están conectados y puestos a tierra correctamente.

Si nota alguno de estos problemas o hay alguna otra cosa que le preocupe, dígalo inmediatamente al supervisor o al técnico de seguridad. Podría salvar vidas.

6.0.0 ◆ OTRAS PRECAUCIONES

Usar el sentido común es la mejor forma de evitar incendios. Aquí hay otros consejos para ayudar a reducir el riesgo de incendio en el lugar de trabajo.

- Asegúrese de que las lonas y cubiertas que usa sean ignífugas. De esa manera, si entran en contacto con una fuente de ignición, como un calentador o un cigarrillo encendido, no arderán.
- Use los calentadores temporales sólo en el momento y lugar que sea absolutamente necesario. Los calentadores son fuentes de ignición obvias. Dejarlos sin atención o el uso de muchos de ellos aumenta la posibilidad de un incendio.
- Sólo guarde el suministro de material inflamable para un día dentro del edificio y mantenga el material en **recipientes de seguridad** aprobados por UL (Underwriters Laboratories).

Mantener la cantidad de combustible del lugar al mínimo reducirá el riesgo de un incendio y disminuirá la gravedad de un incendio si ocurriera.

- Fíjese a su alrededor antes de colocar una fuente de ignición. Antes de colocar un caldero de brea o alquitrán, de usar una amoladora o soldadora, de aparcar un equipo con motor de combustión interna o de encender un cigarrillo, revise si en el sector hay material inflamable como papel, restos de madera o sustancias químicas.
- Asegúrese de saber cómo informar un incendio, cómo seleccionar y usar un extintor y cómo evacuar el lugar en caso de incendio. La posibilidad de salvar vidas depende de una respuesta rápida y adecuada a una situación de emergencia. Es fundamental saber cuándo enfrentar un incendio con un extintor y cuándo llamar al cuerpo de bomberos para salvar vidas y evitar daños.
- Siempre esté alerta a posibles riesgos de incendio. Los sitios de construcción suelen ser lugares grandes y con mucha actividad. La mejor forma de mantenerse seguro es que todos formen parte del equipo de seguridad. Eso significa revisar si hay riesgos y peligros y corregirlos o informarlos al supervisor.

7.0.0 ◆ ALMACENAMIENTO Y MANEJO DE MATERIALES

Cuando nos referimos a la seguridad y a la prevención de incendios, el almacenamiento y el manejo de materiales es muy importante. Hay formas de almacenar y manejar materiales combustibles e inflamables que reducen el riesgo de incendio y explosión. Sólo se pueden usar tanques portátiles y envases aprobados para almacenar y manipular líquidos combustibles e inflamables. Los envases aprobados son artículos que figuran en la lista de UL, como los recipientes de seguridad y los **armarios de seguridad**. Es su responsabilidad saber cuáles son los procedimientos de almacenamiento y manejo en su lugar de trabajo.

7.1.0 Armarios de seguridad

Los armarios de seguridad (*Figura 5*) son importantes para el almacenamiento correcto de productos combustibles e inflamables. Estos armarios son comunes en varios lugares de trabajo, entre ellos la construcción, el mantenimiento y los lugares de renovación. Al igual que con los recipientes de seguridad, es importante que use estos armarios correctamente. Los armarios de seguridad

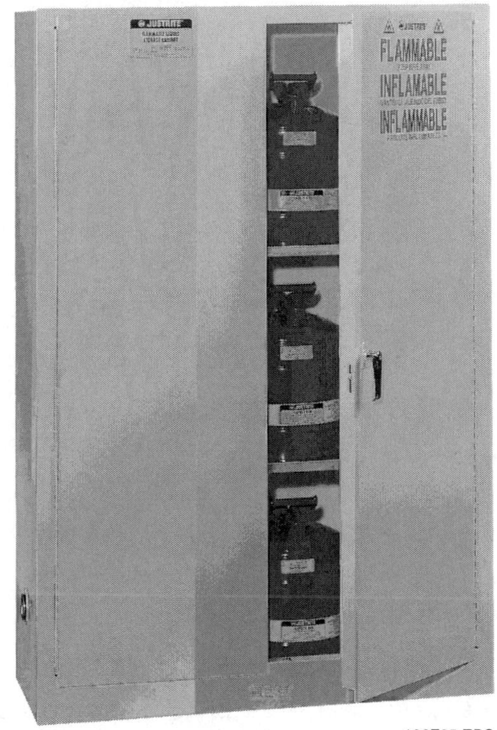

106F05.EPS

Figura 5 ◆ Armario de seguridad.

adecuados están diseñados especialmente para reducir el riesgo de incendio y de explosión. Algunas características son: bocas con supresores de llamas, bordes especiales en los estantes para contener derrames, conectores con puesta a tierra para evitar la electricidad estática. Están hechos de acero diseñado para resistir el calor intenso y están adaptados para cumplir las pautas de la OSHA y la NFPA. Algunos fabricantes producen modelos cuyas puertas se cierran automáticamente en respuesta a temperaturas del nivel del fuego. Debido a que las características de estos armarios varían según el modelo y el fabricante, usted debe familiarizarse con los armarios y con los procedimientos específicos utilizados en su lugar de trabajo.

¡ADVERTENCIA!

Si no sabe cómo usar correctamente los armarios de seguridad, pida instrucciones al supervisor. ¡El uso incorrecto es peligroso!

7.2.0 Recipientes de seguridad

Los recipientes de seguridad son envases especiales utilizados para transporte y almacenamiento seguro de materiales inflamables (*Figura 6*). Estos equipos fundamentales vienen en varios estilos y colores. Muchos sitios de trabajo usan recipientes con códigos de color para designar los distintos ti-

106F06.EPS

Figura 6 ◆ Recipiente de seguridad.

pos de líquidos, como gasolina, queroseno, combustible diesel y aceites. El código de colores no sólo ayuda a separar los líquidos que no deben usarse juntos, sino que también ayuda a asegurar que se usen los líquidos correctos para cada tarea. Estos recipientes tienen muchas funciones de seguridad integradas como control de vapor, supresores de llama y válvulas de alivio de presión, lo que hace que sean equipos de seguridad muy importantes. Las funciones y los requisitos de uso varían según el fabricante, por lo que debe asegurarse de conocer las especificaciones para los recipientes de seguridad de su lugar de trabajo.

> **¡ADVERTENCIA!**
> Si no sabe cómo usar correctamente los recipientes de seguridad, pida instrucciones al supervisor. ¡El uso incorrecto es peligroso!

8.0.0 ◆ EXTINTORES DE INCENDIOS

Si se inicia un incendio, usted debe saber cómo actuar. Según la Administración de Seguridad y Salud Laboral de los EE.UU. (OSHA), los trabajadores que utilizarán los extintores deben contar con entrenamiento y experiencia. Si no ha recibido el entrenamiento correspondiente y se produce un incendio, no trate de apagarlo. Diga a todos inmediatamente que hay un incendio, luego evacue el área lo más rápidamente posible. Si tiene experiencia y entrenamiento, debe determinar rápidamente si puede controlar el fuego con un extintor o si debe evacuar el lugar. Aquí hay algunas pautas generales para apagar un incendio:

- Llame primero al departamento de bomberos.
- Asegúrese de que se inicie la evacuación del lugar.
- Determine si el incendio es lo suficientemente pequeño para tratar de apagarlo con un extintor.
- Confirme que haya un camino seguro hacia una salida que no esté amenazada por el fuego.
- Sepa cómo usar un extintor de manera correcta y segura.

Nunca combata un incendio en las siguientes situaciones:

- El incendio es grande o se expande más allá del área inmediata en la que comenzó.
- El fuego podría bloquear la ruta de escape.
- No está seguro de la forma correcta de operar un extintor.
- Duda que el extintor con el que cuenta esté diseñado para el tipo de incendio del caso o duda que sea lo suficientemente grande para combatir el fuego.

8.1.0 Tipos de incendios

Todos los extintores cuentan con una etiqueta, con símbolos estándar para los tipos de incendios para los que se pueden usar. Hay cuatro tipos de incendios (*Figura 7*):

- ***Incendio tipo A*** – Combustibles comunes como madera, tela y papel
- ***Incendio tipo B*** – Líquidos inflamables como gasolina, aceite y pintura en base a aceite

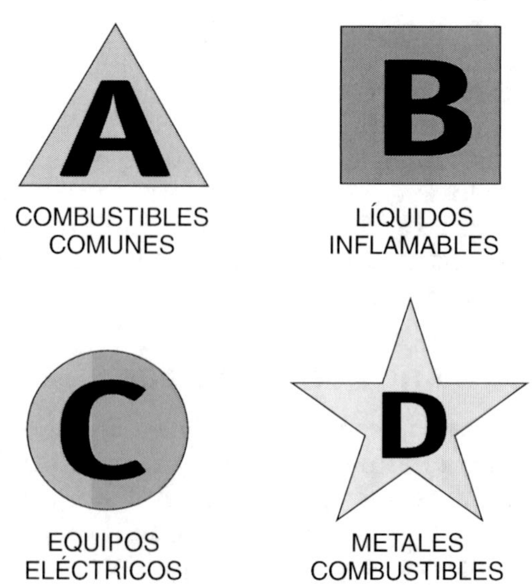

106F07.EPS

Figura 7 ◆ Símbolos de los tipos de incendios.

- ***Incendio tipo C*** – Equipos eléctricos energizados, entre ellos cables, cajas de fusibles, interruptores de circuito, máquinas y aparatos
- ***Incendio tipo D*** – Metales combustibles como el magnesio o el sodio

Una barra roja cruzando cualquiera de los símbolos indica que el extintor no puede usarse en ese tipo de incendio. La falta de un símbolo indica que el extintor no ha sido probado para un tipo dado de incendio pero se lo puede usar si no hay disponible un extintor con etiqueta para ese tipo de incendio.

Recuerde que el extintor debe ser adecuado para el tipo de incendio que se combate. Los extintores multi-propósito, con etiqueta ABC, se pueden usar en los tres tipos de incendio. Si usa un tipo de extintor equivocado, puede ponerse en peligro y empeorar el incendio. También es muy peligroso usar agua o un extintor sólo para incendios tipo A en un incendio de gasolina o por electricidad.

8.2.0 Tamaño de los extintores

Los extintores portátiles (*Figura 8*) están calificados según el tamaño de incendio que pueden

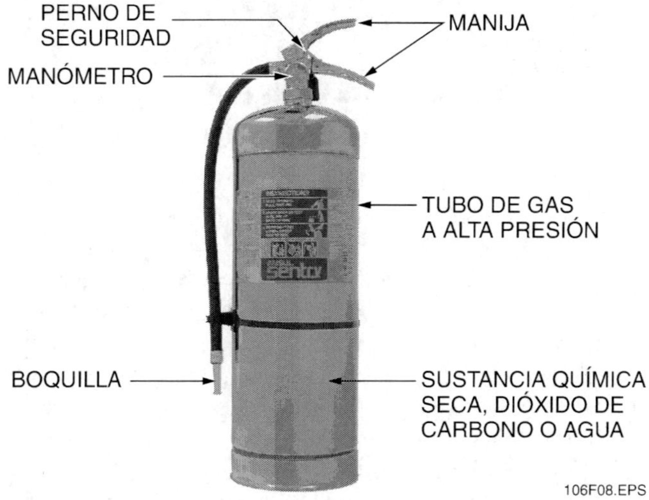

Figura 8 ◆ Partes de un extintor portátil.

controlar (*Figura 9*). Esta calificación se expresa con un número del 1 al 40 para incendios tipo A y del 1 al 640 para incendios tipo B. La calificación aparecerá en la etiqueta. Cuanto mayor sea el número, mayor será el incendio de un tipo específico en que se puede usar el extintor. Tenga en cuenta que los modelos con mayor calificación son más pesados. Asegúrese de que puede soste-

Figura 9 ◆ Etiqueta del extintor.

CARRIL INTERNO — *La electricidad estática puede matar*

En incidentes recientes informados al Instituto Nacional para la Salud y Seguridad Laboral de los EE.UU. (NIOSH), se iniciaron combustiones espontáneas cuando trabajadores y otras personas trataban de llenar envases portátiles de gasolina (bidón de gasolina) en la parte trasera de camionetas equipadas con recubrimientos de piso plásticos o en autos con superficies alfombradas. Se produjeron quemaduras y otras lesiones. Incidentes similares en los últimos años han llevado a emitir boletines de advertencia por parte de varias organizaciones privadas y del gobierno.

Estos incendios son producto de la electricidad estática que se genera. El efecto de aislamiento del recubrimiento o de la alfombra evita que la carga estática generada por la gasolina que fluye hacia el envase o por otras fuentes se descargue a tierra. La descarga de esta electricidad hacia la boquilla del expendedor de gasolina con puesta a tierra puede provocar una chispa y encender la gasolina. En estos incidentes hubo tanto envases plásticos como metálicos sin puesta a tierra (estos son los más peligrosos).

Fuente: Instituto Nacional para la Salud y Seguridad Laboral de los EE.UU. (NIOSH)

ner y operar un extintor antes de tener que usarlo. Ningún número acompaña la calificación de un extintor tipo C. La C en la etiqueta indica que el extintor sólo sirve para usarse en incendios por electricidad.

Los extintores para incendios tipo D debe coincidir con el tipo de metal que esté ardiendo. Estos extintores no usan calificación numérica. Los extintores para incendios tipo D cuentan con una etiqueta que detalla los metales que coinciden con el agente extintor de la unidad.

8.3.0 Tipos de extintores

Según el uso que se les quiera dar, los extintores portátiles (*Figura 10*) llevan agentes extintores específicos, que se lanzan sobre el fuego.

- Los modelos de agua presurizada son adecuados para utilizar en incendios tipo A solamente. Nunca debe usárselos en incendios por electricidad o líquidos inflamables.
- Los extintores de dióxido de carbono contienen dióxido de carbono líquido presurizado que se convierte en gas cuando se lo libera. Estos modelos están calificados para uso en incendios tipo B y C pero también pueden usarse en incendios tipos A. El dióxido de carbono no deja residuos.
- Los extintores de espuma (o AFFF y FFFP) cubren la superficie del líquido inflamable que arde con una espuma química. Cuando use un extintor de espuma, cubra toda la superficie del líquido para quitar el aire.
- Los extintores de químico seco son modelos a presión o a cartucho. Los modelos a presión tienen una palanca sobre la manija para su operación. Los modelos a cartucho requieren dos pasos: primero, se debe presionar la palanca del cartucho y luego apretar la boquilla que se encuentra en el extremo de la manguera. Los químicos secos dejan un residuo que debe limpiarse luego de su uso.
- Los extintores de químico seco de fosfato de amonio pueden usarse en incendios tipo A, B y C. Sin embargo, nunca deben usarse en incendios de freidora de grasa comercial porque es posible que vuelva a encenderse y porque hará menos efectivo el sistema automático de protección contra incendios de la freidora.
- Los extintores de químico seco de bicarbonato de sodio, utilizados para combatir incendios tipo B y C, se prefieren a otros extintores de químico seco para extinguir incendios de grasa.

CASOS HISTÓRICOS — *Los extintores pueden ser peligrosos*

Un trabajador murió cuando explotó un extintor de químico seco accionado por gas mientras el trabajador intentaba usarlo para apagar un incendio. Una investigación determinó que el extintor presentaba una alta corrosión debajo de la tapa plástica inferior que brinda una base plana para que la unidad se mantenga vertical.

Moraleja: Los extintores requieren de un mantenimiento periódico para garantizar su disponibilidad para el uso en emergencias. Nunca use un extintor que no haya sido inspeccionado y mantenido con regularidad.

Fuente: Departamento de Energía de los Estados Unidos de América

TIPO DE EXTINTOR	TIPO DE INCENDIO
 Agua	**Combustible Común** Los incendios en papel, tela, madera, goma y en diversos plásticos requieren un extintor de agua tipo A. 
 CO_2	**Líquidos Inflamables** Los incendios en aceites, gasolina, algunas pinturas, lacas, lubricantes, solventes y otros líquidos inflamables requieren un extintor tipo B. 
O	
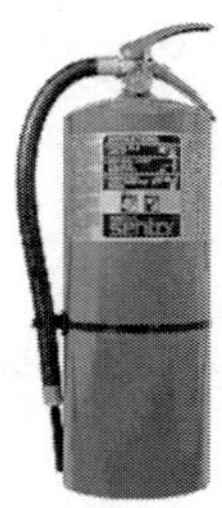 Químico seco	**Equipos Eléctricos** Los incendios en líquidos, cajas de fusibles, equipos eléctricos energizados, computadoras y otras fuentes eléctricas requieren un extintor tipo C. 
 Multipropósito	**Combustibles ordinarios, Líquidos Inflamables o Equipos Eléctricos** Los extintores de químico seco multipropósito son adecuados para uso en incendios clase A, B y C. 
	**Metales** Los metales combustibles como el magnesio y el sodio requieren extintores especiales tipo D.

106F10.EPS

Figura 10 ◆ Extintores.

Donde lo hubiera, siempre use primero el sistema de extintor. Esto también corta el calor al aparato.

- Los extintores de químico seco de cloruro de potasio, bicarbonato de potasio-urea y bicarbonato de potasio son más efectivos y usan menos agente químico que los de bicarbonato de sodio.

8.4.0 Uso de los extintores

Los extintores portátiles aplican un agente extintor que enfría el combustible que arde, desplaza o quita el oxígeno, o detiene la reacción química de modo que el fuego no siga ardiendo. Cuando la manija de un extintor está comprimida, abre un tubo interno de gas a alta presión que libera el agente extintor del cilindro principal a través de un tubo de sifón y por la boquilla. Un extintor funciona de manera similar a un aerosol de fijador para el cabello.

Si cuenta con extintores disponibles, es responsabilidad de la empresa enseñarle los principios y las prácticas del uso de un extintor, así como también los peligros asociados con la extinción de incendios pequeños o en desarrollo. Si ha sido entrenado correctamente y está autorizado a usar un extintor, los siguientes pasos lo ayudarán a combatir un incendio pequeño.

Paso 1 Haga sonar la alarma de incendio y llame al departamento de bomberos, si corresponde.

Paso 2 Identifique un camino de evacuación seguro antes de acercarse al fuego. No permita que el fuego, el calor o el humo se interpongan entre usted y el camino de evacuación.

Paso 3 Seleccione el tipo adecuado de extintor.

Paso 4 Descargue el extintor dentro del rango efectivo con la técnica **P.A.S.S.** (jale el perno, apunte, presione y ataque – Pull pin, Aim, Squeeze, and Sweep) apuntando a la base de las llamas (*Figura 11*).

Paso 5 Aléjese de un incendio apagado, las llamas pueden encenderse nuevamente.

Paso 6 Evacue inmediatamente si el extintor está vacío y el fuego no se apagó.

Paso 7 Evacue inmediatamente si el fuego se hace muy grande.

1 – JALE EL PERNO
2 – APUNTE LA BOQUILLA
3 – PRESIONE LA MANIJA
4 – ATAQUE EN ZIGZAG LA BASE DEL FUEGO

106F11.EPS

Figura 11 ◆ Técnica P.A.S.S. de extinción de incendios.

Resumen

Los incendios se producen cuando algo que arde, como una fuente de combustible, entra en contacto con una fuente de ignición. Si esto ocurre en un ambiente donde hay oxígeno, se inicia un incendio. Asegurar que las fuentes de combustible y de ignición están siempre lejos unas de otras evita incendios. En un sitio de construcción típico donde comúnmente se usan madera, papel, gasolina, pintura, propano, queroseno y otras fuentes de combustible y donde también se utiliza calentadores, herramientas de soldadura, amoladoras y calderas de alquitrán, es vital mantener las chispas alejadas del combustible. Para evitar incendios, todos deben saber qué puede provocar incendios y saber qué situación en los alrededores podría iniciar el fuego. La prevención de incendios no es tarea de una sola persona; es el trabajo de todos.

Si se inicia un incendio, asegúrese de llamar primero al departamento de bomberos y de que se evacue el edificio. Luego apague el incendio con un extintor o, si es demasiado grande, si tiene el tipo de extintor incorrecto o si no está entrenado sobre cómo usar el extintor, también deberá alejarse del lugar.

Los incendios pueden ser devastadores y amenazan la vida. Evitar incendios es la mejor forma de que usted y sus compañeros estén seguros. Saber qué hacer en caso de que comience un incendio salvará vidas y reducirá el daño. Esté seguro de saber qué hacer si un incendio comienza en su lugar de trabajo. Puede salvarle la vida.

Preguntas de repaso

1. Todo lo siguiente se considera fuente de combustible *salvo* _____.

a. pintura
b. solventes
c. basura
d. metal

2. Todo lo siguiente forma el triángulo de fuego *salvo* _____.

a. la presión
b. el oxígeno
c. el calor
d. el combustible

3. Las chispas producidas por el amolado se consideran fuentes de combustible.

a. Verdadero
b. Falso

4. Las fuentes de ignición introducen _____ en el ambiente.

a. vapor inflamable
b. combustible
c. calor
d. oxígeno

5. _____ es (son) responsable(s) de crear un plan de acción en emergencia.

a. Todos en el sitio
b. OSHA
c. El departamento de incendios local
d. La persona competente designada por la empresa

6. En caso de incendio, saber cómo hacer todo lo siguiente es importante *salvo* _____.

a. cómo informar un incendio
b. cuándo saltear la cadena de mando, de ser necesario
c. cómo usar un extintor
d. cuándo evacuar el sitio de trabajo

7. Es seguro combatir un incendio usted mismo siempre que sepa qué tipo de material está ardiendo.

a. Verdadero
b. Falso

8. Un incendio tipo C es uno en el que _____.

a. arden equipos eléctricos con corriente, entre ellos cables, cajas de fusibles, interruptores de circuito, máquinas y/o aparatos.
b. arden combustibles comunes como madera, tela y/o papel
c. arden metales combustibles como el magnesio o el sodio
d. arden líquidos inflamables como gasolina, aceite y pintura en base a aceite

9. Un envase que se usa para transportar y almacenar líquidos inflamables de manera segura se llama _____.

a. armario de seguridad
b. armario de incendio
c. recipiente de seguridad
d. recipiente de materiales peligrosos (hazmat)

10. Cuando usa un extintor, debe apuntar la boquilla a la/al _____.

a. frente de la llamas
b. parte superior del fuego
c. detrás de las llamas
d. base de las llamas

GLOSARIO

Términos especializados introducidos en este módulo

Armario de seguridad: Armario especial de almacenamiento diseñado para reducir los riesgos de incendio y explosión de los materiales inflamables.

Combustible: Aire o materiales que pueden explotar y provocar un incendio.

Fuentes de combustible: Materiales o gases que arden cuando se los expone a calor, llamas o chispas. Madera, papel y emanaciones de gas son ejemplos de fuentes de combustible.

Fuentes de ignición: Cualquier cosa que genere excesivo calor, llamas o chispas. Los calentadores, los fósforos y las amoladoras son ejemplos de fuentes de ignición.

Incendios tipo A: Incendios en los que arden combustibles comunes como madera, tela y/o papel.

Incendios tipo B: Incendios en los que arden líquidos inflamables como gasolina, aceite y pintura en base a aceite.

Incendios tipo C: Incendios en los que arden equipos eléctricos energizados, entre ellos cables, cajas de fusibles, interruptores de circuito, máquinas y/o aparatos.

Incendios tipo D: Incendios en los que arden metales combustibles como el magnesio o el sodio.

Inflamable: Capaz de arder con facilidad.

P.A.S.S.: Los cuatro pasos para usar un extintor son jalar el perno, apuntar al fuego, presionar la manija y atacar de lado a lado.

Recipiente de seguridad: Envase especial diseñado para permitir el almacenamiento y el manejo seguro de líquidos inflamables.

Técnico de seguridad: Profesional entrenado para ayudar a mantener el ambiente de trabajo seguro.

Triángulo de fuego: El fuego sólo se inicia si hay una fuente de ignición, una fuente de combustible y oxígeno. Estas tres cosas forman los lados del triángulo de fuego.

Créditos de las figuras

Gary Wilson	106F02, 106F03
Justrite Mfg. Co.	106F05, 106F06
Ansul Incorporated	106F08, 106F10, 106F11
Kidde Safety	106F09

MÓDULO 75106-03 — RESPUESTAS A LAS PREGUNTAS DE REPASO

Respuesta	Sección
1. d	2.0.0
2. a	3.0.0
3. b	3.0.0
4. c	3.0.0
5. d	4.0.0
6. b	6.0.0
7. b	7.0.0
8. a	8.1.0
9. c	7.2.0
10. d	8.4.0

NCCER hace el esfuerzo de mantener estos libros de texto actualizados y libres de errores técnicos. Apreciamos su ayuda en este proceso. Si tiene una idea para mejorar este libro de texto, o si encuentra algún error, ya sea tipográfico, o de contenido en los libros de texto de *Contren*®, favor de escribirnos usando esta forma o una fotocopia de la misma. Asegúrese de incluir el número exacto del módulo, la página, una descripción detallada, y la corrección, si es aplicable. Su comentario será traído a la atención del comité técnico de revisión. Gracias por su ayuda.

Instructores – si usted encontró que algún material adicional es necesario para enseñar este módulo con eficacia, por favor déjenos saber para poder incluirlos en la lista de Equipo y Materiales en la guía anotada del instructor.

Dirección postal: Departamento de Desarrollo de Productos
National Center for Construction Education and Research
3600 NW 43rd Street, Bldg. G, Gainesville, FL 32606

Fax: 352-334-0932

E-mail: curriculum@nccer.org

Oficio ______ Nombre del Módulo ______

Fecha del Copyright ______ Número del Módulo ______ Número(s) de Página(s) ______

Descripción ______

______

______

______

Corrección (opcional) ______

______

______

Su nombre y dirección (opcional) ______

______

______

Módulo 75107-03

Seguridad de herramientas manuales y eléctricas

MAPA DEL CURSO

Este mapa del curso muestra todos los módulos de Seguridad de campo. El orden de entrenamiento sugerido comienza desde la parte inferior y avanza hacia la parte superior. El Patrocinador local del Programa de Entrenamiento puede modificar el orden del entrenamiento.

SEGURIDAD DE CAMPO

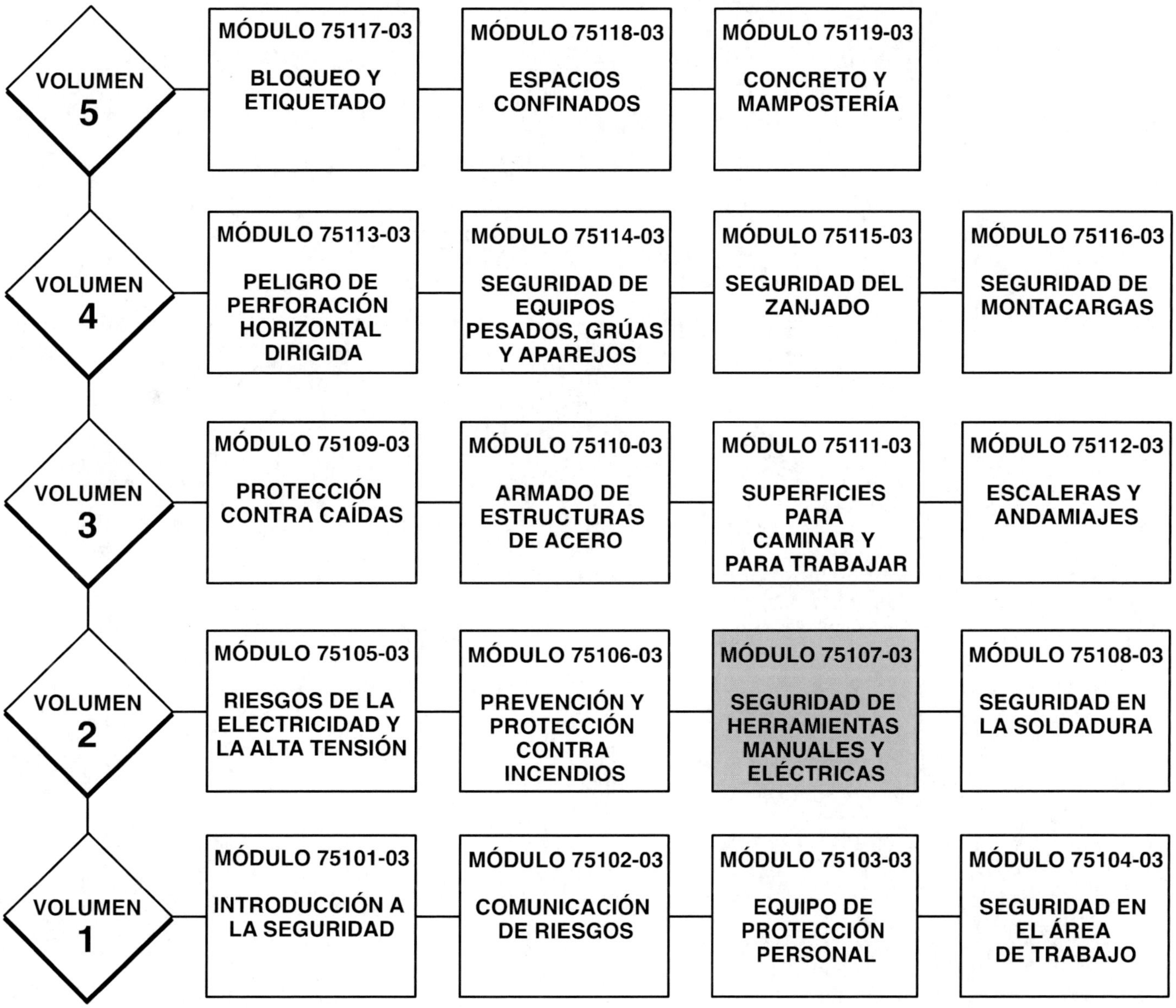

107CMAP.EPS

CONTENIDO DEL MÓDULO 75107-03

Figuras

Tablas

MÓDULO 75107-03

Seguridad de herramientas manuales y eléctricas

Objetivos

Cuando haya terminado este módulo, podrá hacer lo siguiente:

1. Identificar los diferentes tipos de herramientas eléctricas.
2. Describir los usos de las herramientas manuales y eléctricas.
3. Enumerar las cinco fuentes de energía más comunes de las herramientas eléctricas.
4. Describir los riesgos asociados a las herramientas manuales.
5. Describir los riesgos asociados a cada tipo de herramienta eléctrica.
6. Explicar cómo reducir los riesgos asociados a la operación de herramientas manuales y eléctricas.

Prerrequisitos

Antes de comenzar este módulo, se recomienda que haya completado con éxito lo siguiente: Seguridad de campo, Módulos 75101-03 a 75106-03.

Material necesario

1. Lápiz y papel
2. Equipo de protección personal adecuado

1.0.0 ◆ INTRODUCCIÓN

Las herramientas son una parte común de nuestras vidas, de modo que es fácil olvidar que pueden presentar riesgos graves para la seguridad. Todas las herramientas se diseñan teniendo en cuenta la seguridad pero, aún así, ocurren accidentes graves relacionados con las herramientas. En un incidente, un aprendiz de carpintero murió cuando lo golpeó en la cabeza un clavo que salió disparado de una herramienta accionada por pólvora.

Las **herramientas eléctricas** y manuales pueden provocar diferentes tipos de lesiones. Los peligros comunes son tropezones, descargas eléctricas, cortes e incendios. Algunas de las lesiones posibles son:

- Quemaduras
- Cortes
- Esguinces
- Descargas eléctricas
- Lesiones oculares
- Pérdida auditiva
- Quebraduras de huesos

Este módulo describe muchos de los riesgos asociados con las herramientas y algunas de las formas en que puede protegerse y proteger a los que lo rodean.

2.0.0 ◆ PELIGROS DE INCENDIO ASOCIADOS A HERRAMIENTAS MANUALES Y ELÉCTRICAS

El fuego es un peligro significativo cuando se trabaja con herramientas manuales y eléctricas. Los incendios ocurren cuando una chispa entra en contacto con materiales combustibles o inflamables. Las chispas generadas por herramientas eléctricas y por el golpe de **herramientas de impacto** puede encender emanaciones, oxígeno, papel o solventes que se utilicen en el sector. Para reducir el riesgo, use las herramientas correctas para la tarea, sea consciente del entorno y sepa qué hacer si hay un incendio.

2.1.0 Cómo se inicia un incendio

Para que se inicie un incendio, hacen falta tres cosa en el mismo lugar, al mismo tiempo: combustible, calor y oxígeno. Si falta alguna de estas tres cosas, no comenzará un incendio.

El combustible es cualquier cosa que se pueda combinar con oxígeno y calor para arder. Cuando hay presencia de oxígeno puro, como en la cercanía de una junta o manguera que pierdan oxígeno, los materiales que normalmente no se considerarían combustibles (incluso algunos metales) entraran en ignición.

El calor es cualquier cosa que eleve la temperatura del combustible al punto de ignición. El punto de ignición es la temperatura en la cual un combustible libera suficientes gases (vapores) para arder. El punto de ignición de varios combustibles es bastante bajo: temperatura ambiente o menos. Cuando los gases que arden suben la temperatura de un combustible a un punto en el que se enciende, el combustible mismo arde y sigue ardiendo aunque la fuente original de calor haya sido eliminada.

El oxígeno está siempre presente en el aire.

Lo necesario para que comience un incendio se muestra como un triángulo de fuego (*Figura 1*). Si falta cualquier de estos elementos, no podrá comenzar un incendio. Si ha comenzado un incendio, la eliminación de un elemento cualquiera del triángulo lo apagará.

Las investigaciones han agregado un cuarto lado al concepto del triángulo de fuego, lo que resulta en el desarrollo de un nuevo modelo llamado el tetraedro de fuego. El cuarto elemento involucrado en el proceso de combustión es lo que se llama reacción química en cadena. Para que el fuego siga encendido, es fundamental que ocurran reacciones químicas en cadena entre las moléculas de oxígeno y de combustible.

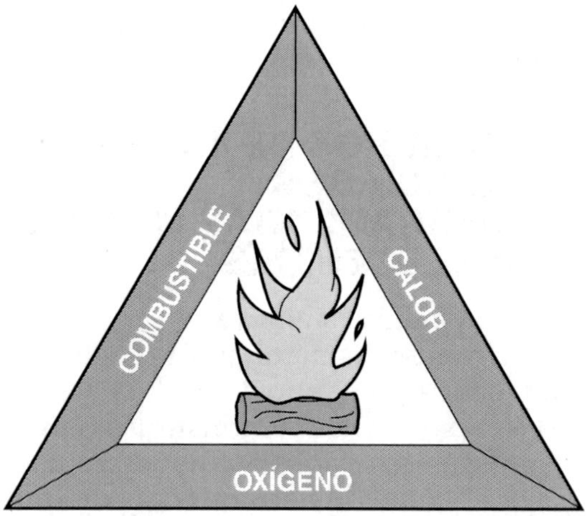

Figura 1 ◆ Triángulo de fuego.

2.2.0 Prevención de incendios

Obviamente, la mejor forma de brindar seguridad contra incendios es evitar que comience el fuego en primer lugar. La mejor forma de evitar un incendio es asegurarse de que nunca estén presentes en el mismo lugar y a la vez los tres elementos necesarios (combustible, oxígeno y calor).

Las siguientes son algunas pautas básicas de seguridad para la prevención de incendios:

- Siempre trabaje en un área con buena ventilación, especialmente si utiliza materiales inflamables como laca, barniz, removedor de pintura o adhesivos para la construcción.
- Nunca fume o encienda cerillas cuando trabaje con materiales inflamables.
- Mantenga los trapos con aceite en contenedores metálicos con cierre automático aprobados.
- Guarde los materiales combustibles sólo en envases aprobados.
- Sepa en dónde se encuentran los extintores, qué tipo de extintor usar para los distintos tipos de incendios y sepa cómo usarlos.
- Asegúrese de que todos lo extintores estén cargados. Nunca retire la etiqueta del extintor, ya que indica la fecha del último servicio y de la inspección.

2.3.0 Combate de incendios

No se espera que sea un bombero experimentado. Pero podría tener que controlar un incendio para proteger su seguridad y la de otros. Debe saber la ubicación del equipo para combatir incendios de su lugar de trabajo. También debe saber qué equipo usar en los diferentes tipos de incendios. Sin embargo, sólo el personal calificado está autorizado para combatir incendios.

La mayoría de las empresas indican a los empleados nuevos dónde se encuentran los extintores. Si no se lo han indicado, pregunte. También pregunte la metodología para informar incendios. Debe estar publicado claramente en su sector de trabajo el número de teléfono del departamento de incendio más próximo. Si su empresa cuenta con una brigada de incendios propia, sepa cómo contactarla. Aprenda los procedimientos de seguridad sobre incendios de su empresa.

> **NOTA**
> Para obtener más información acerca de la seguridad contra incendios, remítase al módulo, *Prevención y protección contra incendios*.

3.0.0 ◆ SEGURIDAD DE HERRAMIENTAS MANUALES

Las herramientas manuales son herramientas no eléctricas que pueden comprender desde hachas hasta llaves de ajuste (*Figura 2*). Las herramientas manuales son peligrosas si se las utiliza de manera incorrecta o no se las mantiene apropiadamente.

Los siguientes peligros están asociados con las herramientas manuales:

- El uso de la herramienta incorrecta puede ser peligroso. El uso de un cincel como destornillador puede hacer que la punta del cincel se rompa y vuele, golpeando al usuario o a otra persona. Sólo use las herramientas para su fin específico.
- Siempre mantenga las herramientas adecuadamente. Si el mango de madera de una herramienta, como un hacha o un martillo, está suelto, astillado o quebrado, la cabeza de la herramienta puede volar y golpear al usuario o a otra persona.
- Repare o reemplace las herramientas dañadas o gastadas. Una llave de ajuste con las morda-

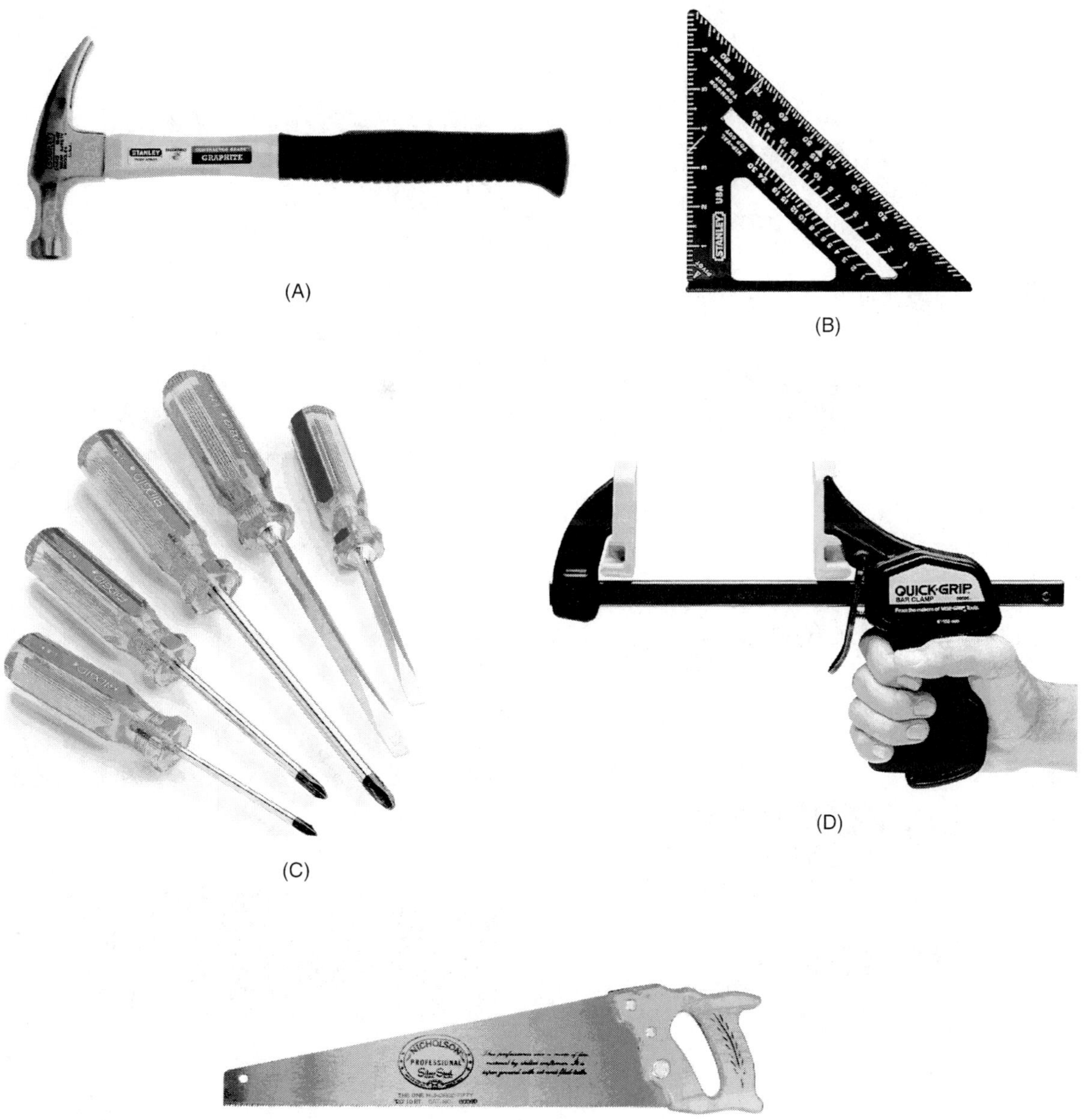

107F02.EPS

Figura 2 ◆ Herramientas manuales.

zas abiertas puede deslizarse fácilmente y provocar lesiones en las manos. Si la llave sale despedida, puede golpear al usuario o a otra persona.

- Las herramientas de impacto como los cinceles, cuñas y punzones son inseguros sin tienen las cabezas con rebabas. La cabeza se puede romper cuando se golpea la herramienta y despedir fragmentos filosos.

En general, los riesgos se reducen mayormente mediante la inspección y el mantenimiento periódico de las herramientas y el uso en todo momento del equipo de protección personal, como gogles, cascos y máscaras filtrantes. También mantenga los pisos secos y limpios para evitar deslizamientos accidentales que podrían resultar en lesiones por las herramientas que esté usando.

3.1.0 Herramientas cortantes

Las **herramientas cortantes** (*Figura 3*) presentan el riesgo de cortarse, rebanarse, cizallarse y clavarse. Estas lesiones pueden ser menores como un pequeño corte o graves como una amputación o herida por incisión. Para reducir estos riesgos:

- Use herramientas cortantes con la punta y el filo apuntando hacia afuera.
- Apunte las herramientas hacia afuera de las zonas de trabajo.
- Guarde las herramientas cortantes correctamente, use la vaina o la cobertura protectora, si la hubiera.
- Conserve las cuchillas afiladas y revíselas regularmente. Las cuchillas desafiladas son difíciles de usar y controlar y pueden ser más peligrosas que las cuchillas bien mantenidas.

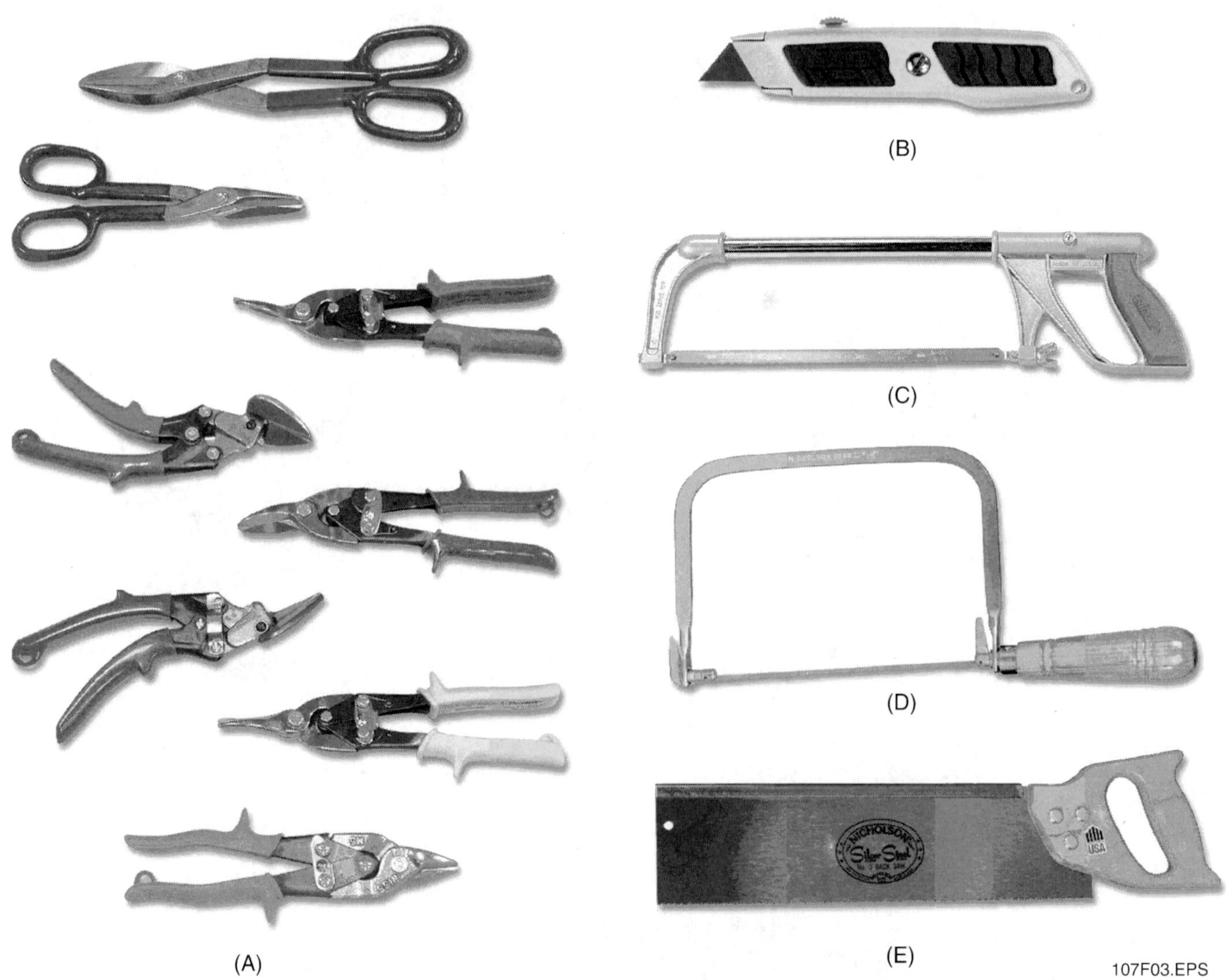

Figura 3 ◆ Herramientas cortantes.

3.2.0 Herramientas de impacto

Las herramientas de impacto, como cinceles, cuñas y punzones, se utilizan para golpear con un martillo (*Figura 4*). Los dos tipos más comunes de lesiones asociadas con herramientas de impacto son los golpes de martillo y las lesiones oculares por fragmentos de la herramienta que vuelan. Los golpes con un martillo generalmente son el resultado del descuido o de la falta de atención. Si usa un martillo, mantenga la vista y la atención en lo que hace.

Las lesiones provocadas por fragmentos que vuelan de la herramienta dañada puede evitarse revisando la herramienta antes de usarla. Revise si las cabezas tienen rebabas, están quebradas, recortadas o presentan signos de daño o debilidad. Las lesiones también pueden evitarse utilizando protección visual cuando use herramientas de impacto.

3.3.0 Polvo y partículas en suspensión

Algunas herramientas manuales generan mucho polvo y partículas volátiles. Las lijas, cepillos, limas y sierras, por ejemplo, pueden producir mucho aserrín o polvo de yeso (*Figura 5*). La exposición de corto plazo a estas partículas puede ocasionar una irritación leve en los ojos, la nariz y en los senos nasales. En algunas personas, la exposición puede desencadenar una reacción más grave como un ataque de asma. La exposición de largo plazo durante toda una carrera puede afectar a los pulmones, con posibilidad de bronquitis crónica, neumonía u otros problemas pulmonares.

Para evitar estas situaciones, se deben utilizar máscaras filtrantes y protección visual cuando se use una herramienta que genere polvo.

4.0.0 ◆ HERRAMIENTAS ELÉCTRICAS

Las herramientas eléctricas pueden ser peligrosas si se las usa incorrectamente o no se las mantiene bien. La mayoría de los riesgos asociados con las herramientas manuales también son riesgos cuando se usan herramientas eléctricas. Cuando agrega una fuente de energía a una herramienta, los factores de riesgo aumentan. Por ejemplo, la *Figura 6* muestra el brazo de una sierra radial. Esta es mucho más peligrosa que una sierra manual.

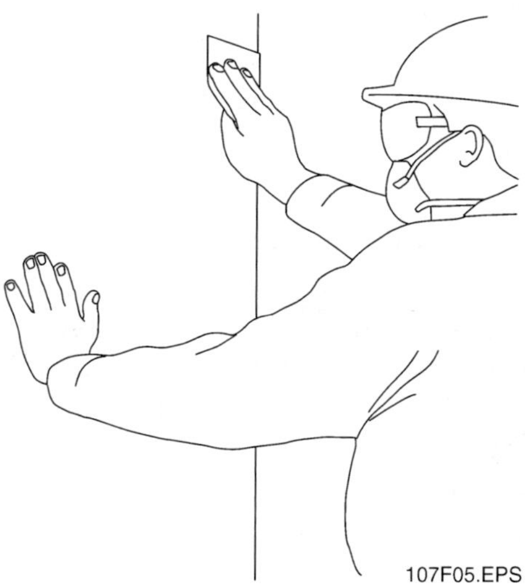

Figura 5 ◆ Lijado de paneles de yeso.

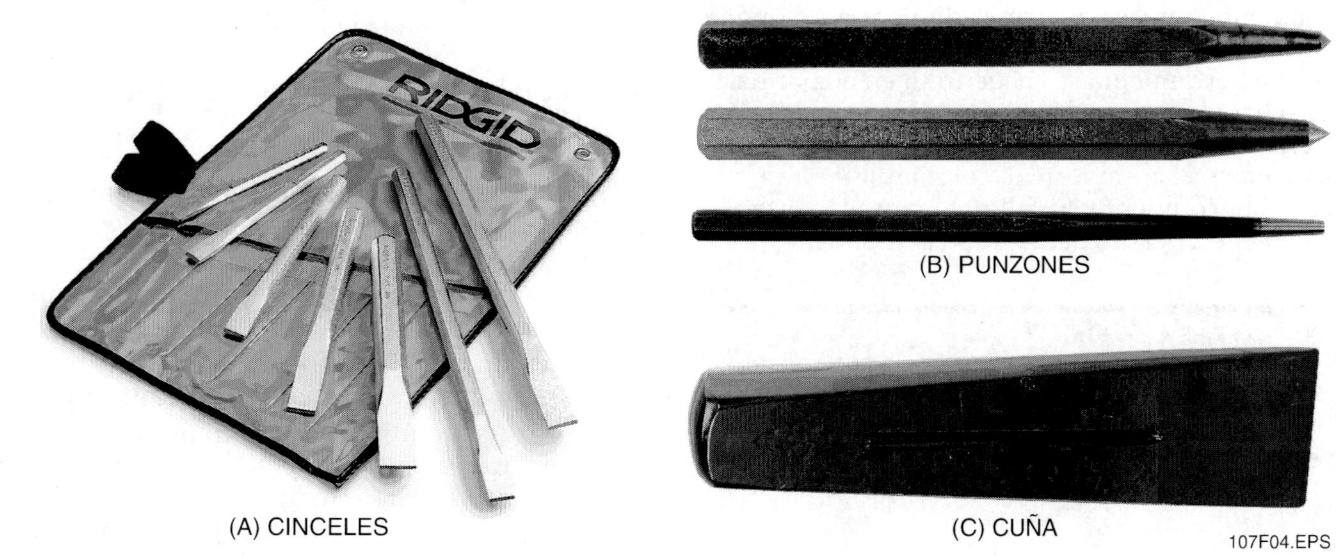

Figura 4 ◆ Herramientas de impacto.

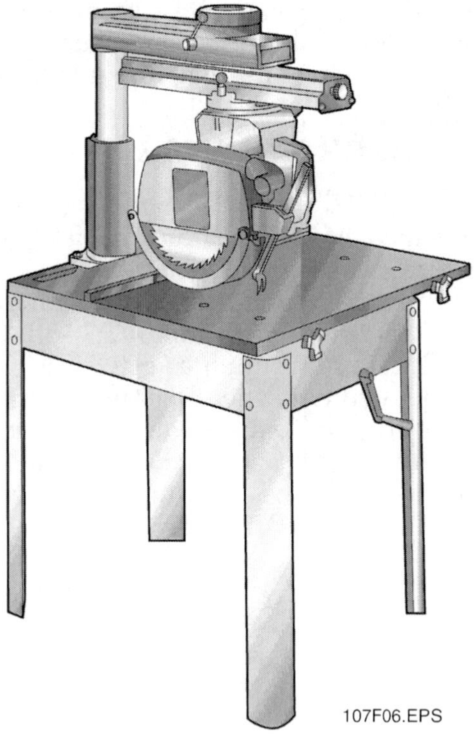

Figura 6 ◆ Sierra de brazo radial.

Las herramientas eléctricas pueden ser activadas por diferentes fuentes de energía. Algunos ejemplos de fuentes de energía para herramientas motorizadas son:

- Electricidad
- Neumática (aire a presión)
- Combustible líquido
- Hidráulica (fluido a presión)

Debe conocer las normas de seguridad y los procedimientos de operación correctos para cada herramienta que use. Los procedimientos de operación y las normas de seguridad específicos para usar una herramienta se encuentran en el manual del usuario/operador suministrado por el fabricante. Antes de operar una herramienta eléctrica por primera vez, siempre lea el manual para conocer la herramienta. Si falta el manual, contáctese con el fabricante para que se lo reponga.

¡ADVERTENCIA!
Nunca use una herramienta si no está seguro sobre cómo usarla correctamente.

4.1.0 Lineamientos de seguridad para herramientas eléctricas

Antes de explicar más acerca de las herramientas eléctricas, debe comprender las normas generales de seguridad que aplican cuando se usan todas las herramientas eléctricas, independientemente del tipo. Respete estas pautas generales para prevenir accidentes y lesiones:

- Nunca lleve una herramienta del cable o de la manguera.
- Mantenga los cables y las mangueras alejados del calor, el aceite y de bordes filosos.
- No trate de operar una herramienta eléctrica antes de obtener la aprobación del instructor de esa herramienta en particular.
- Siempre utilice protección visual, casco y cualquier otro equipo de protección personal necesario cuando opere herramientas eléctricas.
- Utilice protección facial y auditiva cuando sea necesario.
- Utilice equipos respiratorios adecuados cuando sea necesario.
- Utilice la ropa adecuada para la tarea que se realiza. Utilice ropa ajustada que no quede atrapada en herramientas en movimiento. Enrolle o abotone las mangas largas, póngase la camisa dentro del pantalón y átese el pelo largo. No use joyas, esto incluye relojes y anillos.
- No distraiga a otros ni deje que nadie lo distraiga mientras opera una herramienta eléctrica.
- No participe en juegos bruscos.
- No corra o arroje objetos.
- Tenga en cuenta la seguridad de otros, además de la propia. Los observadores deben permanecer a una distancia prudente del área de trabajo.
- Nunca deje una herramienta eléctrica funcionando y sin controlar.
- Tome una posición cómoda y segura antes de usar una herramienta eléctrica. Asegúrese de lograr buen equilibrio y apoyo.
- Asegure el trabajo con abrazaderas o con una prensa de banco, lo que le libera las dos manos para operar la herramienta.
- Para evitar el encendido accidental, nunca lleve una herramienta con el dedo en el interruptor.
- Asegúrese de que la herramienta tenga descarga a tierra y esté conectada a un disyuntor diferencial (GFCI) antes de usarla (*Figura 7*).
- Asegúrese de que las herramientas estén desconectadas antes de realizar mantenimiento o de cambiar accesorios.

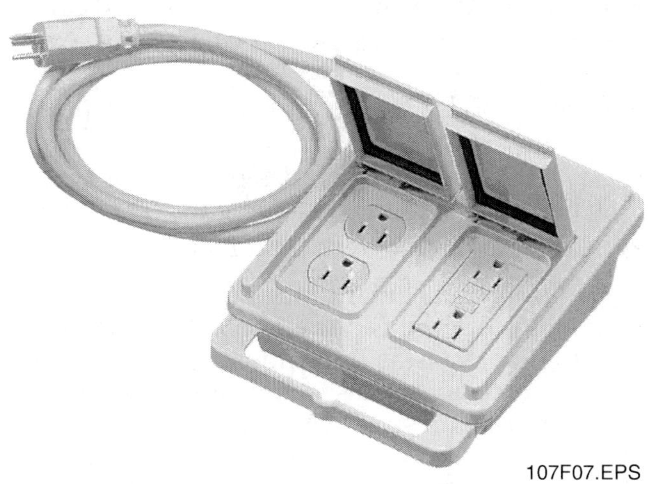

Figura 7 ◆ Disyuntor diferencial (GFCI).

- No use accesorios o herramientas rotas o desafiladas.
- Use la herramienta sólo para el fin para el que fue diseñada.
- Mantenga los pies, los dedos y el cabello alejados de la cuchilla y/u otras partes móviles de una herramienta eléctrica.
- Nunca use una herramienta a la que se le hayan quitado o anulado los dispositivos o **protecciones** de seguridad.
- Nunca opere una herramienta eléctrica si tiene las manos o los pies mojados.
- Mantenga el área de trabajo limpio en todo momento.
- Conozca la forma correcta de operación y de ajuste de una herramienta antes de tratar de usarla.
- Mantenga las herramientas afiladas y limpias para un mejor rendimiento.
- Siga las instrucciones del manual del usuario para la lubricación y el cambio de accesorios.
- Sostenga la herramienta con firmeza en todo momento.
- Use cables de extensión de tamaño suficiente para alimentar la herramienta que se usa.
- Informe las condiciones inseguras a su instructor o supervisor.
- Quite del servicio las herramientas dañadas y coloque una etiqueta que indique No usar.

4.2.0 Herramientas operadas por electricidad

El peligro más grave cuando se usan **herramientas operadas por electricidad** es la electrocución. El módulo, *Riesgos de la electricidad y la alta tensión* trata este tema en mayor detalle; aquí se presenta un resumen.

La electricidad puede provocar quemaduras, descargas, explosiones, electrocución e incendios. Las descargas eléctricas pueden ser menores y molestas o pueden ser graves y provocar quemaduras o la muerte. Incluso una pequeña cantidad de corriente puede hacer que el corazón deje de latir rítmicamente. Si no se corrige, esta situación produce la muerte. La descarga eléctrica también puede producir pérdida del equilibrio, del control de los músculos o la conciencia, lo que podría hacer que la víctima cayera y/o dejara caer una herramienta. Una caída desde una escalera o un andamio es obviamente bastante grave.

Para evitar una descarga eléctrica, las herramientas deben contar con al menos uno de los siguientes tipos de protección:

- *Doble aislamiento* – El doble aislamiento es más conveniente que los cables de tres conductores. El usuario y las herramientas quedan protegidos de dos maneras: mediante el aislamiento normal de los cables interiores y mediante una carcasa que no conduce electricidad al operador en caso de mal funcionamiento.
- *Alimentación mediante un transformador de aislamiento de baja tensión* – Si sus herramientas operadas por electricidad no cuentan con un enchufe con puesta a tierra o con doble aislamiento, consulte con el supervisor para asegurarse de que está protegido por un transformador de aislamiento de baja tensión.

CASOS HISTÓRICOS

No quite el borne de puesta a tierra

Un empleado subía una escalera metálica para entregarle un taladro eléctrico al instalador primerizo que se encontraba a un metro y medio por sobre él. Cuando la víctima llegó al tercer escalón de la escalera, recibió una descarga eléctrica que lo mató. La investigación reveló que el cable de extensión no contaba con un borne de descarga a tierra y que un conductor del cable verde de tierra hacía contacto intermitente con el cable negro de la energía, por lo tanto, energizaba todo el largo del cable de descarga a tierra y la carcasa del taladro. El taladro no contaba con doble aislamiento.

Moraleja: No anule ningún dispositivo de seguridad de una herramienta motorizada. Un falla de descarga a tierra puede ser mortal.

Fuente: Administración de la Seguridad y Salud Laboral de los EE.UU. (OSHA)

- *Cable de tres conductores con descarga a tierra* – Los cables de tres conductores tienen dos conductores de corriente y uno de descarga a tierra. Probablemente conoce el enchufe de tres patas común en las herramientas operadas por electricidad (*Figura 8*). Cuando hay un enchufe de tres patas, quiere decir que la herramienta cuenta con cable con descarga a tierra y sólo debe enchufarse en un tomacorriente puesto a tierra de tres bornes (*Figura 9*). Siempre que se use un adaptador para adecuar a un tomacorriente de dos agujeros, el conductor del adaptador debe estar conectado a una descarga a tierra. Nunca quite la tercera pata (conductor de descarga a tierra) de un enchufe. Si utiliza un cable de extensión de tres patas, asegúrese que está puesto a tierra en su fuente de energía.

Aquí detallamos algunos consejos generales para mantenerse seguro mientras utiliza herramientas operadas por electricidad:

- Las herramientas operadas por electricidad deben utilizarse para los trabajos para las que fueron diseñadas.

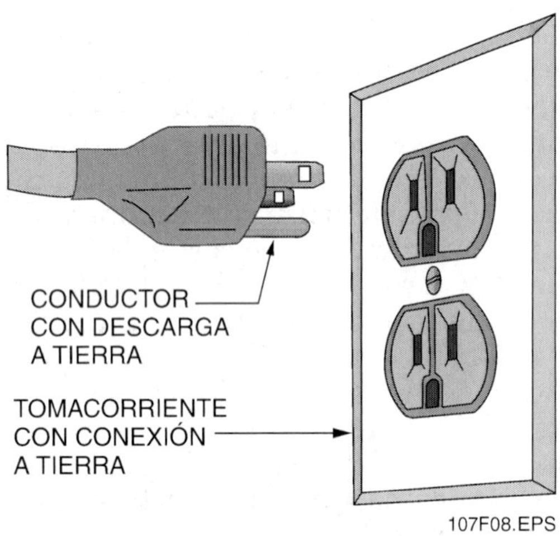

Figura 8 ◆ Enchufe de tres patas con descarga a tierra.

- Utilice el equipo de protección personal correspondiente, como guantes y calzado de seguridad.
- Cuando no las use, guarde las herramientas en un lugar seco.
- Las herramientas operadas por electricidad no deben usarse en lugares húmedos o mojados.
- El área de trabajo debe estar bien iluminada.

Debido a que el mal funcionamiento de las herramientas operadas por electricidad puede provocar chispas, estas herramientas también pueden producir incendios y explosiones. Asegúrese de conocer los riesgos de incendio en su sector de trabajo y evite usar herramientas operadas por electricidad cerca de materiales, emanaciones y gases inflamables. El módulo, *Prevención y protección contra incendios* cuenta con más información sobre este tema.

Por último, los cables eléctricos y de extensión presentan el riesgo de tropiezos. Los cables de extensión deben ser de colores brillantes para que sean visibles. Los conductores y cables deben colocarse fuera de lugares de paso, o al menos al lado de una pared, en lugar de en medio de un sitio de paso o atravesándolo. También evite colocar cables cruzando sectores de trabajo y andamios elevados. En ocasiones, puede ser necesario poner un cable atravesando un lugar de paso. Si no se puede evitar, pegue el cable con cinta al piso y ponga una alfombra sobre él, o colóquelo en un conducto para cables para reducir el riesgo de un tropiezo.

4.3.0 Herramientas neumáticas

Las **herramientas neumáticas** (*Figura 10*) como pistolas de clavos, trituradoras, taladros, martillos neumáticos y lijadoras son accionados por aire comprimido. El riesgo más grave al usar estas herramientas es el peligro de ser golpeado por uno de los accesorios de la herramienta o por el sujetador que dispara. Las herramientas que dis-

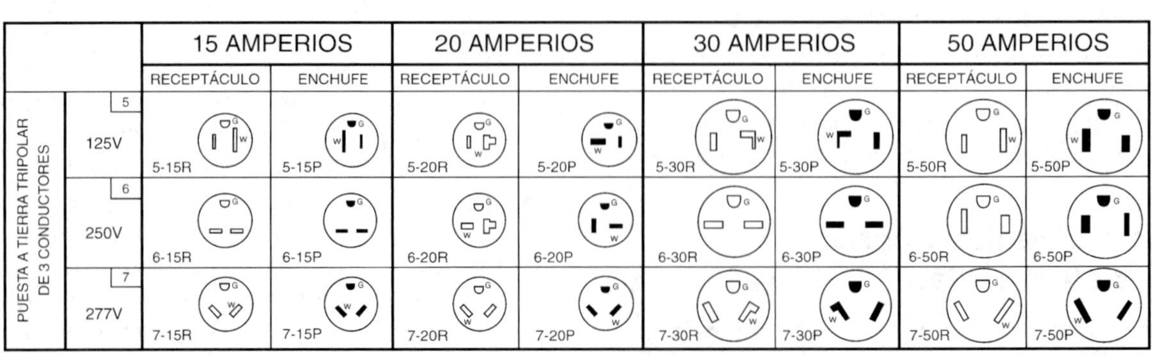

Figura 9 ◆ Configuración de tomacorrientes de tres patas.

paran clavos, remaches o grapas y operan a presiones superiores a 100 psi (libras por pulgada cuadrada – 7 atmósferas) deben estar equipadas con un dispositivo de seguridad que no permita disparar los sujetadores a menos que la boca de la herramienta esté contra una superficie de trabajo. Las pistolas de aire comprimido nunca se deben apuntar hacia nadie y la boca nunca debe presionarse contra una persona. Se debe instalar un clip o retén de seguridad en estas herramientas parar evitar que los accesorios se disparen accidentalmente del tambor.

El uso de herramientas neumáticas a veces producen la dispersión de residuos. Si usa una herramienta neumática, debe colocarse la protección visual correspondiente. Es altamente recomendable el uso de protección facial completa. Se deben colocar pantallas para proteger a trabajadores cercanos de fragmentos que vuelen cerca de trituradoras, pistolas remachadoras, grapadoras o taladros neumáticos.

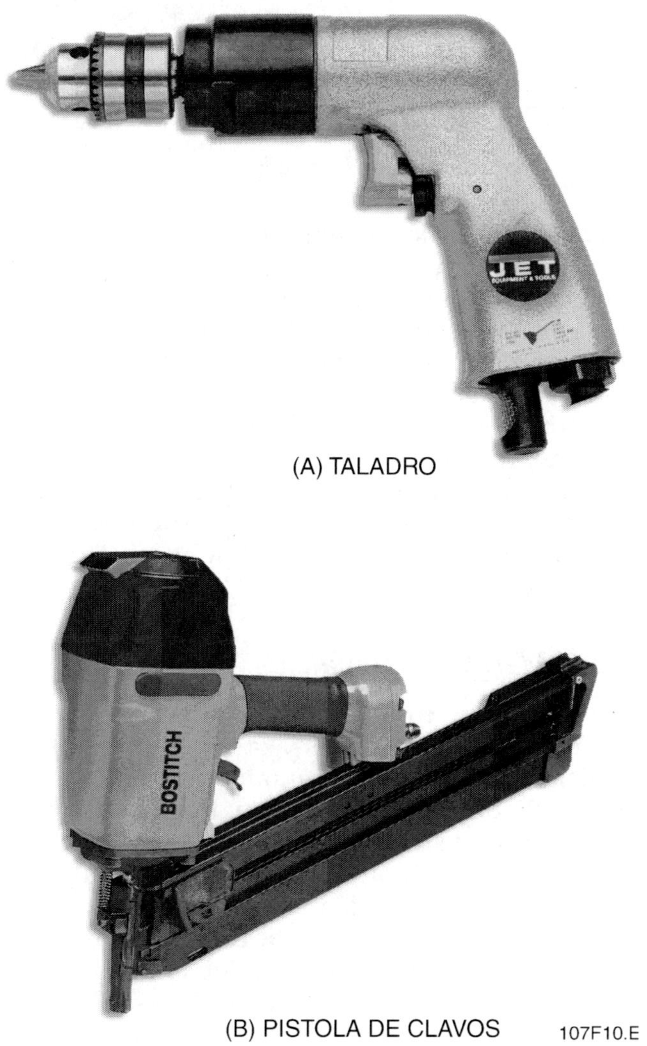

Figura 10 ◆ Herramientas neumáticas.

Las pistolas rociadoras sin aire que atomizan pinturas y fluidos a alta presión (1,000 psi – 70 atmósferas – o más) deben estar equipadas con dispositivos automáticos o visuales de seguridad que eviten que se presione el gatillo hasta que el dispositivo de seguridad se quite manualmente.

4.3.1 Protección auditiva

Algunas herramientas neumáticas, como los martillos neumáticos, pueden ser muy ruidosas. Se debe usar protección auditiva cuando se las utiliza. De acuerdo a la OSHA, si se está expuesto a niveles de ruido que promedian o superan los 85 **decibeles (dB)** por un lapso de ocho horas, (conocido como tiempo promedio ponderado en un periodo de ocho horas o TWA) se deberá usar protección auditiva. 85 dB no es muy fuerte. Como muestra la *Tabla 1*, 85 dB es el volumen de la alarma de un reloj despertador digital típico. Incluso a este nivel, la exposición de largo plazo puede representar un riesgo para la audición. La intensidad de sonido de un martillo neumático generalmente es de 100 dB. Si va a trabajar con un martillo neumático o cerca de él, debe utilizar protección auditiva.

La persona competente del sitio, que está entrenada para colocar protectores auditivos, debe ayudar a los empleados a elegir el tamaño y el tipo de protección adecuados para el entorno de trabajo. El protector seleccionado debe ser có-

Tabla 1 Niveles en decibeles de sonidos comunes

Fuente de ruido	Nivel en decibeles
Tránsito intenso	75 dB
Restaurante ruidoso	80 dB
Reloj despertador digital	85 dB
Fábrica promedio	88 dB
Niño gritando	90 dB
Tren subterráneo	100 dB
Camión diesel	100 dB
Helicóptero	105 dB
Cortadora de pasto motorizada	105 dB
Sierra motorizada	110 dB
Estadio de fútbol	117 dB
Concierto de rock	120 dB
Bocina de auto	120 dB
Martillo neumático	130 dB
Sirena de ataque aéreo	130 dB
COMIENZA EL DOLOR	**140 dB**
Disparo de arma de fuego	140 dB
Motor jet	140 dB
Lanzamiento de cohete	180 dB
Sonido más fuerte	194 dB

Cuando haya mangueras, mire donde pisa

Un trabajador tropezó sobre una manguera de aire comprimido que había quedado en un callejón y cayó mal, se quebró el brazo y se lesionó la espalda. La línea de tubo de aire no había sido guardada luego de su uso. El callejón estaba mal iluminado y el incidente ocurrió por la noche. Luego de una investigación, la empresa instaló reflectores en lugares con poca luz y reubicó la línea de aire y la manguera. Ahora se brinda entrenamiento a todo el personal sobre mantenimiento y conciencia en seguridad.

Moraleja: El buen mantenimiento es una parte importante de la seguridad. Guarde todas las herramientas y mangueras luego de usarlas.

Fuente: Instituto Nacional para la Salud y Seguridad Laboral (NIOSH)

modo y debe reducir el nivel de ruido lo suficiente como para evitar la pérdida de audición.

Los protectores auditivos deben reducir apropiadamente el nivel de ruido del entorno de trabajo de cada empleado. Se le debe explicar cómo usar y cuidar los protectores y debe ser supervisado en el trabajo para verificar que sabe cómo y cuándo usarlos.

El nivel de intensidad de un sonido depende de la distancia de la fuente que lo produce. Cuanto más lejos esté de la fuente de origen, más bajo le parecerá el sonido. Como regla general, el nivel de decibeles puede ser superior al nivel permitido si hay que levantar la voz para que se escuche a treinta centímetros de distancia. Otros signos de estos altos niveles son la pérdida temporal de audición o el zumbido en los oídos.

Todos somos distintos. Algunos trabajadores sufrirán pérdida de audición incluso si el nivel de ruido está por debajo del límite permitido. Debido a que no hay forma de decir si usted es una de esas personas que perderá fácilmente la audición, es mejor evitar la exposición sonora siempre que sea posible. Si hay alguna razón para pensar que el nivel de ruido será muy alto, la empresa puede hacer que se mida con instrumentos el nivel. Esto se llama control de ruido.

Para más orientación sobre cuándo usar protección auditiva, qué tipo de protección usar y cómo usarla correctamente, consulte con el supervisor o el técnico de seguridad.

4.3.2 Mangueras de aire

Las herramientas neumáticas cuentan con suministro de aire a través de mangueras de aire (*Figura 11*). Cuando use herramientas neumáticas, siempre verifique que estén bien ajustadas a la manguera de aire para evitar que se desconecten. La mayoría de las herramientas neumáticas cuentan con un alambre corto o un dispositivo de bloqueo positivo que une la manguera de aire a la herramienta. Estos le ayudarán a asegurar que la herramienta está bien conectada.

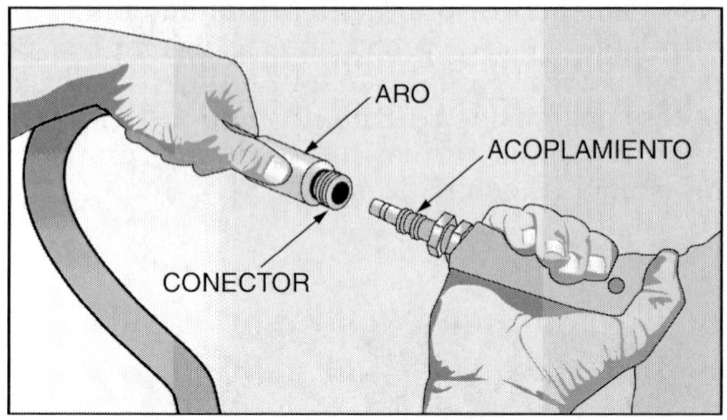

Figura 11 ◆ Conexión de manguera neumática de aire.

Si la manguera de aire tiene un diámetro superior a ½" (1.3 cm), se debe instalar una válvula de seguridad de exceso de flujo en la fuente de suministro de aire para que el aire se cierre automáticamente en caso de que la manguera se rompa. En general, se deben tomar las mismas precauciones con la manguera de aire que con los cables eléctricos. Esto se debe a que pueden ocurrir el mismo tipo de accidentes y lesiones, incluso los tropiezos.

4.3.3 Martillos neumáticos

Además de un nivel de ruido dañino de 100 dB, los martillos neumáticos y otros equipos de demolición (*Figura 12*) presentan otros peligros que el usuario debe tener en cuenta. Pueden hacer volar residuos, de modo que se debe usar protección visual, preferentemente protección facial completa. Los martillos neumáticos pueden provocar cansancio muscular en periodos de uso prolongados. Las agarraderas de goma de alta resistencia ayudan a minimizar estos problemas. El uso de guantes y tomar descansos razonables también ayudan a reducir la fatiga muscular. Por último,

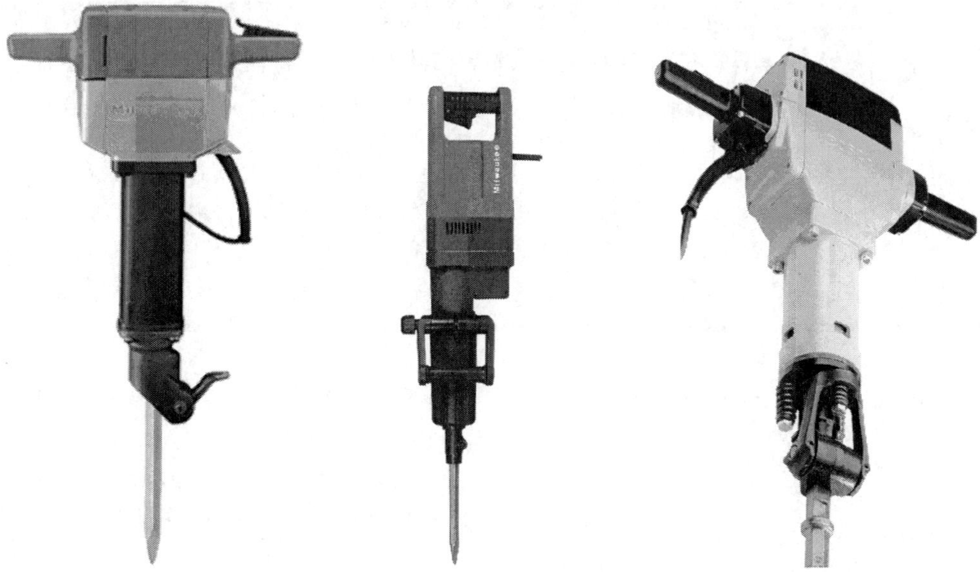

Figura 12 ◆ Martillos neumáticos y otros equipos de demolición.

siempre use zapatos de seguridad con puntas de acero cuando use un martillo neumático. Los zapatos reducirán las lesiones si el martillo golpea en el pie.

4.4.0 Herramientas a combustible

Algunas herramientas eléctricas, como las motosierras (*Figura 13*), son accionadas por combustible líquido, generalmente gasolina. El peligro más serio con las herramientas a combustible son los vapores combustibles que pueden arder o explotar. La quema de combustible líquido también libera gases de salida, que pueden ser peligrosos. A continuación damos algunos consejos para usar **herramientas a combustible** de manera segura:

- Siempre use el equipo de protección personal adecuado, incluso protección visual, guantes y respiradores, de ser necesario.
- Siempre maneje, transporte y almacene el combustible sólo en envases para líquidos combustibles aprobados.
- Antes de rellenar el tanque de la herramienta, apague el motor y deje que se enfríe. Esto reducirá el riesgo de que la herramienta caliente encienda los gases del combustible.

CASOS HISTÓRICOS

Emanaciones de herramientas a combustible

Un trabajador en un sitio de construcción grande y cerrado murió por intoxicación con monóxido de carbono después de que él y otros seis trabajadores quedaran expuestos a altas concentraciones del gas. Murió debido a que la ventilación del sitio era insuficiente y tres máquinas estaban emanando monóxido de carbono: una mezcladora portátil y una allanadora, ambas activadas por gasolina, y un montacargas alimentado con propano. El trabajador hubiera sobrevivido si el lugar de trabajo hubiera estado correctamente ventilado y si hubiera usado el equipo de protección personal correspondiente, que incluye un respirador.

Moraleja: Mantenga las zonas de trabajo bien ventiladas y use respiradores cuando sea necesario. Las condiciones peligrosas del aire pueden generarse sin advertencia.

Fuente: Administración de la Seguridad y Salud Laboral de los EE.UU. (OSHA)

Figura 13 ◆ Motosierra.

Preste atención a las emanaciones combustibles

CASOS HISTÓRICOS

Un trabajador utilizaba un soplete de propano líquido en el área de sentina de una barcaza de construcción. El soplete se apagó y el trabajador dejó el sector sin cerrar el paso de gas. El trabajador murió cuando volvió y encendió el soplete, lo que encendió el gas acumulado.

Moraleja: Siempre cuente con ventilación apropiada en lugares cerrados. Nunca deje una herramienta de combustible sin verificar que el flujo de gas esté cerrado.

Fuente: Administración de Seguridad y Salud Laboral de los EE.UU. (OSHA)

- Si utiliza una herramienta de este tipo en un área cerrada, debe haber ventilación adecuada y/o respiradores para evitar respirar los gases de salida que resultan peligrosos.
- Debe haber extintores disponibles en el área donde se usen las herramientas a combustible.

4.4.1 Líquidos inflamables y combustibles

Los líquidos pueden ser inflamables o combustibles. Los líquidos inflamables tienen un punto de ignición inferior a los 100°F (38°C). Los líquidos combustibles tienen un punto de ignición de 100°F (38°C) o superior. Se pueden prevenir los incendios mediante:

- *Eliminación del combustible* – Los líquidos no arden. Lo que arden son los gases (vapores) emitidos cuando el líquido se evapora. Mantener el líquido en un contenedor aprobado sellado evita la evaporación. Si no hay evaporación, no hay combustible que arda.
- *Eliminación del calor* – Si al líquido se lo almacena o se lo usa lejos de una fuente de calor, no podrá encenderse.
- *Eliminación del oxígeno* – El vapor de un líquido no arderá si no hay oxígeno presente. Mantener los envases de seguridad sellados herméticamente evita que el oxígeno entre en contacto con el combustible.

4.4.2 Extintores

Todos los extintores cuentan con una etiqueta, con símbolos estándar para los tipos de incendios para los que se pueden usar. Hay cuatro tipos de incendios (*Figura 14*):

- *Tipo A* – Combustibles ordinarios como madera, tela y papel
- *Tipo B* – Líquidos inflamables como gasolina, aceite y pintura en base a aceite
- *Tipo C* – Equipos eléctricos energizados, entre ellos cables, cajas de fusibles, interruptores de circuito, máquinas y aparatos
- *Tipo D* – Metales combustibles como el magnesio o el sodio

Una barra roja cruzando cualquiera de los símbolos indica que el extintor no puede usarse en ese tipo de incendio. La falta de un símbolo indica que el extintor no ha sido probado para un tipo dado de incendio pero se lo puede usar si no hay disponible un extintor con etiqueta para ese tipo de incendio.

Recuerde que el extintor debe ser adecuado para el tipo de incendio que se combate. Los extintores multi-propósito, con etiqueta ABC, se pueden usar en los tres tipos de incendio. Si usa un tipo de extintor equivocado, puede ponerse en peligro y empeorar el incendio. También es muy peligroso usar agua o un extintor sólo para incendios tipo A en un incendio de gasolina o por electricidad.

NOTA

Para obtener más información acerca de la seguridad contra incendios, remítase al módulo, *Prevención y protección contra incendios.*

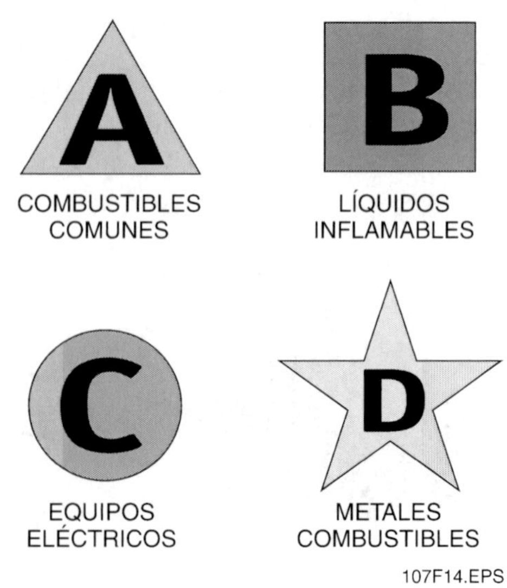

Figura 14 ◆ Símbolos de tipos de incendios.

4.5.0 Herramientas accionadas por pólvora

Las herramientas accionadas por pólvora se operan como armas cargadas y deben tratarse con el mismo respeto y las mismas precauciones (*Figura 15*). El uso de herramientas accionadas por pólvora requieren entrenamiento especial y certificación. Si trabaja cerca de estas herramientas, aquí le presentamos algunas formas de ayudarlo a estar seguro:

- Nunca use materiales explosivos o inflamables cerca de este tipo de herramientas.
- Nunca apunte a nadie con herramientas accionadas por pólvora.
- Nunca recoja una herramienta de este tipo que esté desatendida. En cambio, avise al supervisor que se ha dejado sin atención una herramienta accionada por pólvora.
- Nunca juegue con estas herramientas. Una vez más, estas herramientas son tan peligrosas como un arma cargada.

Los fabricantes usan esquemas con códigos de color para identificar la potencia de la carga de pólvora. Es de vital importancia seleccionar la carga correcta para la tarea. Si va a usar herramientas accionadas por pólvora, debe saber el sistema de código de color que corresponde a la herramienta que utiliza. La *Tabla 2* muestra un ejemplo de un sistema de código de color. El nivel

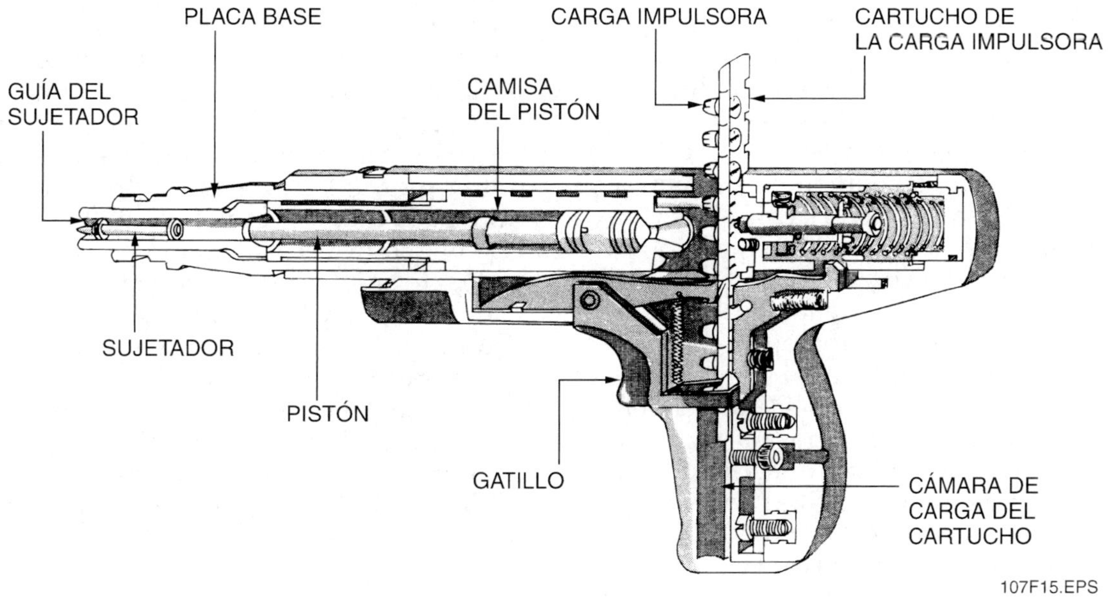

Figura 15 ◆ Partes principales de una herramienta de sujetadores accionada por pólvora.

La presión hidráulica puede ser peligrosa

Un trabajador de una empresa de perforaciones y realización de túneles murió al ser golpeado por un acoplamiento de una manguera hidráulica. La víctima era parte de un equipo que excavaba un túnel. Usaban una máquina de elevación hidráulica para empujar un obturador de 54" (1.40 metros) de diámetro en el túnel, de a una sección por vez. La víctima estaba de pie al lado de una de las máquinas. Cuando se aplicó presión a las líneas hidráulicas, el extremo macho del acoplamiento de la manguera hidráulica se partió en dos y se rompió la conexión.

La liberación repentina de la presión hidráulica hizo que la manguera con el conector en un extremo se sacudiera en el aire y golpeara a la víctima en el abdomen. Una investigación determinó que las tiras de seguridad, también llamadas control de manguera, no estaban instaladas en la máquina y que el trabajador estaba muy cerca de ella.

Moraleja: Siempre asegúrese de que estén instalados todos los dispositivos de seguridad necesarios antes de usar equipos hidráulicos. Manténgase alejado de líneas y mangueras sometidas a cargas extremas.

Fuente: Instituto Nacional para la Salud y Seguridad Laboral (NIOSH)

Tabla 2 Sistema de código de color para carga de pólvora

Nivel de potencia	Color de la carga de pólvora
1	Gris
2	Marrón
3	Verde
4	Amarillo
5	Rojo
6	Púrpura

de potencia va de 1 a 6, donde el 1 es el menos potente. Esta es una guía general. Sepa el código de color específico de su equipo.

4.5.1 Sujetadores

Cuando se utilizan herramientas accionadas por pólvora para aplicar sujetadores, pueden surgir situaciones muy peligrosas. Si los sujetadores se disparan con mucha pólvora o en material muy delgado, es posible que atraviesen el material y lleguen a una persona o un equipo. Los sujetadores colocados en materiales como ladrillo y hormigón a 3" (10 cm) o menos de una esquina o un borde puede hacer volar fragmentos peligrosos. Los sujetadores colocados a menos de 1" (3 cm) del borde o de la esquina de una pieza de acero puede generar un peligro similar al de los perdigones. Por último, si se coloca un sujetador en material muy duro o quebradizo podría producir triturado o dispersión de restos, o rebotes. Cualquiera de estas cosas podría resultar en lesiones graves que debiliten o pongan en riesgo la vida. Si trabaja cerca de herramientas de este tipo, siempre preste atención, mire lo que está haciendo y tome todas las medidas necesarias para reducir el riesgo de lesiones.

Nunca use una herramienta accionada por pólvora para fijar sujetadores en material de fácil penetración. Estas herramientas han sido diseñadas principalmente para instalar sujetadores en mampostería. No trate de usar estas herramientas a menos que cuente con el entrenamiento correspondiente. Además, todo el personal del sector debe saber que se está usando la herramienta y utilizar el equipo de protección personal adecuado.

4.6.0 Herramientas hidráulicas

Las **herramientas hidráulicas** son herramientas accionadas por la fuerza y el movimiento de un líquido forzado por una abertura como un tubo o una manguera. Por ejemplo, los gatos (también conocidos como bases niveladoras) hidráulicos portátiles (*Figura 16*) están formados por dos partes básicas: la bomba y el cilindro. Las dos partes están unidas por una manguera hidráulica de alta presión. La bomba aplica presión al fluido hidráulico. El cilindro (a veces llamado émbolo) aplica una fuerza de empuje o elevación que opera el gato.

Los riesgos y las normas de seguridad son básicamente las mismas que para las herramientas neumáticas. Hay por lo menos un punto adicional que se debe tener en cuenta, y es el fluido hidráulico. El fluido hidráulico derramado en el piso presenta un peligro de deslizamiento. Si el fluido se derrama, vuelque un material absorbente de aceite sobre el derrame y límpielo inmediatamente.

CASOS HISTÓRICOS

Apuntale la carga

Dos empleados hacían ajustes finales a una gran máquina en una nueva papelera. Utilizaban dos gatos hidráulicos y dos montantes de 4" × 4" (10 × 10 cm) debajo de un extremo de un equipo de casi 6,000 lbs (3 toneladas), que estaba suspendido de cuatro varas roscadas de $\frac{3}{4}$". Primero, los empleados levantarían un extremo del equipo cerca de tres centímetros. Luego, un empleado subiría unos escalones temporales para ajustar manualmente las tuercas de las varas roscadas. Por lo tanto, la unidad de casi 6,000 lbs (3 toneladas) quedaba sostenida solamente por las dos vigas verticales en las cabezas de los gatos hidráulicos. Las vigas fueron colocadas debajo de un larguero del bastidor de $\frac{5}{8}$" sin ningún bloque u otro dispositivo entre ellas. No se utilizaron cuñas, bloques, apuntalamientos u otros métodos para estabilizar la carga y asegurarla después de levantarla. Cuando levantaron el extremo del equipo, éste cayó, aplastó a un empleado y casi aplasta al otro.

Moraleja: Los gatos no deben usarse para soportar una carga. Siempre use bloques y puntales para soportar una carga elevada.

Fuente: Instituto Nacional para la Salud y Seguridad Laboral (NIOSH)

4.6.1 Gatos (bases niveladoras)

Los gatos (también conocidos como bases niveladoras) son herramientas de uso cotidiano tanto dentro como fuera del trabajo (*Figura 17*). Para usar un gato de manera segura, recuerde lo siguiente:

- Asegúrese de apoyar la base del gato en una superficie firme y nivelada.
- Para evitar que vuelque, asegúrese de que el gato esté centrado debajo de la carga.
- Asegúrese de que la cabeza del gato haga contacto pleno y parejo con la carga.
- Cuando use un gato, nunca levante un peso que supere la capacidad de carga del gato.
- Nunca levante demasiado el gato. Se supone que los gatos cuentan con una protección que evita que eso ocurra. Si su gato no tiene esta protección, informe al supervisor, etiquete el equipo y haga que lo reparen.

107F16.EPS

Figura 16 ◆ Gato hidráulico portátil.

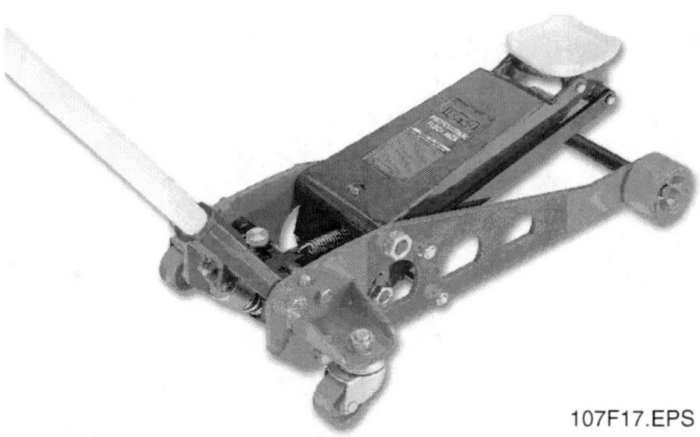

107F17.EPS

Figura 17 ◆ Gato.

- Un gato no debe usarse para soportar una carga. Una vez que la carga esté donde quiere, coloque bloques para asegurarla.
- Si se va a usar un gato hidráulico en temperaturas de congelamiento, debe llenarse con anticongelante.

4.7.0 Herramientas motorizadas de discos abrasivos

Los discos abrasivos de amolado, corte y pulido crean problemas de seguridad particulares porque pueden despedir fragmentos o chispas.

Antes de montar un disco abrasivo, se lo deberá revisar cuidadosamente y realizar una prueba de sonido por percusión para verificar que no haya quebraduras o defectos. Para probar un disco, golpéelo levemente con un instrumento liviano no metálico. Si suena quebrado o apagado, se podría partir en operación y no se lo debe usar. Un buen disco produce un sonido metálico y claro cuando se lo golpea. Si no está seguro sobre cómo hacerlo, pida al supervisor que le muestre el procedimiento.

Para evitar que el disco se quiebre, asegúrese de que encaje correctamente en el mandril. La tuerca del mandril debe ajustarse lo suficiente para sostener al disco en su lugar sin distorsionarlo ni doblarlo. Debido a que es posible que un disco explote en el arranque, nunca se coloque directamente frente al disco hasta que tome velocidad.

La herramientas portátiles de amolado (*Figura 18*) deben contar con protecciones de seguridad para protegerlo a usted y a sus compañeros, no sólo de la superficie móvil del disco, sino también de fragmentos que pudieran volar. Si su equipo no cuenta con las protecciones, no lo use. Póngale una etiqueta y avise al supervisor.

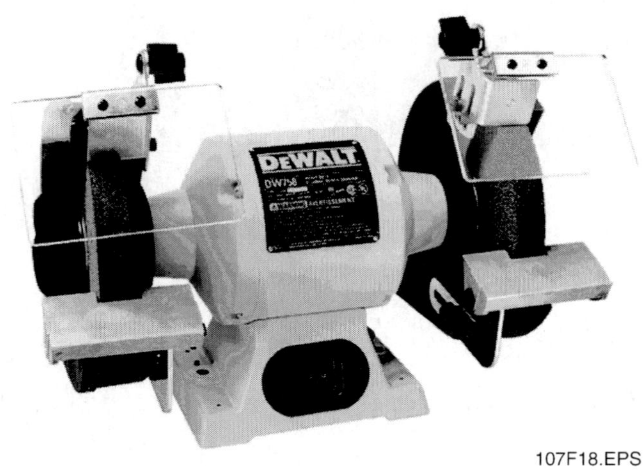

107F18.EPS

Figura 18 ◆ Amoladora de banco.

Cuando use cualquier amoladora motorizada, siga estas pautas:

- Siempre use protección visual.
- Apague la amoladora cuando no la use.
- No use una amoladora cerca de materiales explosivos o inflamables porque puede despedir chispas.
- Nunca fije una amoladora de mano a una prensa de banco.

5.0.0 ◆ PROTECCIONES E INTERRUPTORES DE SEGURIDAD

Las protecciones se instalan o vienen integradas en las herramientas para aislar partes móviles peligrosas como correas, engranajes, ejes, mandriles, volantes, cadenas y otras partes móviles, rotatorias y oscilatorias del equipo (*Figura 19*). Nunca se deben quitar o anular en manera alguna las protecciones de seguridad. Estas protecciones los resguardan a usted y a sus compañeros de residuos que pudieran volar, hojas cortantes y puntos de pellizco. Si encuentra una herramienta con un protección faltante, rota o anulada, etiquétela e informe al supervisor inmediatamente.

Los interruptores de seguridad tienen el objetivo de proteger del encendido accidental de una herramienta. Algunas herramientas, como la sierra circular, cuentan con un interruptor de presión constante que apaga el equipo cuando se suelta el interruptor. Sin importar qué tipo de interruptor tenga la herramienta, nunca lleve una herramienta con el dedo en el interruptor.

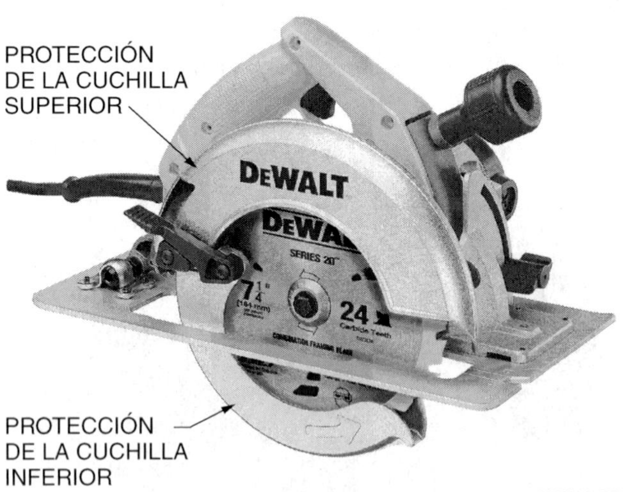

Figura 19 ◆ Protecciones de sierra circular.

Resumen

Si usa herramientas manuales o eléctricas, o si trabaja cerca de personas que las utilicen, debe ser consciente de los riesgos. Debido a que las herramientas son tan comunes y a veces mal utilizadas, las personas no siempre saben la mejor forma o la más segura de trabajar con ellas. Los accidentes con herramientas pueden provocar lesiones menores pero muy dolorosas o pueden tener consecuencias permanentes y devastadoras como una amputación o la muerte. Para mantener la seguridad, asegúrese de conocer la herramienta antes de usarla y que la herramienta que esté por usar se encuentre en buenas condiciones de funcionamiento. También, utilice todo el equipo de protección personal y la ropa necesarios para las herramientas que utilice y ponga en práctica todas las precauciones relacionadas con su trabajo.

Preguntas de repaso

1. Una herramienta cortante manual es más segura si está _____.
   a. levemente desafilada para producir cortes graves
   b. inspeccionada y mantenida regularmente
   c. bien aceitada
   d. tibia para evitar que se rompa

2. Una llave de ajuste con las mordazas abiertas es peligrosa porque _____.
   a. el espacio entre las mordazas y la tuerca o el perno es un punto de pellizco
   b. las mordazas sueltas podrían hacer que la llave se deslizara y golpeara a alguien
   c. las mordazas pueden romperse fácilmente después de abrirse
   d. las mordazas abiertas pueden torcer el perno

3. Las herramientas cortantes pueden provocar directamente las lesiones siguientes *salvo* _____.
   a. heridas por incisión
   b. perforaciones
   c. quemaduras
   d. amputaciones

4. Cuando se revisa una herramienta de impacto, _____ indica que la herramienta puede ser peligrosa.
   a. un cabezal con rebabas
   b. una protección faltante
   c. un enchufe de dos patas
   d. la falta de aislamiento

5. Los dos tipos más comunes de lesiones asociadas con herramientas de impacto son los golpes de martillo y las lesiones oculares.
   a. Verdadero
   b. Falso

6. Usted puede enchufar de manera segura un enchufe con descarga a tierra en un tomacorriente de dos patas si retira cuidadosamente la pata de descarga a tierra.
   a. Verdadero
   b. Falso

7. Debido a que sólo son accionadas por aire, las herramientas neumáticas no presentan riesgos.
   a. Verdadero
   b. Falso

8. Las herramientas a combustible pueden iniciar un incendio cuando _____.
   a. el vapor inflamable del combustible entra en contacto con la herramienta caliente
   b. el cable de energía produce un cortocircuito y genera chispas
   c. el operador usa la herramienta estando de pie en el agua
   d. la manguera de aire no cuenta con descarga a tierra

9. Los siguientes son riesgos generalmente asociados con herramientas hidráulicas *salvo* _____.
   a. patinarse
   b. los objetos que vuelan
   c. dar un vuelco
   d. tropezarse

10. Los discos abrasivos motorizados pueden explotar en el arranque.
    a. Verdadero
    b. Falso

GLOSARIO

Términos especializados introducidos en este módulo

Decibeles (dB): Medida de la intensidad o volumen del sonido. Cuanto más alto sea el nivel en decibeles, más fuerte será el sonido y, por lo tanto, potencialmente más dañino.

Herramientas a combustible: Herramientas que usan un combustible líquido, como gasolina o propano líquido para funcionar.

Herramientas cortantes: Herramientas que se sirven de bordes filosos para cumplir su tarea. Estas herramientas son: sierras, cuchillos, tijeras, tijeras de lata y alicates o pinzas.

Herramientas de impacto: Herramientas que deben golpear o ser golpeadas para cumplir su tarea. Estas herramientas son: martillos cinceles y machos de terrajas.

Herramientas elécricas: Herramientas que necesitan una fuente de energía como electricidad, hidráulica o neumática para funcionar.

Herramientas operadas por electricidad: Herramientas que usan corriente eléctrica para funcionar.

Herramientas hidráulicas: Herramientas que usan un fluido a presión, generalmente aceite hidráulico, para funcionar.

Herramientas neumáticas: Herramientas que usan aire a presión para funcionar.

Protecciones: Dispositivos que protegen a los operadores de herramientas de partes móviles como cuchillas, engranajes y poleas.

Créditos de las figuras

Cooper Tools	107F02 (E) 107F03 (D) y (E), 107F04 (C)
Jensen Tools, Inc.	107F02 (D)
The Stanley Works	107F02 (A) y (B), 107F03 (B), 107F04 (B), 107F10 (B)
Ridge Tool Company	102F02 (C), 107F03 (C), 107F04 (A)
Coleman Cable, Inc.	107F07
Jet Tools and Equipment	107F10 (A)
Milwaukee Electric Tool Company	107F12 (A) y (B)
Bosch Power Tools	107F12 (C)
Makita USA, Inc.	107F13
Lincoln Automotive	107F16
Norco Industries, Inc.	107F17
DeWalt Industrial Tool Company	107F18, 107F19

MÓDULO 75107-03 — RESPUESTAS A LAS PREGUNTAS DE REPASO

Respuesta	Sección
1. b	3.0.0
2. b	3.0.0
3. c	3.1.0
4. a	3.2.0
5. a	3.2.0
6. b	4.2.0
7. b	4.3.0
8. a	4.4.0
9. b	4.6.0
10. a	4.7.0

SERIE EDUCATIVA CONTREN® — COMENTARIOS DEL USUARIO

NCCER hace el esfuerzo de mantener estos libros de texto actualizados y libres de errores técnicos. Apreciamos su ayuda en este proceso. Si tiene una idea para mejorar este libro de texto, o si encuentra algún error, ya sea tipográfico, o de contenido en los libros de texto de *Contren*®, favor de escribirnos usando esta forma o una fotocopia de la misma. Asegúrese de incluir el número exacto del módulo, la página, una descripción detallada, y la corrección, si es aplicable. Su comentario será traído a la atención del comité técnico de revisión. Gracias por su ayuda.

Instructores – si usted encontró que algún material adicional es necesario para enseñar este módulo con eficacia, por favor déjenos saber para poder incluirlos en la lista de Equipo y Materiales en la guía anotada del instructor.

Dirección postal: Departamento de Desarrollo de Productos
National Center for Construction Education and Research
3600 NW 43rd Street, Bldg. G, Gainesville, FL 32606

Fax: 352-334-0932

E-mail: curriculum@nccer.org

Oficio _______________ Nombre del Módulo _______________

Fecha del Copyright _______ Número del Módulo _______ Número(s) de Página(s) _______

Descripción

____

____

____

Corrección (opcional)

____

____

Su nombre y dirección (opcional)

____

____

Módulo 75108-03

Seguridad en la soldadura

MAPA DEL CURSO

Este mapa del curso muestra todos los módulos de Seguridad de campo. El orden sugerido de entrenamiento comienza en la parte inferior y avanza hacia arriba. El Patrocinador local del Programa de Entrenamiento puede modificar el orden del entrenamiento.

SEGURIDAD DE CAMPO

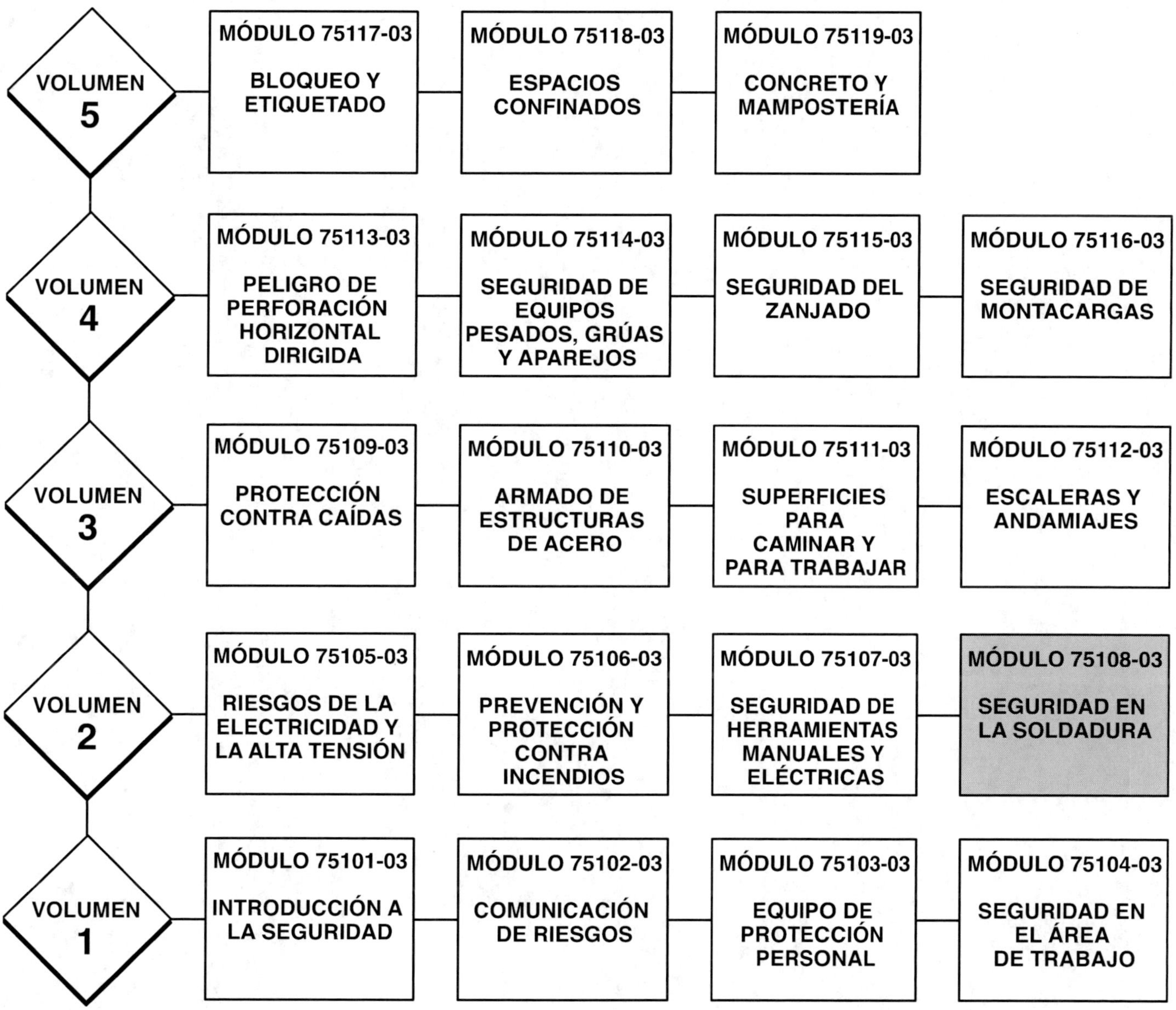

108CMAP.EPS

CONTENIDO DEL MÓDULO 75108-03

Figuras

Tablas

MÓDULO 75108-03

Seguridad en la soldadura

Objetivos

Cuando haya terminado este módulo, podrá hacer lo siguiente:

1. Identificar y describir los riesgos en la seguridad relacionados con la realización de cortes y soldaduras metálicas.
2. Identificar la finalidad y las características de un permiso de trabajo en caliente.
3. Describir los peligros de incendio relacionados con la realización de soldaduras.
4. Identificar los peligros relacionados con el manejo y el almacenamiento de gases comprimidos.
5. Identificar los peligros relacionados con emanaciones tóxicas generadas por los procesos de soldadura y corte y los métodos utilizados para evitar estos riesgos.
6. Describir los métodos utilizados para prevenir lesiones en los trabajadores, incluyendo el uso de equipos de protección personal adecuados.

Prerrequisitos

Antes de comenzar este módulo, se recomienda que haya completado con éxito lo siguiente: Seguridad de campo, Módulos 75101-03 a 75107-03.

Material necesario

1. Lápiz y papel
2. Equipo de protección personal adecuado

1.0.0 ◆ INTRODUCCIÓN

La soldadura, **soldadura fuerte** y el corte de metal son tareas normales realizadas en una obra. El corte oxigás, también llamado corte con llama o quemado, utiliza un soplete de corte accionado por una combinación de oxígeno/acetileno (oxiacetileno) (*Figura 1*). Los trabajadores de la construcción usan sopletes para cortar flejes y componentes de moldura de metal. Los técnicos fontaneros y de climatización usan sopletes para soldeo fuerte que son accionados con propano líquido u otros gases **inflamables** para unir tubos de cobre. Los soldadores realizan varias tareas, entre las que se incluyen unir tuberías (*Figura 2*), pegar secciones de **muros cortina** a la estructura de los edificios, pegar componentes de molduras de metal y reparar los equipos de construcción. Los procesos de soldadura producen intensas llamas o arcos eléctricos que pueden causar quemaduras graves o pueden iniciar incendios. Algunos procesos de soldadura también usan **gases inertes** comprimidos tales como el argón

NOTA:
Este módulo proporciona información e instrucciones para los trabajadores de la construcción que están trabajando en áreas en donde pueden realizarse soldaduras y cortes. Los trabajadores que de hecho realicen tareas de soldadura y corte deben tener un entrenamiento de seguridad más completo. Dicho entrenamiento se proporcionan en los siguientes módulos Contren®:

- Módulo 29101-03, *Welding Safety*
- Módulo 29102-03, *Oxyfuel Cutting*

108F01.EPS

Figura 1 ◆ Corte de metal.

108F02.EPS

Figura 2 ◆ Soldador uniendo secciones de tubos.

para proteger el arco. Todos los procesos de soldadura funcionan según el principio de fundición de acero u otros metales.

Independientemente de los gases involucrados, las actividades de soldadura siempre conllevan un alto riesgo de quemaduras graves y peligro de incendios. Tener cuidado de estos riesgos es muy importante y lo ayudará a permanecer seguro.

Las personas que trabajan con o cerca de equipos de soldadura, soldadura fuerte o de corte de metal pueden recibir quemaduras graves debido al calor y a las llamas intensas generadas en estos procesos. Además, los gases utilizados en estos procesos pueden presentar un peligro adicional porque estos se almacenan bajo presión en cilindros de metal (*Figura 3*).

Muchos de los riesgos están relacionados con la manipulación, el almacenamiento y el uso de los gases comprimidos. Para entender estos peligros, debemos comprender que los gases comprimidos almacenan energía potencial. Para comprimir y confinar un gas hay que utilizar energía. Esta energía se almacena hasta que se libera intencionalmente para realizar un trabajo útil o hasta que se libera accidentalmente por una falla en el contenedor o por otras razones.

Algunos gases comprimidos, por ejemplo el acetileno, son altamente inflamables. Por lo tanto, los gases comprimidos inflamables tienen energía almacenada adicional además de la energía de liberación comprimida simple. Otros gases comprimidos, tal como el nitrógeno, pueden causar **asfixia** debido a que desplazan al oxígeno. Otro gas comprimido, el oxígeno, explotará si entra en contacto con grasas o aceites. En caso de incendio, el escape de oxígeno hará que el fuego se intensifique.

Cuando se suelda o se trabaja cerca de soldaduras, los trabajadores deben tener en cuenta todos los riesgos relacionados con la soldadura. Estos incluyen:

- Incendios y explosiones
- Emanaciones y humos
- Ruidos
- Calor
- Luz intensa

Debido a estos peligros, trabajar cerca de lugares en donde se realizan soldaduras requiere un alto grado de conciencia y el uso de equipos y procedimientos de seguridad adecuados. Este módulo proporciona información detallada de los peligros para la salud y la seguridad a los cuales se pueden exponer los trabajadores cuando operan cerca de soldaduras y cubre el equipo y los métodos que se pueden usar para reducir los riesgos que presentan estos peligros.

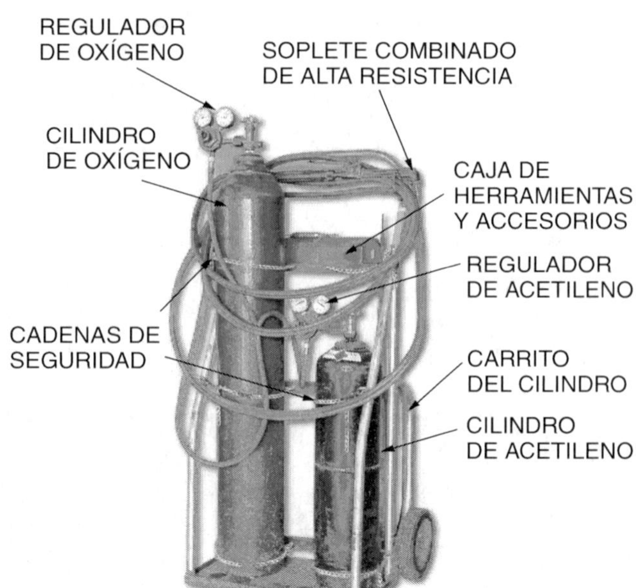

108F03.EPS

Figura 3 ◆ Cilindros de gas comprimido usados para cortes con oxigás.

2.0.0 ♦ PELIGRO DE INCENDIOS Y EXPLOSIONES

La soldadura implica el uso de temperaturas extremadamente altas. Cualquier material que entre en contacto con una llama o un arco de soldadura puede prenderse fuego o explotar. El proceso de soldadura también emite chispas calientes que pueden iniciar un incendio. El metal fundido conocido como escoria puede caer del material que se está soldando o se puede desprender del área soldada.

El corte oxigás también genera un posible peligro de incendio debido a la alta intensidad de las llamas producidas por el soplete de corte y las chispas y escoria que se forman como subproductos en el proceso. La fuerza del flujo de oxígeno puede producir chispas que alcanzan una distancia considerable, por lo que es importante quitar o proteger los materiales inflamables que estén cerca. En procesos que liberan polvo y emanaciones, es importante evitar que el polvo o las emanaciones se enciendan. Las grandes concentraciones de polvo de granos, aserrín y otras emanaciones químicas pueden encenderse o explotar cuando quedan expuestas a las llamas o al calor intenso.

2.1.0 Prevención de incendios

La clave para prevenir incendios en un sitio de trabajo en el que se realizan soldaduras es evitar que cualquier material entre en contacto con altas temperaturas, chispas y escoria producidas por el proceso de soldadura.

El área de trabajo para soldar debe estar separada del resto de la obra. Cuando sea posible, la tarea de soldadura se debe realizar en una zona construida para realizar soldaduras, con paredes de ladrillos refractarios y con el piso y el techo construidos con materiales ignífugos. Cuando en el lugar de trabajo se realiza una soldadura, las personas y los materiales alrededor de la zona de soldadura deben estar protegidos del proceso de soldadura.

Todos los materiales inflamables dentro del radio de los 35' (10.60 m) se deben quitar o proteger del calor, de las chispas o de la escoria que se produce en el proceso de soldadura. Las paredes y los pisos deben ser ignífugos y no deben tener grietas ni aberturas. Para proteger o bloquear dichas aberturas, se deben colocar protecciones ignífugas. En lugares en que las paredes o las protecciones están hechas de metal y hay material combustible precisamente del otro lado, se deben correr estos materiales para evitar una ignición accidental debido a la radiación de calor. Estas áreas deben asegurarse con pisos de hormigón, pantallas para filtrar el arco, cortinas o cobertores protectores y extintores para realizar las tareas de soldadura y corte. No se deben almacenar combustibles en zonas cercanas.

Cuando sea necesario realizar soldaduras en la obra, se deben levantar escudos de soldadura alrededor de la zona de trabajo (*Figura 4*). Estos escudos se deben colocar de manera que se evite el contacto de las chispas o la escoria con el material inflamable. Además, se deben colocar para evitar que los trabajadores del área vean el arco del equipo de soldadura.

Nunca utilice ningún tipo de recipiente que haya contenido material combustible o inflamable como plataforma para el material que se soldará, salvo que se haya limpiado cuidadosamente o se haya llenado con un gas inerte. Las trazas de materiales combustibles o inflamables pueden encenderse o explotar o el calor puede hacer que estos materiales produzcan emanaciones tóxicas que se pueden esparcir por áreas extensas. Si no conoce el contenido de un recipiente, siempre suponga que el recipiente es inseguro para usarlo en una soldadura.

Nunca realice tareas de soldadura o corte sobre tambores, barriles, tanques u otros recipientes hasta que sean vaciados y limpiados cuidadosamente. Estos recipientes pueden contener residuos de materiales y sustancias inflamables tales como detergentes, solventes, grasas, alquitrán o ácidos. Estas sustancias pueden producir vapores inflamables, tóxicos o explosivos cuando se calientan. Sólo limpie recipientes en áreas que estén bien ventiladas. Los vapores se pueden acumular durante el proceso de limpiado, lo que puede ocasionar explosiones o lesiones. Los recipientes se deben limpiar por medio del método de limpieza al vapor, enjuague con agua o se deben lavar con detergente hasta eliminar todos los restos de material.

108F04.EPS

Figura 4 ♦ Escudo de soldadura.

Después de limpiar el recipiente, llénelo con agua o un gas inerte tal como nitrógeno, argón o dióxido de carbono (CO_2) para más seguridad (*Figura 5*). El aire, que contiene oxígeno, se desplaza del interior del recipiente con agua o un gas inerte. Sin oxígeno, no hay combustión. Cuando utilice agua, coloque el recipiente de manera que se reduzca el espacio de aire. Cuando use un gas inerte, deje un orificio de ventilación para que el gas inerte pueda purgar el aire que contiene oxígeno.

Durante la realización de una soldadura, se debe colocar una vigilancia contra incendios y debe permanecer por lo menos durante 30 minutos después de que el trabajo de soldadura haya finalizado. La vigilancia contra incendios está allí para garantizar que las chispas y la escoria del proceso de soldadura no enciendan ningún material del área. La vigilancia contra incendios también observa si ocurre algún otro tipo de situación de emergencia que el soldador no puede ver debido al casco para soldar que usa. Para obtener más información acerca de la seguridad contra incendios, remítase al módulo, *Prevención y protección contra incendios*.

2.2.0 Permisos de trabajo en caliente

Un permiso de trabajo en caliente (*Figura 6*) es una autorización oficial emitida por el director de obra para realizar trabajos en los que puede haber peligro de incendio. Este ejemplo está en inglés, tal como lo verá en su trabajo. El permiso incluye información tal como el horario, la ubicación y el tipo de trabajo que se realiza. El sistema de permisos de trabajo en caliente promueve el desarrollo de pautas para las normas de seguridad contra incendios. Los permisos también ayudan a los directores a mantener registros de quién

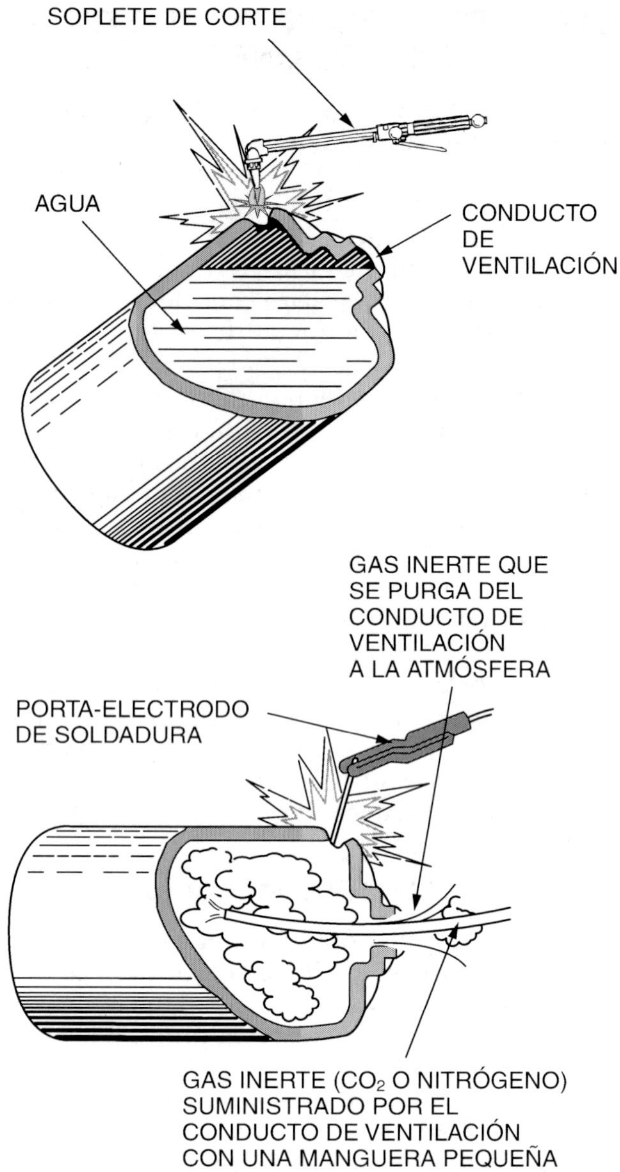

Figura 5 ◆ Purgado de un recipiente.

CASOS HISTÓRICOS

Soldadura en lugares en donde se almacena material inflamable

Dos empleados estaban soldando soportes sobre un tanque para guardar aceite de aproximadamente 55,000 galones (208 metros cúbicos). El tanque estaba lleno hasta la mitad con vapores explosivos de restos de productos químicos y aceites de estaciones de servicio para camiones y automóviles. Uno de los trabajadores murió y el otro sufrió heridas cuando el tanque explotó y la parte superior de éste se desprendió.

Moraleja: Si estos empleados hubieran seguido los procedimientos correctos para soldar sobre o cerca de lugares en donde se almacenan recipientes con líquidos inflamables, el tanque se hubiera vaciado y limpiado cuidadosamente o se hubiera llenado de agua antes de comenzar a soldar.

Fuente: Administración de Seguridad y Salud Laboral de los EE.UU. (OSHA)

HOT WORK PERMIT

For Cutting, Welding, or Soldering with Portable Gas or ARC Equipment

(References: *1997 Uniform Fire Code Article 49* & *National Fire Protection Association Standard NFPA 51B*)

Job Date____________ Start Time____________ Expiration______________ WO #______________

Name of Applicant____________________________ Company______________ Phone_____________

Supervisor________________________________ Phone________________

Location / Description of Work ____

IS A FIRE WATCH REQUIRED?

1. _______ (yes or no) Are combustible materials in building construction closer than 35' to the point of operation?
2. _______ (yes or no) Are combustibles more than 35' away but would be easily ignited by sparks?
3. _______ (yes or no) Are wall or floor openings within a 35' radius exposing combustible material in adjacent areas, including concealed spaces in floors or walls?
4. _______ (yes or no) Are combustible materials adjacent to the other side of metal partitions, walls, ceilings, or roofs which could be ignited by conduction or radiation?
5. _______ (yes or no) Does the work necessitate disabling a fire detection, suppression, or alarm system component?

YES to any of the above indicates that a qualified fire watch is required.

Fire Watcher Name(s) ____ Phone_____________

NOTIFICATIONS

Notify the following groups at least 72 hours prior to work and 30 minutes after work is completed.
Write in names of persons contacted.

Notify in person OR by phone ONLY if question #5 above is answered "yes":

- Facilities Management Fire Alarm Supervisor

Notify by phone or in person: (If by phone, write down name of person and send them a completed copy of this permit.)

- Facilities Management Fire Protection Group
- Environmental Health & Safety Industrial Hygiene Group

SIGNATURES REQUIRED

Project Manager____ Date ___________ Phone______________

I understand and will abide by the conditions described in this permit. I will implement the necessary precautions which are outlined on both sides of this permit form. Thirty minutes after each hot work session, I will reinspect work areas and adjacent areas to which sparks and heat might have spread to verify that they are fire safe, and contact Facilities Management Alarm Technicians to have any disabled fire-protection systems reactivated.

_____________________________ _______________________________ Date ____________ Phone______________

Permit Applicant Company or Department

1/17/03

108F06.EPS

Figura 6 ◆ Permiso de trabajo en caliente.

está trabajando en qué lugar y a qué hora. Esta información es esencial en caso de una emergencia o en casos en que se debe evacuar al personal.

Durante la realización de trabajos que requieren un permiso de trabajo en caliente, se utiliza una vigilancia contra incendios. Durante la tarea de vigilancia contra incendios, una persona distinta al soldador o cortador debe controlar constantemente el área de trabajo para observar si se inicia un incendio. El personal de vigilancia contra incendios debe poder acceder fácilmente a los extintores y alarmas de incendio y debe saber usarlas. Las tareas de corte nunca se deben realizar sin una vigilancia contra incendios. Cuando se usan los equipos de corte oxigás, existe un gran peligro de incendio. Los permisos de trabajo en caliente y las vigilancias contra incendio sirven para minimizar este peligro.

La mayoría de los sitios requiere el uso de permisos de trabajo en caliente y vigilancias contra incendios. Cuando se violan estos requisitos, es posible que se impongan multas rigurosas.

Antes de emitir un permiso de trabajo en caliente, se deben tomar las siguientes precauciones:

- El personal de operaciones y del contratista debe realizar una inspección conjunta del área de trabajo para asegurarse de que no hayan materiales inflamables o combustibles. Esta inspección incluye las áreas que se encuentran por encima y por debajo del área en donde se realizará el trabajo, así como también el área circundante.
- Todos los materiales combustibles que no se puedan trasladar se deben cubrir con un cobertor u otro material ignífugo. En algunos casos, también se pueden mojar con agua.
- Las alcantarillas abiertas de la zona se deben tapar y sellar.
- Se debe realizar una prueba de gas para asegurarse de que no haya gases o vapores inflamables.
- Se debe realizar una inspección del área de trabajo.
- Las vigilancias contra incendios deben estar en su lugar. Se recomienda que haya al menos una vigilancia contra incendios con un extintor para observar si ocurren posibles incendios.
- Los extintores deben estar disponibles.
- Los procedimientos de comunicación deben estar establecidos.
- El calor, las llamas y las chispas se deben controlar.

Si se origina un incendio, el primer paso a seguir es activar la alarma y ordenar la evacuación de la obra. Si usted está entrenado en la extinción de incendios, debe intentar apagar un incendio pequeño con el extintor adecuado.

2.3.0 Gases comprimidos

La mayoría de los incendios causados por soldaduras se produce durante los procesos de soldadura o corte oxigás. Todos los que realicen este trabajo deben estar bien entrenados en la función y el accionamiento de cada una de las partes de los equipos de soldadura o corte oxigás. También deben estar entrenados y haber realizado pruebas sobre los métodos correctos de inicio, pruebas de fugas y apagado de los equipos de soldadura y corte oxigás. Estos trabajadores deben conocer los peligros implicados en el uso de cilindros de gas combustible, oxígeno y gas de protección y la manera en que se deben almacenar estos cilindros de forma segura.

2.3.1 Manejo y almacenamiento de los cilindros de gas comprimido

Los cilindros de oxígeno y gas combustible al igual que otros materiales inflamables se deben almacenar por separado (*Figura 7*). Las áreas de almacenamiento deben estar separadas por 20' (6 m) o por una pared de 5' (1.5 m) de alto con una clasificación de resistencia al fuego de al menos media hora. La finalidad de la distancia o la pared es evitar que el calor de un incendio menor produzca la liberación de la válvula de seguridad del cilindro de oxígeno. Si la válvula de seguridad libera el oxígeno, un pequeño incendio se puede convertir rápidamente en un infierno arrasador.

Los cilindros de gas inerte se pueden almacenar por separado o con los cilindros de combustible o los cilindros de oxígeno. Los cilindros vacíos se deben almacenar separados de los cilindros llenos a pesar de que se pueden almacenar en la misma habitación o área. Todos los cilindros deben almacenarse de pie y deben tener tapas protectoras que estén selladas firmemente. Los cilindros deben estar asegurados con una cadena u otro dispositivo para que no se caigan accidentalmente.

Las áreas de almacenamiento de cilindros deben estar lejos de vestíbulos, de los huecos de las escaleras y de las salidas para que, en caso de emergencia, no obstaculicen una ruta de escape. Las áreas de almacenamiento se deben ubicar lejos del calor, de radiadores, calderas y chispas de soldadura. La ubicación de las áreas de almacenamiento debe ser tal que las personas no autorizadas no puedan manipular indebidamente los cilindros. En el área de almacenamiento, se debe colocar una señal de advertencia *Figura 8*.

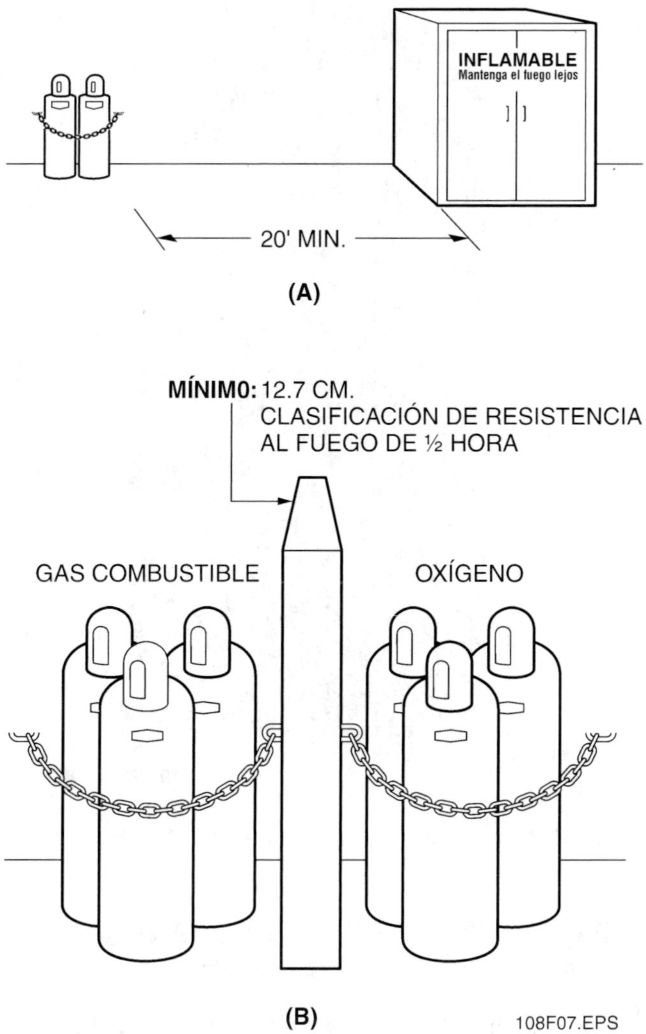

108F07.EPS

Figura 7 ◆ Requisitos para almacenamiento de cilindros.

Los cilindros equipados con una tapa de protección de la válvula deben tener la tapa en su lugar salvo que el cilindro esté en uso. La tapa de protección evita que la válvula se rompa en caso de que el cilindro se caiga. Si la válvula de un cilindro de alta presión (argón, oxígeno, CO_2 o una mezcla de gases) se rompe, el cilindro puede volar por el aire como un misil, lo que puede ocasionar daños y lesiones físicas. Nunca levante un cilindro por la tapa o válvula de seguridad. La válvula se puede romper o dañar fácilmente. Para mover los cilindros, la tapa de protección de la válvula debe estar en su lugar, especialmente si los cilindros están montados en un camión o remolque. Nunca se debe dejar caer ni manipular los cilindros bruscamente.

2.3.2 Precauciones generales

Use agua tibia (no hirviendo) para aflojar los cilindros que no se pueden mover del suelo. Si hay cilindros que presentan fugas, tienen válvulas en mal estado o roscas de gas dañadas, deben identificarse y se debe informar al proveedor. Utilice una pieza de piedra de jabón para escribir el problema sobre el cilindro. Si al cerrar la válvula del cilindro, la fuga no se detiene, el cilindro se debe trasladar al exterior a un lugar seguro, lejos de

108F08.EPS

Figura 8 ◆ Cartel de muestra de advertencia para las áreas de almacenamiento de cilindros.

CASOS HISTÓRICOS

Sea precavido con los cilindros de alta presión

Un fontanero estaba colocando una botella de argón para prepararse para realizar una soldadura TIG. El fontanero sabía que necesitaba un regulador de presión en la botella de argón antes de instalar el colector. Falló en prestarle atención a los detalles durante el proceso de instalación e instaló un colector de distribución fabricado en un negocio directamente en la botella de argón sin instalar un regulador de presión. El colector tenía dos medidores de flujo, uno para el soplete TIG y otro para la línea de purga para soldar tubos de acero inoxidable. Cuando abrió la válvula en la botella, uno de los medidores se rompió por el gas. Afortunadamente, nadie resultó lesionado, sólo los equipos se dañaron.

Moraleja: Todas las mangueras y reguladores deben conectarse correctamente y se deben revisar dos veces por razones de seguridad.

Fuente: Departamento de Servicios de Información de Casos de Energía

toda fuente de ignición y se debe notificar al proveedor. Coloque una señal de advertencia y luego libere la presión del cilindro.

En su forma gaseosa, el acetileno es extremadamente inestable y explota fácilmente. Por esta razón, debe permanecer a una presión menor a 15 psi. Si el cilindro de acetileno está volcado, colóquelo verticalmente y espere al menos 30 minutos antes de usarlo. Si se extrae acetona líquida de un cilindro, ésta engomará las válvulas de retención y los reguladores de seguridad y disminuirá la estabilidad del acetileno almacenado en el cilindro. Por este motivo, el acetileno nunca se debe extraer a un ritmo que exceda una décima del volumen por hora del cilindro que se está usando. Los cilindros de acetileno que están en uso no se deben abrir más de una vuelta y media y, preferiblemente, no más de tres cuartos de vuelta.

Otras precauciones incluyen:

- Utilice sólo cilindros de gas comprimido que contengan el gas correcto para el proceso usado y que tengan los reguladores de funcionamiento correctos diseñados para el gas y la presión usados.
- Mantenga los cilindros en posición vertical y asegurados en un soporte fijo con cadenas.
- Todas las mangueras, accesorios y otras piezas deben ser las adecuadas y deben mantenerse en buen estado.
- Mantenga los cilindros de combustible en un área del edificio por razones de seguridad. Los cilindros deben estar a una distancia segura de las tareas de soldadura y corte por arco y de cualquier otra fuente de calor, chispas y llamas.
- Nunca permita que el electrodo de soldadura, el portaelectrodo o cualquier otra pieza que esté caliente por la electricidad entren en contacto con el cilindro.
- Cuando abra una válvula del cilindro, permanezca al lado de la salida de la válvula para evitar los desechos que la válvula puede expulsar.
- Siempre use tapas de protección de válvulas en los cilindros que no están en uso o que están siendo transportados.
- Nunca levante los cilindros por la tapa protectora. Use una jaula elevadora (*Figura 9*) diseñada para esta finalidad.

108F09.EPS

Figura 9 ◆ Jaula elevadora de cilindros.

3.0.0 ◆ PELIGRO DE LESIONES Y ENFERMEDADES

Debido a las llamas, el calor extremo y la luz intensa generados por los procesos de soldadura y corte de metal, estas tareas son de por sí peligrosas. Los siguientes párrafos describen los peligros relacionados con las soldaduras y cortes de metal y la manera de evitar estos peligros.

3.1.0 Peligro por calor

El proceso de soldadura genera calor y chispas intensas, las cuales pueden causar quemaduras graves. Las lesiones oculares y las quemaduras se producen por el contacto con las varillas de soldadura calientes y la escoria, así como también por chispas y fragmentos de metal.

Además de lesiones graves, los soldadores y aquellas personas que se encuentran en el área pueden sufrir fatiga por calor o golpes de calor debido a la exposición al calor excesivo. Entre las enfermedades relacionadas con el exceso de calor se incluyen fatiga por calor, calambres por calor y golpes de calor.

Siempre debe observar las siguientes pautas cuando trabaje en un lugar de trabajo en caliente para prevenir fatiga o calambres por calor o golpes de calor:

- Beba mucho líquido.
- No se sobreexija demasiado.
- Tome descansos cortos y frecuentes.

3.1.1 Fatiga por calor

La fatiga por calor puede causar palidez, piel fría; sudoración excesiva con mareos; nauseas y posibles vómitos; pulso rápido y débil; temperatura corporal levemente elevada; y posibles desvanecimientos.

Si una persona aparenta estar sufriendo de fatiga por calor, se indica reaccionar de la siguiente manera:

- Aleje la persona del área de calor.
- Colóquele trapos fríos y húmedos.
- Abanique a la víctima pero deténgase si comienza a temblar o si la piel de la persona se eriza.
- Haga que la victima se recueste.
- Déle a la víctima aproximadamente medio vaso de agua cada 15 minutos si está consciente.
- Busque atención médica.

3.1.2 Calambres por calor

Los calambres por calor pueden suceder a un ataque de fatiga por calor. Estos calambres pueden estar causados por la pérdida de sal producida por la sudoración intensa. Los calambres por calor causan dolor abdominal, nauseas, mareos, espasmos musculares y calambres musculares intensos. La piel se torna pálida y hay sudoración intensa.

Si padece calambres por calor, se indica reaccionar de la siguiente manera:

- Beba aproximadamente medio vaso de agua cada 15 minutos.
- Siéntese o recuéstese en un área fresca.
- Estire y masajéese suavemente los músculos acalambrados.
- Busque atención médica.

3.1.3 Golpe de calor

El golpe de calor es una emergencia inmediata que pone la vida en peligro y que requiere atención médica urgente. Se caracteriza por dolores de cabeza, náuseas y problemas de visión. La temperatura corporal puede alcanzar hasta los 106°F (41°C). Estos síntomas estarán acompañados por piel caliente, ruborizada y seca; respiración profunda; posibles convulsiones; y pérdida del conocimiento.

Si parece que una persona tiene un golpe de calor, se indica responder de la siguiente manera:

- Pida asistencia médica de inmediato.
- Recueste a la víctima para evitar una conmoción.
- Saque la persona del área de calor.
- No le de nada por boca.
- Enfríe la víctima sumergiéndola en agua fría o utilice compresas frías.

CASOS HISTÓRICOS

Use el filtro ocular correcto

Una empresa utilizó durante años la soldadura oxigás en sus tareas. Luego compraron un soldador por arco y lo pusieron en funcionamiento en su negocio utilizando los equipos de seguridad existentes. El trabajador que usaba el soldador por arco sufrió de oftalmia eléctrica durante varios días después de haber usado por primera vez el soldador por arco. Las investigaciones descubrieron que los filtros oculares, que eran suficientes para usar en las tareas con el soplete oxigás, no proporcionaron la protección adecuada para el destello del arco producido por el arco eléctrico.

Moraleja: Siempre use los equipos de protección personal adecuados.

3.2.0 Riesgo por la luz y radiaciones

La soldadura por arco produce una luz extremadamente intensa (*Figura 10*) que puede causar daños permanentes en la retina del ojo. Los daños son causados por la luz visible y la radiación ultravioleta (UV) invisible generadas por el arco. Una breve exposición, generalmente durante menos de un minuto, puede producir una afección conocida como oftalmia eléctrica. Los síntomas que causa la oftalmia eléctrica normalmente aparecen varias horas después de la exposición. Estos síntomas incluyen la sensación de tener una piedrita o arena en el ojo, visión borrosa, dolor intenso, lacrimación, ardor y dolores de cabeza.

No sólo el soldador está en peligro de sufrir oftalmia eléctrica. El arco puede reflejarse en materiales del área de trabajo y afectar a trabajadores que se encuentren en los alrededores. Cerca de la

108F10.EPS

Figura 10 ◆ Luz de soldadura por arco.

mitad de los casos registrados de oftalmia eléctrica se produjo en trabajadores que no estaban soldando. Es necesario que todas las personas que trabajan en el área en donde se realiza una tarea de soldadura usen protección ocular adecuada. Aquellas personas que trabajan cerca de los equipos de soldadura sin la protección ocular adecuada pueden sufrir lesiones oculares permanentes.

La radiación ultravioleta generada por el arco de soldadura también puede causar quemaduras en la piel que son similares a las quemaduras del sol. Esto aumenta el riesgo de que las personas expuestas contraigan cáncer de piel. La radiación infrarroja generada por el arco puede dañar la córnea del ojo y, luego de varios años, se pueden formar cataratas.

3.3.0 Peligro por ruidos

Los ruidos frecuentemente son peligros que se pasan por alto en muchos lugares de trabajo, el sitio en donde se suelda no es la excepción. El estruendo de la llama de corte, el chasquido del arco de soldadura que comienza y el fuerte ruido metálico de la placa de metal que cae por el corte pueden afectar la audición del trabajador. La exposición a ruidos extremos continuos también puede aumentar la presión sanguínea y causar niveles de estrés que originan enfermedades cardíacas. Los trabajadores expuestos a ruidos constantes o frecuentes pueden ponerse nerviosos o irritables y tienden a cansarse más fácilmente.

Los ruidos que promedian en exceso los 90 decibeles durante un período de ocho horas se consideran un peligro del lugar de trabajo según la norma para la construcción de la Administración de Seguridad y Salud Ocupacional (OSHA, Occupational Safety and Health Administration). Tenga en cuenta que los niveles máximos de ruidos se establecen en relación con el tiempo, como se muestra en la *Tabla 1*. Según estas condiciones, se requiere que los empleadores proporcionen protección auditiva (*Figura 11*) y que realicen pruebas auditivas a los empleados. Para obtener más información sobre el peligro por ruidos y la protección auditiva, remítase al módulo, *Seguridad de herramientas manuales y eléctricas*.

3.4.0 Peligro por electricidad

Una estructura de soldadura por arco consiste en una máquina para soldar que produce una corriente eléctrica, un portaelectrodo y una agarradera para el lugar de trabajo. Cuando los equipos y las piezas de trabajo se conectan, como se muestra en la *Figura 12*, la tensión es lo suficientemente fuerte como para causar un arco eléctrico entre el electrodo de soldadura y la pieza de trabajo, y por

Tabla 1 Niveles máximos de ruido

Nivel de sonido (decibeles)	Cantidad máxima de horas de exposición continua por día	Ejemplos
90	8	Cortacésped eléctrica
92	6	Lijadora de bandas
95	4	Tractor
97	3	Taladro manual
100	2	Motosierra
102	1.5	Llave neumática
105	1	Pistola rociadora de pintura
110	0.5	Pala mecánica
115	0.25 o menos	Taladro percutor

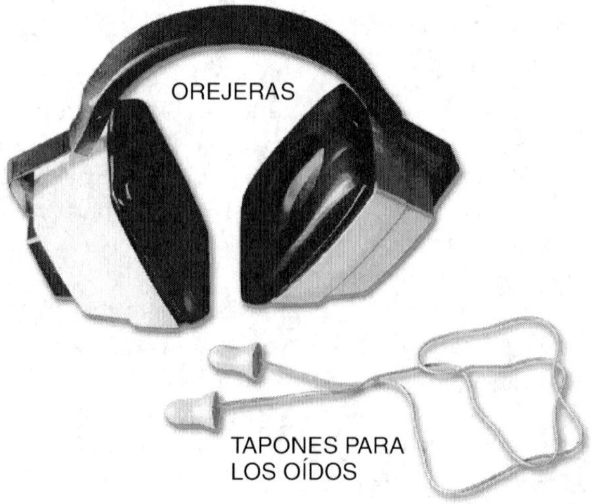

108F11.EPS

Figura 11 ◆ Protección auditiva.

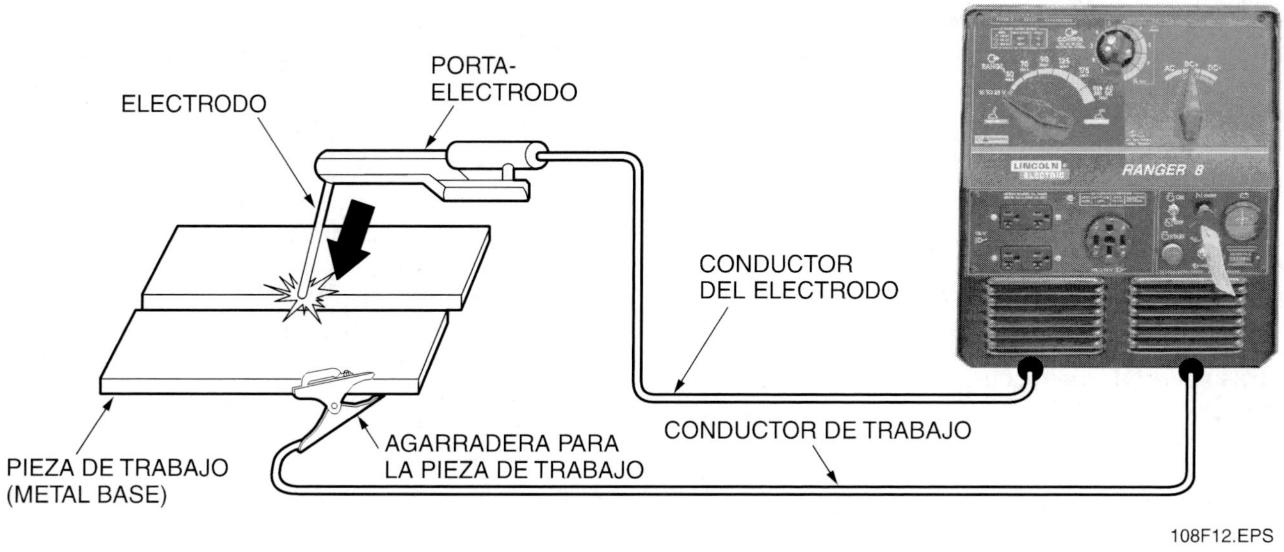

Figura 12 ◆ Configuración de soldadura por arco.

allí fluirá corriente eléctrica. La presencia de corriente eléctrica presenta el peligro de que se produzca un golpe eléctrico. Este peligro aumenta cuando se realiza una soldadura en áreas que están mojadas o que son estrechas. Incluso un golpe eléctrico menor puede ser peligroso si le hace perder el equilibrio y caer.

Los guantes que se usan para soldar (*Figura 13*) deben estar secos para que la electricidad no pase a través de ellos. Las botas deben tener suelas de goma por la misma razón. Los metales y otras superficies de trabajo conductivas deben tener una capa aisladora, tal como una alfombrilla de caucho, para que el trabajador esté protegido.

Todos los equipos eléctricos deben estar correctamente conectados a tierra. Los equipos se deben inspeccionar diariamente para observar si los cables aislantes y los portaelectrodos tienen roturas o grietas o se deben inspeccionar aún con más frecuencia si su estado lo justifica. Los cables y portaelectrodos deben permanecer secos en todo momento y los electrodos nunca se deben cambiar con las manos desnudas, guantes húmedos o mientras el trabajador se encuentra en el piso mojado o una superficie conectada a tierra.

Para obtener más información sobre peligro por electricidad y alto voltaje, remítase al módulo, *Reisgos de la electricidad y la alta tensión*.

3.5.0 Peligro de lesiones físicas

La soldadura es un proceso en el que se usa mucho el físico. Ya sea el movimiento de materiales que debe soldar, el movimiento dentro y fuera de espacios reducidos para soldar, el movimiento de los equipos necesarios para el proceso de soldadura o sólo la tarea de sostener el soplete en su lugar durante períodos de tiempo prolongados, la tarea de soldadura ocasiona daños en el cuerpo. A aquellos que trabajan alrededor de una tarea de soldadura se les debe pedir que ayuden con alguna de estas actividades y deben ser cautelosos para evitar lesionarse o lesionar a otros. Entre las lesiones comunes que aparecen cuando se trabaja en estas circunstancias se incluyen lesiones en la espalda, dolor de hombros, tendinitis, enfermedades de las articulaciones de las rodillas, síndrome

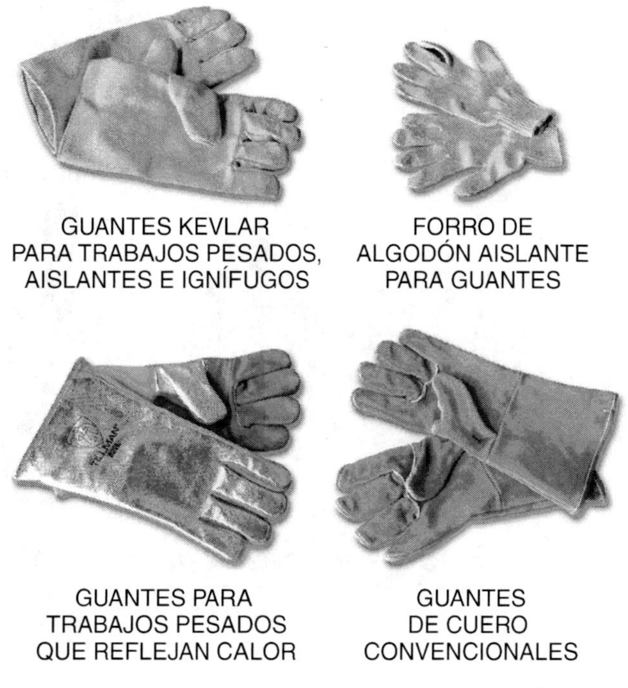

Figura 13 ◆ Guantes protectores.

del túnel carpiano y fuerza muscular reducida. La mayoría de estas lesiones se puede prevenir siguiendo los procedimientos adecuados para levantar y colocar los trabajos en lugares y alturas convenientes, permitiéndose cambiar de posición frecuentemente y reduciendo la vibración de los equipos y de las superficies de trabajo.

4.0.0 ◆ PREVENCIÓN DE ACCIDENTES Y LESIONES

Los peligros que surgen al trabajar cerca de soldaduras se pueden reducir pero nunca se pueden eliminar por completo. La mejor manera de estar seguro es seguir las medidas para prevenir accidentes y lesiones. Esto se hace a través de prácticas de trabajo correctas, del uso de la indumentaria adecuada (*Figura 14*) y del uso de equipos de protección personal apropiados, tal como se describe anteriormente.

Aquellas personas que trabajan alrededor de los procesos de soldadura deben usar ropa que reduzca el riesgo de sufrir lesiones. Por ejemplo:

- Use un casco para soldar o gogles para cortar que sean cómodas y que incluyan lentes con filtro que proporcionen un factor de protección 5 ó 6, así como también lentes limpias (*Figura 15*). El nivel del filtro debe ser el correcto para el tipo de soldadura que se realiza (*Tabla 2*).
- Use una camisa de trabajo con mangas largas con el cuello abotonado y sin bolsillos. Esta camisa se debe poner afuera de los pantalones para prevenir que las chispas se metan en la pretina.

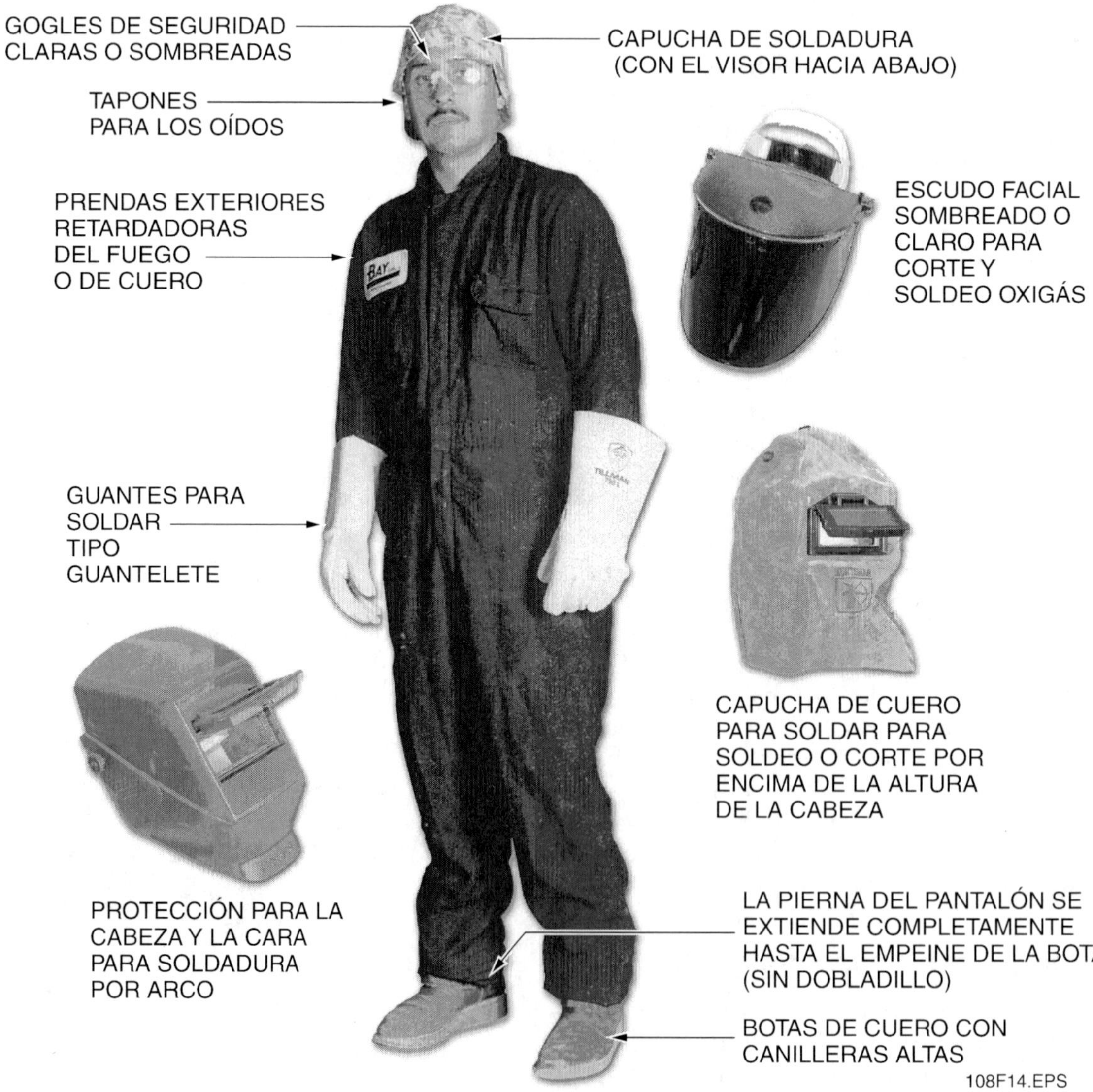

Figura 14 ◆ Indumentaria adecuada para soldar.

Figura 15 ◆ Protección ocular.

CARRIL INTERNO

Ropa ignífuga

Los monos ignífugos (FR) que usan los soldadores durante los cortes o soldaduras normalmente resisten la ignición y quemaduras. Sin embargo, es posible que algunos monos para soldadores que aún se utilizan hayan dejado de ser ignífugos, por lo que su uso puede poner en riesgo a los trabajadores quienes pueden sufrir heridas graves por quemaduras. La mayor parte de los materiales FR es algodón que se trata con químicos para proporcionar las propiedades ignífugas requeridas para estas prendas. Algunos de los componentes usados para proporcionar resistencia al fuego pierden su efectividad con el tiempo. Por ejemplo, se certifica que un tipo de compuesto protector retiene su propiedad ignífuga original por 25 lavados a temperaturas de hasta 165°F (75°C). Después de los 25 lavados, la ropa tratada con este compuesto no se usa más como protección contra el fuego.

Es importante entender que las prendas FR hechas de algodón tratado no son a prueba de incendios, por lo que se encenderán si se exponen a la suficiente energía térmica, como un fogonazo o arco eléctrico. Cuando se quita la fuente de ignición, el material FR no seguirá quemándose.

Fuente: Departamento de Servicios de Información de Casos de Energía

- Una gorra con la visera hacia atrás evitará que las chispas entren por la parte de atrás del cuello de la camisa.
- Los tapones para los oídos proporcionan protección auditiva y también protegen las orejas de las chispas.
- Use pantalones sin dobladillo que cubran los tobillos y la parte superior de las botas.
- Use botas de cuero con canilleras altas.
- Use guantes para soldador que sean completamente de cuero y de estilo guantelete.
- Utilice un respirador si los materiales que usa lo requieren.

Las personas que están trabajando en áreas en donde se están realizando soldaduras deben usar gogles contra destellos para prevenir la exposición a la luz intensa y repentina relacionada con el proceso de soldadura.

5.0.0 ◆ VENTILACIÓN

Los gases, polvo y emanaciones ocasionados por las tarea de soldadura y corte frecuentemente son tóxicos. Existen estudios que vinculan estas emanaciones con diversas enfermedades y afecciones médicas graves. Por este motivo, se debe brindar ventilación mecánica para extraer las emanaciones producidas durante los procesos de soldadura y corte. Las reglas generales que se presentan a continuación se pueden utilizar para determinar si la ventilación es adecuada:

- El área para soldaduras debe tener al menos 10,000 pies cúbicos (283 metros cúbicos) de aire para cada soldador.
- Debe haber buena circulación de aire.
- Las particiones, barreras estructurales o equipos no deben bloquear la circulación de aire.

Aún cuando exista una ventilación adecuada, los trabajadores deben evitar la inhalación de humos y emanaciones que surgen de las actividades de soldadura y corte. Las emanaciones calientes generalmente se elevan en línea recta. Observe la columna de humo y ubíquese de manera de evitarla. Se puede usar un pequeño ventilador para desviar el humo. Se debe tener cuidado de prevenir que el ventilador sople directamente sobre el área de trabajo porque los humos y gases deben estar presentes en un arco eléctrico para separar el metal fundido del aire.

Tabla 2 Niveles adecuados de filtro para varios tipos de soldaduras

Lentes con filtro para proteger de la energía radiante

Tareas	Tamaño eléctrico 1/32	Corriente del arco	Filtro de protección mínimo
Soldeo por arco en atmósfera protectora	Menor a 3	Menor a 60	7
	3-5	60-160	8
	5-8	160-250	10
	Mayor a 8	250-550	11
Soldadura por arco en atmósfera protectora y soldadura por arco con electrodo		Menor a 60	7
		60-160	10
		160-250	10
		250-500	10
Soldadura por arco en atmósfera inerte		Menor a 50	8
		50-150	8
		150-500	10
corte por arco con electrodo de carbón y chorro de aire comprimido	(liviano)	Menor a 500	10
	(pesado)	500-1000	11
Soldadura con chorro de plasma		Menor a 20	6
		20-100	8
		100-400	10
		400-800	11
Corte con chorro de plasma	(liviano)**	Menor a 300	8
	(mediano)**	300-400	9
	(pesado)**	400-800	10
Soldadura fuerte con soplete			3
Soldadura de metales no ferrosos con soplete			2
Soldadura por arco con electrodo de carbón			14

Lentes con filtro para proteger de la energía radiante

Tareas	Pulgadas de espesor de la placa	Milímetros de espesor de la placa	Filtro de protección mínimo
Soldadura con gases			
Liviano	Menor a ⅛	Menor a 3.2	4
Mediano	de ⅛ a ½	De 3.2 a 12.7	5
Pesado	Mayor a ½	Mayor a 12.7	6
Oxicorte			
Liviano	Menor a 1	Menor a 25	3
Mediano	De 1 a 6	De 25 a 150	4
Pesado	Mayor a 6	Mayor a 150	5

* Como regla general, comience con una protección que sea demasiado oscura como para ver la zona de soldadura. Luego, pase a una protección más clara que le proporciona la visualización suficiente de la zona de soldadura sin pasar por debajo del mínimo. En la soldadura y el corte oxigás, en donde el soplete produce una luz alta amarilla, es aconsejable que use unos lentes con filtro que absorban la línea amarilla o de sodio en la luz visible de la operación del (espectro).

** Estos valores se aplican en dónde el arco real es visto claramente. La experiencia demostró que los filtros más claros se pueden usar cuando el arco está oculto por el lugar de trabajo.

108T02.EPS

5.1.0 Peligro por emanaciones

El trabajo de soldadura y corte produce emanaciones. Las emanaciones son partículas sólidas que consisten en el metal base, electrodos o alambres de soldadura y todos los recubrimientos que se les apliquen. La mayoría de las emanaciones no se consideran peligrosas mientras haya una ventilación adecuada. La ventilación adecuada puede ser un problema en lugares de trabajo reducidos y estrechos. Para asegurar una ventilación adecuada de la habitación, se debe usar el sistema de ventilación de escape local para capturar las emanaciones (*Figura 16*).

La campana de extracción debe colocarse a una distancia de 4" a 6" (10 a 15 cm) de la procedencia de la fuente de emanaciones. Los soldadores deben aceptar que ningún tipo de emanaciones, independientemente de su procedencia, se debe inhalar. La mejor manera de evitar problemas es proporcionando una ventilación adecuada. Si esto no es posible, se debe usar protección respiratoria. Los dispositivos protectores que se deben usar en espacios con mala ventilación o reducidos se muestran en las *Figuras 17* y *18*.

Si se usan respiradores, el empleador debe brindar controles médicos y entrenamiento para trabajadores acerca de la adaptación a respiradores para garantizar que saben cómo utilizar los respiradores de manera adecuada.

¡ADVERTENCIA!

Las emanaciones y los gases pueden ser peligrosos. La exposición excesiva puede causar náuseas, dolores de cabeza, mareos, fiebre de las emanaciones metálicas y efectos tóxicos graves que pueden ser fatales. Los informes indican irritación en los ojos, piel y en el sistema respiratorio y complicaciones más graves. En espacios reducidos, los gases pueden causar asfixia.

5.2.0 Respiradores

Los metales como cinc, cadmio, berilio y plomo emiten emanaciones tóxicas cuando se calientan (vea el *Apéndice* al final de este módulo para obtener más información). Dichos metales requieren el uso de respiradores para proteger a los trabajadores de las emanaciones perjudiciales. Los respiradores se agrupan en tres grupos principales según la manera en que funcionan para proteger al usuario de contaminantes. Estos tipos son:

- Respiradores purificadores de aire
- Respiradores con suministro de aire (SAR)
- Aparato de respiración autónomo (SCBA)

5.2.1 Respiradores purificadores de aire

Los respiradores purificadores de aire brindan el nivel de protección más bajo. Están diseñados para usar en atmósferas que tienen el oxígeno suficiente como para preservar la vida (al menos 19.5%). Los respiradores purificadores de aire usan filtros y cartuchos especiales para extraer del aire gases, vapores y partículas específicas. Los cartuchos del respirador contienen carbón, que absorbe ciertos vapores y gases tóxicos. Cuando la persona que usa la máscara detecta algún gusto u olor, significa que se alcanzó la capacidad de absorción del carbón. Esto significa que el cartucho ya no extraerá los contaminantes. Los filtros del respirador extraen partículas tales como polvo, rocíos y otras emanaciones atrapándolas dentro del material de filtro. Los filtros se deben cambiar cuando se dificulta la respiración.

108F16.EPS

Figura 16 ◆ Elevación del tubo de escape flexible.

108F17.EPS

Figura 17 ◆ Respirador típico.

108F18.EPS

Figura 18 ◆ Respirador montado en el cinturón.

Según el contaminante, los cartuchos se pueden usar solos o se pueden combinar con un filtro/prefiltro y cubierta para filtro. Los respiradores purificadores de aire sólo se deben usar como protección contra los tipos de contaminantes que aparecen en las listas de los filtros y cartuchos. También remítase a la etiqueta de aprobación del Instituto Nacional de Seguridad y Salud Ocupacional (NIOSH) que está pegada a los respiradores y cartones de filtro. Los fabricantes de respiradores normalmente clasifican los respiradores purificadores de aire en cuatro grupos:

- Sin mantenimiento
- Con poco mantenimiento
- Reutilizables
- Respirador purificador de aire motorizados (PAPR)

Los respiradores que no necesitan mantenimiento o necesitan poco mantenimiento generalmente se usan para trabajos residenciales o comerciales livianos que no requieren el uso constante y de manera intensa del respirador. Los respiradores que no necesitan mantenimiento son generalmente respiradores de media máscara con cartuchos o filtros pegados de forma permanente. Se descarta todo el respirador cuando los cartuchos y filtros se gastan. Los respiradores que necesitan poco mantenimiento generalmente son respiradores de media máscara que usan cartuchos y filtros reemplazables. Sin embargo, no están diseñados para usarlos constantemente.

Los respiradores reutilizables (*Figura 19*) están hechos en estilos media máscara y máscara completa. Estos respiradores requieren el reemplazo de cartuchos, filtros y partes del respirador. Su uso también requiere un programa completo de mantenimiento del respirador.

Los respiradores purificadores de aire motorizados (PAPR) son de estilo tipo media máscara, una pieza y tipo capucha. Usan sopladores que funcionan con baterías para extraer el aire a través de los cartuchos y filtros que están conectados al respirador. Los motores de los sopladores pueden estar montados en la máscara o en el cinturón. Según los respiradores que se usen, éstos pueden filtrar partículas, polvo, emanaciones y rocíos junto con ciertos gases y vapores. El PAPR como el que se muestra en la *Figura 20* tiene una unidad purificadora de aire motorizada y montada al cinturón que está conectada a la máscara con un tubo de respiración. Muchos modelos también tienen una alarma visual y auditiva que se activa cuando el flujo de aire cae por debajo del nivel mínimo requerido. Esta característica brinda la indicación inmediata de que hay un filtro cargado o la batería tiene poca carga. Las unidades con soplador montado en la máscara no tienen un purificador de aire motorizado montado en el cinturón y conectado a un tubo de respiración.

CARRIL INTERNO

Sepa lo que está cortando o soldando

Las tareas de corte y soldadura que utilizan materiales, revestimientos o electrodos que contienen cadmio, mercurio, plomo, cinc, cromo y berilio producen emanaciones tóxicas. Para cortar o soldar dichos materiales, siempre ventile el área correctamente y use un respirador purificador de aire (SAR), de máscara completa y aprobado, que utilice aire respirable de fuera del área de trabajo. Para las exposiciones a las emanaciones de materiales revestidos en cinc o cobre que sean ocasionales y de poca duración, se puede usar un filtro clasificado como absoluto (HEPA) o de emanaciones metálicas en un respirador convencional.

5.2.2 Respiradores con suministro de aire

Los respiradores con suministro de aire (*Figura 21*) proveen suministro de aire durante periodos extensos a través de una manguera de alta presión conectada a una fuente de aire externa, tal como un compresor, un cilindro de aire comprimido o una bomba. Proporcionan un alto nivel de protección en ambientes en donde los respiradores purificadores de aire no son adecuados. Los respiradores con suministro de aire son normalmente usados en ambientes tóxicos. Algunos se pueden usar en ambientes con concentraciones de peligro inmediato para la vida o para la salud (IDLH) mientras que estén equipados con un cilindro de aire para escapes de emergencia. Un ambiente se considera IDLH si presenta un peligro inmediato para la vida o si produce efectos inmediatos, irreversibles y que debilitan la salud. Hay dos tipos de respiradores con suministro de aire: flujo continuo y de presión a demanda.

Un respirador con suministro de aire de flujo continuo proporciona aire al usuario constantemente. Se usan una o dos mangueras para enviar el aire desde la fuente de aire hasta la pieza facial. Salvo que el compresor o la bomba estén especialmente diseñados para filtrar el aire o se use un sistema de filtro de aire portátil, la unidad debe colocarse en un lugar que haya aire respirable. Los respiradores de flujo continuo están hechos con medias máscaras ajustadas o piezas completas. También están hechos con capuchas. El flujo de aire que va al usuario se puede ajustar en la fuente de aire (flujo fijo) o en el regulador de la unidad (flujo ajustable). Un respirador con suministro de aire de presión a demanda es similar al de flujo continuo excepto que suministra

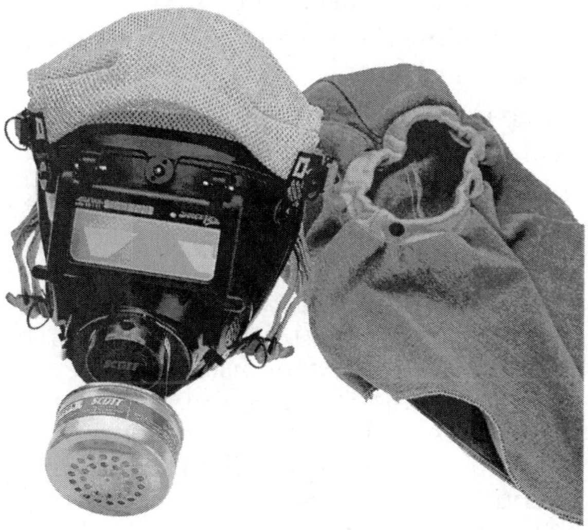

108F19.EPS

Figura 19 ◆ Respirador purificador de aire tipo media máscara reutilizable.

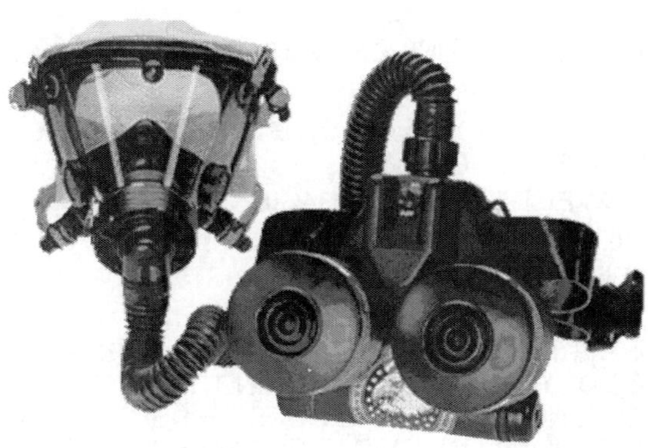

108F20.EPS

Figura 20 ◆ Respirador purificador de aire eléctrico.

108F21.EPS

Figura 21 ◆ Respirador con suministro de aire.

aire a la máscara del usuario por medio de una válvula de presión a demanda mientras el usuario inhala y se requiere aire fresco. Normalmente tiene una válvula de exhalación de dos posiciones que permite que el trabajador cambie entre los modos de presión a demanda y presión negativa para facilitar la entrada a, el movimiento en y la salida del lugar de trabajo.

5.2.3 Aparato respirador autónomo (SCBA)

El SCBA (*Figura 22*) brinda el nivel más alto de protección respiratoria. Se puede usar en ambientes en donde falta oxígeno (menos de 19.5% de oxígeno), en espacios con poca ventilación o estrechos y en ambientes IDLH. Estos respiradores proporcionan un suministro de aire por aproximadamente 30 a 60 minutos desde un cilindro de aire comprimido que se coloca en la espalda del usuario. Un aparato de respiración para escapes de emergencia (EEBA) representa una versión más pequeña que el cilindro SCBA. Los EEBA se usan para escapes en ambientes peligrosos y, generalmente, proveen un suministro de aire de cinco a diez minutos.

5.3.0 Programa respiratorio

Un respirador debe elegirse correctamente de acuerdo con el contaminante presente en el lugar y su nivel de concentración (*Figura 23*). Se debe ajustar adecuadamente y usar según las instrucciones del fabricante. Se debe usar durante todo el tiempo de exposición. Los empleadores deben contar con un programa de protección respiratoria que conste de lo siguiente:

- Programas de funcionamiento normal para la elección y el uso
- Entrenamiento para los empleados
- Limpieza y desinfección regular
- Almacenamiento higiénico
- Inspección regular
- Pruebas de ajuste anuales
- Evaluaciones a la función pulmonar

Como empleado, usted es responsable de usar la protección respiratoria cuando sea necesario. Cuando se trata de vapores o emanaciones, se pueden eliminar (en ciertas concentraciones) con el uso de dispositivos purificadores de aire mientras los niveles de oxígeno sean los aceptables. Ejemplos de emanaciones son el humo ondulante del fuego o las emanaciones generadas en el proceso de soldadura. Siempre controle los cartuchos de su respirador para asegurarse que es el tipo correcto para usar en ese estado del aire y para los contaminantes que se encuentran en el lugar de trabajo.

Cuando elija un respirador mientras trabaja con materiales específicos, primero usted debe determinar los ingredientes peligrosos presentes en el material y sus niveles de exposición y, luego, elegir el respirador apropiado para prote-

108F22.EPS

Figura 22 ◆ Aparato de respiración autónomo.

ANTES DE USAR UN RESPIRADOR, SE DEBE DETERMINAR LO SIGUIENTE:

1. EL TIPO DE CONTAMINANTE PARA EL QUE SE ELIGE EL RESPIRADOR
2. EL NIVEL DE CONCENTRACIÓN DEL CONTAMINANTE
3. SI EL RESPIRADOR PUEDE AJUSTARSE CORRECTAMENTE AL ROSTRO DEL USUARIO

EL USUARIO TAMBIÉN DEBE LEER Y COMPRENDER ANTES DE SU USO TODAS LAS INSTRUCCIONES, ADVERTENCIAS Y LIMITACIONES DE USO DEL RESPIRADOR CONTENIDAS EN LOS ENVASES.

108F23.EPS

Figura 23 ◆ Use el respirador correcto.

gerse a esos niveles. Siempre lea las hojas de datos de seguridad de los materiales (MSDS) del producto. Estas hojas identifican los ingredientes peligrosos y deben nombrar el tipo de respirador y los cartuchos recomendados para usar con el producto.

Las restricciones que se aplican a los respiradores de media máscara (purificadores de aire) son las siguientes:

- Estos respiradores no eliminan por completo la exposición a los contaminantes sino que reducen la exposición hasta un nivel aceptable.
- Estos respiradores no suministran oxígeno y no se deben usar en áreas en donde el nivel de oxígeno es inferior al 19.5%.
- Estos respiradores no deben usarse en áreas en donde los químicos presentan señales de advertencia escasas, tales como falta de gusto u olor.

Si se hace difícil respirar, si se siente mareado o con náuseas, si huele o siente el gusto del químico o si experimenta otros efectos evidentes de la exposición, salga del área inmediatamente, vaya a un área con aire fresco y busque la ayuda necesaria.

5.3.1 Controles de ajuste positivos y negativos

Los respiradores carecen de utilidad salvo que se hagan las pruebas de ajuste para cada individuo. Para obtener la mejor protección de su respirador, debe realizar controles de ajuste positivos y negativos cada vez que los use. Estos controles de ajuste se deben repetir hasta que se obtenga un buen sello facial.

Para realizar los controles positivos, haga lo siguiente:

Paso 1 Ajuste la pieza facial para que calce lo mejor posible, luego ajuste las correas de la cabeza y el cuello para asegurar un buen calce y comodidad.

¡ADVERTENCIA!

No ajuste en exceso las correas de la cabeza y del cuello. Sólo ajústelas lo suficiente como para detener las fugas. El ajuste excesivo puede causar deformaciones en la máscara y fugas peligrosas.

Paso 2 Bloquee la válvula de exhalación con su mano u otro material.

Paso 3 Exhale dentro de la máscara.

Paso 4 Revise si hay pérdida de aire en los bordes de la máscara.

Paso 5 Si la máscara se infla levemente por unos segundos significa que se obtuvo un buen sello facial.

Para realizar los controles de ajuste negativos, haga lo siguiente:

Paso 1 Bloquee la válvula de inhalación con su mano u otro material.

Paso 2 Intente inhalar.

Paso 3 Revise si hay pérdida de aire en los bordes de la máscara.

Productos peligrosos derivados de la soldadura

Un proyecto involucró a soldadores que utilizaban sopletes a oxiacetileno para cortar chatarra en piezas manejables. Antes de que comenzara el proyecto, se analizaron muestras de chatarra para determinar los peligros que existían. Los resultados de estos análisis no identificaron al arsénico como un peligro.

Se realizaron muestreos de rutina mientras el proyecto estaba en progreso. Se analizaron las muestras y se encontró que se excedieron los niveles de exposición al arsénico establecidos por la OSHA. Las medidas de protección personal, que se basaron en el análisis original, no eran las adecuadas para proteger del peligro por arsénico. La procedencia del arsénico no se pudo determinar y, en consecuencia, no se pudo eliminar. Se desarrolló e implementó un plan de cumplimiento para el arsénico en el que se detallaban cómo continuarían las tareas mientras se protegía a los empleados.

Moraleja: Si las pruebas de la chatarra no se hubieran realizado después del inicio de las obras, los trabajadores hubieran sufrido una exposición al arsénico que pondría en peligro sus vidas.

Fuente: Departamento de Servicios de Información de Casos de Energía

Paso 4 Si la pieza facial se hunde levemente por unos segundos significa que se obtuvo un buen sello facial.

El respirador debe estar limpio, en buen estado y todas las piezas deben estar en su lugar para que brinde la protección adecuada. Los respiradores se deben limpiar diariamente. En caso de no hacerlo, la eficacia del respirador estará restringida y proporcionará poca o ninguna protección. Por ejemplo, supóngase que usted usa un respirador durante dos semanas y no lo limpia. Las bacterias acumuladas por respirar dentro del respirador más los contaminantes en suspensión en el aire que intentan entrar a la pieza facial, hacen que el respirador esté en condiciones antihigiénicas. El uso continuo puede causar más daño que protección. Recuerde, sólo un respirador limpio y completo le brindará la protección necesaria. Siga estas pautas.

- Inspeccione el estado de su respirador antes y después de usarlo.
- No use un respirador que tenga la pieza facial deformada o que esté roto o con grietas. Así no podrá obtener un buen sello facial.
- No use respiradores si les faltan piezas. Reemplace las correas o las partes faltantes antes de usarlo.
- No exponga los respiradores al calor o frío excesivos, a químicos o a la luz solar.
- Limpie y lave su respirador diariamente. Quite el cartucho y el filtro, lave el respirador a mano con jabón suave y un cepillo blando y deje que se seque con el aire durante la noche.
- Desinfecte su respirador todas las semanas. Quite el cartucho y el filtro, luego remoje el respirador en una solución desinfectante durante al menos dos minutos. Enjuague cuidadosamente con agua tibia y déjelo secar al aire libre durante la noche. Guarde el respirador limpio y desinfectado en su bolsa plástica resellable. No guarde el respirador cara hacia abajo. Esto podría torcer la pieza facial.

6.0.0 ◆ TAREAS DE SOLDADURA Y CORTE EN ESPACIOS REDUCIDOS

Cuando se realiza una tarea de soldadura o corte en un lugar reducido, los cilindros de gas y las máquinas de soldadura se deben dejar afuera. Antes de comenzar con cualquier trabajo, se debe bloquear de manera segura los equipos pesados montados en ruedas para prevenir movimientos accidentales. Cuando un soldador deba entrar a un lugar reducido a través de un boquete u otra abertura, se deben ofrecer los medios para que el trabajador pueda salir rápidamente en caso de una emergencia (*Figura 24*). Cuando los cinturones y cabos de seguridad se usan para estas finalidades, se atan al cuerpo del soldador antes del ingreso. Un asistente con procedimientos de seguridad planeados de antemano se coloca afuera para que observe al soldador en todo momento y debe tener la capacidad de accionar las operaciones de rescate.

Cuando las tarea de soldadura se suspenden durante un periodo de tiempo considerable, como por ejemplo durante el almuerzo o la noche, se deben quitar todos los electrodos de los portaelectrodos. Los portaelectrodos deben colocarse cuidadosamente para que no ocurra un contacto accidental. Las máquinas de soldadura también se deben desconectar de la fuente de energía.

Las pérdidas o las válvulas que no estén cerradas correctamente pueden causar un escape de gas durante los períodos sin actividad. También se necesitan de procedimientos especiales cuando los equipos de oxiacetileno no se van a usar durante un período de tiempo considerable: las válvulas de suministro de gas y de oxígeno deben estar cerradas, los reguladores deben liberarse, las líneas de gas y oxígeno se deben purgar y las válvulas del soplete deben estar cerradas.

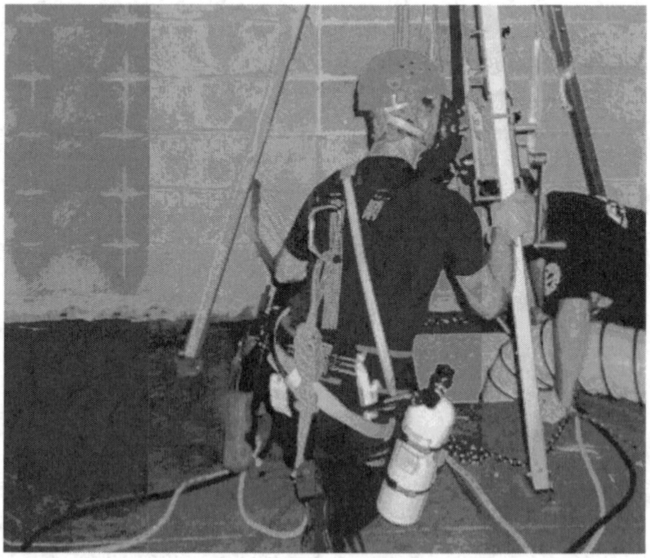

108F24.EPS

Figura 24 ◆ Entrada a espacios reducidos.

Resumen

La soldadura y el corte de metal son partes integrales del proceso de construcción. Si está trabajando cerca de alguien que está soldando o usando un soplete de corte, usted debe ser consciente de los peligros para la salud y de la seguridad relacionados con estas tareas. Asegúrese de usar todo el equipo de protección personal necesarios tales como gogles contra destellos, ropa ignífuga y guantes protectores. También asegúrese de saber qué es lo que pasa si trabaja cerca de soldaduras. Situaciones tales como calor intenso, fuertes destellos de luz, emanaciones tóxicas y alto voltaje son algunos de los peligros relacionados con la soldadura. Ser descuidado cuando está cerca de tareas de soldadura puede resultar en consecuencias trágicas.

Los cilindros de gas comprimido se deben manipular con cuidado. Se deben usar tapas protectoras para almacenar o trasladar los cilindros. Las cadenas de seguridad se deben usar para prevenir que los cilindros se caigan mientras están en uso, se almacenan o transportan. Si la válvula se rompe, la presión que sale del cilindro puede causar que el cilindro actúe como un misil sin dirección. Los gases que se usan para el corte y soldadura oxigás son altamente inflamables. Bajo buenas condiciones, explotan. Por ejemplo, si el oxígeno puro entra en contacto con grasa o aceite, es posible que ocurra una explosión.

Todos los que trabajan en ambientes en donde se realizan soldaduras o cortes deben estar correctamente entrenados para reconocer y evitar estos peligros.

Preguntas de repaso

1. Antes de que se pueda usar como una plataforma para soldar, un recipiente que contenía químicos combustibles debe lavarse cuidadosamente y luego llenarse con _____.
   a. oxígeno puro
   b. solvente
   c. agua o un gas inerte
   d. hormigón

2. Un permiso de trabajo en caliente requiere que el soldador tenga acceso al extintor de fuego.
   a. Verdadero
   b. Falso

3. Un permiso de trabajo en caliente es emitido por _____.
   a. el jefe de bomberos del condado
   b. un soldador
   c. el director de la obra
   d. el capataz de soldadura

4. Si un cilindro de gas no se puede mover del suelo, es mejor aflojarlo con agua hirviendo.
   a. Verdadero
   b. Falso

5. Los mareos, náuseas y dolores abdominales son signos de exposición excesiva a _____.
   a. ruidos
   b. vibraciones
   c. calor
   d. luz

6. La oftalmia eléctrica es una enfermedad causada por _____.
   a. sólo la luz visible
   b. sólo la radiación ultravioleta
   c. una combinación de radiación ultravioleta y luz visible
   d. radiación infrarroja

7. Los daños en la córnea y las cataratas son causados por _____.
   a. sólo la luz visible
   b. sólo la radiación ultravioleta
   c. una combinación de radiación ultravioleta y luz visible
   d. radiación infrarroja

8. El nivel máximo de ruido continuo permitido en una obra de construcción en un período de 8 horas es _____.
   a. 85 decibeles
   b. 90 decibeles
   c. 95 decibeles
   d. 100 decibeles

9. Los equipos eléctricos para soldar se deben inspeccionar para observar si existen roturas o grietas en el aislamiento, en los cable o portaelectrodos cada _____.
   a. hora
   b. día
   c. dos días
   d. semana

10. Cuando suelda, debe usar la camisa _____.
    a. metida en los pantalones con el cuello abotonado
    b. metida en los pantalones con el cuello sin abotonar
    c. fuera de los pantalones con el cuello abotonado
    d. fuera de los pantalones con el cuello sin abotonar

APÉNDICE

Riesgos para la salud por soldaduras

Productos químicos peligrosos

Berilio – El berilio a veces se usa como un elemento de aleación con el cobre y otros metales base. La exposición aguda a altas concentraciones de berilio puede causar neumonía química. La exposición a largo plazo puede causar disminución en la respiración, tos crónica y pérdida de peso significativa acompañada de fatiga y debilidad general.

Cadmio – El cadmio se usa frecuentemente como un revestimiento que previene la oxidación en el acero y también como un elemento de aleación. La exposición aguda a altas concentraciones de emanaciones de cadmio puede causar irritación pulmonar grave, edemas pulmonares y en algunos casos la muerte. La exposición a largo plazo a niveles bajos de cadmio en el aire pueden causar enfisema (una enfermedad que afecta la capacidad de los pulmones de absorber oxígeno) y puede dañar los riñones.

Monóxido de carbono – El monóxido de carbono es un gas normalmente formado por la combustión incompleta de varios combustibles. La soldadura y el corte pueden producir cantidades importantes de monóxido de carbono. Además, las tareas de soldadura que usan dióxido de carbono como protección de gas inerte pueden producir concentraciones peligrosas de monóxido de carbono en áreas que no están bien ventiladas. Esto se produce por falta de gas de protección. El monóxido de carbono es inodoro y no se puede detectar. Los síntomas comunes de la exposición excesiva incluyen agitación del corazón, jaquecas fuertes, destellos delante de los ojos, mareos, zumbidos en los oídos y náuseas.

Solventes de hidrocarburo clorado – Varios hidrocarburos clorados se usan para desengrasar y para otras tareas de limpieza. Los vapores de estos solventes son una preocupación en las tareas de soldadura y corte debido a que el calor y la radiación ultravioleta del arco puede descomponer los vapores y formar un gas fosgeno altamente tóxico e irritante. (Ver *Fosgeno*.)

Fluoruros – Los compuestos de fluoruro se encuentran en los revestimientos de varios tipos de fundentes que se usan en soldaduras. La exposición a estos fundentes puede irritar los ojos, la nariz y la garganta. La exposición repetida a altas concentraciones de fluoruros en el aire durante un período de tiempo prolongado puede causar edemas pulmonares (líquido en los pulmones) y dañar los huesos. La exposición a polvo o emanaciones de fluoruro puede causar erupción cutánea.

Óxido de hierro – El hierro es el elemento de aleación principal en la fabricación de acero. Durante el proceso de soldeo, las emanaciones de óxido de hierro salen del metal base y del electrodo. El primer efecto grave de esta exposición es la irritación de los conductos nasales, la garganta y los pulmones. Aunque la exposición a largo plazo a emanaciones de óxido de hierro puede causar la pigmentación férrica de los pulmones, la mayoría de las autoridades están de acuerdo con que estos depósitos de hierro en los pulmones no son peligrosos.

Plomo – La soldadura y el corte de aleaciones derivadas del plomo o de metales cuyas superficies estén pintadas con pintura basada en plomo pueden generar emanaciones de óxido de plomo. La inhalación e ingesta de emanaciones de óxido de plomo u otros compuestos de plomo pueden causar envenenamiento con plomo. Los síntomas incluyen sabor metálico en la boca, pérdida del apetito, náuseas, calambres abdominales e insomnio. Después de un tiempo, se desarrolla anemia y debilidad general, principalmente en los músculos de las muñecas. El plomo afecta negativamente el cerebro, el sistema nervioso central, el sistema circulatorio, el sistema reproductivo, los riñones y los músculos.

Mercurio – Los compuestos de mercurio se usan para revestir metales para evitar la oxidación o inhibir el crecimiento de follaje (pinturas marinas). Bajo el calor intenso del arco o de la llama de gas, se producen vapores de mercurio. La exposición a los vapores puede producir dolor de estómago, diarrea, lesiones en los riñones o insuficiencia respiratoria. La exposición a largo plazo puede producir temblores, inestabilidad emocional y lesiones auditivas.

Óxidos de nitrógeno – La luz ultravioleta del arco puede producir óxidos de nitrógeno del nitrógeno y oxígeno del aire. Los óxidos de nitrógeno se producen por la soldadura por arco en atmósfera inerte (GMAW o arco corto), soldadura TIG (GTAW, o con arco de helio) y corte con chorro de plasma. Incluso se forman cantidades mayores si el gas de protección contiene nitrógeno. El dióxido de nitrógeno, uno de los óxidos que se forman, presenta los efectos más importantes para la salud. Este gas irrita los ojos, la nariz y la garganta pero se puede inhalar concentraciones peligrosas sin sentir malestar inmediato. Las altas concentraciones pueden causar falta de respiración, dolor de pecho y líquido en los pulmones (edema pulmonar).

Ozono – El ozono se produce por la luz ultravioleta del arco de soldadura. El ozono se produce en grandes cantidades por la soldadura por arco en atmósfera inerte (GMAW o arco corto), soldadura TIG (GTAW o con arco de helio) y corte con chorro de plasma. El ozono es una forma de oxígeno altamente activa y puede causar fuerte irritación en todas las membranas mucosas. Los síntomas de la exposición al ozono incluyen dolor de cabeza, dolor de pecho, sequedad en el tracto respiratorio superior. La exposición excesiva puede causar líquido en los pulmones (edema pulmonar). Se cree que el dióxido de nitrógeno y el ozono tienen efectos a largo plazo en los pulmones.

Fosgeno – El fosgeno se forma por la descomposición de los solventes de hidrocarburo clorado por la radiación ultravioleta. Reacciona con la humedad presente en los pulmones para producir cloruro de hidrógeno que, a su vez, destruye el tejido pulmonar. Por este motivo, cualquier uso de solventes clorados se debe realizar lejos de las tareas de soldadura o de cualquier tarea que genere radiación ultravioleta o calor intenso.

Cinc – El cinc se usa en grandes cantidades en la fabricación de latón, metales galvanizados y muchas otras aleaciones. La inhalación de emanaciones de óxido de cinc puede ocurrir cuando se suelda o corta sobre metales enchapados en cinc. Se sabe que la exposición a estas emanaciones causa la fiebre de emanaciones metálicas. Los síntomas de la fiebre de emanaciones metálicas son similares a los de la gripe común. Incluyen fiebre (raramente excede los 102°F, 39°C), escalofríos, náuseas, sequedad de la garganta, tos, fatiga y debilidad general y dolor de cabeza y de cuerpo. La víctima puede sudar mucho por unas horas, después de que la temperatura corporal comience a volver a la normalidad. Los síntomas de la fiebre de las emanaciones metálicas raramente, si es que ha sucedido, dura más de 24 horas. El sujeto puede parecer más susceptible al inicio de esta enfermedad después de un período sin exposición, como un lunes o un día de semana después de un feriado, que en otros días.

Agentes físicos peligrosos

Radiación infrarroja – La exposición a la radiación infrarroja, producida por el arco eléctrico y otros equipos de corte con llama, puede calentar la capa de la piel y los tejidos que se encuentran inmediatamente por debajo de la superficie. Aparte de estos efectos, que pueden desencadenar malestares térmicos en algunas situaciones, la radiación infrarroja no es peligrosa para los soldadores. La mayoría de los soldadores se protegen de la radiación infrarroja y ultravioleta con un casco para soldador o gafas y ropa protectora.

Luz visible intensa – La exposición del ojo humano a la luz visible intensa puede producir adaptación biológica, reflejo pupilar y sombra en los ojos. Tales acciones son mecanismos protectores para prevenir que la luz excesiva se enfoque en la retina. En el proceso de soldadura por arco, la exposición del ojo a la luz visible intensa se previene en su mayor parte por el casco del soldador. Sin embargo, algunos individuos sufren daños continuos en la retina debido al visor descuidado del arco. En ningún momento se debe observar el arco sin protección en los ojos.

Radiación ultravioleta – La radiación ultravioleta se genera por el arco eléctrico durante el proceso de soldeo. La exposición a la radiación ultravioleta puede causar malestares graves, en algunos casos sin previo aviso. La radiación ultravioleta también puede dañar el cristalino. Muchos soldadores por arco conocen la afección conocida como oftalmia, que es una sensación de arena en los ojos. Esta afección es causada por exposición excesiva del ojo a la radiación ultravioleta. Los rayos ultravioletas también aumentan los efectos en la piel de algunos químicos industriales como por ejemplo el alquitrán de hulla y los compuestos de creosol.

GLOSARIO

Términos especializados introducidos en este módulo

Asfixia: Una afección letal causada por una obstrucción en la respiración que produce la falta de oxígeno y un exceso de dióxido de carbono en la sangre.

Gas inerte: Un gas incoloro, inodoro e insípido que tiene muy poca reactividad química.

Inflamable: Que se prende fuego fácilmente.

Muro cortina: Una pared exterior que no soporta el peso que se fija y se une a la estructura de acero u hormigón de un edificio.

Soldadura fuerte: Un método para unir metales con un metal de aportación no ferroso a una temperatura superior a los 420°C pero menor al punto de fusión de los metales que se están uniendo.

Créditos de las figuras

Controls Corporation of America	108F01
Mathey Dearman, Inc.	108F02
Gerald Shannon	108F03, 108F12, 108F13
Sellstrom Manufacturing Co., Inc.	108F04
SAF-T-CART	108F09
Charles Rogers	108F10, 108F11, 108F14, 108F15
Nederman, Inc.	108F16
Hornell, Inc.	108F17, 108F18, 108F21
Scott Health and Safety	108F19, 108F20
North Safety Products	108F22
Brad Krauel	108F24

MÓDULO 75108-03 — RESPUESTAS A LAS PREGUNTAS DE REPASO

Respuesta	Sección
1. c	2.1.0
2. b	2.2.0
3. c	2.2.0
4. b	2.3.2
5. c	3.1.2
6. c	3.2.0
7. d	3.2.0
8. b	3.3.0
9. b	3.4.0
10. c	4.0.0

SERIE EDUCATIVA CONTREN® — COMENTARIOS DEL USUARIO

NCCER hace el esfuerzo de mantener estos libros de texto actualizados y libres de errores técnicos. Apreciamos su ayuda en este proceso. Si tiene una idea para mejorar este libro de texto, o si encuentra algún error, ya sea tipográfico, o de contenido en los libros de texto de *Contren®*, favor de escribirnos usando esta forma o una fotocopia de la misma. Asegúrese de incluir el número exacto del módulo, la página, una descripción detallada, y la corrección, si es aplicable. Su comentario será traído a la atención del comité técnico de revisión. Gracias por su ayuda.

Instructores – si usted encontró que algún material adicional es necesario para enseñar este módulo con eficacia, por favor déjenos saber para poder incluirlos en la lista de Equipo y Materiales en la guía anotada del instructor.

Dirección postal: Departamento de Desarrollo de Productos
National Center for Construction Education and Research
3600 NW 43rd Street, Bldg. G, Gainesville, FL 32606

Fax: 352-334-0932

E-mail: curriculum@nccer.org

Oficio ____________ Nombre del Módulo ____________

Fecha del Copyright ____________ Número del Módulo ____________ Número(s) de Página(s) ____________

Descripción

____

____

____

____

Corrección (opcional)

____

____

____

Su nombre y dirección (opcional)

____

____

____

Módulo 75109-03

Protección contra caídas

MAPA DEL CURSO

Este mapa del curso muestra todos los módulos de Seguridad de campo. El orden de entrenamiento sugerido comienza desde la parte inferior y avanza hacia la parte superior. El Patrocinador local del Programa de Entrenamiento puede modificar el orden del entrenamiento.

SEGURIDAD DE CAMPO

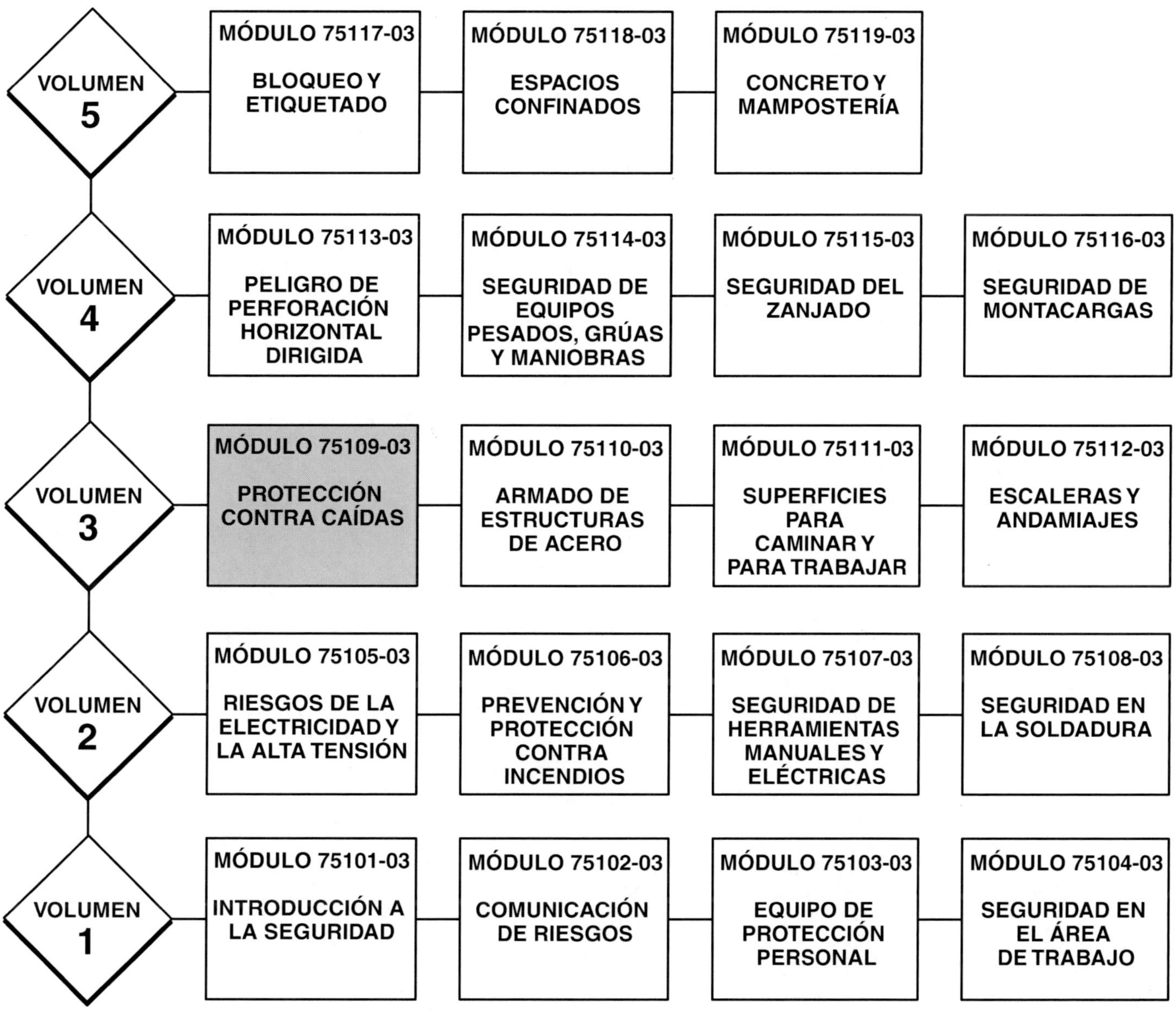

109CMAP.EPS

CONTENIDO DEL MÓDULO 75109-03

Figuras

Protección contra caídas

Objetivos

Cuando haya terminado este módulo, podrá hacer lo siguiente:

1. Explicar e identificar los peligros en la seguridad relacionados con los trabajos realizados en alturas elevadas.
2. Demostrar y explicar cómo usar los equipos de protección contra caídas correctamente.

Prerrequisitos

Antes de comenzar este módulo, se recomienda que haya completado con éxito lo siguiente: Seguridad de campo, Módulos 75101-03 a 75108-03.

Material necesario

1. Lápiz y papel
2. Equipo de protección personal adecuado

1.0.0 ◆ INTRODUCCIÓN

Las caídas son la causa principal de muerte en la industria de la construcción. De hecho, más de un tercio de las muertes en la industria se producen por caídas. La protección contra caídas es necesaria cuando los trabajadores están expuestos a caídas desde áreas de trabajo superiores a 6' (1.80 m) de alto. Los tipos de áreas de trabajo que ponen en riesgo al trabajador son:

- Andamiajes
- Escaleras
- **Bordes que sobresalen**
- Rampas y corredores
- Aberturas de paredes y pisos
- Techos
- Excavaciones, fosos y pozos
- Formaletas para concreto
- Aleros y bordes sin protección

Las caídas ocurren debido al uso incorrecto o a la falta de sistemas de protección contra caídas (*Figura 1*). También suceden por descuido de los trabajadores. Es su obligación aprender cómo ajustar, usar y mantener los equipos de protección contra caídas. Esto no sólo lo ayudará a preservar su vida y no sufrir lesiones sino que también salvará la vida de sus compañeros de trabajo.

2.0.0 ◆ PELIGROS Y PRECAUCIONES CONTRA CAÍDAS

Las caídas se clasifican en dos grupos: caídas desde una altura y caídas en un mismo nivel. Las caídas desde lugares más altos pueden ocurrir cuando alguien está trabajando en andamiajes, **plataformas** de trabajo, tablas, formaletas para concreto, escaleras o excavaciones. Las caídas de alturas son casi siempre fatales. Esto no significa que las caídas que se producen en un mismo nivel no sean también extremadamente peligrosas. Cuando un trabajador cae en el mismo nivel, generalmente por tropezarse o resbalarse, se producen lesiones en la cabeza. Los bordes filosos y los objetos con puntas, como un fleje expuesto, pueden cortar o punzar al obrero.

Las siguientes prácticas seguras pueden ayudar a prevenir resbalamientos y caídas:

- Use botas de trabajo seguras, fuertes y que estén en buen estado.
- Mire por donde camina. Asegúrese de que su pisada sea segura.
- No adquiera posiciones comprometedoras. Controle sus movimientos en todo momento.
- Mantenga las superficies por donde camina y trabaja limpias y planas. Llene orificios, baches y grietas. Limpie el material resbaladizo y recoja la basura.

Obedezca las advertencias de seguridad

Un equipo estaba instalando la viga de acero estructural final (vigueta) en el techo de un nuevo depósito frigorífico que estaba en construcción. Después de que la grúa levantó la viga y la puso en su lugar, se vio que ésta no estaba tan derecha. El capataz del trabajo quería enderezarla con un martillo. Él se encontraba en una parte del tarimado del techo que ya se había terminado. Para alcanzar la viga, colocó su pie izquierdo por encima de un área abierta y sin tablas del techo. Apoyó el pie izquierdo en la viga principal más cercana. Como se estaba preparando para dar un golpe con el martillo, su pie se resbaló de la viga principal. Agarró la vigueta con las manos pero no se pudo mantener y se cayó. La zona en la que el capataz estaba trabajando había sido protegida con cordeles de seguridad de cable de acero en los cuatro costados pero él quitó estos cordeles para poder acceder. No estaba usando el equipo de protección contra caídas. Se murió al caer desde una altura de 38' (11.50 m) hasta el piso de abajo.

Moraleja: Nunca cruce un cordel de seguridad. Siempre use los equipos de protección contra caídas cuando trabaje en superficies de altura.

Fuente: Biblioteca Electrónica de Salud y Seguridad Laboral en la Construcción

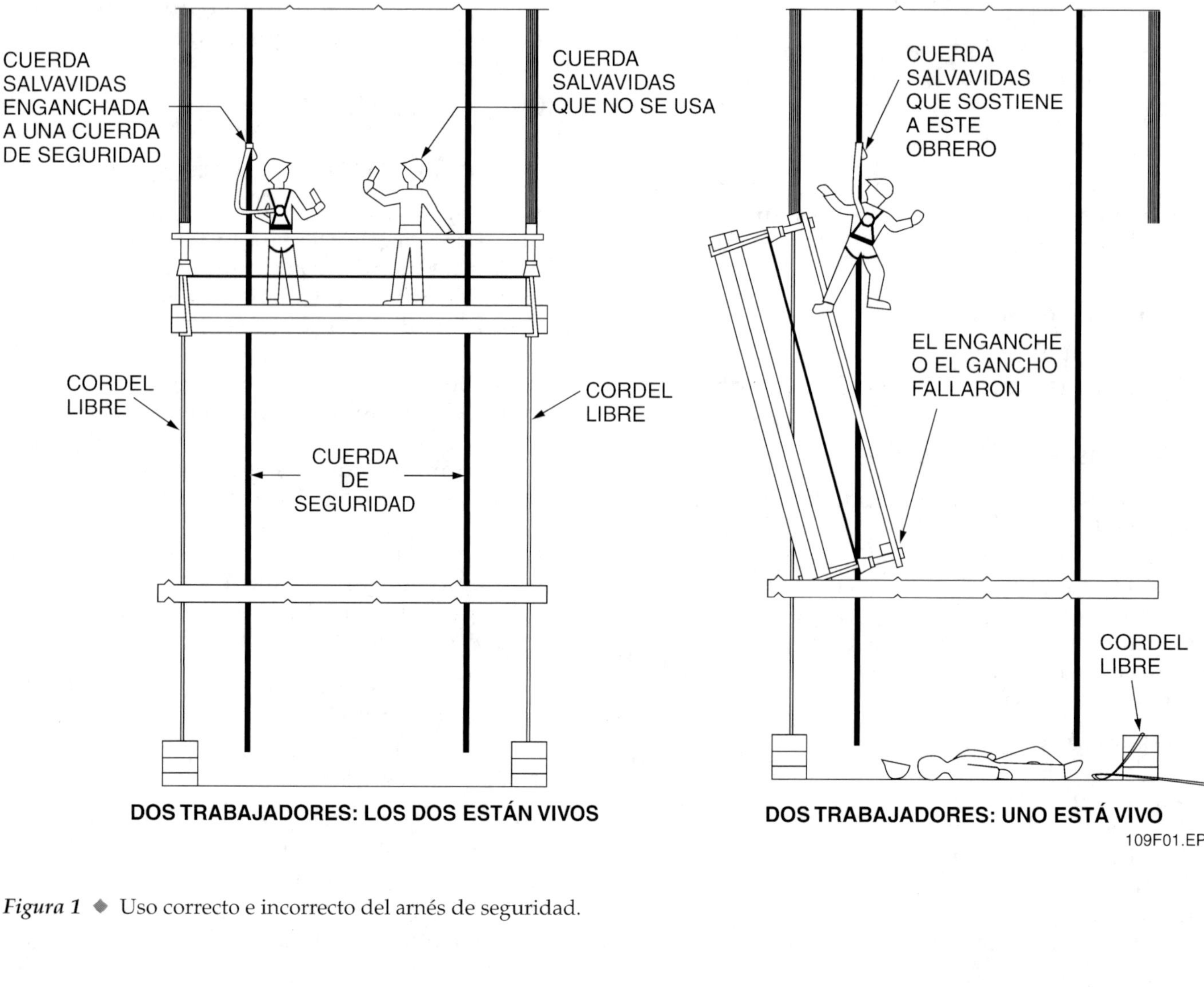

Figura 1 ◆ Uso correcto e incorrecto del arnés de seguridad.

- Ponga en su lugar cables, cables de prolongación y mangueras para que no se conviertan en peligro de tropiezos.
- No corra sobre andamiajes, plataformas de trabajo, tablas, techos u otras áreas de trabajo elevadas.

La mejor manera de sobrevivir en una caída desde un lugar elevado es con el uso de los equipos de protección contra caídas. Los tres tipos más comunes de equipos de protección contra caídas son las barras intermedias, **los sistemas personales de detención de caídas** y las mallas de seguridad.

2.1.0 Barras intermedias

Las barras intermedias representan el tipo más común de protección contra caídas (*Figura 2*). Éstas protegen a los trabajadores con una barrera entre el área de trabajo y el suelo u otra área de trabajo que esté más abajo. Pueden estar hechas de madera, tubos, acero o cable de acero y deben soportar 200 lbs (90.7 kg) de fuerza aplicadas a la baranda superior.

2.2.0 Sistemas personales de detención de caídas

Los sistemas personales de detención de caídas sostienen a los trabajadores después de una caída. Están diseñados y equipados para prevenir que un trabajador tenga una **caída libre** desde una distancia de más de 6' (1.80 m) y que golpee en el piso o en un área de trabajo que se encuentre más abajo. Al describir los sistemas personales de detención de caídas, se deben comprender estos términos:

- *Distancia de caída libre* – Es la distancia vertical que un trabajador recorre después de la caída, antes de que se activa el dispositivo de desaceleración.
- *Dispositivo de desaceleración* – Es un dispositivo tal como la **cuerda de seguridad** con amortiguación o la **cuerda salvavidas retráctil** que hace que la persona que está cayendo se detenga sin hacerse daño.
- *Distancia de desaceleración* – Distancia que existe en una caída antes de que la persona se detenga. La distancia de desaceleración requerida para un sistema de detención de caídas es de 3½' (91.5 cm).
- *Fuerza de detención* – La fuerza que se necesita para detener a una persona en una caída. Cuanto mayor sea la distancia de la caída libre, más fuerza se necesitará para frenar o detener la caída.

Figura 2 ◆ Barras intermedias.

Los andamiajes pueden resultar letales

Un trabajador estaba trabajando en el tercer nivel de un andamio metálico de estructura soldada. Estaba cubierto de hielo y nieve. El entablado del andamio estaba flojo y no se había colocado la barra intermedia. El trabajador se resbaló y cayó con la cabeza desde aproximadamente 20' (6 m) hasta el pavimento de abajo.

Moraleja: No trabaje sobre un andamio húmedo o con hielo. Asegúrese de que los andamiajes se encuentren firmes y tengan barras intermedias adecuadas.

Fuente: Administración de Seguridad y Salud Laboral de los EE.UU. (OSHA)

Los sistemas personales de detención de caídas utilizan equipos especializados. Estos equipos incluyen:

- **Arneses de cuerpo entero** y cinturones.
- Cuerdas de seguridad
- Dispositivos de desaceleración
- **Cuerdas salvavidas**
- Dispositivos de anclaje y **conectores** de equipos

2.2.1 Arneses de cuerpo entero

Los arneses de cuerpo entero con argollas D deslizantes en la espalda (*Figura 3*) se usan en sistemas personales de detención de caídas. Están hechos de correas que se ajustan al cuerpo del usuario. Esto hace que la fuerza de detención se distribuya en todo el cuerpo, incluyendo los hombros, las piernas, el torso y las nalgas. Esta distribución reduce las posibilidades de recibir heridas. Cuando ocurre una caída, la argolla D deslizante se mueve hasta la nuca. Esto mantiene a los trabajadores en posición vertical y ayuda a distribuir la fuerza de detención. Luego, el trabajador permanece en una posición relativamente cómoda mientras espera que lo rescaten.

La elección de un arnés de cuerpo entero, depende de una combinación de requisitos del trabajo y preferencias personales. Los fabricantes de arneses normalmente ofrecen una selección de

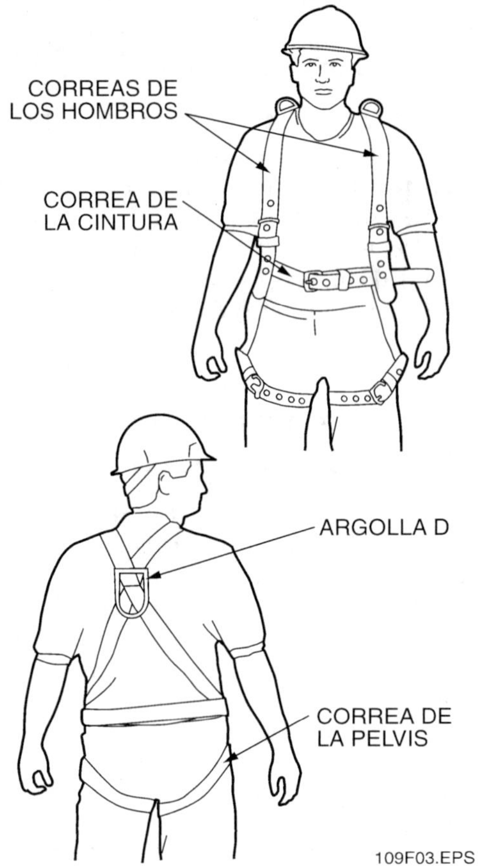

Figura 3 ◆ Arneses de cuerpo entero con argollas D deslizantes en la espalda.

Realmente funciona

Un obrero de la construcción estaba moviendo material en un techo. El trabajador estaba parado sobre un panel del techo de metal cuando resbaló con su pie derecho. En un intento para acomodarse, el trabajador se atascó el pie en una nervadura corrugada. Luego, el trabajador se cayó de rodillas en una lámina aislante inferior que estaba debajo y quebró la capa de asbesto. Después de una pequeña caída libre, el mecanismo de sujeción de su cuerda de seguridad retráctil se encajó y permitió que el trabajador descendiera suavemente hasta detenerse completamente.

Moraleja: Los equipos personales de protección contra caídas pueden salvarle la vida.
Fuente: Departamento de Energía de los EE. UU.

pautas en las instrucciones de los productos. Algunos tipos de arneses de cuerpo entero se pueden equipar con argollas D en el pecho, con argollas D en los laterales, o argollas D en los hombros. Los arneses con argollas D en el pecho generalmente se usan para subir escaleras y para los sistemas de posicionamiento personal (*Figura 4*). Los arneses con argollas D en los laterales se usan en sistemas de posicionamiento personal. Los sistemas de posicionamiento personal permiten que los trabajadores se mantengan en el lugar con las manos libres para realizar las tareas.

Un sistema de posicionamiento personal no debe permitir que el trabajador caiga por más de 2' (60 cm) aproximadamente. El **anclaje** al cual se sujeta debe poder soportar al menos dos veces la carga de impacto de la caída del trabajador o 3,000 lbs (1360 kg), cualquiera que sea mayor.

Las argollas D deslizantes en la espalda representan el tipo más común de argollas D. El procedimiento para colocarse un arnés de cuerpo completo con argollas D deslizantes en la espalda es el siguiente:

Paso 1 Sostenga el arnés de la argolla D en la espalda.

Paso 2 Sacuda el arnés para que todas las correas se coloquen en su lugar.

Paso 3 Desabroche y libere las correas de la cintura y/o de las piernas.

109F04.EPS

Figura 4 ◆ Arnés con argolla D en el pecho.

109F05.EPS

Figura 5 ◆ Ubicación correcta de la argolla D.

Paso 4 Deslice las correas sobre sus hombros de manera que la argolla D quede ubicada en el medio de su espalda (*Figura 5*).

Paso 5 Ajuste la correa de la cintura. Debe quedar ajustada pero no muy apretada.

Paso 6 En cada pierna, coloque las correas entre las piernas y abroche.

Paso 7 Después de abrochar todas las correas, ajuste las hebillas deslizables de manera que el arnés encaje bien pero que conceda una amplitud de movimiento total.

Paso 8 Coloque la correa del pecho alrededor de las correas del hombro y ajústela en la zona media del pecho. Ajústela lo suficiente de manera que las correas de los hombros queden tensas.

2.2.2 Cuerdas de seguridad

Las cuerdas de seguridad son cordeles cortos y flexibles que tienen conectores en las puntas (*Figura 6*). Se usan para conectar el arnés de cuerpo entero o **cinturón de cuerpo** a una cuerda salvavidas, un dispositivo de desaceleración o un punto de anclaje. Existen muchos tipos de cuerdas de seguridad que están hechas para los diferentes usos y situaciones de ascenso. Todas deben tener un mínimo de resistencia a la rotura de 5,000 (2268 kg). Vienen en largos fijos y ajustables y están fabricadas con entramado de acero, cuerdas o nailon. Algunas tienen amortiguadores (*Figura 7*) que amortiguan hasta el 80% de la fuerza de detención cuando se está deteniendo una caída. Cuando elige una cuerda de seguridad para un trabajo en particular, siempre siga las recomendaciones del fabricante.

NOTA

Antes se usaban generalmente cinturones en lugar de arneses de cuerpo completo como parte del sistema de detención de caídas. A partir del 1° de enero de 1998, se prohibieron para tal uso. Esto se debe a que los cinturones concentran toda la fuerza de detención en la zona abdominal, haciendo que el trabajador cuelgue en una postura incómoda y potencialmente peligrosa mientras espera que lo rescaten.

PRECAUCIÓN

Cuando una cuerda de seguridad con amortiguación se activa durante el proceso de detención de caídas, ésta se estira para reducir la fuerza de detención. Este posible aumento en el largo siempre debe tenerse en cuenta cuando se determina la distancia de caída libre total desde un punto de anclaje.

2.2.3 Dispositivos de desaceleración

Los dispositivos de desaceleración limitan la fuerza de detención a la cual se sujeta un trabajador cuando la caída se frena repentinamente. Dos dispositivos de desaceleración comunes son los amarres de cable y las cuerdas salvavidas autorretráctiles (*Figura 8*). Los amarres de cable se conectan a las cuerdas de seguridad y se sujetan a una cuerda de seguridad. En caso de que ocurra una caída, la cuerda de seguridad tira hacia abajo la amarra de cable haciendo que la cuerda apriete la cuerda salvavidas y se bloquee en el lugar. Algunos amarres de cable tienen un mecanismo que permite que el trabajador destrabe el dispositivo y descienda lentamente por la cuerda salvavidas hasta el suelo o la superficie que esté más abajo.

Las cuerdas salvavidas autorretráctiles dan la posibilidad de moverse sin restricciones y protección contra caídas mientras asciende y desciende

109F06.EPS

Figura 6 ◆ Cuerdas de seguridad típicas.

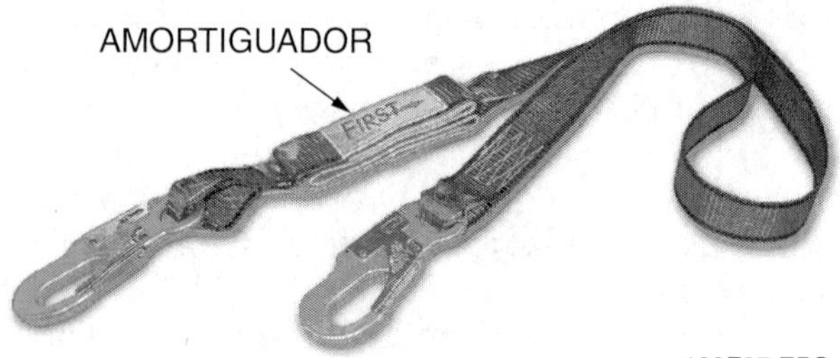

109F07.EPS

Figura 7 ◆ Cuerdas de seguridad con amortiguador.

109F08.EPS

Figura 8 ◆ Amarre de cable y cuerda salvavidas retráctil.

por escaleras y equipos similares o cuando trabaja en niveles múltiples. Generalmente, tienen un cable de acero galvanizado de 25' a 100' (7.60 m a 30.50 m) que tensa la cuerda en la cuerda de seguridad ligada, manteniendo la cuerda de seguridad fuera del paso del trabajador. En caso de que ocurra una caída, un mecanismo de frenado centrífugo se encaja para limitar la distancia de caída libre del trabajador. Las cuerdas salvavidas autorretráctiles y las cuerdas de seguridad que limitan la distancia de caída libre a 2' (60.70 cm) o menos deben poder soportar un mínimo de carga de tracción de 3,000 lbs (1360 kg) Aquellas cuerdas que no limitan la caída libre a 2' (60.70 cm) o menos deben sostener una carga de tracción de 5,000 lbs (2267 kilos).

2.2.4 Cuerdas salvavidas

Las cuerdas salvavidas son cuerdas o cables de acero flexibles que se sujetan al anclaje. Proporcionan un medio para amarrar los equipos personales de protección contra caídas. Las cuerdas salvavidas verticales (*Figura 9*) están suspendidas

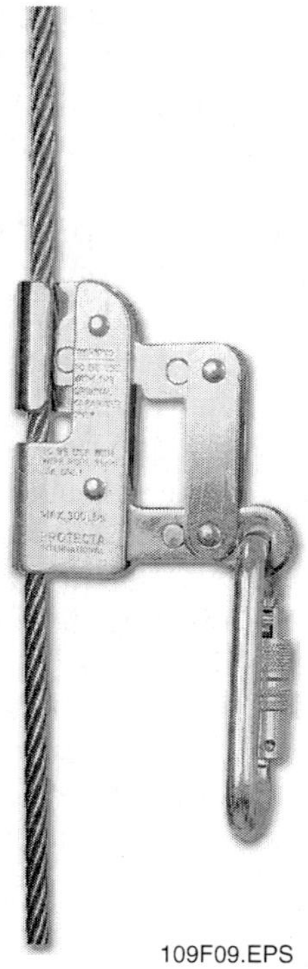

109F09.EPS

Figura 9 ◆ Cuerda salvavidas vertical.

CARRIL INTERNO

Mitos y realidades acerca de las caídas en la construcción

Mito 1: En la industria de la construcción, las caídas no representan una causa principal de muerte.
Realidad: Un tercio de todas las muertes en la industria de la construcción son causadas por caídas.

Mito 2: Usted tiene que caer de una gran altura para matarse.
Realidad: La mitad de los trabajadores de la construcción que murieron cayeron de una altura de 21' (6.40 m) o menos. Si golpea su cabeza muy fuerte, puede morir desde cualquier altura. Aún si sobrevive a una caída, puede tener que quedarse en reposo durante un tiempo por la lesión.

Mito 3: Los trabajadores con experiencia no se caen.
Realidad: La edad promedio de los obreros de la construcción que se cayeron y fallecieron es de 47 años. Eso no es exactamente una persona joven y sin experiencia.
"Pasa tan rápido. Cuando crees que estás seguro es cuando necesitas tener más cuidado". – *Gene, Constructor*

Mito 4: Trabajar seguro es costoso.
Realidad: Algunos de los equipos de protección contra caídas son baratos, como por ejemplo los estabilizadores de escaleras, los soportes para barras intermedias y los juegos de protección contra caídas. Otros artículos, tales como arneses, cuerdas salvavidas y andamiajes seguros, son más costosos. Al fin y al cabo, las heridas y la muerte son mucho más costosas.
"Caí tres pisos y estuve 8 semanas sin trabajar. Era subcontratado y no obtuve indemnización por accidentes de trabajo. Fue hace mucho pero probablemente perdí $5,000 aproximadamente. Un arnés me hubiera costado $50 en ese entonces". – *Dan, Contratista General*

Mito 5: Los equipos de protección contra caídas representan más problemas que ayuda.
Realidad: Nada es más problemático que una incapacidad para toda la vida, que puede resultar después de una caída.

Fuente: Biblioteca Electrónica de Salud y Seguridad Laboral en la Construcción

verticalmente desde un anclaje fijo. Un dispositivo de detención de caídas, tal como un amarre de cable, se sujeta a la cuerda salvavidas. Las cuerdas salvavidas verticales deben tener un mínimo de resistencia a la rotura de 5,000 lbs (2268 kg). Cada trabajador debe usar su propia cuerda. Esto se debe a que si un trabajador se cae, el movimiento de la cuerda de seguridad durante la detención de la caída puede hacer que los otros trabajadores se caigan. Una cuerda salvavidas vertical debe conectarse de un modo que prevenga que el trabajador sobrepase el extremo o se debe extender hasta el suelo o nivel de trabajo siguiente.

Las cuerdas salvavidas horizontales (*Figura 10*) se conectan horizontalmente entre dos anclajes fijos. Las cuerdas salvavidas horizontales se deben diseñar, instalar y usar bajo la supervisión de una persona capacitada y competente. Mientras más trabajadores se encuentren atados en una misma cuerda horizontal, más fuerte debe ser la cuerda y los anclajes.

2.2.5 Dispositivos de anclaje y conectores de equipos

Los dispositivos de anclaje, generalmente llamados puntos de amarre, soportan todo el peso del sistema de detención de caídas. El anclaje debe poder soportar 5,000 lbs (2268 k) por cada trabajador que esté sujetado. Las armellas (*Figura 11*) y las vigas superiores se consideran puntos de anclaje.

Las argollas D, las hebillas, los ganchos y los mosquetones (*Figura 12*) que ajustan o conectan las piezas de un sistema personal de detención de caídas se llaman conectores. Existen reglamentos que especifican cómo se deben fabricar y que requieren que las argollas D y los mosquetones tengan una resistencia a la tracción de 5,000 lbs (2268 k).

NOTA

A partir del 1° de enero de 1998, sólo se permiten usar mosquetones con cierre en los sistemas personales de detención de caídas.

109F10.EPS

Figura 10 ◆ Cuerda salvavidas horizontal.

109F11.EPS

Figura 11 ◆ Armella.

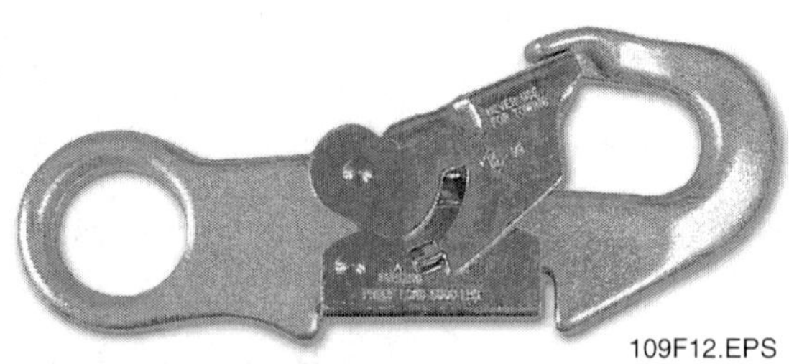

109F12.EPS

Figura 12 ◆ Mosquetón con doble cierre.

CASOS HISTÓRICOS

Fallecimiento causado por una barra de acero saliente que estaba sin protección

Un trabajador se cayó por una abertura del techo a la base desde una altura aproximada de 8' (2.4 m). La base tenía cerca de 20 barras de refuerzo erguidas de $^{1}/_{2}$" (1.25 cm). El trabajador traspasó una de las barras y falleció.

Moraleja: Incluso una caída desde una distancia corta puede ser fatal. Use un sistema personal de protección contra caídas y controle el área para ver si existen posibles peligros.

Fuente: Administración de la Seguridad y Salud Laboral de los EE.UU. (OSHA)

CASOS HISTÓRICOS

Las barras intermedias pueden salvarle la vida

Un ingeniero de proyecto auxiliar de construcción y un operario de grúa estaban realizando los controles finales y los ajustes a la grúa desde arriba de un contenedor a 20' (7 m) de alto. El ingeniero dio un paso afuera de una plataforma de trabajo temporaria de 8' × 8' (3 m × 3 m) El operario de grúas giró hacia el área de la plataforma justo a tiempo para ver cómo el ingeniero de proyecto tropezaba y caía desde la plataforma.

El ingeniero no tenía los equipos de protección contra caídas cuando pisó afuera de la plataforma. La plataforma no tenía barras intermedias. El ingeniero murió por heridas en la cabeza e internas.

Moraleja: Asegúrese de que la plataforma de trabajo tenga las barras intermedias instaladas correctamente. Siempre use los equipos de protección contra caídas requeridos.

Fuente: Departamento de Energía de los EE.UU.

2.2.6 Selección del punto de anclaje y amarre

La conexión de un arnés ya sea directa o indirectamente a un punto de anclaje seguro se denomina amarre. El amarre siempre se realiza antes de que usted llegue a la posición de la cual puede caer. Siga las instrucciones del fabricante acerca de los mejores métodos de amarre para su equipo. Utilice las siguientes pautas generales además de las instrucciones del fabricante cuando elija un anclaje y amarre.

Cuando elija un punto de anclaje, éste debe estar:

- Directamente arriba del trabajador
- En un lugar de acceso fácil
- Sin daños y debe tener una capacidad de soporte de 5,000 lbs (2268 k) por trabajador
- Lo suficientemente alto como para no golpear en un nivel inferior en caso de que ocurra una caída.
- Separado de los amarres de los cestos de trabajo

Asegúrese de verificar las etiquetas de los equipos del fabricante y deje un margen para la distancia de expansión y de desaceleración.

¿Qué está incorrecto en esta imagen?

109SA01.EPS

2.2.7 Equipos personales de detención de caídas

Antes de usar los equipos de protección contra caídas en el trabajo, usted debe conocer lo fundamental acerca de la protección contra caídas y el uso correcto de los equipos. Todos los equipos que

CARRIL INTERNO

Pruebas de caídas en las mallas de seguridad

Las mallas de seguridad deben someterse a pruebas de caídas en el lugar de trabajo antes de realizar la instalación inicial, cuando se reubiquen y después de arreglarlas y, al menos, cada seis meses si permanecen en el mismo lugar. La prueba de caída consiste en lanzar una bolsa de arena de 400 lbs (181 kg) de un diámetro de 29" a 31" (73 a 79 cm) en la malla desde una altura de al menos 42" (1 m) por encima de la superficie para caminar/trabajar más alta en la cual los trabajadores se exponen a peligros de caídas. Si la malla está intacta después de que se lanza la bolsa de arena, pasó la prueba.

CASOS HISTÓRICOS

Comuníquese con sus compañeros de trabajo

Un equipo estaba demoliendo el techo de la parte del depósito de un edificio comercial. El trabajo se estaba realizando de noche porque la brea (también conocida como "alquitrán") del techo podía emitir gases peligrosos si se alteraba por el calor del día. El lugar contaba con suficientes luces halógenas pero ninguno de los trabajadores usaba los equipos de protección contra caídas.

Después de que se extrajo el material del techo, se expusieron planchas de madera contrachapada de 4' × 8' (1.10 m × 3 m). Las planchas dañadas necesitaban ser reemplazadas. Un ayudante estaba siguiendo a los trabajadores que estaban reemplazando las maderas contrachapadas y las juntaba y las colocaba en un vertedero.

Una noche, un trabajador quitó una de las planchas de madera contrachapada que estaba dañada pero se quedó sin clavos para colocar la plancha de reemplazo. Salió de allí para buscar más clavos. La abertura que quedó de la plancha de madera contrachapada quedó sin protección. Nadie lo sabía.

El ayudante llegó justo después de que el trabajador se fuera, levantó la plancha dañada de madera contrachapada y se dirigió al vertedero. Pisó en la abertura y falleció al caer desde aproximadamente 27' (8 m).

Moraleja: Siempre use los equipos de protección contra caídas adecuados.

Fuente: Biblioteca Electrónica de Salud y Seguridad Laboral en la Construcción

CASOS HISTÓRICOS

La ubicación lo es todo

Un trabajador estaba colocando el revestimiento de metal de un puente sobre las riostras del forjado metálico que se iba a soldar. Después de que se colocó el primer revestimiento en las riostras, el empleado dio un paso sobre ésta para colocar el siguiente revestimiento.

El revestimiento no estaba asegurado en su lugar y se desplazó hacia un costado. Aunque se usaban mallas de seguridad debajo de otra parte del puente, las mallas no se trasladaron cuando el equipo se fue para otra área. El obrero cayó en el río desde aproximadamente 80' (24 m) de altura y murió.

Moraleja: Asegúrese de que todos los equipos de seguridad estén en su lugar antes de comenzar a realizar cualquier tarea.

Fuente: Administración de Seguridad y Salud Laboral de los EE.UU. (OSHA)

su empleador le provea deben cumplir las normas de resistencia establecidas. Antes de cada uso, siempre lea las instrucciones y advertencias sobre los equipos de protección contra caídas. Inspeccione los equipos siguiendo las siguientes pautas:

- Examine los arneses y cuerdas de seguridad para observar si tienen moho, si están desgastadas, dañadas o deterioradas.
- Asegúrese de que las correas no estén cortadas, rotas, rasgadas o raspadas.
- Verifique si hay deterioros ocasionados por incendios, químicos o corrosivos.
- Asegúrese de que las herramientas no tengan grietas, bordes filosos y quemaduras.
- Verifique que los mosquetones se cierren y traben herméticamente y que las hebillas funcionen correctamente.
- Verifique que las cuerdas no estén desgastadas, que no tengan fibras rotas, puntadas salidas ni estén decoloradas.
- Asegúrese de que los anclajes y montajes de las cuerdas salvavidas no estén sueltas o deterioradas.

No mezcle o combine equipos de diferentes fabricantes. Todas las sustituciones deben estar autorizadas por el supervisor. Todas las partes deterioradas o defectuosas se deben sacar de servicio inmediatamente y etiquetar como inutilizables o se deben destruir. Si los equipos se usaron en una caída anterior, sáquelos de servicio hasta que una persona capacitada los inspeccione.

2.3.0 Sistemas de mallas de seguridad

Las mallas de seguridad se utilizan para protección contra caídas en puentes y proyectos similares. Deben instalarse tan cerca como sea posible de la superficie de trabajo pero no a más de 30' (9.1 m) por debajo de ésta. Debe haber suficiente espacio libre debajo de una malla de seguridad para prevenir que un trabajador que cae en ella choque contra la superficie que está debajo de la malla. Tampoco debe haber obstrucciones entre el área de trabajo y la malla.

Dependiendo de la distancia vertical real entre la malla y el área de trabajo, la malla debe extenderse de 8' a 13' (2.4 m a 3.9 m) más allá del área de trabajo. Las aberturas de la malla deben ser de no más de 36" cuadradas (232 cm cuadrados) y 6" (1.8 m) en los laterales. La cuerda del borde debe tener un mínimo de 5,000 lbs (2268 k) de resistencia a la rotura y las conexiones entre los paneles de la red deben ser tan fuertes como las mismas mallas. Las mallas de seguridad se deben inspeccionar al menos una vez por semana y después de cada suceso que las pueda haber dañado o debilitado. Las mallas desgastadas o deterioradas deben sacarse de servicio.

3.0.0 ◆ RESCATE DESPUÉS DE UNA CAÍDA

Todos los sitios de trabajo en lugares elevados deben contar con un plan de rescate y recuperación. La planificación es especialmente importante en las áreas alejadas en donde no se puede brindar ayuda fácilmente. Antes de comenzar a trabajar, asegúrese de conocer lo que el plan de rescate de su empleador pide que usted haga en caso de una caída. Averigüe qué equipos de rescate están disponibles y dónde están ubicados. Aprenda a usar los equipos de auto rescate y para rescatar a otras personas.

Si ocurre una caída, cualquier empleado que quede colgando del sistema de detención de caídas debe ser rescatado sin percances y con rapidez. Su empleador debe haber determinado con anterioridad el método de rescate para todas las víctimas. Este método suele incluir los equipos que permiten que la víctima se rescate por sí sola, un sistema de rescate llevado a cabo por los compañeros de trabajo o una manera para alertar a la unidad de rescate entrenada. Si el rescate depende de pedir ayuda fuera del lugar, como por ejemplo el departamento de bomberos o una unidad de rescate, todos los números telefónicos necesarios deben estar a simple vista en el área de trabajo. En caso de que un compañero de trabajo caiga, siga el plan de rescate de su empleador. Llame a los servicios de rescate necesarios. Comuníquese con la víctima y vele constantemente durante el rescate.

Resumen

Las caídas representan un tipo de accidente muy común y grave en las obras de construcción. Usted tiene la responsabilidad hacia usted y otros de trabajar de manera segura y de usar los equipos de protección contra caídas. Hay menos posibilidades de que se produzcan heridas personales y daños a los equipos cuando se usan los equipos de protección contra caídas. Los equipos de protección contra caídas se deben usar de manera correcta todas las veces que trabaje en un sitio elevado. Es importante que todos los que se encuentran en una obra conozcan y cumplan los procedimientos de protección contra caídas de la empresa. Si no se cumplen estos procedimientos o si no se usan los equipos de protección, es posible que las caídas ocasionen heridas graves o muertes.

Preguntas de repaso

1. La protección contra caídas se requiere cuando se trabaja en alturas mayores a _____.
   a. 6' (1.8 m)
   b. 8' (2.4 m)
   c. 10' (3 m)
   d. 12' (3.6 m)

2. Las caídas representan _____ de las muertes en la industria de la construcción.
   a. ¼
   b. ⅓
   c. ½
   d. ⅔

3. Las barras intermedias deben poder soportar _____ libras (kilos) de fuerza aplicada en la barandilla superior.
   a. 75 (34 k)
   b. 100 (45 k)
   c. 150 (68 k)
   d. 200 (90 k)

Para las preguntas 4 a 7, una el término correcto con la definición.

4. _____ Fuerza de detención

5. _____ Dispositivo de desaceleración

6. _____ Distancia de desaceleración

7. _____ Distancia de caída libre

   a. Distancia que existe en una caída antes de que la persona se detenga.
   b. Un dispositivo tal como la cuerda de seguridad con amortiguación o la cuerda salvavidas retráctil que hace que la persona que está cayendo se detenga sin dañarse.
   c. Distancia vertical que un trabajador recorre después de la caída, antes de que se active el dispositivo de desaceleración.
   d. Fuerza que se necesita para detener a una persona que está cayendo.
   e. Un dispositivo que soporta todo el peso del sistema de detención de caídas.

8. Los cordeles cortos y flexibles que tienen conectores en las puntas se denominan _____.
   a. anclajes
   b. dispositivos de desaceleración
   c. cuerdas de seguridad
   d. cuerdas salvavidas

9. Las argollas D, las hebillas y mosquetones son ejemplos de dispositivos de desaceleración.
   a. Verdadero
   b. Falso

10. Las mallas de seguridad se deben colocar a no más de _____ debajo del área de trabajo.
    a. 10' (3 m)
    b. 20' (6 m)
    c. 30' (9 m)
    d. 35' (10.6 m)

PERFIL DE ÉXITO

P.D. Frey, CSP

Director Corporativo de Seguridad y Salud Ambiental
Austin Industries

¿Cuál fue el logro más importante en su profesión?
Mi logro más importante fue el reconocimiento como Profesional de Seguridad Certificado (CSP). Esto requirió tener el nivel de compromiso más alto, cubrir el área de información más extenso y es el título más reconocido y valorado en el campo de la seguridad.

¿Cómo eligió una carrera en seguridad industrial?
Mi interés en la seguridad comenzó cuando sufrí una lesión que me hizo perder tiempo mientras asistía a la universidad. Perdí el equilibrio cuando intentaba verter agua de un cubo de 5 galones (22 litros) a un cimiento de concreto. El cubo con agua cayó sobre mi dedo gordo. Perdí la punta del dedo y la uña y, como resultado, tuve que recibir un transplante de piel. Este accidente hizo que me interesara por la seguridad.

¿Qué tipos de entrenamiento tuvo?
Pasé por todos los entrenamientos de seguridad requeridos por la OSHA: control de tránsito, protección contra caídas, excavaciones, andamiajes, etc. La información más importante siempre es la misma: ¿Por qué lo hago de esa manera y cómo lo puedo aplicar en mi situación laboral? Las mejores actividades de entrenamiento comúnmente incluyen actividades prácticas para realizar en casa y material para estudiar.

¿Qué tipos de trabajo realizó en su profesión?
Principalmente me concentré en el campo de la construcción. Participé en actividades de construcción de autopistas grandes, en construcciones relacionadas con el comercio y las petroquímicas e incluso en trabajos de carpintería prefabricada y patios de secado. Disfruto del mundo dinámico y desafiante de la construcción en dónde hay diversas oportunidades para mejorar que siempre están cambiando.

Cuéntenos sobre su trabajo actual.
Un puesto de Director Corporativo de Seguridad ofrece más libertad, más responsabilidad y más posibilidades de viajes que otros puestos. En un sentido, me aleja más de las actividades de seguridad concretas. Lo importante se vuelca hacia los desarrollos de políticas y procedimientos, a las implicaciones legales y de seguros y a los asuntos generales vs. los asuntos internos. Me centro menos en asuntos regulatorios y más en asuntos de responsabilidad. Es gratificante ver los asuntos resueltos, los programas implementados y las mejoras en seguridad alcanzadas.

¿Cuáles son los factores que contribuyeron más en su éxito?
Tengo que destacar la importancia de la educación. Es la base para cualquier carrera. La importancia de la habilidad de escribir bien y la capacidad de hablar a grupos de personas se tornan más importantes mientras se avanza en el campo de la seguridad.

¿Qué consejo le daría a aquellas personas que se inician en la seguridad industrial?
No sólo depende del conocimiento adquirido de los libros. Hablen con la gente, pidan comentarios y sugerencias; ¡se sorprenderán viendo que muchas veces otras personas tienen mejores soluciones de las que ustedes pudieran haber recomendado! La seguridad se practica mejor cuando es una experiencia de aprendizaje compartida.

GLOSARIO

Términos especializados introducidos en este módulo

Anclaje: Un punto de sujeción seguro para las cuerdas salvavidas, cuerdas de seguridad o los dispositivos de desaceleración.

Arnés de cuerpo entero: Correas que se pueden asegurar al trabajador en un modo que distribuirá las fuerzas de detención de caídas en, al menos, los muslos, la pelvis, la cintura, el pecho y los hombros con medios para sujetarlas a otros componentes de un sistema personal de detención de caídas.

Bordes que sobresalen: Los bordes que sobresalen de un piso, techo o encofrado u otra superficie para trabajar/caminar (como tablas pre-fabricadas) que cambia de ubicación a medida que se colocan, forman o construyen más pisos, techos, tarimas o encofrados. Un borde que sobresale se considera una parte y un borde sin protección durante los periodos en que no se encuentran activa y continuamente en construcción.

Caída libre: El acto de caer antes de que un sistema personal de detención de caídas comienza a aplicar fuerza para detener la caída.

Cinturón de cuerpo: Correa con medios para asegurarla alrededor de la cintura y para sujetarla a una cuerda de seguridad, cuerda de seguridad o un dispositivo (mecanismo) de desaceleración.

Conector: Dispositivo que se usa para acoplar (conectar) piezas del sistema personal de detención de caídas con los sistemas de dispositivos de posicionamiento. Puede tratarse de un componente independiente del sistema como un gancho. También se puede tratar de un componente integral de parte del sistema, como por ejemplo una hebilla o una argolla D cosida a un cinturón o un arnés de cuerpo entero o un mosquetón empalmado o cosido a una cuerda de seguridad.

Cuerda de seguridad: Cordel flexible, cables de acero o correas que generalmente tienen un conector en cada extremo para conectar el cinturón o el arnés de cuerpo entero con un dispositivo de desaceleración, cuerda salvavidas o anclajes.

Cuerda salvavidas: Un componente que consiste en un cordel flexible conectado verticalmente a un anclaje por un extremo (cuerda salvavidas vertical) o conectado a un anclaje horizontalmente por ambos extremos (cuerda salvavidas horizontal), el cual sirve como un medio para conectar otros componentes de un sistema personal de detención de caídas a un anclaje.

Cuerda salvavidas autorretráctil: Dispositivo de desaceleración que contiene un cordel que se enrolla en un tambor que se puede extraer o retraer en el tambor bajo leve tensión durante el movimiento normal del empleado y el cual, después del inicio de la caída, traba automáticamente el tambor y detiene la caída.

Plataforma: Una superficie de trabajo más elevada que otros niveles. Las plataformas se pueden construir con tablas de madera individuales, tablas fabricadas, tablas prefabricadas o plataformas fabricadas.

Sistema personal de detención de caídas: Sistema usado para detener a un empleado que está cayendo desde un nivel de trabajo. Consiste en un anclaje, conectores y un arnés de cuerpo entero y puede incluir una cuerda de seguridad, un dispositivo de desaceleración, un cabo salvavidas o combinaciones adecuadas de estos elementos. Desde el 1° de enero de 1998, está prohibido el uso de cinturones para la detención de caídas.

Créditos de las figuras

Construction Safety Association of Ontario	109F02 (A)
Fall Protection Systems, Inc.	109F02 (B) y (C)
Protecta International	109F04, 109F06, 109F07, 109F08, 109F09, 109F10, 109F11, 109F12
Gary Wilson	109SA01

MÓDULO 75109-03 — RESPUESTAS A LAS PREGUNTAS DE REPASO

Respuesta	Sección
1. a	1.0.0
2. b	1.0.0
3. d	2.1.0
4. d	2.2.0
5. b	2.2.0
6. a	2.2.0
7. c	2.2.0
8. c	2.2.2
9. b	2.2.5
10. c	2.3.0

SERIE EDUCATIVA CONTREN® — COMENTARIOS DEL USUARIO

NCCER hace el esfuerzo de mantener estos libros de texto actualizados y libres de errores técnicos. Apreciamos su ayuda en este proceso. Si tiene una idea para mejorar este libro de texto, o si encuentra algún error, ya sea tipográfico, o de contenido en los libros de texto de *Contren®*, favor de escribirnos usando esta forma o una fotocopia de la misma. Asegúrese de incluir el número exacto del módulo, la página, una descripción detallada, y la corrección, si es aplicable. Su comentario será traído a la atención del comité técnico de revisión. Gracias por su ayuda.

Instructores – si usted encontró que algún material adicional es necesario para enseñar este módulo con eficacia, por favor déjenos saber para poder incluirlos en la lista de Equipo y Materiales en la guía anotada del instructor.

Dirección postal: Departamento de Desarrollo de Productos
National Center for Construction Education and Research
3600 NW 43rd Street, Bldg. G, Gainesville, FL 32606

Fax: 352-334-0932

E-mail: curriculum@nccer.org

Oficio Nombre del Módulo

Fecha del Copyright Número del Módulo Número(s) de Página(s)

Descripción

Corrección (opcional)

Su nombre y dirección (opcional)

Módulo 75110-03

Armado de estructuras de acero

MAPA DEL CURSO

Este mapa del curso muestra todos los módulos de Seguridad de campo. El orden de entrenamiento sugerido comienza desde la parte inferior y avanza hacia la parte superior. El Patrocinador local del Programa de Entrenamiento puede modificar el orden del entrenamiento.

SEGURIDAD DE CAMPO

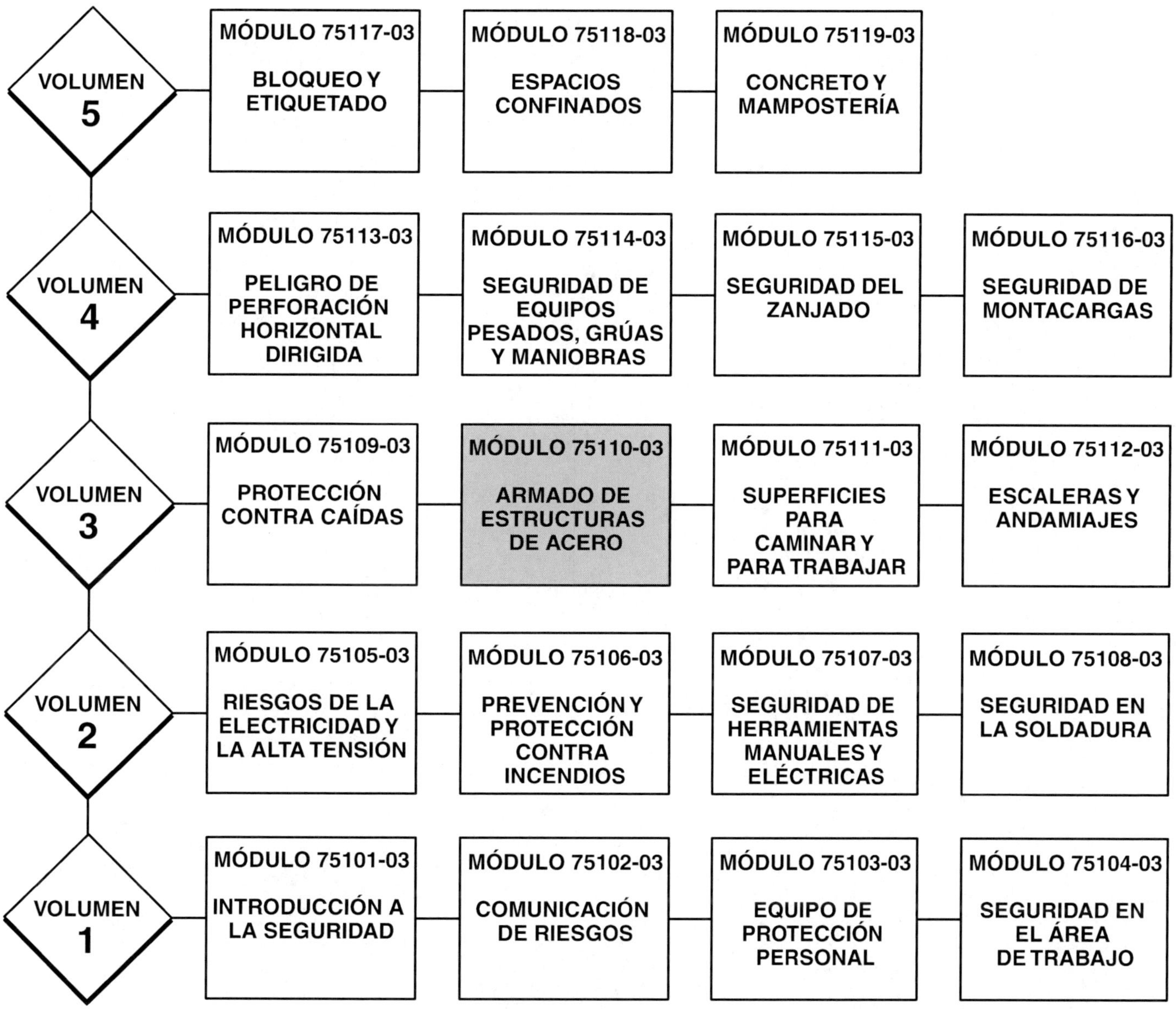

110CMAP.EPS

CONTENIDO DEL MÓDULO 75110-03

Figuras

Armado de estructuras de acero

Objetivos

Cuando haya terminado este módulo, podrá hacer lo siguiente:

1. Describir el proceso de armado de estructuras de acero.
2. Identificar los riesgos comunes en la seguridad asociados con los trabajos de armado de estructuras de acero.
3. Explicar las medidas preventivas que se requieren durante un trabajo para prevenir lesiones personales y daños al equipo y a la propiedad.

Prerrequisitos

Antes de comenzar este módulo, se recomienda que haya completado con éxito lo siguiente: Seguridad de campo, Módulos 75101-03 a 75109-03.

Material necesario

1. Lápiz y papel
2. Equipo de protección personal adecuado

1.0.0 ◆ INTRODUCCIÓN

El armado de estructuras de acero se utiliza durante la construcción de muchos tipos de estructuras que incluyen edificios de gran altura, forjado metálico, puentes, edificios de oficinas, escuelas, centros médicos y comercios. Los trabajos de armado de estructuras de acero pueden ser extremadamente peligrosos. El tipo de accidente más común que se produce en una obra de construcción es la caída desde alturas. De hecho, mueren más trabajadores debido a caídas que debido a cualquier otro accidente en trabajos de armado de estructuras de acero. Los trabajadores también pueden sufrir golpes o aplastamientos debido a la caída de cargas, se pueden electrocutar con líneas de alta tensión o pueden ser atropellados o quedar atrapados por grúas (*Figura 1*).

Es importante conocer los peligros y los procedimientos de seguridad para cada trabajo, independientemente del tipo de trabajo que haga. Usted también debe entender que su principal responsabilidad en un trabajo es la seguridad. Esto incluye su propia seguridad, la seguridad de otros en la obra y el uso seguro del equipo en la obra.

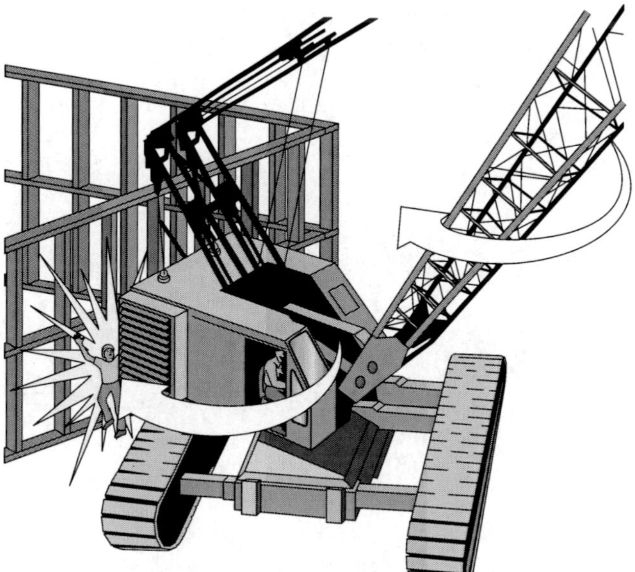

Figura 1 ◆ Trabajador golpeado por una grúa en movimiento.

Proteja las ranuras de los pisos

Un trabajador recién acababa de atornillar una viga vertical en una instalación de fabricación. Estaba tratando de desconectar el cable de levante cuando se cayó desde 60' (18.3 m) a través de una ranura de piso sin cubrir en la plataforma metálica en la cual estaba parado.

Moraleja: Este trabajador no se hubiese caído si las barras intermedias hubiesen estado en su sitio. Siempre asegúrese de que el área sea segura antes de comenzar a trabajar.

Fuente: Administración de Seguridad y Salud Laboral de los EE.UU. (OSHA)

2.0.0 ◆ MANIOBRAS DE LEVANTE

Las **maniobras** y levantar piezas de metal son partes esenciales en el proceso de armado de estructuras de acero. Las operaciones de maniobras pueden ser extremadamente complicadas y peligrosas, especialmente cuando se mueven materiales pesados tal como el acero. Algunas operaciones de maniobras requieren grúas, mientras otras utilizan una pala cargadora para mover materiales en el lugar de trabajo. Sólo los trabajadores con experiencia que fueron entrenados apropiadamente pueden realizar operaciones de maniobras sin supervisión, independientemente de si éstas implican un simple levantamiento vertical, la utilización de un **mecanismo para levantar cargas** o una grúa. En algunas regiones y países, al mecanismo para levantar cargas se le conoce también como "polea".

El equipo básico que se utiliza en las operaciones de maniobras incluye los siguientes artículos:

- **Eslingas**
- **Enganches**
- **Equipos para maniobras**
- mecanismos para levantar cargas

2.1.0 Eslingas

Durante una operación de maniobras, la carga que se esta moviendo debe conectarse al dispositivo que esta realizando el movimiento. En el armado de estructuras de acero, el dispositivo será, muy probablemente, una grúa. El conector que une la carga con el dispositivo de levantamiento es, con frecuencia, un trozo de material sintético, cadena o cable de acero. Este material se denomina eslinga (*Figura 2*). También se conoce como cable de acero.

Se requiere que todas las eslingas tengan etiquetas de identificación. Una etiqueta de identificación debe estar sujeta de manera segura a cada eslinga y debe estar marcada claramente con la información que cada tipo de eslinga requiere. Para los tres tipos de eslingas, esta información incluirá el nombre del fabricante o la marca comercial y la capacidad nominal del tipo de enganche que se utiliza con esa eslinga. La capacidad nominal es el peso máximo de carga que la eslinga puede soportar.

Siempre revise la etiqueta de identificación antes de utilizar una eslinga. Si la carga que se quiere levantar pesa más que la capacidad de

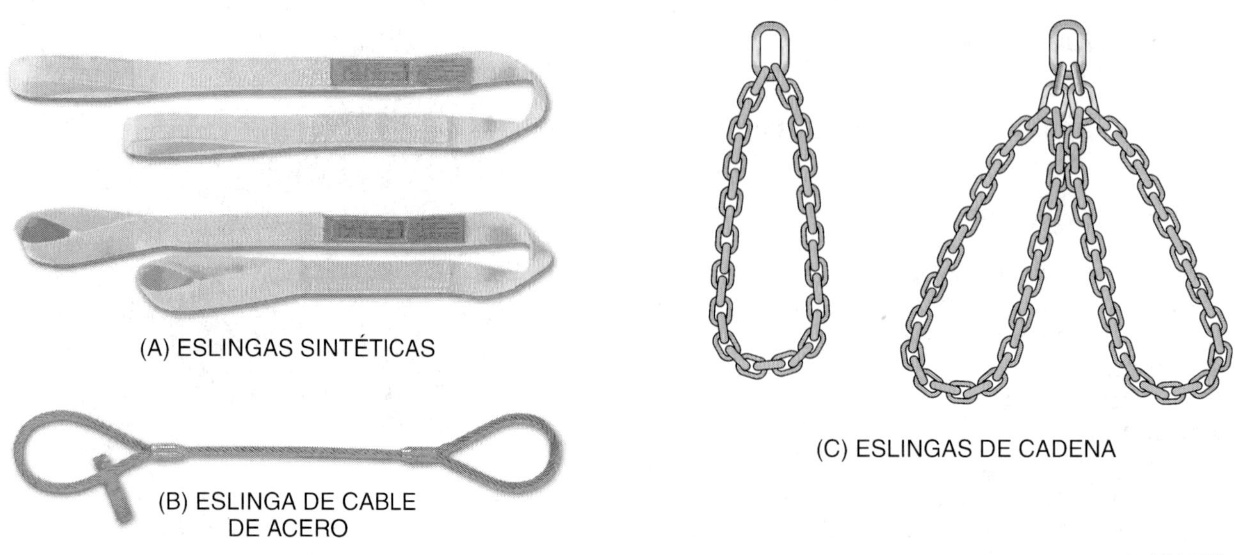

Figura 2 ◆ Ejemplos de eslingas.

carga nominal de la eslinga, no utilice esa eslinga y avise inmediatamente a su supervisor.

2.2.0 Enganches

Se denomina configuración de la maniobra o acople a la manera en la que se ubica una eslinga para sostener la carga (*Figura 3*). Los enganches se pueden realizar utilizando la eslinga o utilizando implementos de conexión. Una de las partes más importantes de la maniobra es asegurarse de que la carga esta sujetada de una manera segura y que el movimiento de la carga esta controlado.

Se utilizan diferentes tipos de enganches para diferentes tipos de cargas. El tipo de enganche que el operador utiliza depende del tipo de carga que se quiera levantar. Por ejemplo, para asegurar cargas de vigas de acero, tuberías, cimientos de concreto o maquinaria pesada se utilizan diferentes enganches.

Otra parte sumamente importante de la maniobra es controlar el movimiento de la carga una vez que el levantamiento está en progreso. Al momento de elegir un enganche, los operadores deben considerar el movimiento pretendido de la carga. Por ejemplo, algunas cargas se levantan en línea recta hacia arriba y luego en línea recta hacia abajo. Otras cargas se levantan, se giran en 180 grados mientras están en el aire y luego se depositan en una ubicación totalmente diferente. Es importante tener y seguir un plan para las operaciones de maniobras. De lo contrario, pueden producirse accidentes, lesiones y muertes.

2.3.0 Equipo para maniobras

El equipo para maniobras es tan importante como la grúa, las eslingas o cualquier otra estructura de levantamiento especialmente diseñada. Dependiendo del trabajo, el equipo de maniobras (*Figura 4*) puede consistir en grilletes (también conocidos como argollas), tornillos con argolla, abrazaderas de elevación y ganchos de montaje. Si el implemento que conecta las eslingas a la carga o al enlace maestro (*Figura 5*) fallan, la carga caerá tal como si hubiese un fallo con la grúa, el mecanismo para levantar cargas, o con las eslingas. La falla del equipo en relación con el acoplamiento, selección o inspección inadecuados contribuye a un gran número de muertes, lesiones graves y daños a la propiedad en accidentes de maniobras. Es importante que se seleccionen, mantengan e inspeccionen los implementos apropiados regularmente.

2.4.0 Mecanismos para levantar cargas

Los mecanismos para levantar cargas (*Figura 6*) son dispositivos que brindan una ventaja mecánica para levantar una carga cuando no se utilizan grúas y cuando no se pueden levantar objetos de forma manual. Todos los mecanismos para levantar cargas utilizan un sistema de poleas para trasmitir potencia y levantar la carga. Algunos se montan en carritos y utilizan electricidad o aire comprimido para la potencia; otros se operan manualmente.

3.0.0 ◆ PELIGROS Y PRECAUCIONES

El uso inadecuado del equipo o la falta de cuidado por parte de los trabajadores puede resultar en accidentes, lesiones o muerte. Cualquier persona que trabaje en un trabajo de armado de estructuras de acero puede minimizar los riesgos. Esto se logra si uno es conciente de los peligros relacionados y si sigue los procedimientos y normas de seguridad adecuadas. Los principales peligros relacionados con la erección de acero son las caídas, las caídas de cargas y objetos y la manipulación de material.

3.1.0 Caídas

Se lesionan más personas debido a caídas que a otro tipo de accidentes. En promedio, entre 150 y 200 trabajadores de la construcción se mueren cada año en accidentes relacionados con caídas. En una oportunidad, un trabajador caminaba sobre una viga de acero de 5½" (13 cm) de ancho que se encontraba a 37' (11.3 m) del suelo. La viga se tambaleó y el trabajador perdió el equilibrio, cayó y falleció. No estaba usando ningún equipo de protección contra caídas.

> **NOTA**
> Para más información acerca de protección contra caídas, remítase al módulo, *Protección contra caídas.*

Las caídas se clasifican en dos grupos: caídas desde una altura y caídas en un mismo nivel. Las caídas desde una altura pueden ocurrir cuando alguien está trabajando en un andamiaje, plataformas de trabajo, cubiertas, formaletas para concreto, escaleras o excavaciones que se encuentren alrededor. Las caídas de alturas son casi siempre fatales. Esto no significa que las caídas que se producen en un mismo nivel no sean también ex-

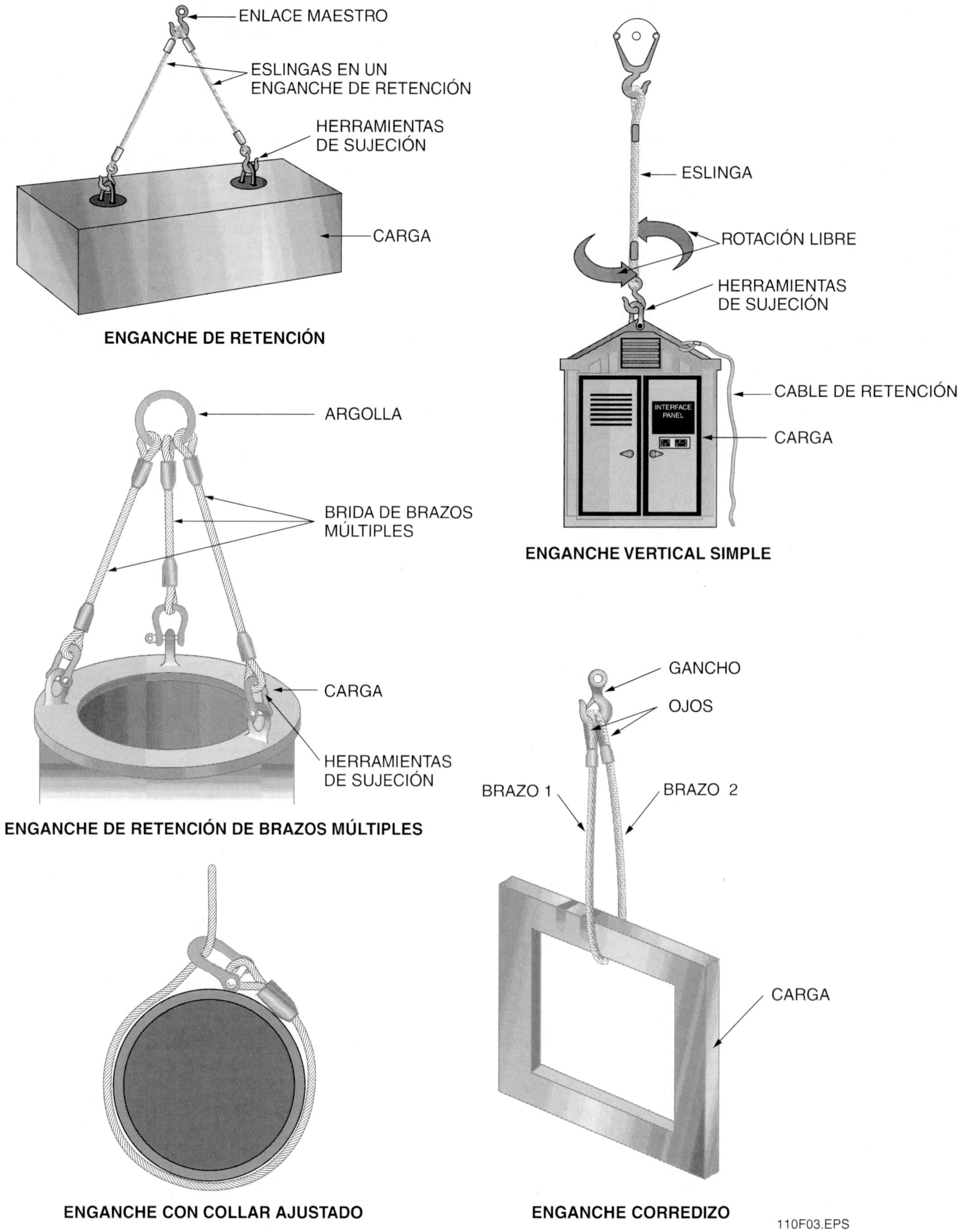

Figura 3 ◆ Tipos de enganches.

Figura 4 ◆ Equipos para maniobras.

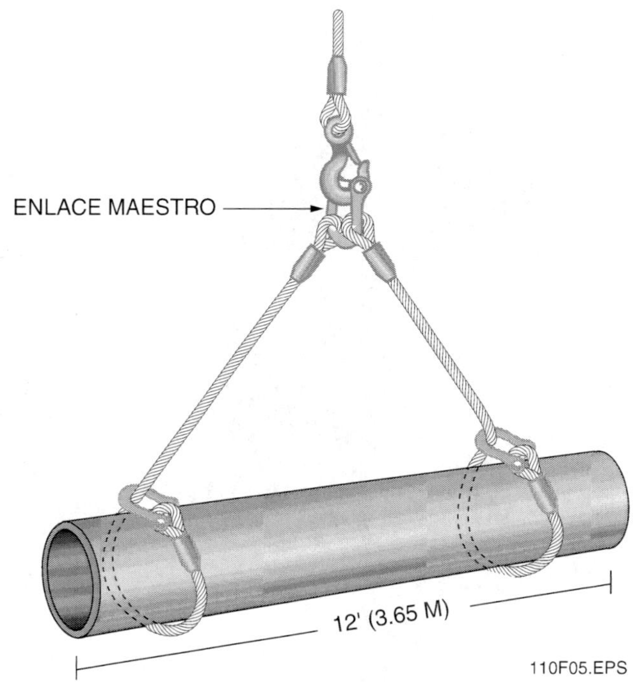

Figura 5 ◆ Enlace maestro.

tremadamente peligrosas. Cuando un trabajador se cae en un mismo nivel, normalmente debido a tropiezos o resbalamientos, los bordes agudos y objetos puntiagudos pueden cortar o punzar al trabajador.

Las siguientes prácticas seguras pueden ayudar a prevenir resbalamientos y caídas:

- Utilice botas de trabajo seguras que estén en buenas condiciones.

CASOS HISTÓRICOS

La falta de entrenamiento es fatal

Dos carpinteros trataban de fijar una viga en L de 30' (9.1 m) en una pared de bloque de concreto de 15' (4.6 m) de altura. Los carpinteros no estaban entrenados de forma adecuada para realizar trabajos de erección de acero. Soltaron la conexión de llave del cable de izar antes de que la viga en L estuviera asegurada a las placas de apoyo. La viga se ladeó y cayó al piso de concreto junto con los dos carpinteros. Ambos trabajadores murieron debido a las lesiones.

Moraleja: Siempre asegúrese de que los trabajadores estén entrenados adecuadamente para el trabajo que realizan.

Fuente: Administración de la Seguridad y Salud Laboral de los EE.UU. (OSHA)

110F06.EPS

Figura 6 ◆ Distintos elevadores de cadena.

- Mire por donde camina. Asegúrese de que su pisada sea segura.
- No adquiera posiciones comprometedoras. Controle sus movimientos en todo momento.
- Mantenga las superficies donde camina y trabaja limpias y planas. Llene orificios, baches y grietas. Limpie el material resbaladizo y recoja la basura.
- Instale y coloque en su lugar cables, cuerdas de extensión y mangueras para que no se conviertan en peligro de tropiezos.
- No corra sobre andamiajes, plataformas de trabajo, cubiertas, techos u otras áreas de trabajo elevadas.

Además de las prácticas de trabajo seguras, siempre utilice los siguientes equipos de seguridad para evitar caídas durante el armado de estructuras de acero.

- Barras intermedias
- Mallas de seguridad
- Sistemas personales de detención de caídas

3.1.1 Barras intermedias

Las barras intermedias son el tipo de protección contra caídas más común (*Figura 7*). Las barandillas protegen a los trabajadores ante una caída ya que proporcionan una barrera entre el área de

CASOS HISTÓRICOS

No le eche la culpa a las condiciones climáticas

Dos trabajadores del acero levantaban vigas de acero en L de poco peso en el tercer piso de un edificio de 12 pisos, a 54' (16.4 m) sobre el piso. No utilizaban equipos de protección contra caídas. Un empleado quitó la eslinga corrediza de una viga y luego intentó colocar la eslinga en un gancho que se encontraba más abajo en una serie de riostras. Mientras que la grúa torre sobre oruga estaba alejada del acero, el viento movió las riostras dentro de la viga sobre la que el empleado estaba parado. La viga se movía mientras el empleado trataba de desenganchar el gancho, lo que le provocó la pérdida del equilibrio y cayó y falleció.

Moraleja: Siempre utilice equipos de protección personal adecuados para realizar el trabajo.

Fuente: Administración de Seguridad y Salud Laboral de los EE.UU. (OSHA)

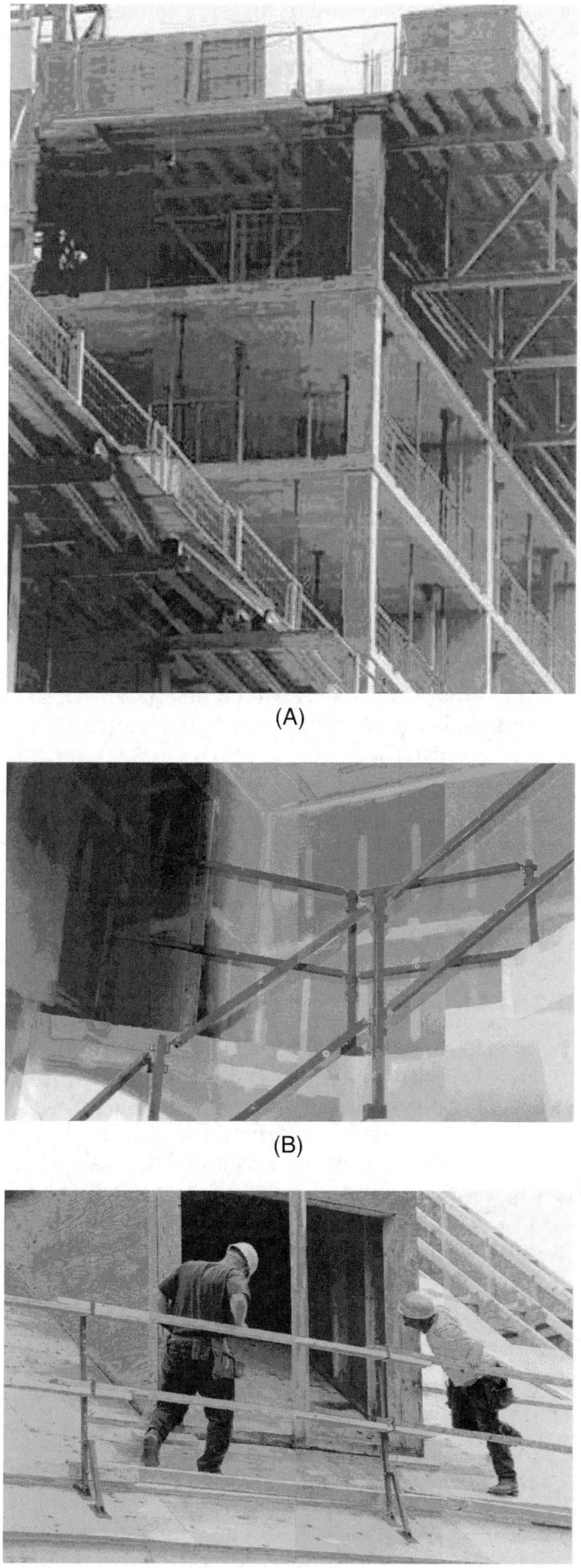

(A)

(B)

(C) 110F07.EPS

Figura 7 ◆ Barras intermedias típicas.

trabajo y el piso o aéreas de trabajo más bajas. Pueden estar hechos de madera, caño, acero o cable de acero y deben soportar 200 lbs (90.7 kg) de fuerza aplicados a la baranda superior.

3.1.2 Mallas de seguridad

Las mallas de seguridad se utilizan para protección contra caídas en puentes, construcciones de acero y proyectos similares. Deben instalarse tan cerca como sea posible de la superficie de trabajo, pero no a más de 30' (9.1 m) por debajo de ésta. Debe haber suficiente espacio libre debajo de una malla de seguridad para prevenir que un trabajador que cae en ella choque contra la superficie que esté debajo de la malla. Tampoco debe haber obstrucciones entre el área de trabajo y la malla.

3.1.3 Sistemas personales de detención de caídas

Los sistemas personales de detención de caídas (*Figura 8*) sostienen a los trabajadores después de que se caen. Las barandillas están diseñadas y equipadas para evitar que un trabajador caiga desde una distancia mayor a 6' (1.8 m) en una caída libre y choque contra el suelo o contra un área de trabajo más baja. Los sistemas personales de detención de caídas utilizan equipos específicos, los que incluyen:

- Arneses para el cuerpo y correas
- Cuerdas de seguridad
- Dispositivos de desaceleración
- Cuerdas de seguridad
- Dispositivos de anclaje y conectores de equipos

3.2.0 Objetos que caen

Los objetos que caen o salen disparados presentan peligros comunes durante el armado de estructuras de acero. Usted corre riesgos con respecto a objetos que caen cuando usted se encuentra debajo de grúas, andamios o cuando se realizan trabajos por encima de la cabeza. Existe el peligro de objetos que vuelan cuando se utilizan herramientas mecánicas o se realizan actividades tales como: empujar, tirar o apalancar, que hacen que los objetos se transporten por el aire. Las lesiones pueden ir desde raspaduras menores hasta contusiones, ceguera o muerte.

Siga estas precauciones para evitar ser golpeado por objetos que caen u objetos volátiles.

- Nunca camine debajo de una carga.
- Siempre utilice casco.

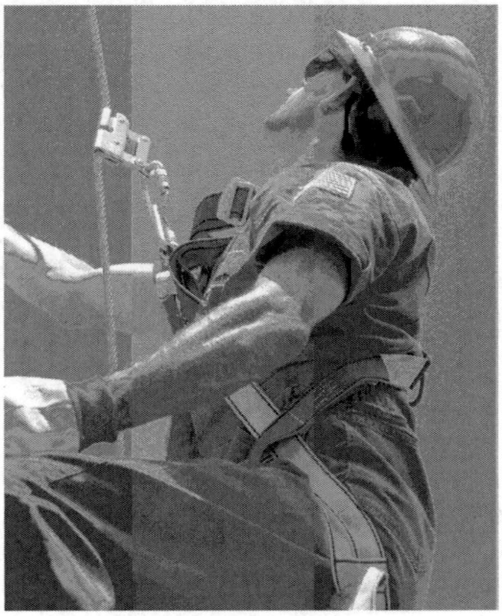

ARNÉS DE CUERPO ENTERO
Y CUERDA DE SEGURIDAD

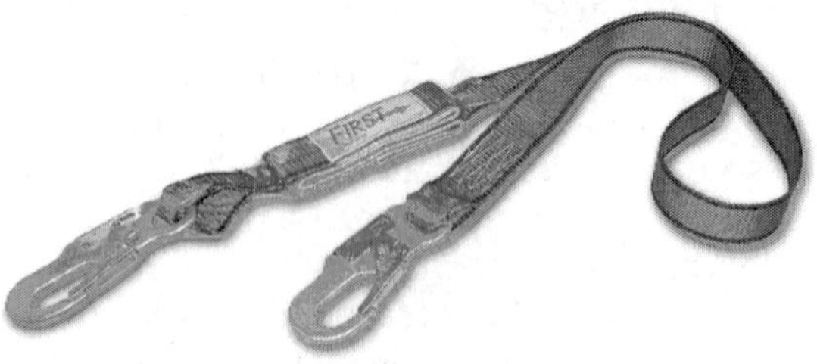

CUERDA SALVAVIDAS

AMARRA DE CABLE

MOSQUETÓN CON DOBLE CIERRE

110F08.EPS

Figura 8 ◆ Equipo de protección contra caídas.

- Utilice tablas de pie, mallas metálicas y barras intermedias para evitar que los objetos que caen golpeen a las personas que se encuentren debajo.
- Utilice redes de desechos, plataformas de detención o cubiertas para detener o desviar objetos que caen.
- Utilice gafas de seguridad, gogles o protectores faciales cuando se encuentre alrededor de máquinas o herramientas que pueden ocasionar partículas volátiles.
- Inspeccione las herramientas para asegurarse de que las guardas protectoras se encuentran en buen estado.
- Asegúrese de estar entrenado en la utilización adecuada de herramientas accionadas por pólvora.
- Evite trabajar debajo de cargas que se están moviendo.
- Realice un vallado en las áreas peligrosas y coloque señales de advertencia.
- Inspeccione las grúas y mecanismos para levantar cargas para comprobar que todos los componentes, tales como cables de acero, ganchos de levantamiento y cadenas se encuentren en buen estado.
- No exceda el límite de capacidad de levantamiento de grúas y mecanismos para levantar cargas.
- Asegure las herramientas y materiales para evitar que se caigan sobre cualquier persona que se encuentre debajo.

3.3.0 Manejo de material

Trabajar con acero puede ser peligroso. No sólo existe el riesgo de caídas o golpes sino también existe el peligro de cortaduras, quemaduras, lesiones en los ojos y electrocución. El acero, y el equipo que se utiliza para trabajar con éste, debe manipularse de manera segura para evitar accidentes. Los tipos de accidentes más comunes que pueden ocurrir incluyen lesiones a causa de:

- Bordes agudos
- Tareas de soldeo
- Grúas que enganchan líneas de energía
- Movimiento de equipos tales como grúas

Para prevenir estos tipos de accidentes se deben tomar las siguientes medidas de prevención cuando se manejan materiales.

- Las asas y agarraderas deben sujetarse a las cargas para reducir el riesgo de pincharse o aplastarse los dedos.

Preste atención

Un operador de maniobras estaba en el proceso de montar tres vigas en forma triangular. Puso el equipo de fijación alrededor de la primera viga y lo ajustó tirándolo de la pata de la eslinga. Esto empujó hacia arriba el extremo superior de la eslinga y el ojo de la eslinga se subió encima o sobre del punto del gancho en donde se enganchó en el pestillo. El operador no se dio cuenta de que la viga no estaba asegurada adecuadamente. Luego le hizo señas al operador de la grúa para que levantara la carga. Cuando la viga se sobrecargó, el operador comenzó a montar la segunda viga. Casi instantáneamente, el ojo de la eslinga se soltó del pestillo y la viga montada se cayó encima de la víctima. A pesar de que el operador sobrevivió al accidente, pasó varias semanas en el hospital.

Moraleja: Asegúrese de que el área de trabajo sea segura antes de comenzar cualquier trabajo y esté alerta en relación con potenciales peligros para la seguridad.

Fuente: Administración de Seguridad y Salud Laboral de los EE.UU. (OSHA)

- Los trabajadores deben utilizar equipos de detención de caídas adecuados.
- Se deben utilizar guantes u otra protección para manos y antebrazo para cargas con bordes agudos o ásperos.
- Se debe utilizar protección para ojos para evitar que partículas ingresen en los ojos. La tareas de soldeo requieren el uso de lentes especiales para prevenir daños graves en la visión.
- Cuando las cargas son pesadas o voluminosas, utilice zapatos o botas con punta de acero para prevenir lesiones en los pies causadas por deslizamientos o por la caída accidental de una carga.
- Nunca sobrecargue el equipo cuando se muevan materiales de forma mecánica.

4.0.0 ◆ PELIGROS ADICIONALES

Muchas de las lesiones pueden ocurrir por el uso inadecuado y riesgoso de herramientas y equipos relacionados con el armado de estructuras de acero. Familiarizarse con las herramientas y los materiales básicos de su negocio y entender cómo manipularlos de forma segura son pasos importantes hacia un trabajo seguro. No se debe enfatizar demasiado en la necesidad de mantener las herramientas limpias y en buen estado de funcionamiento. El uso seguro y adecuado de herramientas ayudará tanto a preservar las herramientas en buen estado de funcionamiento como a prevenir accidentes. Todas las herramientas, hasta las herramientas manuales, pueden producirle lesiones.

Algunas normas para el cuidado y el uso seguro de herramientas mecánicas son:

- No intente utilizar ninguna herramienta mecánica sin estar autorizado para esa herramienta en particular.
- Siempre utilice equipos de seguridad apropiados y ropa protectoras para el trabajo que está realizando. Por ejemplo, utilice gafas de seguridad y ropa ajustada que no se enganche en las piezas móviles de una herramienta. Arremánguese las mangas largas, métase el faldón adentro y recójase el pelo.

Haga de la limpieza un hábito

Dos empleados de una contratista de erección de acero estuvieron atornillando y soldando a una altura de 19' (5.8 m) en una plataforma elevadora móvil. Después de terminar un trabajo sobre una columna, estaban montados en el elevador con la plataforma extendida por completo cuando la rueda delantera derecha rodó sobre una pila de desechos que habían dejado sobre el piso de concreto. El elevador de tijera se cayó y provocó una lesión grave en la cabeza a uno de los empleados. Esa persona fue trasladada a un hospital de la zona en donde falleció.

Moraleja: Este accidente podría haber sido evitado con la inspección adecuada de la obra. Usted siempre debe tener conocimiento acerca de los peligros potenciales de una obra.

Fuente: Administración de Seguridad y Salud Laboral de los EE.UU. (OSHA)

- Nunca deje una herramienta mecánica en funcionamiento sin vigilancia.
- Adopte una posición segura y confortable antes de comenzar a utilizar una herramienta mecánica
- No distraiga a otros ni deje que otros lo distraigan cuando está utilizando una herramienta mecánica.
- Asegúrese de que todas las herramientas eléctricas estén conectadas a tierra antes de comenzar a usarlas.
- Asegúrese de que la energía no esté conectada antes de realizar mantenimiento o cambiar accesorios.
- No utilice accesorios desgastados o agrietados.
- Utilice herramientas mecánicas sólo para el propósito para el que fueron creadas.
- No utilice una herramienta mecánica con el protector o dispositivos de seguridad quitados.
- Utilice una cuerda de extensión adecuada, de tamaño apropiado para reparar la herramienta eléctrica en particular que está utilizando.
- No utilice una herramienta eléctrica si sus manos o pies están húmedos.
- Familiarícese con el funcionamiento y ajustes de una herramienta eléctrica antes de intentar utilizarla.
- Asegúrese de que haya ventilación adecuada antes de operar equipos accionados por gasolina en lugares cerrados.
- Mantenga al alcance un extintor de fuego cuando llene o utilice equipos accionados por gasolina
- Almacene las herramientas de forma adecuada cuando no estén en uso.

5.0.0 ◆ RESPUESTAS ANTE ACCIDENTES

Los accidentes y las lesiones pueden evitarse trabajando de forma segura y siguiendo las normas. Cuando los accidentes ocurren, es importante mantener la calma y avisar de forma inmediata a su supervisor. Según el tipo de lesión, un trabajador entrenado en primeros auxilios debe evaluar la lesión y determinar el plan de tratamiento adecuado. Por ejemplo, si la lesión es un corte leve, se puede aplicar un vendaje. Si el corte es profundo y requiere puntos, se debe llevar al trabajador a un hospital. Si el corte es grave y hay mucha pérdida de sangre o hay riesgo de amputación, llame inmediatamente al 911 o al número de servicio de emergencia local.

NOTA

Los planes de respuestas ante emergencias varían según la empresa. Aprenda el plan de respuesta ante emergencias de su empresa y esté preparado.

Resumen

Los accidentes que ocurren en trabajos de armado de estructuras de acero son casi siempre fatales. Las caídas son el tipo de accidentes más común que ocurre en estos trabajos. Los trabajadores pueden resultar lesionados debido a objetos que se caen, bordes agudos, equipos para maniobras defectuosos y herramientas y equipos inseguros. La mayoría de los accidentes suceden porque alguien no está prestando atención o está realizando el trabajo de manera insegura. Es su responsabilidad estar conciente de los peligros y seguir todos los procedimientos de seguridad; esto puede salvar su vida y la vida de sus compañeros de trabajo.

Preguntas de repaso

1. Se requiere que todos/as los/las ______ tengan etiquetas de identificación.
   a. tornillos con argolla
   b. enganches
   c. mecanismos para levantar cargas
   d. eslingas

2. El peso máximo de la carga que la eslinga está diseñada para transportar se denomina _____.
   a. control de carga
   b. valor de levantamiento
   c. capacidad nominal
   d. valor de rechazo

3. Es seguro levantar una carga cuyo peso es mayor que el peso máximo de carga de una eslinga siempre y cuando usted le notifique al supervisor antes de realizar el levantamiento de la carga.
   a. Verdadero
   b. Falso

4. Los enganches ayudan a controlar el movimiento de una carga.
   a. Verdadero
   b. Falso

5. Todos los siguientes se consideran equipos para maniobras *excepto* _____.
   a. pernos de anclaje
   b. tornillos con argolla
   c. abrazaderas de elevación
   d. ganchos de montaje

6. Un equipo para maniobra es un dispositivo que utiliza un mecanismo neumático para levantar una carga.
   a. Verdadero
   b. Falso

7. Los trabajadores de la construcción se lesionan más cuando manejan materiales que cuando sufren cualquier otro tipo de accidentes.
   a. Verdadero
   b. Falso

8. Las caídas de alturas son casi siempre fatales.
   a. Verdadero
   b. Falso

9. Las barras intermedias son el tipo de protección contra caídas más común.
   a. Verdadero
   b. Falso

10. No se deben utilizar botas con puntas de acero cuando se mueven cargas pesadas o voluminosas.
    a. Verdadero
    b. Falso

GLOSARIO

Términos especializados introducidos en este módulo

Enganche: La forma en que la eslinga se dispone para sostener la carga. Algunos ejemplos comunes incluyen un enganche de retención, enganche corredizo, enganche de cesto y enganche vertical simple. También se lo denomina configuración de maniobras.

Equipos papa maniobras: Grilletes, argollas, tornillos con argolla, abrazaderas de elevación y ganchos que se utilizan para conectar la carga de la eslinga a la grúa o elevador de cargas.

Eslinga: un trozo de material sintético, cadena, cable o cuerda que se envuelve alrededor de la carga y se sujeta al equipo para maniobras o grúa.

Maniobras: Un sistema de enganche de una carga a un mecanismo para levantar cargas o grúa. Conocido en inglés como "rigging".

Mecanismo para levantar cargas: Un sistema que mecánicamente levanta cargas con un conjunto de poleas. Pueden ser manuales o neumáticos (operados por aire comprimido).Conocido en inglés como "hoist".

Créditos de las figuras

Liftall Company, Inc.	110F02 (A) y (B)
The Crosby Group	110F04 (A), (B), y (C)
J.C. RenFroe and Sons, Inc.	110F04 (D)
Jet Equipment and Tools	110F06
Construction Safety Association of Ontario	110F07 (A)
Fall Protection Systems, Inc.	110F07 (B) y (C)
Protecta International. Inc.	110F08

MÓDULO 75110-03 — RESPUESTAS A LAS PREGUNTAS DE REPASO

Respuesta	Sección
1. d	2.1.0
2. c	2.1.0
3. b	2.1.0
4. a	2.2.0
5. a	2.3.0
6. b	2.4.0
7. b	3.1.0
8. a	3.1.0
9. a	3.1.1
10. b	3.3.0

SERIE EDUCATIVA CONTREN® — COMENTARIOS DEL USUARIO

NCCER hace el esfuerzo de mantener estos libros de texto actualizados y libres de errores técnicos. Apreciamos su ayuda en este proceso. Si tiene una idea para mejorar este libro de texto, o si encuentra algún error, ya sea tipográfico, o de contenido en los libros de texto de *Contren®*, favor de escribirnos usando esta forma o una fotocopia de la misma. Asegúrese de incluir el número exacto del módulo, la página, una descripción detallada, y la corrección, si es aplicable. Su comentario será traído a la atención del comité técnico de revisión. Gracias por su ayuda.

Instructores – si usted encontró que algún material adicional es necesario para enseñar este módulo con eficacia, por favor déjenos saber para poder incluirlos en la lista de Equipo y Materiales en la guía anotada del instructor.

Dirección postal: Departamento de Desarrollo de Productos
National Center for Construction Education and Research
3600 NW 43rd Street, Bldg. G, Gainesville, FL 32606

Fax: 352-334-0932

E-mail: curriculum@nccer.org

Oficio ________ Nombre del Módulo ________

Fecha del Copyright ________ Número del Módulo ________ Número(s) de Página(s) ________

Descripción

____

____

____

____

Corrección (opcional)

____

____

____

Su nombre y dirección (opcional)

____

____

____

Módulo 75111-03

Superficies para caminar y para trabajar

MAPA DEL CURSO

Este mapa del curso muestra todos los módulos de Seguridad de campo. El orden de entrenamiento sugerido comienza desde la parte inferior y avanza hacia la parte superior. El Patrocinador local del Programa de Entrenamiento puede modificar el orden del entrenamiento.

SEGURIDAD DE CAMPO

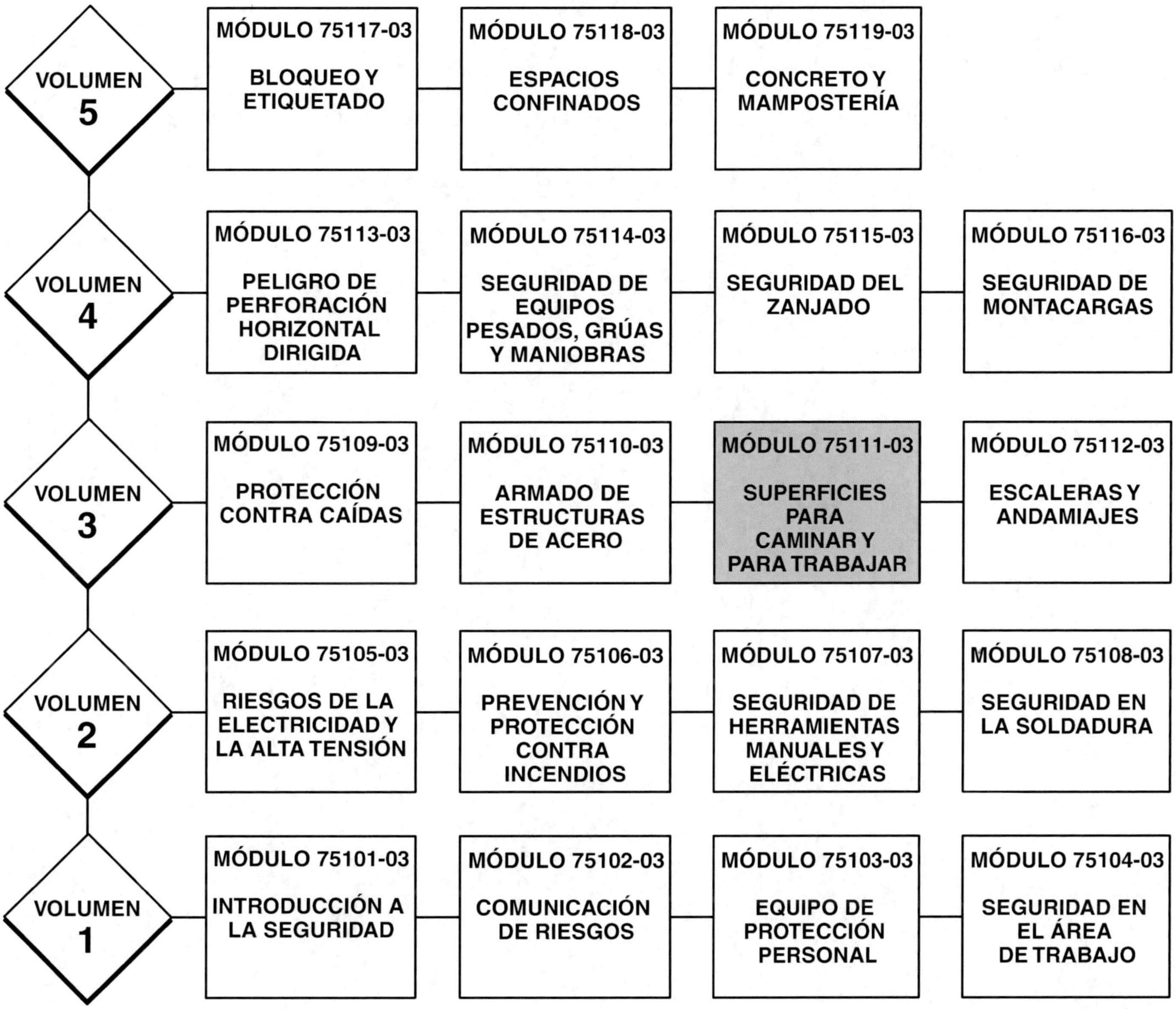

111CMAP.EPS

CONTENIDO DEL MÓDULO 75111-03

Figuras

MÓDULO 75111-03

Superficies para caminar y trabajar

Objetivos

Cuando haya terminado este módulo, podrá hacer lo siguiente:

1. Explicar los peligros relacionados con las superficies para caminar y trabajar.
2. Describir cómo evitar accidentes y lesiones que se pueden producir en superficies para caminar y trabajar.
3. Describir cómo reaccionar ante accidentes y lesiones que se pueden producir en superficies para caminar y trabajar.

Prerrequisitos

Antes de comenzar este módulo, se recomienda que haya completado con éxito lo siguiente: Seguridad de campo, Módulos 75101-03 a 75110-03.

Material necesario

1. Lápiz y papel
2. Equipo de protección personal adecuado

1.0.0 ◆ INTRODUCCIÓN

Los resbalones, tropezones y caídas en superficies para caminar y trabajar causan el 15% de todas las muertes accidentales en la industria de la construcción. Algunos accidentes ocurren por el estado del tiempo como nieve, hielo o por superficies húmedas. Otros suceden por la falta de limpieza y el comportamiento descuidado, como por ejemplo dejar herramientas, materiales y equipos fuera de su lugar y sin controlar.

Los accidentes de resbalones, tropezones y caídas se pueden evitar si todos son conscientes de sus alrededores y siguen los reglamentos del lugar. Es su responsabilidad, mantener limpias y secas todas las áreas de paso y trabajo.

NOTA
La protección contra caídas se cubre en detalles en el módulo, *Protección contra caídas.*

2.0.0 ◆ TIPOS DE SUPERFICIES PARA CAMINAR Y TRABAJAR

Las superficies para caminar y trabajar varían según el trabajo. Algunos trabajadores están expuestos a aberturas en el piso y en las paredes mientras que otros caminan y trabajan en superficies con hielo o húmedas. La *Figura 1* muestra un ejemplo de una superficie con hielo. El peligro que se ve en esta imagen es la dificultad de darse cuenta de que hay hielo en la superficie.

111F01.EPS

Figura 1 ◆ Hielo en una superficie para caminar.

Tapar aberturas

Los carpinteros estaban colocando armaduras en el segundo piso de una casa que estaban construyendo. No había barras intermedias ni cubiertas para pisos sobre la abertura del piso de la escalinata. Mientras colocaban las armaduras en su lugar, uno de los carpinteros murió cuando se resbaló y cayó por la abertura del piso al sótano de hormigón de abajo.

Moraleja: Las aberturas sin protección pueden ser fatales.

Fuente: Administración de Seguridad y Salud Laboral de los EE.UU. (OSHA)

Algunos ejemplos comunes de las áreas en las que los trabajadores pueden experimentar estos peligros son:

- Pisos
- Paredes
- Plataformas
- Rampas y corredores
- Escalinatas
- Escaleras y andamiadas
- Techos

Siempre sea precavido cuando camine o trabaje en o cerca de estas superficies, especialmente si hay peligros en la zona.

2.1.0 Pisos

Los pisos pueden ser peligrosos por varias razones. El hielo, la grasa o la humedad pueden hacerlos resbaladizos. Las herramientas, equipos, materiales o basuras pueden obstruirlos. Las aberturas que no tienen protección pueden causar caídas fatales. Algunos de los tipos de aberturas que se deben conocer en una obra de construcción son:

- Escalinatas
- Portillos
- Conductos
- Trampillas
- Boquetes

Para evitar resbalarse, tropezarse y caerse en el piso, siga estas pautas:

- Revise si hay hielo o nieve. Si el hielo no se puede quitar, use calzados con suela antideslizantes.
- Asegúrese de que el piso este limpio y seco. Si se utilizan procesos húmedos en el área de trabajo, asegúrese de que haya desagües adecuados, rejillas y tapetes.
- Mantenga el piso sin herramientas, equipos, materiales o basura que puedan causar tropezones o resbalamientos.
- Evite las aberturas en el piso salvo que se encuentren protegidas o cubiertas.

2.2.0 Paredes

Las aberturas en las paredes, como por ejemplo las ventanas, puertas y conductos, generalmente se encuentran a la altura de los ojos y parecen fáciles de evitar. Sin embargo, las aberturas en las paredes son peligrosas cuando no están resguardadas por barras intermedias o cercados. Si entra un poco de lluvia por la abertura, puede haber un peligro de resbalamiento. Por ejemplo, si un tra-

Las apariencias engañan

Un herrero de 41 años estaba trabajando como parte de un equipo de ocho personas que estaban instalando el revestimiento de acero del techo de un edificio nuevo de seis pisos. El trabajador dejó el área de trabajo para tomar una pequeña pieza de material de revestimiento para terminar el trabajo. Como no volvió, el equipo lo buscó y lo encontró tirado inconsciente en el quinto piso del hueco de la escalera. El trabajador había sacado una pieza de 3' × 6' (91 cm × 182 cm) de revestimiento del piso. No sabía que la pieza de revestimiento estaba cubriendo una abertura cuadrada para ventilación de 2' (61 cm) en la parte superior del hueco de la escalera. Después de alzar el revestimiento, dio un paso y cayó por la abertura. Murió 12 horas más tarde a causa de las heridas.

Moraleja: Siempre use las coberturas y barricadas adecuadas cuando hay una abertura en una superficie para caminar o trabajar.

Fuente: Instituto Nacional para la Salud y Seguridad Laboral (NIOSH)

Siga las instrucciones

Un trabajador de 21 años estaba eliminando todos los materiales de techado viejos de un techo que tenía seis claraboyas sin protección. Durante el recreo de trabajo, la víctima se sentó en una de las claraboyas (también conocidas como "tragaluces") que comenzó a romperse por su peso. Intentó levantarse tomando la claraboya con los brazos pero la cúpula de plástico se rompió completamente. Se murió al caer desde una altura de 27' (8.20 m) hasta el piso de hormigón de abajo. El supervisor y los compañeros de trabajo habían advertido a la víctima que no debía sentarse en las claraboyas.

Moraleja: Ignorar las advertencias de seguridad puede ser fatal.

Fuente: Instituto Nacional para la Salud y Seguridad Laboral (NIOSH)

bajador pierde el equilibrio y se cae cerca de una abertura de la pared que no esté protegida, este trabajador puede resbalarse por la abertura y caer al suelo o a un área de trabajo que se encuentre más abajo. Además, todas las herramientas o materiales que caen por la abertura pueden lesionar a los que están abajo. Si está trabajando cerca de la abertura de una pared, asegúrese de que esté protegida y que el área de trabajo esté seca y sin obstrucciones.

2.3.0 Plataformas

Las plataformas son áreas de trabajo que se elevan sobre el piso o el suelo. A veces están ubicadas sobre equipos peligrosos tales como tanques para galvanizar o unidades desengrasantes. Muchas plataformas no cuentan con barras intermedias. Estas plataformas, llamadas plataformas con laterales abiertos, son peligrosas porque no protegen a los trabajadores de que se caigan por el borde. Para ayudar a prevenir accidentes, asegúrese de que las plataformas estén secas y sin materiales y escombros antes de caminar sobre ellas.

2.4.0 Rampas y corredores

Los peligros de las rampas y los corredores son similares a los peligros de los pisos. Los trabajadores pueden tropezarse con herramientas y equipos o resbalarse en superficies que se encuentren mojadas o con hielo (*Figura 2*). Sin embargo, las rampas y los corredores pueden ser más peligrosos debido a que están en declive. Cuando se producen resbalones, tropezones y caídas en un ángulo hacia abajo, la velocidad en la que el trabajador se desliza o rueda hacia abajo por la rampa o el corredor aumenta. Los tipos de heridas sufridas son frecuentemente más serias porque el trabajador golpea el suelo con más fuerza. Imagínese si un trabajador está llevando una herramienta con una hoja de cuchilla o un borde filoso durante dicho accidente. Es posible que el trabajador resulte herido por la caída y por la hoja o el borde de la herramienta.

Guarde sus herramientas

Un ayudante de trabajo con metal de hoja (también conocido como chapista) de 18 años murió después de que cayó por una abertura de ventilación que no tenía protección a un piso de hormigón que se encontraba a 33' (10 m) más abajo. La víctima era parte de un equipo que estaba reemplazando coberturas de láminas de metal ondulado y estaban instalando materiales para alambrado sencillo sobre paneles de fibra de vidrio de 3' × 8' (0.90 m × 2.40 m) usados como claraboyas. El material para alambrado se estaba instalando para eliminar el peligro de caídas que las claraboyas de fibra de vidrio presentaban, porque tres meses antes, un trabajador del mismo lugar se había caído por una de las claraboyas y había fallecido. Cuando el supervisor le ordenó al equipo dejar de trabajar temporalmente, los miembros del equipo se trasladaron a una ventilación para tomar calor. Cuando se movieron, la víctima se tropezó con unas herramientas que no habían guardado y se cayó por la abertura de ventilación.

Moraleja: Para evitar un peligro de tropezón o caída, siempre asegúrese de que el lugar de trabajo esté limpio y de que todas las herramientas y equipos queden correctamente guardados.

Fuente: Instituto Nacional para la Salud y Seguridad Laboral (NIOSH)

111F02.EPS

Figura 2 ◆ Rampa cubierta de hielo y nieve.

Para evitar resbalarse, tropezarse y caerse en rampas o corredores, siga estas pautas:

- Controle la superficie antes de usarla. Si observa que la rampa o el corredor está con hielo o mojados, no los use hasta que estén secos y sin hielo. Si el hielo no se puede quitar, use calzados con tacos antideslizantes.
- Asegúrese de que la rampa no tenga herramientas, equipos, materiales o escombros.
- Asegúrese de que todas las herramientas o los equipos que está transportando se encuentren apagados y asegurados. Esto ayudará a evitar heridas si se cae.

2.5.0 Escalinatas

Las escalinatas se usan para moverse entre los diferentes niveles, dentro y fuera de fosos y para entrar y salir de las plataformas. Según la ubicación de las escalinatas, éstas pueden estar mojadas, con hielo o resbaladizas. También pueden estar deterioradas u obstruidas con herramientas y equipos. Todas estas condiciones pueden hacer que los trabajadores resbalen, tropiecen o caigan. No use las escalinatas si observa una de estas condiciones en ellas o si las escalinatas no tienen barras intermedias.

2.6.0 Escaleras

Lo más peligroso de usar una escalera es caerse. Los trabajadores se pueden caer de la escalera o la escalera puede moverse desde la parte inferior. Esto generalmente sucede cuando el suelo o la escalera están mojados (*Figura 3*) o con hielo, o si la escalera no está asegurada correctamente. En cualquier caso, se pueden producir heridas graves o fallecimientos.

Las siguientes prácticas seguras pueden ayudar a prevenir resbalones y caídas desde escaleras:

- Use botas de trabajo seguras, fuertes y que estén en buen estado.
- Mire por donde camina. Asegúrese de que su pisada sea segura.
- Mantenga las superficies donde camina y trabaja limpias y planas. Llene orificios, baches y grietas.
- Asegúrese de limpiar los materiales resbaladizos.
- Levante la basura.
- Si debe subir para alcanzar algo, use una escalera firme que se haya colocado de manera segura y que se haya fijado correctamente en la parte arriba e abajo (*Figura 4*).
- Cuando suba una escalera, siempre mire a la escalera y use las dos manos.
- Cuando use una escalera, no se estire demasiado. Descienda y mueva la escalera a la posición deseada.

2.7.0 Andamiajes

Las andamiajes se usan para sostener a los trabajadores y materiales en plataformas elevadas (*Figura 5*). Trabajar en andamiadas puede ser muy peligroso por las condiciones climáticas, la falta de limpieza y el descuido. Siempre preste atención y siga estas pautas para evitar sufrir heridas y fallecer:

- Siempre mantenga las tablas de los andamiajes libres de herramientas y materiales extra. Limpie todas las sustancias resbaladizas que se derraman en los andamiajes.
- Amarre los andamiajes sueltas con tirantes para prevenir que se inclinen o deslicen.

111F03.EPS

Figura 3 ◆ Agua en una escalera.

ASEGURADA EN LA PARTE DE ARRIBA

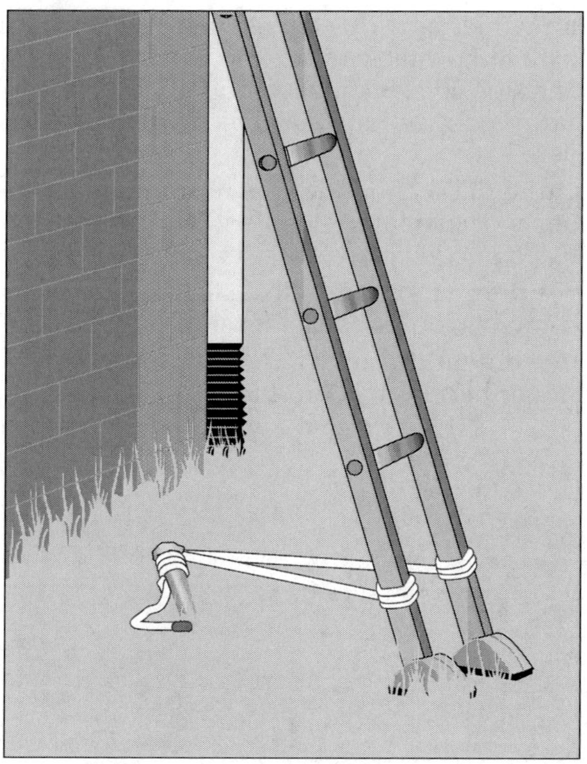

ASEGURADA EN LA PARTE DE ABAJO

111F04.EPS

Figura 4 ◆ Escalera asegurada correctamente.

CASOS HISTÓRICOS — *Las barras intermedias son esenciales*

Un trabajador estaba trabajando en el tercer nivel de un andamio metálico tubular soldado que estaba cubierto de hielo y nieve. El entablado del andamio no estaba firme y el andamio no contaba con barra intermedia. Además, no había escalera de acceso para los diferentes niveles de los andamiajes. El trabajador se resbaló y cayó desde aproximadamente 20' (6 m) hasta el pavimento de abajo. Recibió una herida fatal en la cabeza.

Moraleja: Cuando trabaje en andamios, use el sentido común. Asegúrese de que tengan barras intermedias, estén firmes y sin hielo, nieve o escombros.

Fuente: Administración de Seguridad y Salud Laboral de los EE.UU. (OSHA)

111F05.EPS

Figura 5 ◆ Andamiajes típicos.

- Ubique y lea las reglas y reglamentos de seguridad publicados para el uso de andamiajes.
- Cuando saque objetos y herramientas del área de trabajo, bájelos con una cuerda. Nunca los arroje ni los haga caer por las andamiajes.
- Asegúrese de que todo el personal se encuentre fuera de la plataforma antes de moverla.
- Mantenga las herramientas y materiales fuera del borde de las plataformas de trabajo.
- Sólo use los andamiajes autorizadas.
- Inspeccione los andamiajes regularmente.
- Instale todos los travesaños y accesorios de acuerdo con las recomendaciones del fabricante.
- Asegúrese de que los andamiajes estén aplomados y nivelados.
- Instale todas las barras de seguridad según el reglamento.
- Asegúrese de que las ruedas estén trabadas antes de ascender y desmontar los andamiajes rodantes.
- No trabaje sobre andamiadas durante tormentas o fuertes vientos o cuando los andamiajes estén cubiertos de hielo o nieve.
- Cuando los andamiajes son tambaleantes o se mueven o se pueden tirar fácilmente, no son seguros. Los andamiajes deben tener una estructura firme y deben incluir tablas de pie y barandales. Las tablas de madera del piso deben encontrarse sin nudos. Las partes rotas deben repararse inmediatamente.

2.8.0 Techos

Caminar o trabajar en techos presenta dos tipos de riesgos diferentes: caer de una abertura, como una claraboya o conducto de ventilación y caer del techo. Ambas opciones pueden ocurrir debido a peligros climáticos, falta de limpieza o descuido. Las siguientes pautas lo ayudarán a garantizar su seguridad cuando trabaje en un techo:

- Use botas o zapatos con suelas de goma o crepé que se encuentren en buen estado.
- Siempre use dispositivos de protección contra caídas, aún en techos con poca inclinación.
- Las lluvias, la escarcha y la nieve son peligrosos porque hacen que el techo esté resbaladizo. Si es posible, espere hasta que el techo esté seco. Si no es posible, use zapatos para techo especiales con tacos antideslizantes además de la protección contra caídas.
- Cepille o barra el techo periódicamente para quitar la suciedad o los escombros acumulados.

CASOS HISTÓRICOS

Por el techo

Un plomero de 24 años murió cuando cayó por una abertura para claraboya sin protección hasta el piso de hormigón que se encontraba a aproximadamente 22' (6.70 m) más abajo. La víctima y el compañero de trabajo se encontraban colocando instalaciones de fontanería en un edificio nuevo. El techo tenía varias aberturas de 4" × 4' (1.20 m × 1.20 m) enmarcados con madera de 2' × 6' (5 cm × 14 cm). Estas aberturas iban a ser claraboyas de ventilación de humo cuando la estructura estuviera finalizada. Aunque la víctima y otras personas trabajaron en este proyecto durante varios días antes del accidente, no había protecciones contra caídas ni otras protecciones en el lugar. La víctima se estaba alejando de su compañero de trabajo y estaba mirando para atrás por encima de su hombro para hablar con el otro y pisó una abertura para claraboya.

Moraleja: Siempre mire lo que hace y use los equipos de protección contra caídas correctos.

Fuente: Instituto Nacional para la Salud y Seguridad Laboral (NIOSH)

- En cubiertas a dos aguas, instale los soportes para techo y tablas de pie necesarias (*Figura 6*) lo antes posible. Se pueden quitar y volver a colocar mientras se instala el techo de tejas de madera.
- Quite del techo todas las herramientas, cuerdas y otros materiales sueltos que no se usen. Éstos pueden convertirse en peligros graves.
- Sea precavido acerca de cualquier otro peligro, como los cables de alta tensión cargados.
- Use el sentido común. Arriesgarse puede ocasionar heridas o la muerte.

111F06.EPS

Figure 6 ◆ Ejemplo de una tabla de pie.

3.0.0 ◆ REACCIÓN ANTE ACCIDENTES Y LESIONES

Los accidentes y las heridas pueden evitarse trabajando de forma segura y siguiendo las reglas. Cuando los accidentes ocurren, es importante mantener la calma y avisar de forma inmediata a su supervisor. Según el tipo de lesión, un trabajador entrenado en primeros auxilios debe evaluar la lesión y decidir acerca del mejor plan de tratamiento a seguir. Por ejemplo, si la lesión es un corte leve, se puede aplicar un vendaje. Si el corte es profundo y requiere puntos, se debe llevar al trabajador a un hospital. Si el corte es grave y hay mucha pérdida de sangre o hay riesgo de amputación, llame inmediatamente al 911 o al número de servicio de emergencia local.

> **NOTA**
> Los planes de respuestas ante emergencias varían según la empresa. Aprenda el plan de respuesta ante emergencias de su empresa y esté preparado para cumplirlo.

Resumen

Los resbalones, tropezones y caídas desde superficies para caminar y trabajar que no son seguras son un tipo de accidente frecuente y grave en una obra de construcción. Usted tiene la responsabilidad hacia sí mismo y hacia otros de trabajar de forma segura y de seguir las reglas de limpieza. Las lesiones personales y los daños a los equipos son menos probables cuando se actúa con responsabilidad. Es importante que todos los que se encuentran en una obra conozcan y cumplan el plan de reacción ante emergencias de la empresa.

Preguntas de repaso

1. Menos del 5% de las muertes accidentales en la industria de la construcción se produce por resbalones, tropezones y caídas.
   a. Verdadero
   b. Falso

2. Todos los siguientes se consideran superficies para caminar y trabajar *excepto* _____.
   a. la parte superior de mostradores
   b. los pisos
   c. las escaleras
   d. las paredes

3. Es seguro trabajar en una superficie mojada que no tiene desagües, rejillas y tapetes.
   a. Verdadero
   b. Falso

4. Las aberturas en las paredes, tales como las ventanas, puertas y colectores integrados a paredes, presentan todos los peligros siguientes *excepto* _____.
   a. permitir que entre la lluvia en el área de trabajo, lo cual puede causar peligro de resbalamiento
   b. Las herramientas y materiales pueden caer a través de ellas y lesionar a los trabajadores que se encuentran en niveles inferiores.
   c. son difíciles de ver y evitar
   d. los trabajadores pueden tropezar y caer por ellas

5. Las plataformas nunca se deben colocar sobre equipos peligrosos.
   a. Verdadero
   b. Falso

6. Las superficies para caminar y trabajar que están sobre el suelo y a veces sobre grandes equipos son _____.
   a. techos
   b. pisos
   c. plataformas
   d. rampas

7. Usar zapatos con tacos antideslizantes en superficies mojadas ayudan a prevenir resbalamientos.
   a. Verdadero
   b. Falso

8. Las herramientas y otros objetos se deben bajar al suelo con una cuerda cuando se quitan de andamiajes.
   a. Verdadero
   b. Falso

9. Todas las pautas a continuación se deben obedecer cuando se trabaja o camina sobre el techo a excepción de _____.
   a. usar sentido común
   b. limpiar el techo periódicamente para quitar los escombros
   c. usar los equipos de protección contra caídas sólo en techos inclinados
   d. quitar todas las herramientas, cuerdas u otros materiales sueltos

10. Cuando ocurre un accidente, lo primero que debe hacer es estar calmo y _____.
    a. hacerse cargo de la lesión usted mismo
    b. ir al hospital
    c. decirle al supervisor
    d. llamar al 911 o al número local de emergencias

Créditos de las figuras

Gerald Shannon	111F01, 111F02
Brigid McKenna	111F03
Bil-Jax, Inc.	111F05
Thomas P. Burke	111F06

MÓDULO 75111-03 — RESPUESTAS A LAS PREGUNTAS DE REPASO

Respuesta	Sección
1. b	1.0.0
2. a	2.0.0
3. b	2.1.0
4. c	2.2.0
5. b	2.3.0
6. c	2.3.0
7. a	2.4.0
8. a	2.7.0
9. c	2.8.0
10. c	3.0.0

SERIE EDUCATIVA CONTREN® — COMENTARIOS DEL USUARIO

NCCER hace el esfuerzo de mantener estos libros de texto actualizados y libres de errores técnicos. Apreciamos su ayuda en este proceso. Si tiene una idea para mejorar este libro de texto, o si encuentra algún error, ya sea tipográfico, o de contenido en los libros de texto de *Contren*®, favor de escribirnos usando esta forma o una fotocopia de la misma. Asegúrese de incluir el número exacto del módulo, la página, una descripción detallada, y la corrección, si es aplicable. Su comentario será traído a la atención del comité técnico de revisión. Gracias por su ayuda.

Instructores – si usted encontró que algún material adicional es necesario para enseñar este módulo con eficacia, por favor déjenos saber para poder incluirlos en la lista de Equipo y Materiales en la guía anotada del instructor.

Dirección postal: Departamento de Desarrollo de Productos
National Center for Construction Education and Research
3600 NW 43rd Street, Bldg. G, Gainesville, FL 32606

Fax: 352-334-0932

E-mail: curriculum@nccer.org

Oficio _______________ Nombre del Módulo _______________

Fecha del Copyright _______________ Número del Módulo _______________ Número(s) de Página(s) _______________

Descripción _______________

Corrección (opcional) _______________

Su nombre y dirección (opcional) _______________

Módulo 75112-03

Escaleras y andamiajes

MAPA DEL CURSO

Este mapa del curso muestra todos los módulos de Seguridad de campo. El orden de entrenamiento sugerido comienza desde la parte inferior y avanza hacia la parte superior. El Patrocinador local del Programa de Entrenamiento puede modificar el orden del entrenamiento.

SEGURIDAD DE CAMPO

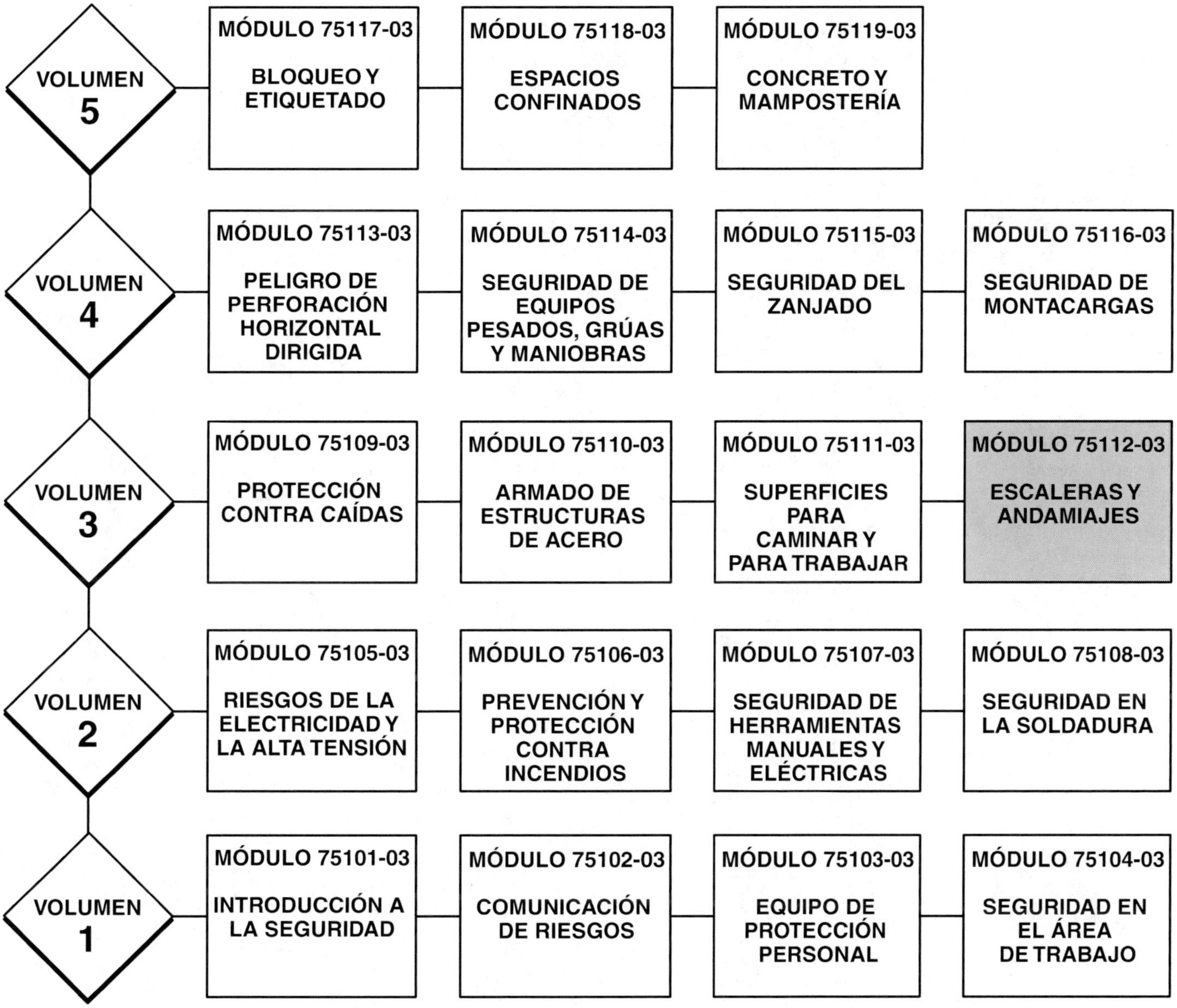

112CMAP.EPS

CONTENIDO DEL MÓDULO 75112-03

Figuras

MÓDULO 75112-03

Escaleras y andamiajes

Objetivos

Cuando haya terminado este módulo, podrá hacer lo siguiente:

1. Identificar los diferentes tipos de escaleras y andamiajes que se usan en el sitio de trabajo.
2. Describir cómo usar escaleras y andamiajes de forma segura.
3. Ajustar y usar las escaleras y los andamiajes correctamente.

Prerrequisitos

Antes de comenzar este módulo, se recomienda que haya completado con éxito lo siguiente: Seguridad de campo, Módulos 75101-03 a 75111-03.

Material necesario

1. Lápiz y papel
2. Equipo de protección personal adecuado

1.0.0 ◆ INTRODUCCIÓN

Las **escaleras** y **andamiajes** son algo común en las obras de construcción. También son una fuente frecuente de accidentes fatales. Los accidentes más comunes relacionados con las escaleras y los andamiajes son caídas, golpes con objetos que caen y electrocución. En una ocasión, un trabajador murió cuando se resbaló de una escalera fija que estaba adjunta a una torre de agua y cayó al suelo desde una altura de 40' (12 m). Murió porque no estaba usando los equipos de seguridad adecuados.

La seguridad es su principal prioridad en un trabajo. Es su obligación aprender cómo ajustar, usar y mantener los equipos. Esto no sólo lo ayudará a preservar su vida sino también salvará la vida de sus compañeros de trabajo.

2.0.0 ◆ ESCALERAS

Las escaleras son unas de las herramientas más importantes en un sitio de trabajo. Según la situación, se deben usar diferentes tipos de escaleras (*Figura 1*). Las escaleras de aluminio son anticorrosivas y se pueden usar en situaciones en las que están expuestas a los elementos. Además, son livianas y se pueden usar en lugares donde es necesario levantarlas y trasladarlas con frecuencia. Las escaleras de madera, que son más pesadas y firmes que las escaleras de fibra de vidrio o aluminio, se pueden usar cuando se debe subir y bajar cargas pesadas. Las escaleras de fibra de vidrio

CASOS HISTÓRICOS

El mal tiempo y las condiciones inseguras pueden ser fatales

Un obrero estaba trabajando en el tercer nivel de un andamio metálico tubular soldado que estaba cubierto de hielo y nieve. El entablado del andamio no estaba firme y el andamio no contaba con barra intermedia. Además, no había escalera de acceso para los diferentes niveles de andamios. El trabajador se resbaló y cayó desde aproximadamente 20' (6 m) hasta el pavimento de abajo. Murió por una herida en la cabeza.

Moraleja: Asegúrese de que los andamiajes tengan tablas y barras intermedias sólidas.

Fuente: Administración de la Seguridad y Salud Laboral de los EE.UU. (OSHA)

son no conductoras y muy duraderas, por lo que son útiles para situaciones que implican trabajos eléctricos o para lugares en que es inevitable que las escaleras no se puedan tratar con cuidado. La fibra de vidrio y el aluminio son más fáciles de limpiar que la madera.

Es importante seleccionar la escalera correcta para el trabajo que se va a realizar a fin de poder realizarlo de la forma más segura y eficiente posible. Cuando elija una escalera, tenga en cuenta sus características y la manera en que satisfacen las necesidades del trabajo. Siempre tenga en cuenta la **clasificación de servicio** y el límite de peso necesario más altos, así como también los requisitos de altura. Una escalera que es muy larga o muy corta no permitirá que se alcance con facilidad y de manera cómoda y segura la superficie de trabajo.

Figura 1 ◆ Tipos de escaleras.

Cuando elija una escalera para realizar un trabajo, es importante elegir una que se extienda al menos 36" (91 cm) por encima de la superficie de descanso a la que usted intenta llegar. Siempre coloque la base de la escalera de manera tal que la distancia entre la base y la pared sea de un cuarto del largo de la escalera desde la elevación de la base hasta el punto en el cual la escalera toca la pared, como se muestra en la *Figura 2*.

Tenga presente las siguientes precauciones cuando coloque y use un tipo de escalera:

- No use una escalera de metal para realizar ningún tipo de trabajos eléctricos ni cuando haya posibilidades de entrar en contacto con conductores eléctricos.

Figura 2 ◆ Colocación correcta.

- Coloque la escalera en una posición estable.
- Coloque la escalera de manera tal que quede un espacio libre de 6" (15 cm) en la parte posterior de la escalera y de 30" (76 cm) en la parte frontal de la escalera.
- Coloque la escalera de manera tal que quede apoyada en una superficie sólida e inmóvil. Nunca coloque la escalera contra una ventana, puerta, portal, marco, paredes sueltas o móviles o cajas.
- Mire la escalera cuando suba o baje.
- Suba o descienda de la escalera pisando un escalón a la vez. Nunca corra para subir o se deslice para bajar la escalera.
- No use escaleras cuando haya vientos fuertes. Si debe usar una escalera cuando hay viento, asegúrese de atar la escalera de forma segura para evitar que se deslice.
- Revise las suelas de sus zapatos para asegurarse de que no tengan aceite, barro o grasa.
- Mantenga las dos manos libres para que pueda agarrar la escalera de forma segura mientras asciende. Use una cuerda para levantar y bajar las herramientas y los materiales que pueda necesitar.
- Nunca deje herramientas ni materiales en la parte superior de la escalera.
- Mueva la escalera de acuerdo con el trabajo que va a realizar. Nunca se incline hacia los costados de la escalera para llegar a un área de trabajo.
- Nunca se pare en los dos escalones superiores de la escalera.
- Use escaleras sólo durante periodos cortos de trabajos en alturas. Si debe trabajar en una escalera durante periodos largos, utilice una cuerda de seguridad atada a un cinturón de seguridad.
- Deje la escalera en el suelo después de terminar de usarla, salvo que se encuentre anclada de forma segura tanto en la parte superior como en la inferior en el lugar que se está utilizando.
- Nunca use reemplazos temporarios para las escaleras.
- Nunca use escaleras de tijera para los trabajos que requieren escaleras rectas.

Cada escalera está diseñada para un fin específico y para ciertas condiciones de ascenso y, generalmente, entran en estas cuatro categorías.

- Recta
- De extensión
- De tijera
- Fija

2.1.0 Escaleras rectas

Las escaleras rectas consisten en dos largueros, escalones entre los largueros y zapatas de seguridad en la parte inferior de los largueros (*Figura 3*). Las escaleras rectas que se usan en la construcción son generalmente fabricadas de madera o fibra de vidrio. Las escaleras de metal son conductoras de electricidad y no se deben utilizar cerca de equipos eléctricos.

Las escaleras siempre deben inspeccionarse antes de usarlas. Asegúrese de cumplir estas pautas cuando inspeccione una escalera.

- Revise que los largueros y los escalones no tengan grietas u otros daños, entre los que se incluyen escalones sueltos. Si encuentra algún deterioro, no use la escalera.
- Revise toda la escalera para observar si hay clavos, tornillos, soportes u otros herrajes sueltos. Si encuentra algún problema de herrajes, ajuste las piezas sueltas o lleve a reparar la escalera antes de usarla.
- Asegúrese de que las zapatas o bases estén pegadas firmemente, que no estén deterioradas ni desgastadas (*Figura 4*). No use la escalera si las zapatas de seguridad no se encuentran en buen estado de funcionamiento.

Figura 3 ◆ Escalera recta.

La colocación es el siguiente paso, después de inspeccionar una escalera. Siga estas pautas para asegurarse de que usted está colocando la escalera de forma segura.

- Coloque la escalera recta en el ángulo correcto antes de usarla. Una escalera que se coloca en el ángulo incorrecto estará inestable y hará que usted se caiga.
- Las escaleras rectas sólo deben usarse en superficies estables y niveladas salvo que estén aseguradas en la parte arriba e abajo para prevenir movimientos accidentales (*Figura 5*).
- La distancia entre la zapata de la escalera y la base de la estructura en la cual se apoya la escalera debe ser de un cuarto de la distancia entre el suelo y el punto en que la escalera toca la estructura.

Después que haya inspeccionado y colocado la escalera, puede comenzar a trabajar sobre ella. Aquí se presentan unas medidas preventivas para utilizar mientras trabaja en una escalera.

- Nunca intente mover una escalera cuando hay alguien en ella. Si una escalera se debe colocar frente a una puerta que se abre hacia la escalera, la puerta se debe cerrar o bloquear abierta de manera que no pueda golpear la escalera.
- Nunca use una escalera como plataforma de trabajo, colocándola horizontalmente.
- Asegúrese de que la escalera que está por subir o bajar esté correctamente asegurada.
- Asegúrese de que las zapatas de la escalera estén colocadas firmemente en el suelo seguro y nivelado.

Figura 4 ◆ Zapata o base de seguridad de la escalera.

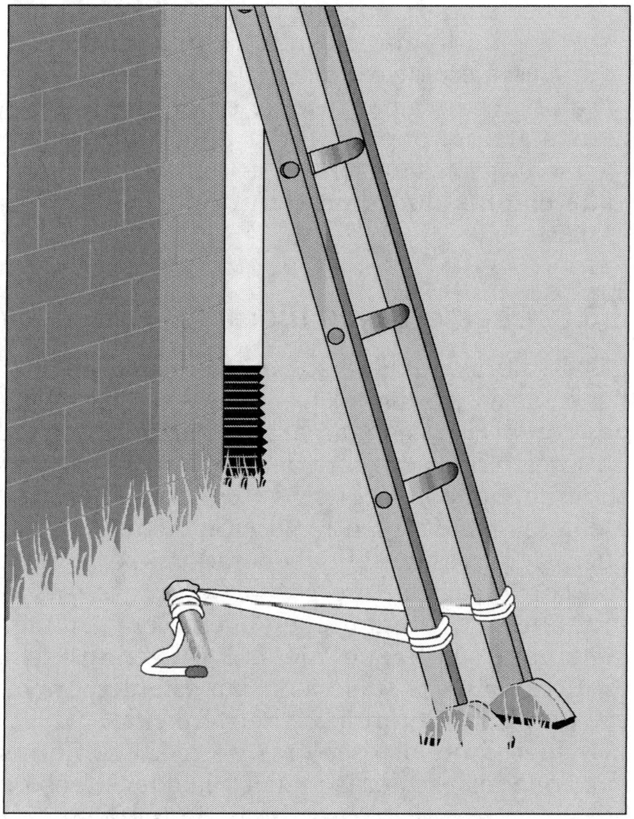

ASEGURADA EN LA PARTE DE ABAJO

ASEGURADA EN LA PARTE DE ARRIBA

112F05.EPS

Figura 5 ◆ Asegurar una escalera.

- Siempre asegúrese de que la parte superior de la escalera esté ubicada en una posición firme y que no esté en peligro de moverse hacia la derecha o izquierda cuando comience a subir.
- Mantenga las dos manos en los largueros cuando ascienda por una escalera recta.
- Siempre mantenga el peso de su cuerpo en el centro de la escalera entre los largueros.
- Nunca suba o baje una escalera mirando hacia afuera de ésta. Mire la escalera en todo momento.
- No lleve herramientas en sus manos mientras esté subiendo la escalera. En lugar de eso, use un cordel de mano o un cable de retención para acercar las herramientas después de llegar al lugar en el que trabajará.

¡ADVERTENCIA!

Recuerde que su peso sobre la escalera afectará la estabilidad una vez que se suba a ella. Es importante probar la escalera antes, aplicando algo de su peso en ella pero sin comenzar a subir verdaderamente. De este modo, se asegurará de que la escalera permanezca estable mientras asciende.

2.2.0 Escaleras de extensión

Una escalera de extensión está formada en realidad por dos escaleras rectas. Están conectadas de manera que usted pueda ajustar la superposición que tienen y cambiar el largo de la escalera según sea necesario (*Figura 6*).

Las escaleras de extensión se colocan y aseguran siguiendo las mismas reglas utilizadas con las escaleras rectas. Sin embargo, existen algunas medidas de seguridad que son exclusivas para las escaleras de extensión.

- Cuando ajuste el largo de una escalera de extensión, siempre vuelva a colocar la sección móvil desde la parte inferior de la escalera y no desde la parte superior a fin de asegurar que el cierre de los escalones estén enganchados correctamente después de hacer el ajuste.
- Asegúrese que el mecanismo de bloqueo de la sección se encuentre completamente enganchado en el escalón que desee.
- Asegúrese de que todas las cuerdas que se usan para subir y bajar la extensión estén sin obstáculos y desenredadas.
- Asegúrese de que la escalera de extensión se superponga entre las dos secciones (*Figura 7*).

En escaleras que miden más de 36' (10 m) de largo, la superposición de las secciones debe ser de al menos 3' (91 cm). En escaleras que miden de 36' a 48' (10 m a 14.60 m) de largo, la superposición de las secciones debe ser de al menos 4' (1.2 m). En escaleras que miden de 48' a 60' (14.60 m a 18 m) de largo, la superposición de las secciones debe ser de al menos 5' (1.5 m).

Figura 6 ◆ Escaleras de extensión.

- Nunca se pare encima del nivel seguro para estar parado más elevado de una escalera. En una escalera de extensión, esto es el cuarto escalón desde la parte superior. Si usted se para más arriba, puede perder el equilibrio y caerse. Algunas escaleras cuentan con escalones de colores que muestran dónde no se debe parar.

2.3.0 Escaleras de tijera

Las escaleras de tijera son escaleras que se mantienen solas y están hechas de dos secciones unidas con bisagras en la parte superior (*Figura 8*). La sección de la escalera de tijera que se usa para subir cuenta con largueros y escalones como las escaleras rectas. La otra sección cuenta con largueros y travesaños. Los separadores son los brazos con bisagras que se encuentran entre las secciones y que mantienen la escalera estable y evitan que se pliegue mientras está en uso. Una escalera de tijera suele tener un estante para cubos para colocar pintura o herramientas.

Inspeccione las escaleras de tijera como inspecciona las escaleras rectas y las de extensión. Sin embargo, en las escaleras de tijera se debe prestar especial atención a las bisagras y separadores para asegurarse de que se encuentren en buen estado. También asegúrese de que los escalones estén limpios. Los escalones de las escaleras de tijera comúnmente son chatos, por lo que el aceite, la grasa o suciedad se acumulan fácilmente en ellos y los hacen resbaladizos.

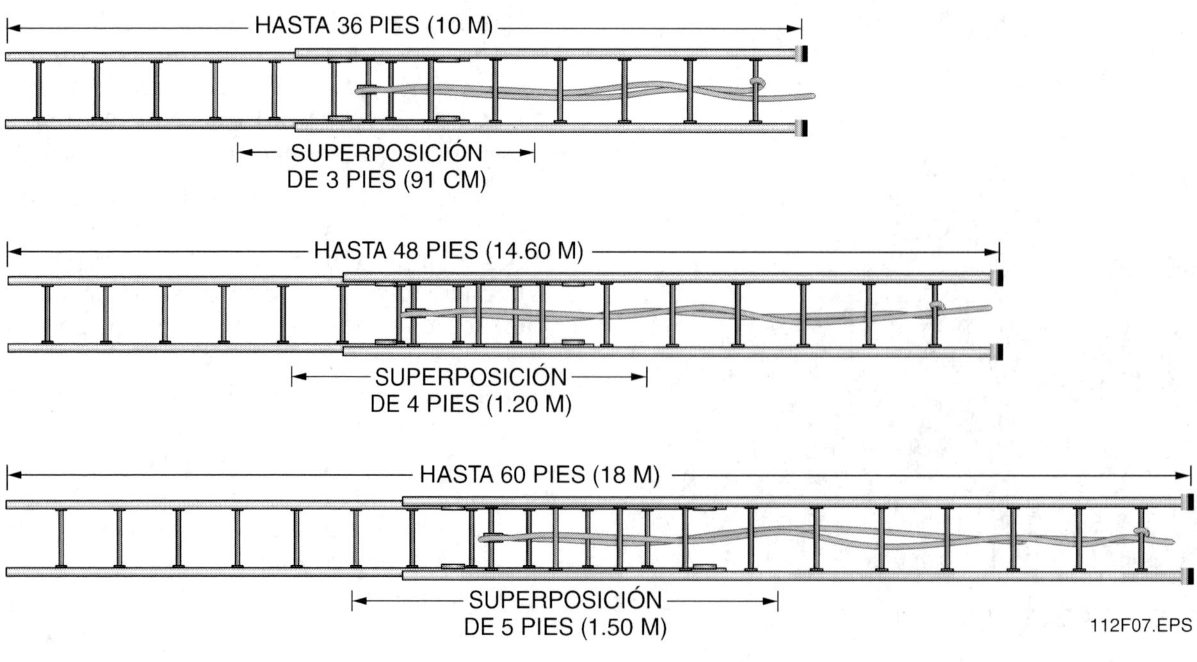

Figura 7 ◆ Superponer largos para las escaleras de extensión.

112F08.EPS

Figura 8 ◆ Escaleras de tijera típicas.

Cumpla estas reglas cuando use escaleras de tijera.

- Cuando coloque una escalera de tijera, asegúrese de que las cuatro zapatas estén en una superficie sólida y lisa. Si no están en una superficie sólida y lisa, la escalera se puede tambalear de un lado a otro o de esquina a esquina cuando suba.
- Nunca se pare en el escalón superior o en la parte superior de la escalera de tijera. Si pone su peso a esa altura, la escalera quedará inestable. La parte superior de la escalera está hecha para soportar las bisagras y no para usarla como un escalón.
- Asegúrese de que los separadores estén trabados en la posición de abertura completa cuando la escalera esté en posición.
- Nunca use los travesaños para subir aunque parezcan escalones. No están diseñados para soportar su peso.

La *Figura 9* muestra algunas de las precauciones de seguridad comunes para escaleras.

2.4.0 Escaleras fijas

Las escaleras fijas (*Figura 10*) son escaleras que no se pueden mover o trasladar fácilmente debido a que son una parte permanente del edificio o la estructura. Las escaleras fijas deben poder soportar al menos dos cargas de 200 libras (91 kilogramos) cada una. Cada peldaño o escalón debe poder soportar una carga simple concentrada de al menos 200 libras (91 kilogramos) aplicados en el medio del peldaño o escalón.

El ángulo de una escalera fija debe ser menor a 90 grados desde el plano horizontal, medido en la parte posterior de la escalera. La escalera debe estar equipada con jaulas, pozos, dispositivos de seguridad para escaleras o cuerdas de seguridad autoretráctiles cuando el ascenso sea menor a 24' (7.30 m) pero la parte superior de la escalera sea de una distancia mayor a 24' (7.30 m) por encima de los niveles que están más abajo.

Las escaleras en las cuales el largo total de ascenso iguala o excede los 7.30 m deben estar equipadas con alguno de los siguientes elementos:

- Dispositivos de seguridad para escaleras
- Cuerdas de seguridad autorretráctiles y plataformas de descanso e intervalos que no superen las 150' (15.20 metros)
- Una jaula o pozo y múltiples secciones de escaleras

3.0.0 ◆ ANDAMIAJES

Los andamiajes son plataformas de trabajo elevados que soportan trabajadores y materiales. Son muy comunes en muchos trabajos de construcción. Los andamiajes típicos se muestran en la *Figura 11.* La parte principal de los andamiajes es la plataforma de trabajo. Una plataforma de trabajo

CASOS HISTÓRICOS

Piense antes de actuar

Durante la construcción de un edificio, un capataz estaba enseñándole al mampostero a preparar mortero en el segundo nivel y a usar la escalinata para subirlo hasta el tercer nivel. Este trabajador pensó que sería más rápido y fácil usar la sección superior de una escalera de extensión (sin las zapatas de seguridad) en lugar de la escalinata. Ubicó la escalera con un extremo sobre el piso de concreto húmedo y el otro extremo de la escalera apoyado en la pared. Luego comenzó a subir. Cuando se encontraba a mitad de camino, la escalera se deslizó por el piso húmedo lo que provocó una caída desde una altura de 12' (3.65 m). El obrero murió.

Moraleja: Siempre cumpla las instrucciones de seguridad.

Fuente: Instituto Nacional para la Salud y Seguridad Laboral (NIOSH)

Lo que hay que hacer

- Asegúrese de que su escalera haya colocado correctamente y que se utilice siguiendo las instrucciones de seguridad y las advertencias.

- Mantenga el cuerpo en el centro de la escalera. Tenga la escalera con una mano mientras trabaja con la otra. Nunca permita que la hebilla del cinturón sobrepase las barandillas de la escalera.

- Mueva los materiales con extremada precaución. Evite empujar o tirar materiales mientras se encuentra en una escalera. Usted puede perder el equilibrio o la escalera se puede ladear.

Lo que no debe hacer

- NO se pare encima del nivel seguro para estar parado más elevado de una escalera.
- NO se pare en el segundo escalón de la parte superior de una escalera de tijera ni en el cuarto escalón de la parte superior de una escalera de extensión. Puede perder el equilibrio y caer.

- NO suba por una escalera de tijera que esté cerrada. Se puede resbalar.
- NO suba en la parte de atrás de una escalera de tijera. No está diseñada para soportar una persona.

- NO se pare o siente en una escalera de tijera o en la parte superior de la misma. Éstas no están diseñadas para cargar su peso.
- NO suba una escalera si no está física o mentalmente apto para hacerlo.

- NO exceda la clasificación de servicio que es la capacidad de carga máxima de una escalera.
- NO permita que más de una persona se suba a una escalera de tijera de un lado ni en escaleras de extensión.

112F09.EPS

Figura 9 ◆ Seguridad de las escaleras.

debe tener un sistema de barras intermedias que incluya una barra superior, una barra media, una tabla de pie y una pantalla de protección. Para que sea segura y eficiente, la barra superior debe ser de aproximadamente 42" (1 m) de alto, la barra intermedia debe encontrarse en la mitad, entre la tabla de pie y la barra superior, y la tabla de pie debe ser de al menos 4" (10 cm) de alto.

Si hay personas que van a pasar o a trabajar debajo del andamio, el área entre la barra superior y la tabla de pie debe estar protegida. Finalmente, las tablas de la plataforma deben colocarse bien juntas. Por razones de seguridad, los extremos de las tablas deben superponerse al menos 6" (15.20 cm) y no más de 12" (30.40 cm)

Hay muchos tipos de andamiajes que se usan en la construcción residencial y comercial. Los tres más comunes son:

- Andamiajes armados
- Andamiajes colgantes
- Andamiajes con vigas suspendidas en el aire

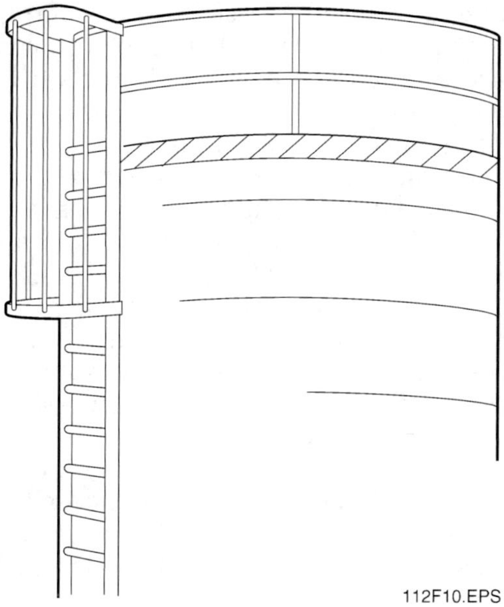

112F10.EPS

Figura 10 ◆ Escalera fija típica.

112F11.EPS

Figura 11 ◆ Andamiajes típicos.

3.1.0 Peligro de andamiajes

El uso inadecuado o descuidado de los andamiajes puede causar accidentes, lesiones o fallecimientos. Los que trabajan sobre andamiajes pueden reducir los riesgos si son conscientes de los peligros que implican los andamios y si siguen los procedimientos y las pautas de seguridad adecuadas para reducir esos peligros.

Los peligros principales vinculados al uso de andamiajes son:

- Caídas
- Golpes a los trabajadores por objetos que caen
- Choque eléctrico

Las caídas pueden ocurrir porque los equipos de protección contra caídas no se proporcionaron, no se usaron, o se instalaron o usaron de forma inadecuada. Los andamiajes con tablas colocadas incorrectamente causan muchas caídas. Trabajar en andamiajes cuando las condiciones climáticas son peligrosas, como por ejemplo, cuando hay fuertes vientos, hielo, lluvias o relámpagos, también producen accidentes. Las caídas también suceden cuando los andamiajes colapsan debido a la mala construcción.

Se requiere el uso de equipos de protección contra caídas en los andamiajes que miden más de 10' (3 m) por encima del nivel inferior. Los dispositivos de protección contra caídas están formados por sistemas de barras intermedias, sistemas personales de detención de caídas y/o mallas de seguridad. Un sistema de barras intermedias sirve como un equipo de protección contra caídas adecuado para la mayoría de los andamios.

Los sistemas de barras intermedias se deben extender por todos los lados abiertos del andamiaje. El lado que da hacia la superficie de trabajo no necesita tener una barra intermedia si está ubicado a menos de 14" (35 cm) de la superficie de trabajo. Todas las aberturas en una plataforma de andamio deben estar protegidas por un sistema de barras intermedias, incluyendo la(s) abertura(s) de acceso y las plataformas que no se

CASOS HISTÓRICOS

Mire por dónde camina

Un empleado de mantenimiento estaba descendiendo desde una escalera fija y cayó aproximadamente desde una altura de 5' (1.5 m) hasta el piso. El empleado se lesionó el tobillo izquierdo y la rodilla derecha. Esta lesión requirió una cirugía. En consecuencia, perdió varios meses de trabajo.

Moraleja: Incluso una tarea simple y repetitiva, como subir una escalera fija, requiere su máxima atención.

Fuente: Departamento de Energía de los EE.UU.

CASOS HISTÓRICOS — *Esté preparado*

Dos empleados estaban pintando el exterior de un edificio de tres pisos cuando uno de los dos soportes adicionales en el andamiaje colgante de dos puntos falló. Uno de los pintores trepó al techo de forma segura mientras que el otro cayó de una altura aproximada de 35' (10.70 m) y murió. Ninguno de los pintores usaba el arnés de seguridad autorizado ni la cuerda salvavidas sujetada a la cuerda de seguridad independiente.

Moraleja: Esté preparado para lo inesperado. Cuando trabaje en andamiajes, siempre use los equipos personales de protección autorizados.

Fuente: Administración de Seguridad y Salud Laboral de los EE.UU. (OSHA)

extienden a través del ancho total del andamio. La información detallada de la protección contra caídas la puede encontrar en el módulo *Protección contra caídas*.

Las personas que trabajan o pasan por debajo de andamiajes se pueden golpear con objetos que caen de éstos. Las herramientas, escombros y partes de los andamiajes pueden caer a la superficie de abajo. Aquellos que trabajan en andamiajes también suelen lesionarse si hay otras personas trabajando en un nivel superior a ellos o si la estructura o pieza de trabajo sobrepasa el nivel de trabajo del andamiaje. Es necesario que todos los trabajadores que estén expuestos a peligros de objetos que caen usen cascos de seguridad. Según la situación, se puede necesitar protección adicional tal como redes para escombros, pantallas o mallas, estructuras cobertoras y tablas de pie. Las barricadas que evitan el acceso debajo del andamiaje también se pueden usar para proteger a trabajadores y otras personas.

PARA PENSAR — *Andamiajes*

¿Sobre qué tipo de andamiaje le gustaría trabajar? ¿Por qué?

112SA01.EPS

112SA02.EPS

¡ADVERTENCIA!

Si el andamiaje en el cual está trabajando se mueve o comienza a colapsar, detenga lo que está haciendo y salga de el andamiaje imnediatamente.

Debido a que la mayoría de los andamiajes están hechos de metal, la posibilidad de recibir un golpe eléctrico es siempre un peligro. Nunca suponga que usted puede trabajar cerca de cables de alto voltaje sólo evitando el contacto. Los voltajes pueden formar arco en el aire y causar electrocución sin contacto directo. Cuando se deben levantar andamiajes cerca de cables de tensión cargados, se debe llamar a la empresa de servicios públicos para que desactive, mueva y/o cubra los cables con barreras protectoras aislantes.

NOTA

Siempre refierase a la persona competente del lugar si tiene dudas acerca de la seguridad del andamiaje.

3.2.0 Pautas de seguridad generales

La seguridad comienza por entrenarse en el uso correcto de los andamiajes. Igualmente importante es usar siempre los equipos de seguridad correctos, entre los cuales se incluyen los cascos de seguridad y los sistemas personales de protección contra caídas.

Nunca trabaje en andamiajes, en una jaula de trabajo (*Figura 12*) o en una plataforma si usted:

- es propenso a convulsiones
- se marea o se aturde cuando trabaja en alturas
- toma medicamentos que puedan afectar su estabilidad y/o rendimiento
- está bajo la influencia de las drogas o el alcohol

Cuando trabaje en andamiajes, siempre siga estas pautas.

- Erija y use andamiajes de acuerdo con las instrucciones del fabricante. También se deben erigir y usar de acuerdo con todos los requisitos locales, estatales y federales y de OSHA.
- Nunca intercambie las partes de un sistema de andamiajes hechos por diferentes fabricantes.
- Adhiera una etiqueta verde, roja o amarilla (*Figura 13*), según se necesite, a los andamiajes que están ensamblados o erectos para alertar a los usuarios del estado mecánico o de seguridad. No confíe solamente en la etiqueta. Inspeccione todas las partes de los andamiajes antes de cada uso.

Figura 12 ◆ Jaula de trabajo.

- Si el andamiaje se mueve, salga de éste inmediatamente.

3.2.1 Pautas de seguridad para andamiajes armados

Los andamiajes armados (*Figura 14*) se construyen desde el suelo hacia arriba en el lugar de trabajo. Use las siguientes pautas cuando erija y use andamiajes armados tubulares:

- Inspeccione todas las partes de los andamiajes antes de ensamblarlas.
- Nunca use partes que estén rotas, dañadas o deterioradas. Tenga cuidado con los materiales que estén oxidados.
- Cumpla las recomendaciones del fabricante para poner en práctica los métodos correctos de erección y uso de andamiajes.
- No intercambie partes de diferentes fabricantes.
- No fuerce los travesaños u otras partes para encajarlas. Ajuste el nivel de los andamiajes hasta que pueda realizar las conexiones fácilmente.
- Coloque las soleras o fundamentos adecuados para todas los andamiajes construidos sobre suelo rellenado o blando. Compense el suelo irregular utilizando tornillos de ajuste o gatos de nivelación.
- No use cajas, bloques de concreto, ladrillos u otros objetos similares para que soporten los andamiajes.
- Mantenga los andamiajes sin obstrucciones ni materiales resbaladizos.

Figura 13 ◆ Etiquetas para andamiajes típicos.

- Asegúrese de que los andamiajes estén aplomados y nivelados en todo momento. Cumpla con los requisitos reglamentarios de espaciado y posicionamiento para las partes de los andamiajes. Sujete o amarre los andamiajes al edificio en los intervalos reglamentarios.
- Use escaleras en lugar de diagonales para subir a los andamiajes. Coloque las escaleras con precaución para evitar que las torres de andamiajes no se vuelquen.
- No trabaje en andamiajes que sean de más de 10' (3 m) de altura sin las barras intermedias, barras medias y tablas de pie en los lados y extremos abiertos.
- Trabe las ruedas de los andamios móviles cuando se utilicen.
- No camine sobre los andamiajes móviles.
- Evite construir andamiajes cerca de cables de alta tensión.

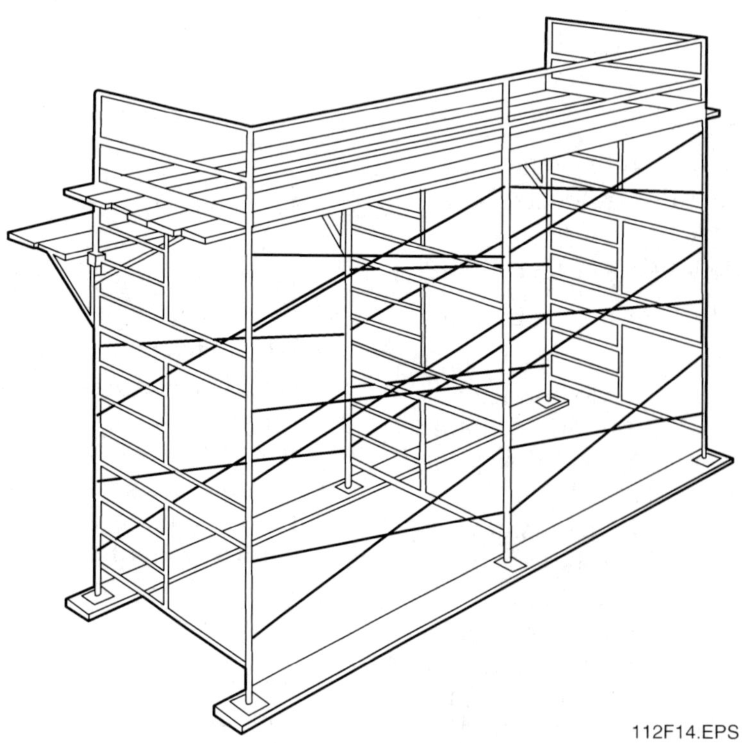

Figura 14 ◆ Andamiajes armados.

3.2.2 *Pautas de seguridad para andamiajes colgantes y otros andamiajes suspendidos*

Los andamios colgantes (*Figura 15*) están suspendidos por cuerdas o cables de manera que permiten levantarlos o bajarlos cuando sea necesario. Otro tipo de andamiaje suspendido es la jaula de trabajo. Una jaula de trabajo está generalmente suspendida con dispositivos de maniobras que se fijan en una viga en L con varios tamaños de abrazaderas y rodillos. Es importante seguir estas pautas cuando erija y use andamiajes colgantes y otros tipos de andamiajes suspendidos:

- Siga las recomendaciones del fabricante para instalar, usar y mantener los equipos. Antes de la instalación, inspeccione todas las partes de la estructura en donde se fijarán los equipos para maniobra y cables de amarre para garantizar que pueden soportar la carga.
- Asegúrese de que los dispositivos de maniobras tengan los tamaños y diseños correctos para soportar los andamiajes y de que estén instalados correctamente. Si se usan contrapesos para asegurar los extremos interiores de las vigas suspendidas en el aire, los contrapesos deben estar fijados en los soportes adicionales. Los materiales de techado y las bolsas de arena no son contrapesos adecuados.
- Revise los cables de amarre para ver si están instalados perpendicularmente a la cara de la estructura y asegurados a un soporte sólido.

CASOS HISTÓRICOS

Inspeccione todos los materiales

Un equipo que colocaba ladrillos en el piso superior de un edificio de tres niveles construyó una plataforma de 6' (1.80 m) para conectar dos andamios. La plataforma estaba construida correctamente con dos tablas de 2" × 12" (5 cm × 30.50 cm) y barras intermedias normales. Sin embargo, una de las tablas no era de madera de calidad para andamiajes. Además, tenía una enorme resquebrajadura en el centro. Cuando un albañil pisó la tabla, ésta se rompió y el albañil cayó desde 30' (9.10 m) de alto y murió.

Moraleja: Asegúrese de que todas las tablas sean fuertes y seguras. Su vida depende de eso.

Fuente: Administración de Seguridad y Salud Laboral de los EE.UU. (OSHA)

- Revise si hay cables de alta tensión o cables de servicio eléctrico. Si presentan un peligro, contáctese con la compañía de servicios públicos para que los desactive temporalmente.
- Observe la capacidad de carga del andamiaje, nunca cargue en exceso los equipos.
- Inspeccione los equipos de andamiajes todos los días. Revise cuidadosamente las cuerdas y los cables para observar si están desgastados, pelados, corroídos, débiles, dañados o si se encuentran en otro estado que pueda debilitarlos.

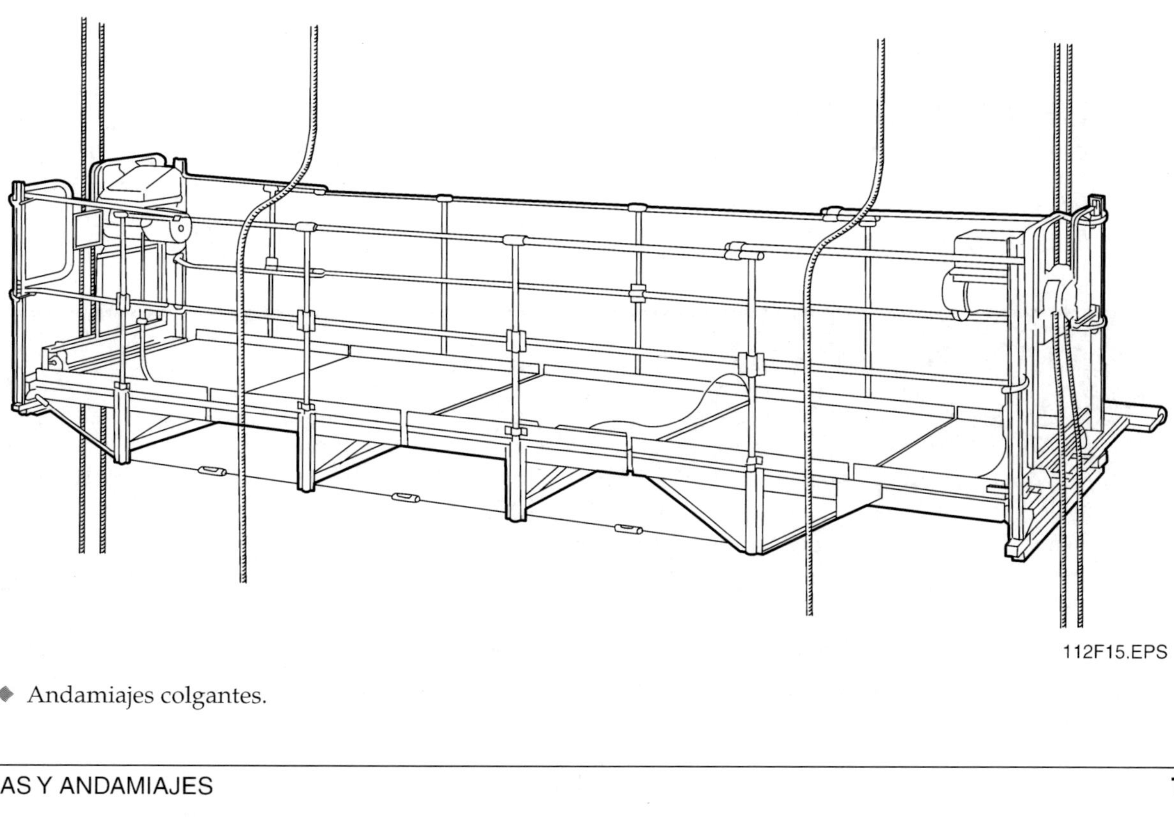

112F15.EPS

Figura 15 ◆ Andamiajes colgantes.

Trabaje de forma independiente

Dos trabajadores estaban limpiando con chorro de arena un tanque de agua de 110' (33.50 m) de alto mientras trabajaban en un andamiaje colgante de dos puntos a 60' o 70' (18.30m o 21.30 m) del suelo. El punto de sujeción de el andamiaje falló, liberó los cables de el andamiaje e hizo que ésta cayera al suelo. Los dos trabajadores murieron instantáneamente porque no estaban amarrados independientemente y el andamiaje no estaba equipado con un sistema de sujeción independiente.

Moraleja: Asegúrese de que todos los equipos de seguridad estén en su lugar antes de usar un andamiaje.

Fuente: Administración de la Seguridad y Salud Laboral de los EE.UU. (OSHA)

Cuando sea necesario, haga que el personal capacitado los reemplace.

- Mantenga las cuerdas de suspensión y los cables rectos y perpendiculares a la plataforma mientras estén en uso. No los anexe a nada para cambiar la línea de recorrido.
- Ate el andamiaje al edificio o estructura para prevenir que se ladee.
- Manténgase fuera de los andamiajes durante tormentas y vientos fuertes, observe si las plataformas tienen hielo o están resbaladizas.
- Garantice el acceso seguro a la tarima colgante en todo momento.
- Use radios de dos vías para que los trabajadores se comuniquen entre ellos en los andamiajes y en el suelo.
- No combine más de dos unidades de **andamiajes colgantes de dos puntos** para formar una unidad.
- Eleve y trabe los andamiajes en una posición segura cuando no estén en uso.

4.0.0 ◆ RESCATE DESPUÉS DE UNA CAÍDA

Todos los sitios de trabajo en lugares elevados deben contar con un plan de rescate y recuperación. La planificación es especialmente importante en áreas remotas en donde no se puede acceder fácilmente a un teléfono. Antes de comenzar a trabajar, asegúrese de conocer lo que el plan de rescate de su empleador pide que usted haga en caso de una caída. Averigüe qué equipos de rescate están disponibles y dónde están ubicados. Aprenda a usar los equipos de autorrescate y para rescatar a otras personas.

Si ocurre una caída, cualquier empleado que quede colgando del sistema de detención de caídas debe ser rescatado sin percances y con rapidez. Su empleador debe haber determinado con anterioridad el método de rescate para todas las víctimas. Este método suele incluir los equipos que permiten que la víctima se rescate por sí sola, un sistema de rescate llevado a cabo por los compañeros de trabajo o una manera para alertar a la unidad de rescate entrenada. Si el rescate depende de pedir ayuda fuera del lugar, como por ejemplo, al departamento de bomberos o a una unidad de rescate, todos los números telefónicos necesarios deben estar a la vista en el área de trabajo. En caso de que un compañero de trabajo caiga, siga el plan de rescate de su empleador. Llame a los servicios de rescate necesarios. Comuníquese con la víctima y supervísela constantemente durante el rescate.

Conozca los peligros de su trabajo

Un trabajador estaba parado en una tabla de 6" (15.20 cm) de ancho que se encontraba entre dos vigas en L adyacentes a 14' (4.20 m del piso de concreto. Usaba un martillo neumático para picar un antiguo piso de concreto y ladrillos desde una viga en L. Perdió el equilibrio y cayó al piso de abajo, lo que le produjo heridas fatales en la cabeza. No estaba usando ningún equipo de protección contra caídas.

Moraleja: Siempre use equipos de detención de caídas adecuados. No use andamiajes salvo que estén construidos correctamente.

Fuente: Administración de la Seguridad y Salud Laboral de los EE.UU. (OSHA)

Resumen

Las escaleras y los andamiajes se usan en diferentes tipos de trabajos de la construcción. Los tipos de escaleras o andamiajes varían de acuerdo con el trabajo, pero los peligros no. Siempre hay riesgo de caerse y golpearse con objetos que caen. Estos peligros pueden causar heridas graves o fallecimientos. Es su responsabilidad ser consciente y seguir los procedimientos de seguridad relacionados con las escaleras y andamiajes.

Preguntas de repaso

Para las preguntas de 1 a 3, una el tipo de escalera con la descripción correspondiente.

1. _____ Aluminio

2. _____ Fibra de vidrio

3. _____ Madera

a. Son anticorrosivas y se pueden usar en situaciones en las que están expuestas a los elementos.
b. Son más pesadas que otras escaleras y se pueden usar cuando se deben subir o bajar cargas pesadas.
c. Duraderas y útiles en situaciones en donde es inevitable que no sean tratadas con cuidado.

4. Si usted inclina una escalera contra la parte superior de una pared de 16' (4.87 m), la base de la escalera debe ser de _____ desde la base de la pared.

a. 1½"
b. 3' (91 cm)
c. 4' (1.20 m)
d. 6' (1.80 m)

5. Las escaleras rectas se pueden usar en superficies inestables si se utilizan zapatas de seguridad.

a. Verdadero
b. Falso

6. Es seguro pararse en el peldaño superior de una escalera de tijera mientras que usted esté bien agarrado de un componente sólido del edificio.

a. Verdadero
b. Falso

7. Las escaleras fijas son capaces de soportar al menos _____ libras.

a. 150 (68 Kg)
b. 200 (90.70 Kg)
c. 250 (114 Kg)
d. 300 (136 Kg)

8. Se requiere el uso de equipos de protección contra caídas en los andamiajes que miden más de _____ por encima del nivel inferior.

a. 10' (3 m)
b. 12' (3.6 m)
c. 14' (4.2 m)
d. 16' (4.9 m)

9. El choque eléctrico es uno de los peligros de trabajar en andamiajes.

a. Verdadero
b. Falso

10. Los andamiajes armados están suspendidos con cuerdas y cables de manera que se pueden bajar y subir cuando es necesario.

a. Verdadero
b. Falso

GLOSARIO

Términos especializados introducidos en este módulo

Andamiaje: Estructura armada temporalmente o plataforma colgante o área de trabajo diseñada para soportar trabajadores, materiales y equipos en lugares de trabajo elevados o inaccesibles.

Andamiaje colgante de dos puntos: Plataforma manual o motorizada sostenida por soportes colgantes en dos puntos suspendidos desde otros soportes que se encuentran por encima de la altura de la cabeza, en un modo que permite elevar o descender la plataforma a la posición de trabajo.

Clasificación de servicio: Clasificación del Instituto Nacional Norteamericano de Normas (ANSI, American National Standards Institute) asignado para las escaleras. Indica el tipo de uso para el cual la escalera está diseñada (industrial, comercial, familiar) y el límite máximo de carga de servicio (capacidad de peso) de la escalera. El límite de carga de servicio es el peso máximo combinado del usuario, las herramientas y todos los materiales que se concentran en los escalones de una escalera.

Escalera: Estructura de madera, metal o fibra de vidrio que consiste en dos piezas laterales paralelas (largueros) conectadas por escalones que son pisados cuando una persona sube o baja. Las escaleras pueden ser de un largo fijo que está sujetado de forma permanente a un edificio o estructura o pueden ser portátiles. Las escaleras portátiles tienen largos fijos o ajustables y se mantienen solas o no.

RECONOCIMIENTOS

Créditos de las figuras

Louisville Ladder Group	112F01
Ridge Tool Company	112F06, 112F08
Werner Ladder Company	112F09
Bil-Jax, Inc.	112SA01
Gary Wilson	112SA02

MÓDULO 75112-03 — RESPUESTAS A LAS PREGUNTAS DE REPASO

Respuesta	Sección
1. a	2.0.0
2. c	2.0.0
3. b	2.0.0
4. c	2.0.0
5. b	2.1.0
6. b	2.3.0
7. b	2.4.0
8. a	3.1.0
9. a	3.1.0
10. b	3.2.2

NCCER hace el esfuerzo de mantener estos libros de texto actualizados y libres de errores técnicos. Apreciamos su ayuda en este proceso. Si tiene una idea para mejorar este libro de texto, o si encuentra algún error, ya sea tipográfico, o de contenido en los libros de texto de *Contren*®, favor de escribirnos usando esta forma o una fotocopia de la misma. Asegúrese de incluir el número exacto del módulo, la página, una descripción detallada, y la corrección, si es aplicable. Su comentario será traído a la atención del comité técnico de revisión. Gracias por su ayuda.

Instructores – si usted encontró que algún material adicional es necesario para enseñar este módulo con eficacia, por favor déjenos saber para poder incluirlos en la lista de Equipo y Materiales en la guía anotada del instructor.

Dirección postal: Departamento de Desarrollo de Productos
National Center for Construction Education and Research
3600 NW 43rd Street, Bldg. G, Gainesville, FL 32606

Fax: 352-334-0932

E-mail: curriculum@nccer.org

Oficio ______________ Nombre del Módulo ______________

Fecha del Copyright ______________ Número del Módulo ______________ Número(s) de Página(s) ______________

Descripción

____

____

____

____

Corrección (opcional)

____

____

____

Su nombre y dirección (opcional)

____

____

____

Módulo 75113-03

Peligro de la perforación horizontal dirigida

MAPA DEL CURSO

Este mapa del curso muestra todos los módulos de Seguridad de campo. El orden de entrenamiento sugerido comienza desde la parte inferior y avanza hacia la parte superior. El Patrocinador local del Programa de Entrenamiento puede modificar el orden del entrenamiento.

SEGURIDAD DE CAMPO

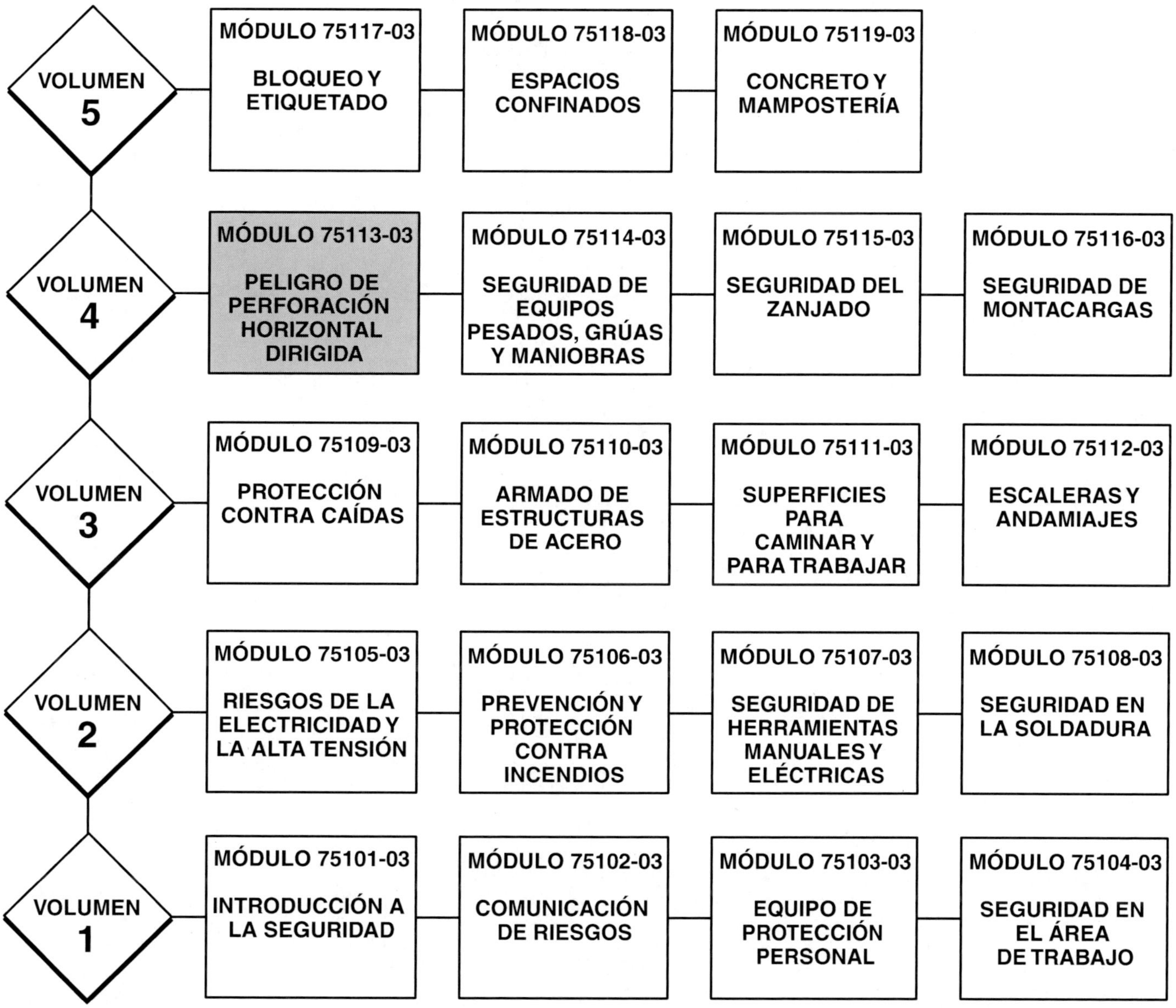

113CMAP.EPS

CONTENIDO DEL MÓDULO 75113-03

Figuras

Tablas

MÓDULO 75113-03

Peligro de perforación horizontal dirigida

Objetivos

Cuando haya terminado este módulo, podrá hacer lo siguiente:

1. Describir el proceso de perforación horizontal dirigida (HDD, horizontal directional drilling).
2. Identificar los riesgos comunes en la seguridad relacionados con los trabajos de perforación horizontal dirigida.
3. Describir cómo evitar los peligros relacionados con los trabajos de perforación horizontal dirigida.
4. Reaccionar ante los golpes a las instalaciones de los servicios que pueden causar lesiones personales, daños a los equipos y daños a la propiedad.
5. Identificar las señales y símbolos de alertas.

Prerrequisitos

Antes de comenzar este módulo, se recomienda que haya completado con éxito lo siguiente: Seguridad de campo, Módulos 75101-03 a 75112-03.

Material necesario

1. Lápiz y papel
2. Equipo de protección personal adecuado

1.0.0 ◆ INTRODUCCIÓN

La seguridad es una parte importante del trabajo en la industria de la construcción. La seguridad es igualmente importante para los trabajos de perforación horizontal dirigida (HDD) en los cuales se usan equipos especializados para perforar huecos para colocar las instalaciones de servicios (*Figura 1*). Los trabajadores de cualquier proyecto de construcción deben estar entrenados para evitar los peligros comunes, tales como resbalamientos, caídas, pellizcos en los dedos de las manos o de los pies, accidentes vehiculares y lesiones en la espalda. Además de saber y tener la capacidad de reconocer y evitar los peligros comunes del lugar de trabajo en los proyectos de HDD, los profesionales de mano de obra deben reconocer y evitar los peligros específicos de HDD.

Los peligros en un trabajo de HDD incluyen la **línea de perforación** giratoria; la realización y la separación de las juntas de las tuberías (*Figura 2*); y el posible golpe a las instalaciones de **servicios** en el lugar de trabajo. En este módulo, aprenderá cómo reconocer y evitar estos peligros.

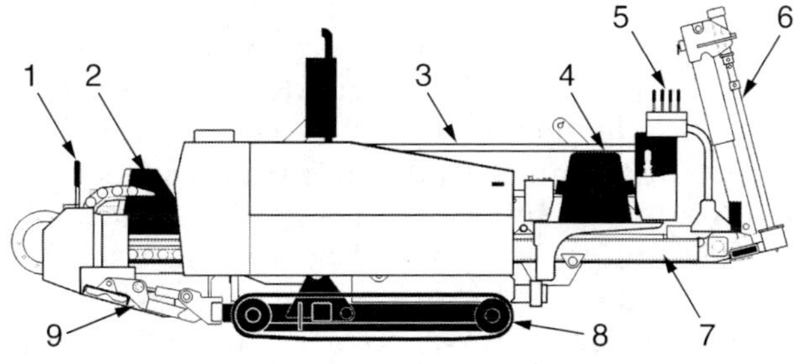

1. Ajuste/controlador de mecanismo de desplazamiento
2. Soporte
3. Cargador de tubos
4. Estación del operador
5. Controles del sistema de anclaje
6. Sistema de anclaje
7. Estructura de perforación
8. Carriles
9. Estabilizadores

113F01.EPS

Figura 1 ◆ Equipo de perforación horizontal dirigida típico.

Peligros de la barrena

Un equipo de tres hombres estaba instalando un cable de teléfono subterráneo en una zona residencial. Sólo habían completado el hueco de perforación debajo de la autopista con una máquina de perforación horizontal. La barrena de perforación se había extraído del hueco. Mientras la barrena todavía estaba girando, el operador se montó sobre ésta y se inclinó para agarrarla. La pierna de su pantalón se enredó en la barrena giratoria y el trabajador fue lanzado y golpeó herramientas y materiales. Murió como consecuencia de las lesiones.

Moraleja: Nunca se coloque encima de una barrena giratoria aunque parezca segura.

Fuente: Administración de Seguridad y Salud Laboral de los EE.UU.

113F02.EPS

Figura 2 ◆ Varillaje de perforación.

Los trabajos de HDD pueden variar desde la instalación de tuberías tan pequeñas como 2" (5 cm) a aquellas que tienen un diámetro tan grande como 48" (1.20 m). El tamaño de los equipos para maniobra de perforación que se usan también variarán. Los equipos para maniobra pueden ser pequeños, medianos o grandes (*Figura 3*). Los equipos pequeños para maniobra se usan para instalar cables de servicios y tuberías más pequeñas en las áreas más pobladas de las ciudades. Los equipos para maniobra de tamaño mediano se usan para instalar tuberías municipales. Los equipos grandes para maniobra se usan para instalar tubos de grandes diámetros.

Durante una tarea de **perforación** típica, las secciones de los tubos se unen en los extremos y se empujan por el suelo. La broca (*Figura 4*), que está ubicada en la parte delantera del varillaje de perforación, gira y ejerce presión en el suelo para hacer el hueco de perforación. Una vez que la

113F03.EPS

Figura 3 ◆ Equipo para maniobra de perforación.

113F04.EPS

Figura 4 ◆ Brocas.

broca alcanza el extremo final del hueco de perforación, se sujeta un escariador (*Figura 5*) y el varillaje de perforación se retira del hueco de perforación. El tubo con productos, tales como cables o instalaciones de servicios, se puede retirar de la perforación en el mismo momento.

Los puntos de entrada y salida de un hueco de perforación se conocen como la fosa de entrada y la fosa de recepción (*Figura 6*). Estas fosas se usan para recolectar los líquidos de perforación. Los líquidos de perforación se drenan de las fosas al finalizar la tarea. Estas fosas varían en tamaño según el trabajo. Para tareas menores, las fosas son generalmente de entre 1' y 3' (30.40 cm y 90 cm) de profundidad, 1' y 2' (30.40 cm y 60.90 cm) de ancho y 2' y 6' (60.90 cm y 1.80 m de largo). Para las operaciones más grandes, las fosas de entrada y recepción pueden requerir realizar zanjas y apuntalamientos.

¡ADVERTENCIA!

La perforación horizontal dirigida implica peligro por zanjas, así como también peligros en la seguridad por electricidad e incendios que están relacionados con los golpes a las instalaciones de servicios. Antes de ingresar a un sitio de trabajo de HDD, asegúrese de haber finalizado los módulos *Seguridad del Zanjado, Riesgos de la Electricidad y la Alta Tensión,* y *Prevención y Protección Contra Incendios.*

2.0.0 ◆ PROCESO DE PERFORACIÓN HORIZONTAL DIRIGIDA

Hay cuatro pasos básicos en el proceso de HDD:

- Planificación del sitio de trabajo
- Ajuste del sitio
- Tareas de perforación y **escariado**
- Limpieza

Las pautas de seguridad establecidas se deben cumplir durante cada uno de estos pasos para garantizar la seguridad de todos los que se encuentran en el sitio de trabajo.

2.1.0 Planificación del sitio de trabajo

La planificación del sitio de trabajo es el primer paso del proceso de HDD. Durante la planificación del sitio de trabajo, el supervisor camina el sitio y piensa en un plan para la perforación. Este plan incluye identificar lugares para poner las señales y barricadas, así como también determinar dónde se colocará el remolque que transporta la máquina perforadora para cargarla y descargarla.

Durante este procedimiento, el supervisor del sitio también elige el punto de entrada, el trayecto y el punto de salida de la tarea de perforación. También es parte del proceso de planificación marcar y ubicar las instalaciones de servicios existentes tales como las del gas, teléfono y electricidad (*Figura 7*). Los localizadores de sitios subterráneos (*Figura 8*) son dispositivos portátiles que se usan en el sitio para identificar instalaciones de servicios y obstrucciones. La *Tabla 1* muestra los colores normales que marcan los servicios superficiales.

El modo más común de identificar los peligros de servicios existentes antes de perforar es utilizar los servicios establecidos como el sistema de Llamada Única. Este servicio da información sobre las instalaciones de servicios enterradas en esa zona. Los contratistas deben llamar a este servicio al menos 72 horas antes de realizar las perforaciones. Si se conoce esta información de antemano, hay menos posibilidades de que ocurran golpes a las instalaciones de servicios. Si este tipo de servicio no existe en su zona, se debe contactar con las empresas de servicios locales para identificar las instalaciones de servicios de la zona.

113F05.EPS

Figura 5 ◆ Escariador.

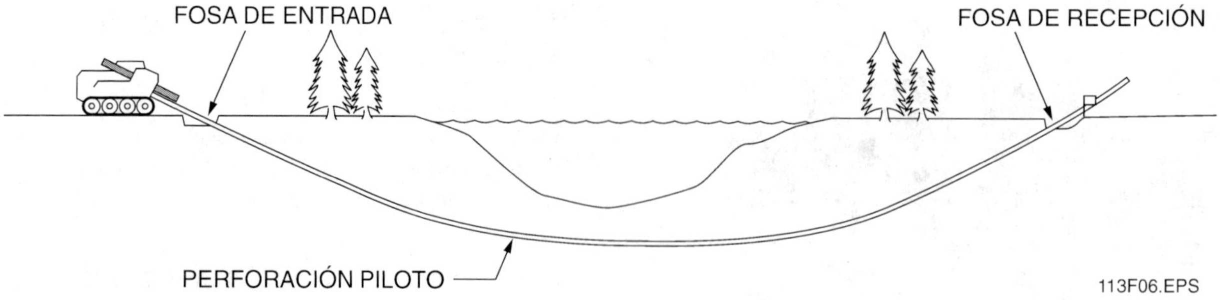

Figure 6 ◆ Fosas de entrada y de recepción.

Figura 7 ◆ Ejemplos de servicios marcados.

Figura 8 ◆ Localizador de sitios subterráneos.

Después de localizar las instalaciones de servicios, realice la inspección física del sitio para determinar cualquier otro posible peligro o problema. Cuando inspeccione el perímetro del sitio de trabajo, busque lo siguiente:

- Notificaciones de instalaciones de servicios enterradas
- Drenajes y alcantarillados pluviales
- Líneas eléctricas aéreas
- Medidores de gas o agua
- Cajas de conexión
- Buzones
- Postes de luz
- Tapas de registro y colectores de fango
- Suelo hundido

¡ADVERTENCIA!

Si existen dudas acerca de la ubicación de las instalaciones de servicios, el área en cuestión se debe examinar cuidadosamente y descubrir a mano si es necesario, para verificar que sea segura.

Tabla 1 Colores normales que marcan los servicios superficiales

Color	Servicio
Rojo	Energía eléctrica
Amarillo	Gas, aceite, vapor y petróleo
Azul	Agua e irrigación
Verde	Drenajes y alcantarillados pluviales
Naranja	Fibra óptica, teléfono y televisión por cable
Rosa	Marcado temporal de estudio
Blanco	Área propuesta para la construcción o límites de trabajo
Púrpura	Aguas recuperadas

2.2.0 Ajuste del sitio

Después de que el área se haya inspeccionado, es hora de ajustar el sitio donde se realizará la perforación y los equipos que se usarán. Antes de que la máquina perforadora se pueda descargar del remolque, asegúrese de que se hayan colocado las siguientes medidas preventivas:

- Barricadas colocadas correctamente (*Figura 9*)
- Señales de advertencia visibles
- Controles de peatones y de tránsito (*Figura 10*)

2.2.1 Descarga de la máquina perforadora

El próximo paso en el ajuste del sitio es descargar la máquina perforadora del remolque (*Figura 11*). Existen varios peligros que se deben reconocer y evitar cuando se descarga la máquina perforadora.

Golpearse con equipos que se mueven – Los trabajadores están en riesgo de golpearse con equipos que se mueven cuando un equipo se descarga del remolque. Los equipos para maniobra se pueden volcar o deslizar rápidamente de las rampas de descarga del remolque. Esto es peligroso porque los equipos para maniobra de HDD son pesados. Incluso un equipo pequeño para maniobra puede pesar hasta 3,000 lbs (1360 k). Salga del camino si observa que un equipo para maniobra está por volcarse o deslizarse por las rampas. Es su responsabilidad permanecer a salvo ya sea si usted es el trabajador que está descargando el equipo para maniobra o simplemente está en el lugar. Debe ser consciente de todo lo que está pasando en el lugar. Esto incluye asegurarse de que las rampas de descarga estén sujetadas de forma segura y que el trayecto desde el remolque hasta el sitio de entrada se encuentre sin peatones y otros equipos. Además, siga siempre las medidas preventivas y reglas del fabricante acerca de los equipos que se están por usar.

Ser atrapado entre el equipo para maniobra de perforación y otro objeto – El peso de los objetos y equipos se puede desplazar lateralmente cuando el equipo para maniobra de perforación se descarga. Es importante ser consciente de cómo el desplazamiento del peso puede afectar cualquiera de las piezas de los equipos que está tocando. Por ejemplo, si está controlando la cadena que se usa

> CASOS HISTÓRICOS
>
> ***Condiciones de inseguridad***
>
> Un operador de perforación se lesionó mientras trabajaba en una pendiente de 60 grados sin mantener una pisada segura adecuada. El operador de la perforadora se paró en la pendiente, lo que hacía dificultoso alcanzar los controles. Perdió el equilibrio y pellizcó su dedo gordo con el estabilizador y el sinfín. La cortadura requirió 10 puntos. No se pronosticaron daños permanentes en el dedo gordo pero la herida pudo haber sido considerablemente peor.
>
> **Moraleja:** Nunca trabaje bajo condiciones inseguras.
>
> *Fuente: Departamento de Energía de los EE. UU.*

113F09.EPS

Figura 9 ◆ Barricadas colocadas correctamente.

113F10.EPS

Figura 10 ◆ Señal de control de tráfico/de advertencia típica.

113F11.EPS

Figura 11 ◆ Descarga de la máquina perforadora.

para descender el equipo para maniobra de perforación del remolque y hay un desplazamiento del peso, la cadena puede cambiar de estar floja a ajustada. Cuando esto sucede, está en riesgo de que la cadena pellizque sus manos fuertemente. Siempre sea consciente del equipo que está tocando o manipulando y muévase rápidamente cuando observe que hay un desplazamiento de peso. También puede quedar atrapado si el equipo para maniobra de perforación está adelante suyo y hay un objeto directamente detrás de usted que limita el espacio que tiene para moverse.

Quedar aplastado por el equipo para maniobra de perforación si éste se vuelca o rueda fuera del remolque – Como los equipos para maniobra de perforación son tan pesados, existe un riesgo adicional de quedar aplastado si alguno de éstos se vuelca o rueda mientras se está descargando. Para evitar quedar aplastado y morir por un equipo para maniobra que se vuelca o rueda, asegúrese de que las rampas de descarga estén sujetadas correctamente antes de mover el equipo por las rampas. Mueva el equipo para maniobra tan lentamente como sea posible y tenga cuidado con los desplazamientos de peso.

Tensiones y torceduras por mover las rampas de carga – Las rampas de carga se diseñaron para sostener equipos pesados como los equipos para maniobra de HDD. Debido a esto, frecuentemente las rampas también son pesadas. Además, tienen formas extrañas y moverlas puede ser complicado. Siempre pida ayuda para mover las rampas de carga. También sea consciente de sus propios límites. Si observa que una rampa de carga es demasiado pesada y tiene problemas para moverla, pida ayuda. Si no lo hace, puede tensionarse o torcerse la espalda, los brazos o piernas.

2.2.2 Colocación y ajuste de los equipos

Después de que se haya descargado la máquina perforadora, ésta se debe colocar correctamente. Los equipos de apoyo se deben ajustar y se les debe realizar pruebas. Estos equipos se usan para proteger a los trabajadores de peligros eléctricos y mecánicos. Entre estos se incluyen:

- Sistema de golpes en el suelo
- **Alfombrilla con conexión a tierra** para el operador y la máquina
- **Sistema de detección de presencia del operador (interruptor de asiento)**

CASOS HISTÓRICOS

Esté alerta

El 8 de agosto de 2001, un empleado contratado se lesionó cuando una barra de perforación se desencajó. El eslabón giratorio para desmontar, ubicado a aproximadamente 25' (7.60 m) sobre el suelo, se liberó inesperadamente de las cadenas de soporte y cayó. El empleado recibió un leve golpe en la cabeza, lo que lo empujó de la plataforma de trabajo a un montón de arena suave que se encontraba a 1' (30.50 cm) más abajo. Se quebró la muñeca derecha y se dislocó la izquierda por una llave de ajuste retirada que él colocó en la ranura para herramientas de la barra de perforación. La falla de los equipos fue la causa de este accidente.

Moraleja: Asegúrese de inspeccionar todos los equipos antes de realizar un trabajo.

Fuente: Departamento de Energía de los EE. UU.

¿Qué está incorrecto en esta imagen?

113SA01.EPS

Casos históricos

Amputación causada por la falta de entrenamiento

El viernes 16 de noviembre de 2001, un operador de equipo para maniobra de perforación con barrena hueca (en inglés se conoce como "auger drill") perdió un dedo por una herida ocasionada por un punto de enganche. Los dedos mayor e índice de la misma mano se quebraron en los nudillos. También recibió una gran cortadura en la parte posterior de la mano que comenzaba en el nudillo del dedo mayor, cruzaba el dedo índice y se extendía por el dedo gordo. Esta herida cortó el tendón de su dedo índice.

Una investigación del accidente estableció que la alineación manual de las secciones de las barras de extensión en la tapa de la varilla roscada era una práctica que el operador consideraba una rutina y un riesgo aceptado. ¡No lo era! Esta acción requería que el operador introdujera regularmente su mano en el lugar de peligro de puntos de enganche. Por eso perdió su dedo.

Durante la investigación, se descubrió que el subcontratista de perforación nunca proporcionó procedimientos escritos ni entrenamiento para su empleado.

Moraleja: Asegúrese de saber cómo hacer su trabajo de forma segura y de recibir el entrenamiento que necesita.

Fuente: Departamento de Energía de los EE. UU.

La colocación y el ajuste de los equipos presentan muchos peligros. Ser consciente de estos peligros lo ayudará a ser más cuidadoso en el momento de realizar su trabajo. Los peligros que se presentan al colocar y ajustar los equipos son:

- Tensiones y torceduras cuando mueve los equipos
- Tropezones y caídas sobre herramientas y equipos
- Puntos de enganche cuando maneja las brocas, los varillajes de perforación y las herramientas manuales.
- Electrocución por instalaciones de servicios expuestas y con corriente en la zona
- Peligros de fugas e inyecciones de los cables hidráulicos
- Derrumbes en perforaciones y fosas de recepción
- Contacto con las brocas giratorias y las barrenas
- Tropezones con equipos que se encuentran en el suelo
- Caídas dentro de la perforación o de la fosa de recepción

Cumpla con estas medidas preventivas para evitar los peligros de ajuste/colocación:

- Asegúrese de que el sistema de golpes en el suelo, que protege a los trabajadores de electrocutarse cuando un cable de alta tensión se golpea, haya sido ajustado y probado. Los sistemas de golpes en el suelo incluyen una estaca de detección de electricidad que está conectada a tierra, un monitor (*Figura 12*), un cable no conductor que conecta la estaca con el monitor y un sistema de alarma. Cuando se golpea un cable de alta tensión, las señales sonoras y visuales se encienden. Los sistemas de golpes en el suelo varían de acuerdo con los equipos que se usan. El ajuste y las pruebas del sistema de golpes en el suelo también varían de acuerdo con los equipos. Siempre cumpla con las instrucciones del fabricante del equipo cuando ajuste y pruebe un sistema de golpes en el suelo.
- Ajuste la alfombrilla con conexión a tierra para la máquina y el operador. Las alfombrillas con conexión a tierra son alfombrillas de malla que se colocan debajo de los equipos para maniobra de perforación. Evitan que los trabajadores se electrocuten proporcionando un único recorrido eléctrico a tierra en caso de que los equipos entren en contacto con un conductor con corriente durante un golpe a una instalación de servicios. Se pueden considerar como parte del sistema de golpes en el suelo.
- Mantenga a todos los trabajadores lejos de los cables de alta tensión. Los cables de alta tensión pueden ser aéreos o subterráneos. Los localizadores de sitios subterráneos pueden ayudar a localizar los cables de alta tensión subterráneos.

Figura 12 ◆ Monitor de sistema de golpes en el suelo típico.

Los cables de alta tensión aéreos son más fáciles de ver y se deben evitar en todo momento.

- Manténgase alejado de los cables hidráulicos y neumáticos. En estos cables, se puede acumular presión y causar fugas. La presión es lo suficientemente intensa como para cortar la piel.
- Abroche todas las conexiones de las mangueras de aire para prevenir que las mangueras latigueen al desprenderse. El movimiento de latigueo de las mangueras puede causar cortes y contusiones graves. Córrase inmediatamente de las mangueras descontroladas y apague la máquina.
- Sea precavido cuando entre y salga de las perforaciones y de las fosas de recepción. El suelo de las fosas puede ser inestable. Esto puede resultar en que el trabajador se caiga o que la fosa se derrumbe. También existe el peligro de quedar encajado en la línea de perforación. Si corresponde, asegúrese de que se coloque un sistema de apuntalamiento para prevenir que las perforaciones y las fosas de recepción se derrumben.
- Haga pruebas al sistema de detección de presencia del operador (interruptor de asiento). El sistema de detección de presencia del operador puede informar cuando un trabajador está en el asiento. Cuando el trabajador deja el asiento mientras el perforador está en funcionamiento, el equipo para maniobra se detiene.
- Haga pruebas al funcionamiento de todos los controles para asegurarse de que funcionan correctamente. Esto implica pruebas al sistema de golpes en el suelo, así como también a los controles del equipo para maniobra .
- Asegúrese de que el localizador portátil y el transmisor, que está instalado en la broca, hayan sido calibrados. Esto ayudará a prevenir golpes subterráneos peligrosos.
- Apague la máquina perforadora mientras los trabajadores estén sujetando la broca. Los trabajadores pueden golpearse con la broca si la máquina perforadora está encendida.

2.3.0 Tareas de perforación

Una vez que los equipos estén colocados y ajustados, se puede comenzar con las tareas de perforación (*Figura 13*). Los posibles peligros de los procesos de perforación incluyen:

- Choque eléctrico
- Equipos giratorios que pueden golpear a los trabajadores, tal como la línea de perforación
- Equipos como llaves para ajuste que se encuentran en la línea de perforación cuando comienza a girar
- Equipos giratorios que pueden atrapar a trabajadores o a su ropa
- Puntos de enganche cerca del equipo para maniobra de perforación
- Tropezones y caídas cerca de las barrenas giratorias

El cumplimiento de estas medidas preventivas puede evitar que tanto usted como otras personas se lastimen durante el proceso de perforación:

- Utilice guantes no conductores cuando ponga en funcionamiento los equipos. Los guantes no conductores ayudan a evitar el choque eléctrico en caso de que entre en contacto accidentalmente con un conductor o equipos con corriente.
- Inspeccione si los guantes están dañados (*Figura 14*). Los guantes y las mangas se deben inspeccionar dando vuelta la parte exterior e interior de los equipos de protección entre sus manos. Comprima el interior de los guantes o

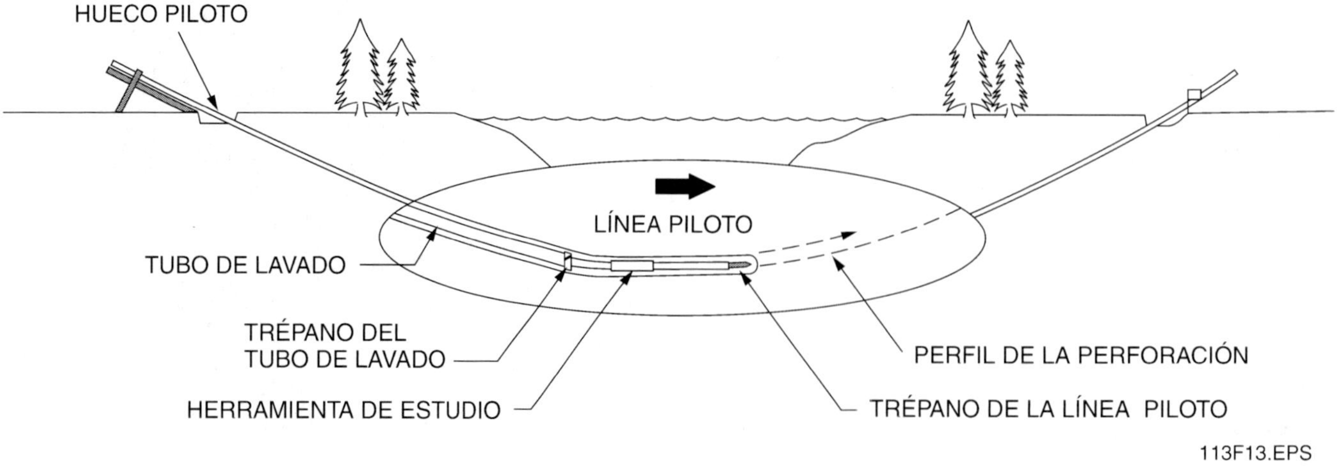

Figura 13 ◆ Perforación piloto.

mangas para flexionar la parte exterior y ejercer la fuerza suficiente para dejar a la vista las grietas, cortes u otros defectos. Cuando haya revisado toda la superficie de esta manera, los equipos se dan vuelta al revés y se repite el procedimiento. Es importante no dejar el equipo de protección de goma al revés.

- Mantenga todas las partes del cuerpo lejos del equipo para maniobra de perforación cuando se está perforando. Esto eliminará la posibilidad de quedar atrapado o de golpearse con la línea de perforación giratoria.
- Quite todas las herramientas que se usan para agrandar o ajustar las uniones. Las unioned también se pueden conocer como "juntas". Si se deja una llave de ajuste mientras la línea de perforación está girando, puede golpear al trabajador o volar y golpear a un compañero de trabajo.
- Apague el equipo para maniobra y purgue los cables neumáticos e hidráulicos antes de realizar arreglos o reparaciones. Asegúrese de que esto se haga correctamente. Los equipos que dan energía durante la reparación pueden causar lesiones graves. Para obtener más información acerca de los equipos con corriente, remítase al módulo *Bloqueo y Etiquetado*.
- Desconecte la batería cuando arregle o repare los sistemas eléctricos de la perforadora. Esto garantizará que los equipos no se carguen con energía y comiencen a operar.
- Use botas no conductoras. Las botas no conductoras proporcionarán protección extra en una electrocución en caso de que se golpee un cable de alta tensión.
- Apague el equipo para maniobra de perforación cuando se está trabajando en la línea de perforación. Esto ayuda a asegurar que nadie quede atrapado ni encajado en la línea de perforación giratoria.
- Asegúrese de que el operador se comunique con todo el personal antes de que comience a girar la barrena. Es importante que todos en el lugar sepan qué sucede en todo momento. Los trabajadores pueden lesionarse o fallecer fácilmente si se acercan a los equipos o a un área del lugar que no es segura porque se están realizando tareas de perforación.

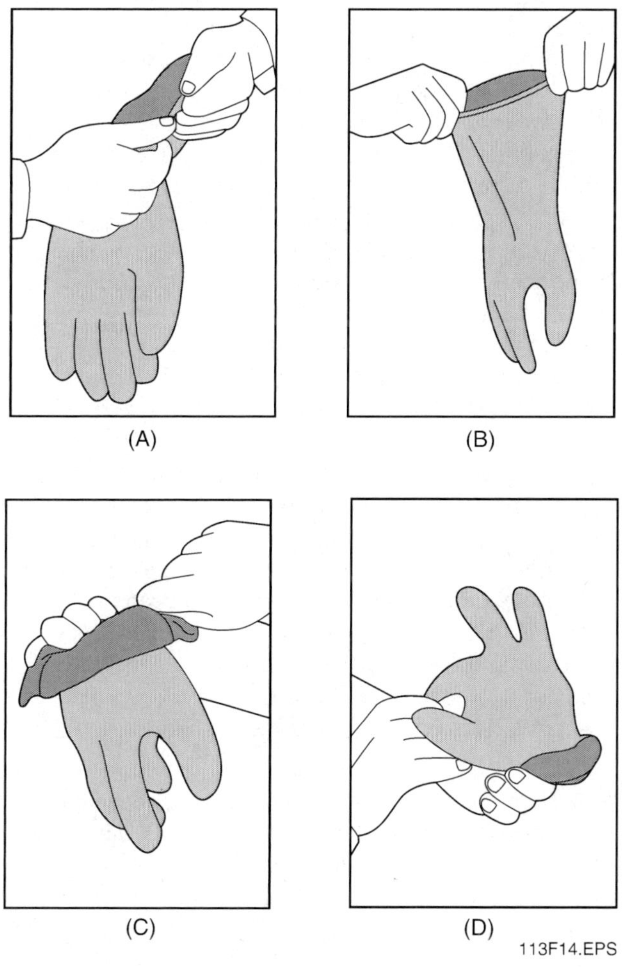

Figura 14 ◆ Inspección de los guantes.

2.3.1 Excavación de huecos

Si hay riesgos de golpes a las instalaciones de los servicios, se debe cavar un hueco en o cerca de la ubicación posible de la instalación para identificar físicamente los gasoductos, las instalaciones eléctricas, los cables de fibra óptica y los cables de comunicación. La realización de huecos también se usa para saber si la perforadora está en el lugar que se supone que debe estar de acuerdo con el equipo de localización. Esto es útil porque hay momentos en los que el movimiento del suelo causado por las tareas de perforación sacan la línea de perforación del recorrido correcto.

Los huecos se pueden realizar con equipos mecánicos tales como chorreadoras de aire y aspiradoras de excavación o cavando a mano. El peligro de usar equipos mecánicos aparece cuando se entra en contacto o se corta la instalación de servicios que está intentando ubicar. Cavar el hueco a mano es una alternativa segura.

2.3.2 Escariado y empuje de productos

El escariado y el empuje de productos son tareas que pertenecen a la segunda parte de las tareas de perforación. Durante el proceso de escariado, la broca se reemplaza con una herramienta de escariado y el tubo con productos se retira de la perforación, tal como se muestra en la *Figura 15*.

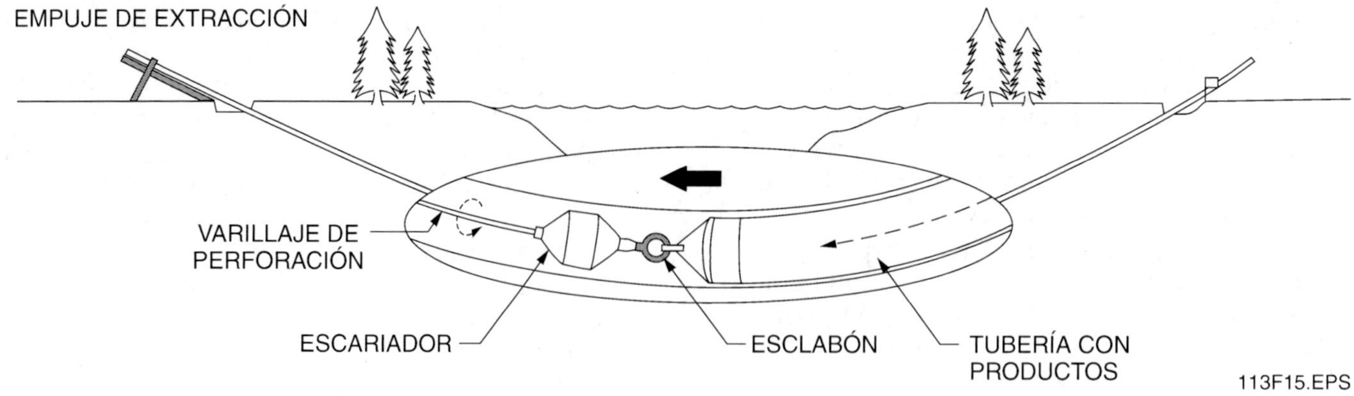

Figura 15 ◆ Escariado.

Muchos de los peligros vinculados con el escariado y empuje de productos son similares a los peligros de perforación. Recuerde estos peligros y medidas preventivas cuando realice escariado y empuje de los productos.

- Los trabajadores pueden golpearse o quedar atrapados en los equipos giratorios tales como el varillaje de perforación o la línea de perforación giratoria. Esto normalmente sucede cuando los trabajadores no prestan atención. También sucede cuando ingresan a un área del sitio en la cual no deben estar, tales como las fosas de recepción. Sea cuidadoso de las partes que se mueven cuando trabaja cerca de las barrenas y accesorios o cuando se está retirando el producto. También apague la máquina cuando haya trabajadores en las fosas o trabajando en las barrenas, escariadores o accesorios. Esto ayudará a evitar que los trabajadores se golpeen o queden atrapados en los equipos giratorios.
- El contacto con los equipos puede causar tensiones, torceduras, dedos o manos aplastadas. Los equipos para maniobra de perforación y el varillaje que se usa para hacer las perforaciones son pesados. Es fácil lesionarse cuando trabaja con estos equipos. Asegúrese de usar dispositivos de elevación mecánicos o de pedir ayuda cuando manipule equipos pesados, tales como varillas, escariadores y accesorios.
- Cuando los trabajadores se encuentran en las fosas de recepción pueden producirse caídas y resbalones. Asegúrese de apagar el equipo para maniobra y el suministro de agua cuando el escariador entra en la fosa de recepción. También, asegúrese de que la fosa de recepción esté limpia.

CASOS HISTÓRICOS

Conexión suelta

Mientras se realizaba una perforación en un sitio, la línea de perforación estaba siendo empujada desde el hueco. El perforador aflojó la conexión superior en una barrena de 8' (2.4 m) en donde estaba conectada a la cabeza de entrada. Luego, comenzó a elevar la punta de la broca y la línea de perforación para romper la conexión inferior de la barrena. Después de destornillar la conexión inferior, el perforador comenzó a elevar la cabeza de hinca y a sujetar la barrena para hacerla girar y sacarla de manera que el ayudante del perforador pueda extraerla y colocarla en el montante de tubos. Como la cabeza de hinca se elevó, la barrena (que pesa aproximadamente 70 lbs, 31.75 kg) se aflojó de la conexión superior. El ayudante, que estaba esperando para recibir la barrena, vio que la barrena se aflojó de la cabeza de hinca y que podía salirse de su lugar y caer en la tabla prefabricada de perforación. Eso fue pensar rápido de su parte.

Durante una investigación del incidente, se determinó que, aunque las roscas del subensamblaje de la cabeza de hinca mostraban indicios de desgaste, no estaban lo suficientemente gastadas como para ser las causantes de la caída de la barrena. Se determinó que el perforador había aflojado demasiado la conexión superior entre la barrena y el subensamblaje superior. Esto comprometió el poder de sujeción de las roscas cónicas, lo que hizo que la barrena se aflojara y se cayera. Afortunadamente, nadie resultó herido cuando esto sucedió.

Moraleja: Es importante recordar que sus descuidos no sólo lo afectan a usted sino que también afectan a los que están a su alrededor. Asegúrese de que todas las conexiones estén correctamente ajustadas.

Fuente: Departamento de Energía de los EE. UU.

2.4.0 Limpieza

La limpieza es el último paso del proceso de HDD. Los peligros de la limpieza del sitio son similares a los peligros de descarga y ajuste del equipo para maniobra de perforación, incluyendo:

- Golpearse con equipos que se mueven.
- Quedar atrapado entre la máquina perforadora y otro objeto.
- Quedar aplastado por la máquina perforadora si se vuelca o rueda fuera del remolque.
- Tensionarse y torcerse por mover las rampas de carga.
- Puntos de enganche creados por la inclinación del remolque.

Durante la limpieza realice lo siguiente:

- Deje el sitio en su estado original.
- Marque la ubicación del tubo instalado.
- Asegúrese de que todas las señales, barricadas, herramientas y equipos queden guardados.
- Cargue la máquina perforadora.

3.0.0 ◆ REACCIÓN ANTE GOLPES A LAS INSTALACIONES DE LOS SERVICIOS

Las perforadoras pueden golpear cables eléctricos, gasoductos, cables de comunicación y tubería de desagüe durante las tareas de perforación. Los golpes a las instalaciones de servicios pueden ocasionar lesiones personales y dañar los equipos. Los peligros relacionados con los golpes a las instalaciones de los servicios incluyen electrocución, explosiones de los gasoductos y exposición a agua contaminada o aguas residuales. Esta sección explica qué hacer cuando ocurre un golpe. La *Figura 16* muestra los símbolos comunes para la industria de seguridad en los golpes.

3.1.0 Golpes a los cables de electricidad

Siga estas pautas si se produce un golpe a los cables de electricidad:

- No se mueva. Puede haber mucha electricidad en el suelo alrededor suyo o en equipos que estén cerca de usted. Entrar en contacto con esta electricidad puede causar electrocución.
- Permanezca tranquilo.
- Advierta a todos los trabajadores del lugar.
- No toque la máquina, el varillaje de perforación, el sistema de agua, el sistema mezclador de lodo ni nada que esté conectado a la perforadora.
- Si usted es el operador, siga los procedimientos del fabricante de la perforadora para darle vuelta. Esto romperá el contacto con el cable de electricidad.
- Notifique a la compañía eléctrica.

3.2.0 Golpes a gasoductos

Siga estas pautas si se produce un golpe a un gasoducto:

- Cierre todos los equipos motorizados.
- Evacue el área.
- No intente retirar la perforadora.
- Notifique al personal de emergencias.
- Notifique a la compañía de gas.

3.3.0 Golpes a los cables de fibra óptica

Siga estas pautas si se produce un golpe a un cable de fibra óptica:

- Detenga todas las perforaciones.
- No mire dentro de los extremos cortados del cable. Puede quemar sus ojos.
- Notifique al dueño del servicio de fibra óptica.

3.4.0 Golpes a los cables de comunicación

Siga estas pautas si se produce un golpe a un cable de comunicación:

- Detenga todas las perforaciones.
- Notifique al dueño del servicio de cable de comunicación.

Figura 16 ◆ Símbolos que indican un golpe.

3.5.0 Golpes a los alcantarillados sanitarios/pluviales y acueductos

Siga estas pautas si se produce un golpe a los alcantarillados sanitarios/pluviales y acueductos:

- Detenga todas las perforaciones.
- Advierta a todos los trabajadores del lugar.
- Notifique al dueño del servicio.
- Siga los procedimientos de su compañía para descontaminar a todos los trabajadores afectados.
- Busque atención médica.

4.0.0 ◆ NIVELES DE ALERTA DE SEGURIDAD

Los niveles de alerta de seguridad en un sitio de trabajo ayudan a que nadie salga lastimado y que los equipos no se dañen. Existen tres niveles de seguridad básicos: PELIGRO, ADVERTENCIA y PRECAUCIÓN. La *Figura 17* define los peligros relacionados con cada nivel.

También, observe las palabras AVISO e IMPORTANTE. AVISO se usa para alertarlo y detenerlo a usted de que haga algo que pueda dañar los equipos o pertenencias personales. También se usa para advertirlo de acciones inseguras. IMPORTANTE se usa para recordarle que realice su trabajo de forma segura.

5.0.0 ◆ SÍMBOLOS DE ALERTA DE SEGURIDAD

Los símbolos de alertas de seguridad pueden salvarle la vida. Usted encontrará estos símbolos universales en los equipos y maquinarias en el sitio de trabajo. Es importante reconocer estos símbolos y saber sus significados para que usted pueda hacer su trabajo de forma segura.

Los símbolos de seguridad están organizados según los tres niveles de seguridad básicos:

- *Peligro* – Los símbolos de PELIGRO en la *Figura 18* representan los peligros que causarán la muerte o lesiones graves si los procedimientos de seguridad no se cumplen.
- *Advertencia* – Los símbolos de ADVERTENCIA en la *Figura 19* representan los posibles peligros que pueden causar la muerte o lesiones graves si los procedimientos de seguridad no se cumplen.
- *Precaución* – Los símbolos de PRECAUCIÓN en la *Figura 20* representan los posibles peligros que pueden causar lesiones menores o moderadas si los procedimientos de seguridad no se cumplen.

⚠ PELIGRO

El símbolo de PELIGRO indica situaciones **extremadamente peligrosas** que **se deben evitar** para prevenir **muertes o lesiones graves**.

⚠ ADVERTENCIA

El símbolo de ADVERTENCIA indica situaciones **posiblemente peligrosas** que **se deben evitar** para prevenir **muertes o lesiones graves**.

⚠ PRECAUCIÓN

El símbolo de PRECAUCIÓN indica situaciones **posiblemente peligrosas** que se deben evitar para prevenir **lesiones menores o moderadas**.

113F17.EPS

Figura 17 ◆ Niveles de alerta de seguridad.

⚠ PELIGRO

El eje giratorio lo matará o le aplastará el brazo o la pierna. Permanezca alejado.

⚠ PELIGRO

Choque eléctrico. Entrar en contacto con los cables eléctricos puede causar la muerte o lesiones graves. Conozca la ubicación de los cables y permanezca alejado.

⚠ PELIGRO

Gases letales. La falta de oxígeno o la presencia de gases pueden causar náuseas o la muerte. Mantenga ventilado.

⚠ PELIGRO

Partes que se mueven. Golpearse con una llave de ajuste causará la muerte o lesiones. No use la unidad de perforación para voltear o mover la sarta de perforación cuando se usa una llave de ajuste.

113F18.EPS

Figura 18 ◆ Símbolos de peligro.

Figura 19 ◆ Símbolos de advertencia.

⚠ PRECAUCIÓN

Los objetos que vuelan pueden producir lesiones. Use casco y gafas de seguridad.

⚠ PRECAUCIÓN

Las piezas calientes pueden producir quemaduras. No las toque hasta que estén frías.

⚠ PRECAUCIÓN

La exposición a niveles altos de ruido puede causar pérdida auditiva. Use protección auditiva.

⚠ PRECAUCIÓN

Posibles caídas. Los resbalamientos y los tropiezos pueden producir lesiones. Mantenga el área limpia.

⚠ PRECAUCIÓN

El ácido de las baterías puede producir quemaduras.
Evite el contacto.

⚠ PRECAUCIÓN

El mal manejo o uso de los productos químicos puede causar enfermedades, lesiones o daños a los equipos. Siga las instrucciones de las etiquetas y de las hojas de datos de la seguridad del material (MSDS).

113F20.EPS

Figura 20 ◆ Símbolos de precaución.

Resumen

La seguridad en el sitio de trabajo de HDD es responsabilidad de todos. La seguridad se debe considerar en todas las partes del proceso, incluyendo la planificación del sitio de trabajo, el ajuste del sitio y de los equipos y las tareas de perforación y limpieza. Algunos de los peligros comunes en un sitio de HDD son resbalarse, caerse, pellizcarse los dedos del pie y de la mano, tener accidentes vehiculares, lesionarse la espalda y golpearse o quedar atrapado en la línea de perforación giratoria. La mejor manera de evitar estas lesiones es estar alerta y seguir los procedimientos de seguridad establecidos.

Los golpes a las instalaciones de servicios representan otro peligro común en los trabajos de HDD. Cuando se golpean las instalaciones de servicios, los trabajadores están en riesgo de electrocución, de asfixia por gases peligrosos, de muerte por explosiones y de contaminación por aguas residuales. Una buena planificación del sitio de trabajo y el uso de localizadores de sitios subterráneos pueden ayudar a prevenir estos tipos de accidentes.

Además, es importante saber cómo se usan correctamente los equipos. Hay menos posibilidades de que ocurran accidentes cuando todos saben los peligros y las medidas preventivas relacionadas con los equipos.

Preguntas de repaso

Refiérase a la siguiente figura para responder la pregunta 1.

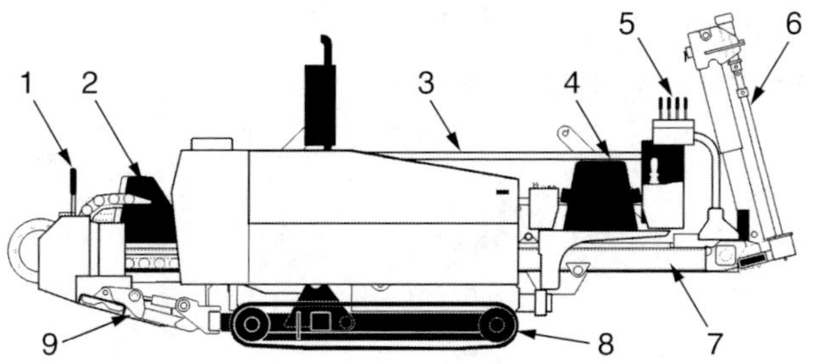

113E01.EPS

1. El número 9 en este diagrama está indicando _____.
   a. sistema de anclaje
   b. soporte
   c. estructura para perforación
   d. estabilizadores

2. Las fosas de entrada para las tareas de HDD menores son generalmente de _____ de profundidad.
   a. de ½' a 2' (30 cm a 60.90 cm)
   b. de 1' a 3' (30.40 cm a 90 cm)
   c. de 3' a 6' (90 cm a 1.82 m)
   b. de 7' a 9' (2.10 m a 2.70 m)

3. El tubo más grande que se puede instalar con un equipo para maniobra de HDD es de _____.
   a. 8"
   b. 16"
   c. 24"
   d. 48"

4. La llamada única es un ejemplo de un servicio que se puede contactar para ayudar a localizar instalaciones subterráneas de los servicios.
   a. Verdadero
   b. Falso

5. Una manera de asegurarse de que todas las instalaciones subterráneas de servicios y obstrucciones se hayan localizado es usar un(a) _____.
   a. sistema de golpe en el suelo
   b. alfombrilla con conexión a tierra
   c. rastreador de sitios subterráneos
   d. localizador de sitios subterráneos

6. Las tuberías de aguas recuperadas son normalmente codificadas de color _____.
   a. rojo
   b. amarillo
   c. azul
   d. púrpura

7. Todos los siguientes peligros se relacionan con la descarga de la máquina perforadora a *excepción* de _____.
   a. golpearse con equipos que se mueven
   b. pellizcarse con la perforadora y otro objeto
   c. electrocutarse con los cables de alta tensión
   d. quedar aplastado con el equipo para maniobra de perforación

8. Cuando se ubica la máquina perforadora, se debe colocar una alfombrilla con conexión a tierra para la máquina y el operador.
   a. Verdadero
   b. Falso

9. El choque eléctrico se considera un peligro en los trabajos de HDD.
   a. Verdadero
   b. Falso

10. Si usted es el operador de un equipo para maniobra cuando un cable de alta tensión subterráneo se golpea, usted debe _____.
    a. intentar retirar el equipo de maniobra para romper el contacto
    b. sacar la máquina inmediatamente
    c. llevarla hacia adelante inmediatamente
    d. llamar al departamento de bomberos

PERFIL DE ÉXITO

Frank McDaniel, Casey Industrial, Inc.

Gerente corporativo de seguridad y entrenamiento

¿De qué logros está particularmente orgulloso?
Desarrollé e implementé un proceso de rendimiento-gestión. Es un proceso que combina efectivamente la seguridad tradicional y la basada en el comportamiento en un formato práctico con el objetivo de tener mejoras continuas de manera ininterrumpida.

¿Por qué eligió dedicarse a la Seguridad industrial?
Me encontraba en una encrucijada en mi recorrido profesional. Tenía la posibilidad de continuar en gestión de proyectos o salir a un nuevo curso. Me gustó la idea de ayudar a que la gente permaneciera segura y tomé un nuevo camino.

¿Qué tipos de entrenamiento tuvo?
Con el pasar de los años, estuve involucrado en numerosos programas de entrenamiento, entre los que se incluyen: varios cursos de seguridad basados en el comportamiento, cursos de Gestión de Pérdida de Control, cursos de Gestión de Seguridad, cursos de Gestión de la Construcción y cursos de Gestión de Riesgos.

¿Qué tipos de trabajo realizó en su profesión?
Dirigí mis esfuerzos de seguridad en la construcción de un importante centro de convenciones, la ampliación de un parque temático, proyectos de hospital, un aeropuerto importante y condominios de gran altura. También realicé servicios en empresas, trabajos de alto voltaje y de autopistas grandes, así como también demolición y reconstrucción de ferrocarriles, construcción de centros comerciales y trabajos de planta en refinerías de petróleo y cogeneraciones.

¿Cuáles son los factores que contribuyeron más en su éxito?
Hay múltiples factores que puedo señalar como contribuyentes de mi éxito en la seguridad. Primero, mi formación como aprendiz de carpintero y capataz. Sé cómo hablarle a los trabajadores para obtener el máximo desempeño en cuanto a los procesos de mejora en la seguridad. Segundo, mi mentor, Robert Debner, me influyó mucho. Bob me introdujo en los procesos de comportamiento que ahora representan mi principio básico en mis esfuerzos continuos de mejora. Tercero, la interacción con mis compañeros de trabajo. Los líderes de la industria como Gus Leysens y Sherwood Kelly de Willis, Mike Powers de Tri-City Electrical y Dave Langton fueron instrumentales como sabios consejeros. Grupos como el Concejo de Seguridad del NCCER son un excelente recurso para compartir ideas.

¿Qué consejo le daría a aquellas personas que se inician en la seguridad industrial?
Valore su mano de obra. Al solicitar las ideas de mejoras, usted los involucra en el proceso, en ganar sus adquisiciones e incrementar sus posibilidades de éxito. Busque específicamente a quienes tuvieron éxito en la seguridad. Aprenda todo lo que pueda de sus éxitos así como también de sus fracasos. Mantenga su integridad, la seguridad es una comunidad pequeña. Sacrifique su integridad y limitará su crecimiento profesional. No tenga miedo de intentar cosas nuevas. Recuerde, la mejora en la seguridad es una aventura. Verá que es un paseo excitante y gratificante.

GLOSARIO

Términos especializados introducidos en este módulo

Alfombrilla con conexión a tierra: Es una alfombrilla de malla que se coloca debajo del equipo para maniobra de perforación para proporcionar un recorrido eléctrico simple a tierra en caso de que los equipos entren en contacto con un conductor con corriente durante un golpe a una instalación eléctrica.

Escariado: Es el proceso de ensanchar y agrandar el hueco de perforación.

Perforación: Proceso de perforar un hueco en el suelo.

Línea de perforación: Largo de una varilla que conecta la máquina de perforación con la broca.

Servicios: Servicios tales como electricidad o agua que son brindados por una empresa de servicios.

Sistema de detección de presencia del operador (interruptor de asiento): Dispositivo que se usa para detener el equipo para maniobra de perforación cuando el operador deja el asiento con la perforadora encendida.

Créditos de las figuras

Ditch Witch®	113F01, 113F05, 113F16, 113F17, 113F18, 113F19, 113F20
Gerald Shannon	113F02, 113F12
Vermeer Manufacturing Co.	113F03 (superior y del medio), 113F04, 113F08
The Robbins Company	113F03 (inferior)
Brigid McKenna	113F07, 113F09, 113F10
Steven P. Pereira	113F11, 113SA01

MÓDULO 75113-03 — RESPUESTAS A LAS PREGUNTAS DE REPASO

Respuesta		Sección
1.	d	1.0.0
2.	b	1.0.0
3.	d	1.0.0
4.	a	2.1.0
5.	d	2.1.0
6.	d	2.1.0; Tabla 1
7.	c	2.2.1
8.	a	2.2.2
9.	a	3.1.0
10.	a	3.1.0

SERIE EDUCATIVA CONTREN® — COMENTARIOS DEL USUARIO

NCCER hace el esfuerzo de mantener estos libros de texto actualizados y libres de errores técnicos. Apreciamos su ayuda en este proceso. Si tiene una idea para mejorar este libro de texto, o si encuentra algún error, ya sea tipográfico, o de contenido en los libros de texto de *Contren®*, favor de escribirnos usando esta forma o una fotocopia de la misma. Asegúrese de incluir el número exacto del módulo, la página, una descripción detallada, y la corrección, si es aplicable. Su comentario será traído a la atención del comité técnico de revisión. Gracias por su ayuda.

Instructores – si usted encontró que algún material adicional es necesario para enseñar este módulo con eficacia, por favor déjenos saber para poder incluirlos en la lista de Equipo y Materiales en la guía anotada del instructor.

Dirección postal: Departamento de Desarrollo de Productos
National Center for Construction Education and Research
3600 NW 43rd Street, Bldg. G, Gainesville, FL 32606

Fax: 352-334-0932

E-mail: curriculum@nccer.org

Oficio ______ Nombre del Módulo ______

Fecha del Copyright ______ Número del Módulo ______ Número(s) de Página(s) ______

Descripción ______

______

______

______

Corrección (opcional) ______

______

______

Su nombre y dirección (opcional) ______

______

______

Módulo 75114-03

Seguridad de equipos pesados, grúas y maniobras

MAPA DEL CURSO

Este mapa del curso muestra todos los módulos de Seguridad de campo. El orden sugerido de entrenamiento comienza en la parte inferior y avanza hacia arriba. El Patrocinador local del Programa de Entrenamiento puede modificar el orden del entrenamiento.

SEGURIDAD DE CAMPO

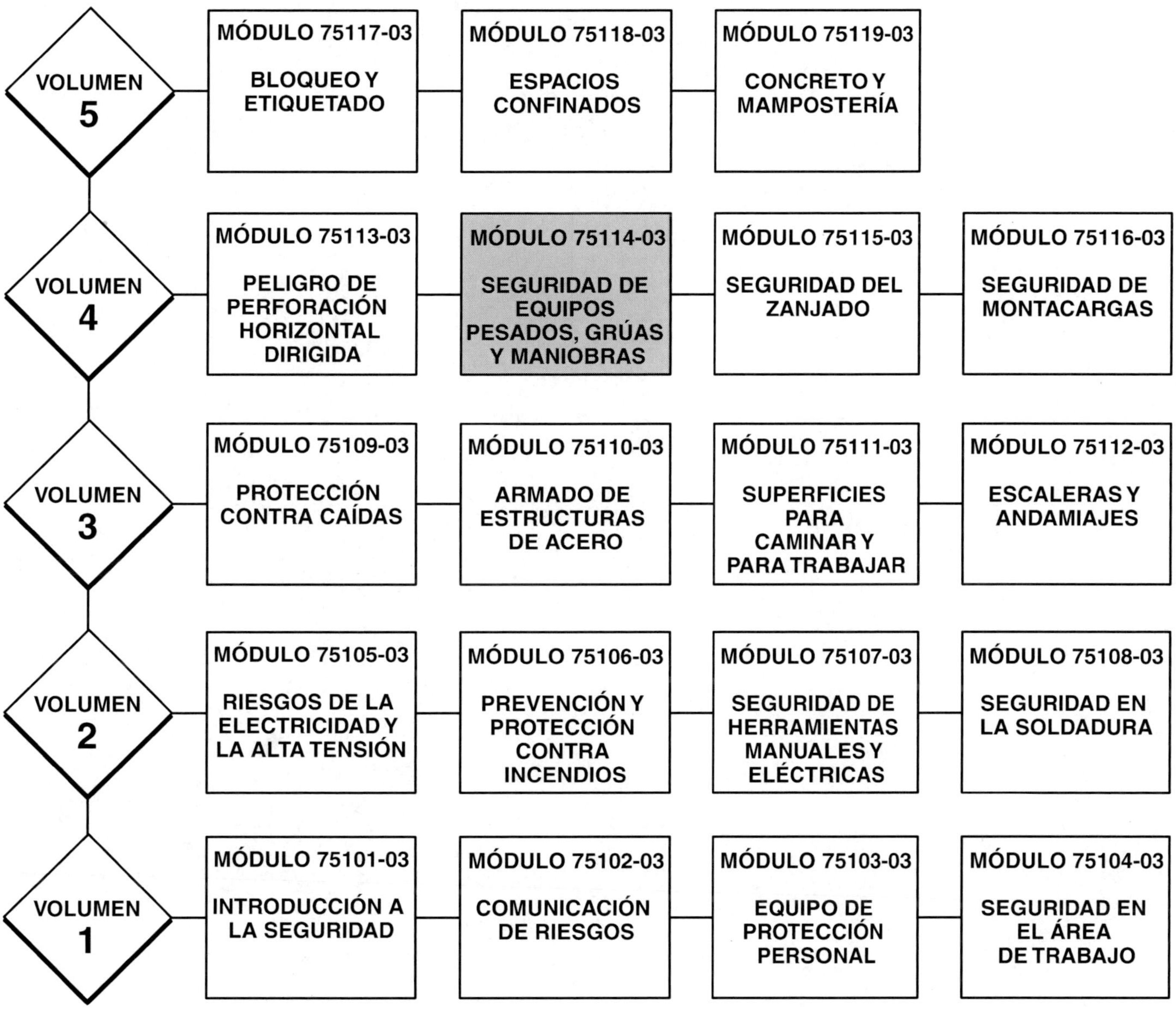

114CMAP.EPS

CONTENIDO DEL MÓDULO 75114-03

Figuras

MÓDULO 75114-03

Seguridad de equipos pesados, grúas y maniobras

Objetivos

Cuando haya terminado este módulo, podrá hacer lo siguiente:

1. Describir los tipos y usos del equipo pesado.
2. Identificar los riesgos asociados con la operación de equipo pesado, incluyendo grúas y equipos para maniobra.
3. Describir las precauciones y los procedimientos de seguridad que se utilizan cuando se trabaja con equipamiento pesado.

Prerrequisitos

Antes de comenzar este módulo, se recomienda que haya completado con éxito lo siguiente: Seguridad de campo, Módulos 75101-03 a 75113-03.

Material necesario

1. Lápiz y papel
2. Equipo de protección personal adecuado

1.0.0 ◆ INTRODUCCIÓN

El equipo pesado se usa en muchos trabajos diferentes, tales como la construcción, la minería, el mantenimiento de carreteras, el transporte del equipo y para el retiro de nieve. Trabajar con equipo pesado puede ser extremadamente peligroso. Los operadores pueden ser golpeados o aplastados por una carga que se cae, pueden caerse de los equipos, electrocutarse con líneas eléctricas, los vehículos pueden pasarles por encima o pueden quedar atrapados en ellos. El radio de acción del equipamiento pesado también puede ser riesgoso si el trabajo no está cuidadosamente planeado y el área no está adecuadamente protegida con barricadas. La *Figura 1* muestra un ejemplo de qué puede pasar cuando esto no se hace.

Existen peligros tanto para **los operadores del equipo** como para los demás trabajadores en el área. Por ejemplo, un contratista estaba operando una retroexcavadora cuando otro empleado intentó pasar entre la parte oscilatoria trasera de la retroexcavadora y una pared de concreto. Como el empleado se aproximó a la retroexcavadora por el lado no visible para el operador, la parte trasera golpeó a la víctima, aplastándola contra el muro.

Trabajar con equipo pesado o cerca de este es peligroso; por eso, usted debe comprender que su responsabilidad primordial en el trabajo es la seguridad. Esto incluye su propia seguridad, la

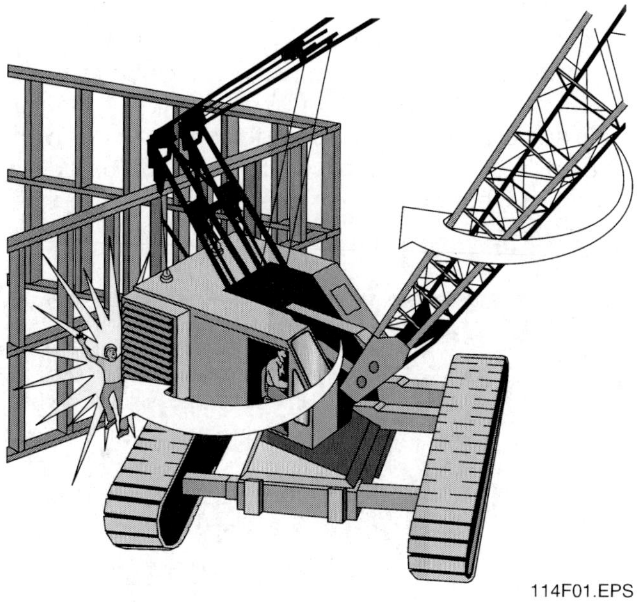

Figura 1 ◆ Trabajador golpeado por una grúa en movimiento.

Tenga en cuenta todos los peligros

Dos empleados estaban intentando ajustar los frenos de una retroexcavadora. La víctima le dijo al operador de la retroexcavadora que levantara las ruedas del piso con la cuchara frontal y los pies estabilizadores para poder llegar a los frenos. Entonces, la víctima se deslizó debajo de la máquina y comenzó a ajustar los frenos. Lo hizo sin tener en cuenta que sólo había un espacio de 36" (91.5 cm) entre el piso y el eje del motor. Mientras ajustaba los frenos, la capucha de su chaqueta de lluvia se enganchó en el árbol del motor, y le rompió el cuello. Murió en forma instantánea.

Moraleja: La ropa suelta puede quedar atrapada en las partes móviles de las máquinas. Debe tener en cuenta todos los peligros posibles cuando trabaje con el equipo.

Fuente: Administración de la Seguridad y Salud Ocupacionales (OSHA)

seguridad de las demás personas que se encuentren en el lugar y el uso seguro del equipo en ese sitio. Debe conocer los riesgos y los procedimientos de seguridad de cada trabajo en el que participe, independientemente de la tarea concreta que esté realizando.

2.0.0 ◆ EQUIPO PESADO

Aquellos que trabajan alrrededor de equipo pesado requieren un conocimiento básico de todos los tipos de equipos pesados, así como también de los riesgos y las precauciones necesarias. Los tipos de trabajos que realizan los operadores de equipo pesado son diversos. Los que se mencionan a continuación son sólo algunos de los trabajos para los que se utiliza equipo pesado:

- Trabajos de construcción civil, residencial e industrial
- Minería
- Operaciones de control de nieve y de hielo
- Mantenimiento de superficies de carreteras, tales como rellenado de huecos y grietas (averías de superficie), levantamiento de concreto hundido, repavimentado, pintura de líneas de carreteras, barrido de carreteras, inspección y reparación
- Carga, amarre y descarga del equipo y de materiales
- **Mantenimiento del equipo** y reparación del mismo
- Transporte de equipo por carreteras públicas

Se puede esperar que trabajadores en la industria de construcción tengan que operar muchos tipos de equipo pesado diferentes (*Figura 2*). Esos equipos pueden variar considerablemente en tamaño y peso. Algunos de los equipos utilizados en la construcción pesada son los siguientes:

- Camiones
- Grúas
- Equipos de compactación
- Retroexcavadoras
- Retroexcavadoras cargadoras
- Máquinas raspadoras
- Topadoras o "bulldozers"
- Excavadoras
- Niveladoras a motor para terreno
- Minicargadoras
- Montacargas
- Equipo para pavimentación de concreto
- Equipo para planta de concreto

Use siempre el cinturón de seguridad

Un empleado estaba conduciendo una cargadora frontal por una rampa de tierra encima de un remolque de cama baja. La banda de rodamiento del tractor comenzó a deslizarse fuera del remolque. Como el tractor comenzó a volcarse, el operador, que no tenía puesto el cinturón de seguridad, saltó de la cabina. Cuando cayó al piso, la jaula antivuelco del tractor cayó encima de él y lo aplastó.

Moraleja: Utilice siempre el cinturón de seguridad cuando esté operando equipo pesado.

Fuente: Administración de la Seguridad y Salud Ocupacionales (OSHA)

(A) TOPADORA O “BULLDOZER”

(B) CAMIÓN ARTICULADO

(C) EXCAVADORA

(D) RETROEXCAVADORA O MANO DE CHANGO

(E) MINICARGADORA

(F) NIVELADORA A MOTOR PARA TERRENO

114F02.EPS

Figura 2 ◆ Tipos de equipos pesados.

- Equipo para planta de asfalto
- Mezcladoras de eje horizontal
- Compensadoras de nivel
- Máquinas moledoras en frío
- Estabilizadoras
- Zanjadoras y limpiadoras
- Equipo de rotura

Es importante que sepa cómo utilizar este equipo de manera segura y que conozca los riesgos y las precauciones en su sitio de trabajo.

2.1.0 Seguridad en el lugar de trabajo

La seguridad en el trabajo es responsabilidad de cada uno. El operador del equipo tiene el control sobre la utilización, la operación, la inspección, la lubricación y el mantenimiento del equipo. Por lo tanto, el operador es la persona primordialmente responsable de la utilización de buenas prácticas de seguridad en esos aspectos. Sin embargo, es importante comprender que, aunque el operador tenga gran parte de esa responsabilidad, todas las personas que trabajan en el sitio tienen la responsabilidad de realizar su trabajo en condiciones seguras. También tienen la responsabilidad de ser conscientes de sus compañeros de trabajo y de sus acciones.

Siga estas reglas generales de seguridad en el trabajo para garantizar que todos los que trabajan en el sitio están resguardados.

- Manténgase alerta. Tenga cuidado con el equipo en movimiento. Piense que el operador no puede verlo.
- Utilice vallas de contención y dispositivos de seguridad para todos los equipos.
- Informe de cualquier herramienta, máquina u equipo defectuosos a su supervisor, y comunique todos los accidentes o accidentes potenciales.
- Desconecte la energía eléctrica y trabe y coloque un etiquetado de bloqueo antes de efectuar el mantenimiento.
- Utilice adecuadamente las llaves de ajuste en tuercas y pernos.
- Mantenga su área de trabajo limpia, sin sobrantes ni basura.
- Deshágase adecuadamente del material combustible.
- Limpie inmediatamente cualquier líquido derramado.
- Guarde los trapos engrasados en un recipiente de metal con cierre automático.
- No utilice nunca aire comprimido para asearse o asear su ropa.
- Asegúrese de que todas las demás personas que se encuentren en el lugar estén a una distancia segura del equipo.
- Use dispositivos de control de tráfico donde sea necesario (*Figura 3*).
- Siga las reglas de seguridad y las restricciones del fabricante en todos los equipos.

2.2.0 Seguridad del equipo

La identificación de los riesgos de seguridad comienza con una inspección de seguridad diaria a las máquinas. Antes de comenzar con las operaciones diarias, el operador debe inspeccionar alrededor y debajo del equipo pesado en busca de evidencias de riesgos potenciales de seguridad o

Conozca los peligros de su lugar de trabajo

Dos empleados estaban extendiendo concreto, provisto por una bomba de concreto de un camión grúa. El camión estaba estacionado atravesando la calle, frente al lugar de trabajo. Había líneas de electricidad que pasaban por encima de la pluma del camión con bomba.

Un empleado estaba moviendo la manguera para vertir el concreto, cuando la pluma del camión entró en contacto con las líneas eléctricas aéreas. Esas líneas conducían 7,200 voltios. El empleado se electrocutó y murió instantáneamente. Luego cayó sobre el empleado que estaba ayudándolo. El segundo empleado recibió una descarga eléctrica masiva que lo carbonizó.

Ninguno de los que estaban en el lugar habían recibido el entrenamiento de seguridad adecuado. De otro modo, hubieran sabido cuan peligroso es trabajar debajo de las líneas de electricidad.

Moraleja: Inspeccione siempre el lugar de trabajo para determinar los riesgos antes de comenzar a trabajar. Las líneas de electricidad aéreas y subterráneas pueden ser letales.

Fuente: Administración de la Seguridad y Salud Ocupacionales (OSHA)

114F03.EPS

Figura 3 ◆ Dispositivos de control de tráfico.

de problemas operacionales. Las condiciones inseguras deben ser corregidas de inmediato o informadas, y las operaciones con equipo pesado no deben comenzar hasta que las condiciones sean seguras.

La siguiente es una lista de los puntos básicos que deben ser comprobados diariamente:

- Funcionamiento e indicadores del motor
- Presión y niveles de aceite
- Tareas de la limpieza
- Extintores de fuego
- Dispositivos de alarma auditiva
- Líneas **hidráulicas** y fluidos
- Limpiaparabrisas, espejos y luces
- Baterías y sistema de carga
- Señales manuales y gráficas de carga visibles
- Protecciones y embragues ("clutches")
- Estabilizadores, carriles, ruedas y llantas
- Frenos, bloqueos y dispositivos de seguridad
- Cadenas de transmisión, dirección y todos los rodillos
- Poleas, tambores y todos los cables
- Bloqueos y ganchos
- Puntal, soporte, brazos y extensión
- Conjunto portante
- Todos los controles, incluyendo los de elevación, giro, desplazamiento y pluma

2.3.0 Seguridad personal

La seguridad personal es tan importante como la seguridad del sitio. Sus acciones afectan a todos los que se encuentren en el sitio. Siga las siguientes indicaciones para prevenir heridas y accidentes:

- Use ropa ajustada y adecuada para la actividad que esté realizando.
- El cabello largo debe recogerse antes de operar con el equipo.
- Póngase gafas de seguridad, un casco de seguridad apropiado, protección para los oídos y equipo para respirar donde sea necesario.
- Sujétese las mangas sueltas cuando trabaje cerca de máquinas, herramientas o equipo giratorio.
- Quítese los aros y otras joyas para trabajar.
- Manténgase alerta.

CASOS HISTÓRICOS

Utilice el procedimiento correcto

Un ingeniero que operaba una grúa hidráulica de neumáticos de caucho de 65 toneladas había completado una recogida y estaba retirando la grúa del área de recogida. Retrocedió la grúa desde un cimiento de concreto del área de recogida utilizando una rampa de salida. La pluma de la grúa estaba retraída y la viga de elevación y el bloque de carga, sujetos. Intentó bajar la viga de elevación a un área de almacenamiento en el terreno ubicado en su parte posterior derecha. Al salir del cimiento, el operador advirtió que el autobús del personal estaba estacionado en forma paralela al cimiento a su derecha y había un punto de control con barreras justo detrás, en la parte derecha trasera. Detuvo la grúa, movió la pluma aproximadamente 55' (15 m) y la hizo girar por encima del autobús hacia la derecha de modo que la carga (la viga de elevación) rodeara la parte trasera del autobús y no pasara por encima del mismo. Una vez que la pluma estuvo perpendicular al autobús, la grúa volcó porque el operador no había extendido los pies estabilizadores. Afortunadamente, la grúa no golpeó al autobús y el trabajador salió ileso. El conductor fue culpable del accidente porque no siguió los procedimientos correctos.

Moraleja: Utilizar los pies estabilizadores y los demás controles de seguridad permite evitar costosos accidentes.

Fuente: Departamento de Energía de los Estados Unidos de América

CARRIL INTERNO

Consejos sobre ropa para clima frío

Siga los siguientes consejos para prevenir lesiones debidas al clima frío:

- Póngase varias capas de ropa.
- Use ropa interior de lana de tipo térmico.
- Póngase por encima ropa que resista el viento y la humedad.
- Utilice un casco protector sobre su cabeza y cubra su rostro y sus orejas.
- Cuando trabaje en lugares nevados o mojados, lleve un par de calcetines secos extra.
- Póngase botas térmicas y asegúrese de que no sean demasiado ajustadas para que la circulación no se vea dificultada.
- Use mitones o manoplas forrados de lana o guantes cubiertos con un material que proteja del viento y el agua.

- No salte hacia o desde un equipo en movimiento.
- Conozca la ubicación del equipo de primeros auxilios y de los extintores así como de los números telefónicos para emergencias.

2.4.0 Riesgos climáticos

Los operadores de equipo pesado normalmente trabajan al aire libre. Bajo ciertas condiciones ambientales, tales como el calor o el frío extremo, el trabajo puede resultar incómodo y posiblemente peligroso. Hay cuestiones específicas de las que hay que ser consciente cuando se trabaja bajo tales condiciones adversas.

2.4.1 Clima frío

La cantidad de lesiones ocasionadas por la exposición a temperaturas anormalmente bajas depende de la velocidad del viento, la duración de la exposición, la temperatura y la humedad. El congelamiento aumenta con el viento y la humedad o con una combinación de estos dos factores. Siga estas indicaciones para prevenir lesiones tales como el **congelamiento** en climas extremadamente fríos:

- Vístase siempre con ropa adecuada.
- Limite la exposición tanto como sea posible.
- Tome con frecuencia breves períodos de descanso.
- Manténgase en movimiento. Ejercite los dedos de las manos y de los pies, pero no de manera excesiva.
- No beba alcohol antes de la exposición al frío. El alcohol puede disminuir su sensibilidad al frío y hacer que no sea consciente de la sobreexposición.

CASOS HISTÓRICOS

Sea consciente de las personas que lo rodean

Un minero estaba agregando agua a las baterías de una plataforma elevadora de tijera que estaba siendo utilizada para colocar pernos de anclaje. Estaba apoyado en sus rodillas, inclinado sobre el compartimiento de la batería cuando un montacargas retrocedió y golpeó la puerta del compartimiento. El montacargas se movió hacia atrás aproximadamente 1 metro, cerrando la compuerta y ocasionando el aplastamiento de la parte superior de los brazos derecho e izquierdo del minero y la parte superior de su espalda en el compartimiento. Cuando el minero gritó, el operador de la carretilla elevadora detuvo el retroceso. Entonces, se movió hacia adelante y el minero pudo levantarse. El minero sufrió graves hematomas en la parte superior de los brazos derecho e izquierdo y en la parte superior de su espalda. El conductor del montacargas no había mirado alrededor del lugar de trabajo para ver si había alguien allí. Afortunadamente, el minero pudo recuperarse de sus lesiones.

Moraleja: Revise siempre el lugar de trabajo antes de comenzar a operar su equipo. Sepa dónde están sus compañeros de trabajo en cada momento.

Fuente: Departamento de Energía de los Estados Unidos de América

- No se exponga a un clima extremadamente frío si alguna parte de su ropa o de su cuerpo está húmeda.
- No fume antes de la exposición al frío. La respiración puede resultar dificultosa si el aire está extremadamente frío. Fumar puede empeorar el efecto.
- Aprenda a reconocer los síntomas de la sobreexposición y el congelamiento.
- Coloque las manos frías debajo de la ropa seca contra el cuerpo, por ejemplo en las axilas.

2.4.2 Síntomas y tratamiento de la exposición al frío

Si vive en un lugar de clima frío, es muy probable que se vea expuesto al mismo cuando trabaja. Pasar largos períodos de tiempo expuesto al frío puede ser peligroso. Es importante conocer los síntomas de la exposición al clima frío y cómo tratarlos. Los síntomas de la exposición al frío incluyen:

- Temblores
- Entumecimientos
- Baja temperatura corporal
- Adormecimiento
- Debilidad muscular

Siga estos pasos para tratar la exposición al frío:

Paso 1 Vaya a un área interna templada lo más rápido posible.

Paso 2 Quítese la ropa húmeda o congelada y todo lo que pueda ajustarse, como collares, relojes, anillos y cinturones.

Paso 3 Entíbiese poniéndose más ropa o envolviéndose con una cobija.

Paso 4 Beba líquidos calientes, pero no beba alcohol.

Paso 5 Fíjese si hay congelamiento. Si encuentra congelamiento, busque ayuda médica de inmediato.

2.4.3 Síntomas y tratamiento del congelamiento

El congelamiento es una lesión ocasionada por la exposición a elementos fríos. Ocurre cuando se forman cristales en los fluidos y por debajo de los tejidos blandos de la piel. El área congelada por lo general es pequeña. La nariz, las mejillas, las orejas, los dedos de las manos y de los pies son los que normalmente resultan afectados. La piel afectada puede verse levemente enrojecida antes de que el congelamiento se produzca. Los síntomas del congelamiento son los siguientes:

- La piel se torna blanca, gris o amarillo cera. El color indica un daño profundo del tejido. Muchas veces, las víctimas no son conscientes del congelamiento hasta que otra persona reconoce la piel pálida y lustrosa.
- Se siente un hormigueo en la piel y luego viene el entumecimiento.
- El dolor en la zona afectada comienza y se detiene.
- Aparecen ampollas en el área.
- La zona congelada se hincha y se siente pesada.

CASOS HISTÓRICOS

Revise dos veces su equipo

Un operador de topadora o "bulldozer" de 49 años de edad murió al ser aplastado cuando compactaba tierra de relleno durante la construcción de una isla de exploración de petróleo. La víctima estaba operando la topadora en terreno llano, alternativamente hacia adelante y hacia atrás a velocidad media. Con la cuchilla totalmente baja, la víctima puso la palanca de cambios en punto muerto. La transmisión estaba parcialmente suelta, pero no completamente en punto muerto.

Creyó, sin verificarlo, que la palanca de la topadora estaba estable en neutro. Salió de la cabina por el lado derecho. Cuando hizo esto, la transmisión se deslizó hacia atrás, quedando en marcha reversa, y provocando un movimiento súbito de la topadora. Como resultado, la víctima fue empujada entre el lado inferior del guardafango y la parte superior de los listones del carril. Como la topadora continuó retrocediendo, la víctima terminó fatalmente aplastada bajo los listones del carril.

Moraleja: Utilice siempre los frenos de estacionamiento y revise dos veces el ajuste antes de salir del equipo. Nunca abandone el equipo si aún está en funcionamiento.

Fuente: Instituto Nacional para la Salud y Seguridad Laboral (NIOSH)

> **NOTA**
>
> En casos de congelamiento avanzado, puede producirse confusión mental y disminución del juicio; la víctima se tambalea, le falla la vista, se cae, y puede perder el conocimiento. El estado de shock es evidente, y es posible que deje de respirar. Cuando se produce la muerte, es por fallo cardiaco.

Para tratar el congelamiento siga los siguientes pasos.

Paso 1 Proteja la zona congelada de un nuevo congelamiento.

Paso 2 Entibie la parte congelada lo más pronto posible.

Paso 3 Busque atención médica inmediatamente.

2.4.4 Clima cálido

El clima caluroso puede ser tan peligroso como el clima frío. Cuando una persona se expone al calor excesivo, corre el riesgo de sufrir un calentamiento. Algunas de las condiciones asociadas con el calentamiento son:

- Agotamiento por calor
- Calambres por calor
- Golpe de calor

El agotamiento por calor se caracteriza por la piel pálida, fría y húmeda; sudor intenso con náuseas y probables vómitos; pulso rápido y débil; posibles desvanecimientos.

Los calambres por calor ocurren después de un ataque de agotamiento por calor. Los retortijones se caracterizan por dolor abdominal, náuseas y mareos. La piel se vuelve pálida, con sudor intenso, movimientos musculares involuntarios e intensos calambres en los músculos.

El golpe de calor constituye una emergencia súbita de amenaza de vida que requiere atención médica urgente. Se caracteriza por dolor de cabeza, náuseas y problemas visuales. La temperatura del cuerpo puede llegar a los 106° (41°C). Además de esto, la piel estará caliente, enrojecida, seca; la respiración será lenta y profunda; pueden presentarse convulsiones y pérdida de la conciencia.

Observe las siguientes indicaciones cuando trabaje en clima caluroso para prevenir el agotamiento por calor, los retortijones o el golpe de calor.

- Beba suficiente agua.
- No haga esfuerzos excesivos.
- Vista con ropa liviana.
- Mantenga su cabeza cubierta y proteja su rostro con una visera.
- Tome breves períodos de descanso con frecuencia.
- Descanse en la sombra siempre que sea posible.

2.5.0 Seguridad de los equipos con conductor

Todos los equipos pesados se mueven durante el transcurso del trabajo. Se mueven hacia el sitio, dentro del sitio y fuera del sitio. Durante el movimiento del equipo pesado ocurren muchas lesiones y muertes. Es importante tener mucha conciencia de la seguridad cuando el equipo está en movimiento. Observe las siguientes indicaciones cuando transporte equipo en carreteras públicas o en el lugar de trabajo.

Siempre observe estas indicaciones cuando esté conduciendo equipo pesado en las carreteras públicas:

- Conduzca lentamente y nunca se apresure.
- Conozca la distancia necesaria para detenerse sin inconvenientes.
- Disponga de tiempo adicional para el ingreso al tráfico.
- Manténgase en el carril de la derecha o en el carril de emergancia.
- Conduzca con las luces encendidas.
- Use las señales de advertencia y las banderillas adecuadas: banderillas cuadradas rojas de treinta centímetros para viajar de día, o señales de advertencia visibles a 500' (150 metros) para viajar de noche.
- Asegure todos los accesorios y equipos sueltos.
- Gire con precaución; deje espacio para extensiones o carga ancha y para amplitud estructural. Algunos equipos están sobrecargados en la parte superior y pueden volcarse si se gira demasiado rápido.
- Conozca el radio de giro de su equipo.
- Conozca y obedezca todas las leyes estatales y locales.

Siempre observe estas indicaciones cuando esté conduciendo un equipo pesado en el lugar de trabajo:

- Nunca conduzca una máquina en un lugar de trabajo, en un área congestionada, o con gente alrededor sin un observador o un banderillero que lo guíe. El observador o el banderillero es responsable de determinar y controlar la velocidad del conductor.
- Asegúrese de que todos hayan despejado el área cuando mueva hacia atrás, enganche o traslade cargas.
- Nunca mueva tubos o artículos similares por encima de las cabezas de otros trabajadores.
- Si no puede ver el área claramente desde el asiento del operador y no tiene un observador, bájese y examine el lugar para controlar posibles riesgos.
- Espere la señal que indica que el área está despejada antes de iniciar el movimiento.
- Indique el movimiento hacia adelante con dos bocinazos.
- Indique el movimiento hacia atrás con tres bocinazos.
- Ceda el derecho de paso al equipo con carga en trayectos de transporte y en barrancos.
- Mantenga una distancia segura de los demás vehículos.
- Cuando esté en movimiento, mantenga el equipo en marcha todo el tiempo, no ponga el cambio en neutro.
- Mantenga una velocidad consistente con las condiciones del terreno.
- Adelántese sólo cuando sea necesario; sea precavido.
- Observe la presencia de líneas de electricidad aéreas.
- Observe señalizaciones que indiquen la presencia de cañerías bajo tierra y tuberías de electricidad y gas. Las compañías de teléfonos y servicios señalan el espacio de trabajo cuando es necesario utilizando colores: gas y químicos, amarillo; teléfonos, naranja; electricidad, rojo; agua, azul; alcantarillas y bocas de tormenta, verde.

¡ADVERTENCIA!

No es necesario que el equipo esté en contacto directo con cables para actuar como conductor de electricidad. Si opera cerca de líneas eléctricas, debe cortar la electricidad de las mismas. No opere a menos de 10' (3 metros) de las líneas de electricidad.

CASOS HISTÓRICOS

Comuníquese con sus compañeros de trabajo

Un técnico de control radiológico estaba brindando soporte a empleados de mantenimiento que estaban realizando un trabajo en una instalación. Mientras que los demás trabajadores preparaban el sitio de trabajo, un operador de carretilla elevadora manual comenzó a desplazarse por el sitio. El técnico de control iba caminando cerca de la carretilla elevadora manual. El camino utilizado para acercarse al sitio de trabajo obligaba a pasar por un estrecho corredor de la zona de control de contaminación (CCZ). Esto requería la atención total del operador. Cuando se aproximaba al sitio de trabajo, el técnico pasó adelante de la carretilla elevadora manual, quedando fuera del campo visual directo del operador. El técnico se agachó para recoger un equipo de inspección que se encontraba en el camino. Perdió contacto visual con el operador. Entonces, el operador no se dio cuenta de que el técnico se encontraba en el camino de la carretilla elevadora manual. Como resultado, la rueda delantera de la carretilla elevadora manual aplastó el pie izquierdo del técnico. Cuando el operador escuchó gritar al técnico, se detuvo inmediatamente y retrocedió. Afortunadamente, el técnico no sufrió la rotura de ningún hueso. Sin embargo, perdió 14 días de trabajo. Si se hubieran utilizado señales y se hubiera mantenido el contacto visual, se habría evitado la lesión en el pie de este técnico.

Moraleja: Los operadores de equipo tienen un campo visual limitado. Los peatones deben ser conscientes de ello y mantenerse alejados del equipo en movimiento.

Fuente: Departamento de Energía de los Estados Unidos de América

2.6.0 Comunicaciones y señales manuales

La operación de equipo pesado requiere concentración por parte del operador. Cualquier distracción puede tener resultados desastrosos. Algunas veces, el operador no tiene una clara visión del lugar o de los demás equipos. Esto significa que deberá intervenir una persona que utilice señales, para remplazar la visión del operador. Para hacerlo, debe existir una forma estandarizada de comunicación entre el operador y la persona que realice las señales.

Hay muchas maneras de entablar la comunicación entre la persona que realiza las señales y el operador. Una es la radio. Esto implica que la persona encargada de las señales utilice una radio para decirle al operador cómo controlar la carga. Las desventajas de este tipo de comunicación son la interferencia de otras radios o equipos electrónicos y la imposibilidad de escuchar la radio con el ruido de fondo de las máquinas.

Los circuitos conectados por cables son otra manera de entablar la comunicación. Requieren que exista un circuito dedicado. Con un circuito dedicado, se evita la interferencia de otras radios. La desventaja de este tipo de comunicación es que puede no se puede oir por el nivel de ruido existente en el lugar.

Para solucionar el problema del ruido en las comunicaciones de voz y de radio, se puede utilizar un conjunto de señales manuales (*Figura 4*). No se ven afectadas por el ruido o la interferencia. La única desventaja cuando se usan señales manuales es que tanto la persona que realiza las señales como el operador deben estar en el campo visual del otro. Esto puede ser difícil si hay muchos equipos pesados y trabajadores en el lugar. Aún así, por lo general es la forma de comunicarse más segura y efectiva.

3.0.0 ◆ SEGURIDAD EN GRÚAS

Los trabajadores de la construcción pesada utilizan habitualmente una variedad de dispositivos elevadores. Las grúas varían en tamaño y transportan diferentes tipos de carga (*Figura 5*). Las grúas están entre las piezas de equipo pesado usadas más comúnmente, y también pueden ser las más peligrosas. Por eso, es importante entender y obedecer los requisitos de seguridad cuando se trabaja cerca de grúas.

3.1.0 Riesgos y restricciones del sitio

Para evitar lesiones o muertes, es necesario un esfuerzo combinado de todas las personas que intervienen en las operaciones con grúas. Hay muchos riesgos y restricciones del lugar relacionados con las operaciones con grúas. Estos riesgos incluyen:

- Servicios subterráneos tales como gasoducto, oleoducto, líneas de electricidad o telefónicas; tuberías de desagüe y alcantarillado; y tanques bajo tierra.
- Tuberías eléctricas o transmisores de alta frecuencia.
- Estructuras tales como edificios, excavaciones, puentes y contrafuertes.

¡ADVERTENCIA!
Las líneas eléctricas y condiciones ambientales tales como el clima son causas frecuentes de lesiones e incluso de muerte durante las operaciones con grúas.

El operador debe inspeccionar el área de trabajo para identificar riesgos o restricciones que puedan afectar la operación segura de la grúa. Esto incluye:

- Asegurarse de que el terreno pueda soportar a la grúa y a la carga
- Verificar que haya un camino seguro para mover la grúa alrededor del sitio
- Asegurarse de que la grúa puede girar en los cuadrantes requeridos para lo que se planea levantar

El operador debe seguir las recomendaciones del fabricante y todas las restricciones estableci-

Conozca los límites de su equipo

Un trabajador especializado en vidrio murió al intentar levantar una caja de 1,000 lbs (500 kg) de vidrio con la pluma articulada de 60' (18 m) de largo de un montacargas con canasta para cargar personal. Cuando la víctima intentó levantar la caja de vidrio, que pesaba más de las 600 lbs (300 kilos) de capacidad de carga del montacargas, las ruedas del lado del conductor en la base del montacargas se elevaron a 4½' (137.16 cm) sobre el piso. Cuando la víctima se dio cuenta de que la carretilla elevadora corría el riesgo de volcarse, retrocedió inmediatamente los controles intentando bajar el brazo. Al retroceder los controles, el brazo cayó aproximadamente 2' (60 cm). Esto hizo que se aflojara la eslinga, permitiendo que ésta cayera libremente del elevador. La caja de vidrio cayó al piso.

Como la pluma ya no estaba soportando los 1,000 lbs (500 kg) de la caja de vidrio, el montacargas saltó y la víctima fue lanzada desde la canasta. Cayó a más de 30' (9 m) y murió.

Moraleja: No exceda la capacidad del equipo. Una falla del equipo puede ser mortal.

Fuente: Instituto Nacional para la Salud y Seguridad Laboral (NIOSH)

114F04.EPS

Figura 4 ◆ Señales manuales.

114F05.EPS

Figura 5 ◆ Grúas típicas.

das localmente para las operaciones de la grúa, tales como restricciones de horario por reducción de ruido o las consideraciones del tráfico.

3.2.0 Requisitos y restricciones del fabricante

Para operar una grúa móvil en condiciones de seguridad, el operador debe utilizar los datos y la documentación del fabricante, provistos con la grúa. Esos manuales proveen información acerca de los controles necesarios para el arranque y las inspecciones periódicas, así como pautas de inspección. Además, los manuales proveen información acerca de configuraciones y capacidades, junto con numerosas precauciones de seguridad y restricciones de uso. La violación de cualquiera de esos requisitos o precauciones es peligrosa para la operación segura de la grúa y puede hacer que el operador sea responsable si ocurre un accidente. Los operadores deben seguir siempre las instrucciones del fabricante.

3.3.0 Respuesta a una emergencia

Los operadores deben reaccionar en forma rápida y correcta ante cualquier funcionamiento defectuoso o situación de emergencia que pueda surgir. Se deben aprender las respuestas adecuadas ante situaciones de emergencia. La primera prioridad del operador es evitar lesiones y pérdidas de vida. La segunda prioridad del operador es evitar los daños al equipo o a las estructuras que lo rodean.

3.3.1 Fuego

El sentido común del operador es fundamental para determinar la respuesta correcta ante el fuego. La primera respuesta consiste en detener la operación de la grúa y, si el tiempo lo permite, bajar la carga y proteger la grúa. En todos los casos de fuego, evacue el área aún cuando no pueda bajar la carga o no pueda proteger la grúa. Luego de notificar a los servicios de emergencia, una persona calificada puede juzgar si el fuego puede combatirse con un extintor. Un extintor puede ser eficiente para contrarrestar un fuego pequeño en su etapa inicial, pero se puede perder el control del fuego muy rápidamente. El operador debe tener presente que la prioridad número uno es evitar la pérdida de vidas y las lesiones a las personas. No sea demasiado confiado. Hasta los bomberos entrenados que utilizan los mejores equipos pueden verse superados y resultar heridos por el fuego.

3.3.2 Contacto con fuentes de energía eléctrica energizadas

Si una grúa o una carga queda en contacto o queda enganchada en líneas de electricidad, el operador debe suponer que las líneas de electricidad están energizadas. Cualquier otra suposición puede resultar fatal. Si la grúa queda en contacto con una fuente de corriente eléctrica, deberán seguirse las siguientes indicaciones:

- Permanezca en la cabina de la grúa.
- No permita que nadie toque la grúa ni la carga.
- Retroceda el movimiento de la grúa para interrumpir el contacto con las líneas de electricidad energizada.
- Si no es posible permanecer en la cabina, el operador debe saltar fuera de la grúa, aterrizando con los dos pies juntos en el piso.
- Llame a la autoridad local de electricidad o al propietario de la instalación eléctrica.
- Haga verificar que los cables estén seguros y con conexión a tierra antes de permitir que alguien se acerque a la grúa o a la carga.

Llamar a las compañías de servicio elécrico antes de empezar el trabajo

Un equipo de tres hombres compuesto por un capataz y dos operadores de máquinas perforadoras estaba trabajando en la excavación de una zanja de 7' (2 m) de profundidad, 5' (1.5 m) de ancho y 34' (10.4 m) de longitud. La zanja se había excavado con el objeto de permitir que la máquina perforadora pudiera perforar debajo de un camino existente. Había una línea de electricidad de 12,000 voltios suspendida a 20' (6 m) de altura, adyacente y paralela a la zanja. El empleador no había intentado contactarse con la compañía de electricidad para que la línea de electricidad fuera desenergizada.

El capataz estaba operando la grúa montada en un camión que llevaba la tubería hasta la máquina perforadora. ESe estacionó perpendicular a la zanja, orientado hacia abajo con una ligera inclinación. Extendió la pluma hasta la mitad de su largo (30', 9 m) para levantar un tubo de acero de 10' (3 m) de largo y 16' (40 cm) de diámetro que pesaba aproximadamente 1,000 (500 kg). La grúa levantó el tubo con una eslinga. Los dos operadores de máquina perforadora que estaban en la zanja intentaron guiar el tubo a la posición dentro de la misma. El tubo quedó trabado dado que estaba mal alineado en la zanja. La víctima intentó liberarlo tirando del mismo hacia sí con una mano. Cuando lo hizo, la pluma se movió ligeramente, haciendo contacto por un momento con la línea de electricidad suspendida en forma aérea. La pluma, el cable y el tubo quedaron electrificados. La víctima se electrocutó cuando se formó un circuito a tierra, al pasar la corriente del tubo a través de su mano, brazo, pecho y piernas. Cuando llegó a la sala de emergencias del hospital, la víctima ya había fallecido.

Moraleja: Las líneas de electricidad aéreas y subterráneas pueden ser mortíferas. Contacte a la compañía de electricidad antes de comenzar a trabajar cerca de estas líneas.

Fuente: Instituto Nacional para la Salud y Seguridad Laboral (NIOSH)

3.3.3 Fallas durante las operaciones de elevación

Las fallas mecánicas durante las operaciones de elevación pueden ser muy graves. Si una falla hace que el radio se incremente inesperadamente, la grúa puede volcar o la estructura puede derrumbarse. Las cargas también se pueden caer durante las fallas mecánicas. La pérdida repentina de la carga de la grúa puede ocasionar un efecto de látigo que haga volcar la grúa o hacer que la pluma se quiebre.

La posibilidad de que este tipo de fallas ocurran se ha reducido enormemente en las grúas modernas, gracias a los sistemas redundantes y los resguardos de seguridad. Sin embargo, las fallas ocurren, de modo que hay que mantenerse alerta en todo momento.

Si ocurre un problema mecánico, el operador debe bajar inmediatamente la carga. A continuación, el operador debe proteger la grúa, colocar una etiqueta de fuera de servicio en los controles, e informar el problema al supervisor. La grúa no deberá ser operada hasta que sea reparada por un técnico calificado.

3.3.4 Climas riesgosos

Los vientos fuertes y los rayos pueden ocasionar problemas graves en el sitio de trabajo (*Figura 6*). El operador de la grúa debe estar preparado para este tipo de situaciones para prevenir accidentes. Normalmente, los vientos fuertes y los rayos no llegan en forma imprevista. De modo que, cuando reciba la alerta, es importante que el operador ponga a resguardo la grúa en forma práctica y tan pronto como pueda. Para hacerlo, el operador deberá colocar la pluma en la posición más baja

114F06.EPS

Figura 6 ◆ Impacto del viento en las grúas.

posible y asegurar la grúa. Una vez que la grúa se encuentre asegurada, abandónela inmediatamente y busque refugio en un edificio.

¡ADVERTENCIA!

Aún cuando la pluma se encuentre en la posición más baja, puede estar más alta que las estructuras de los alrededores, convirtiéndose en un blanco para los rayos.

4.0.0 ◆ SEGURIDAD CON LA MANIOBRA DE LEVANTE

Las operaciones de maniobras incluyen el movimiento planificado de material y de equipo de un lugar a otro. Las operaciones de maniobra son procedimientos complejos potencialmente peligrosos, incluso para trabajadores bien entrenados

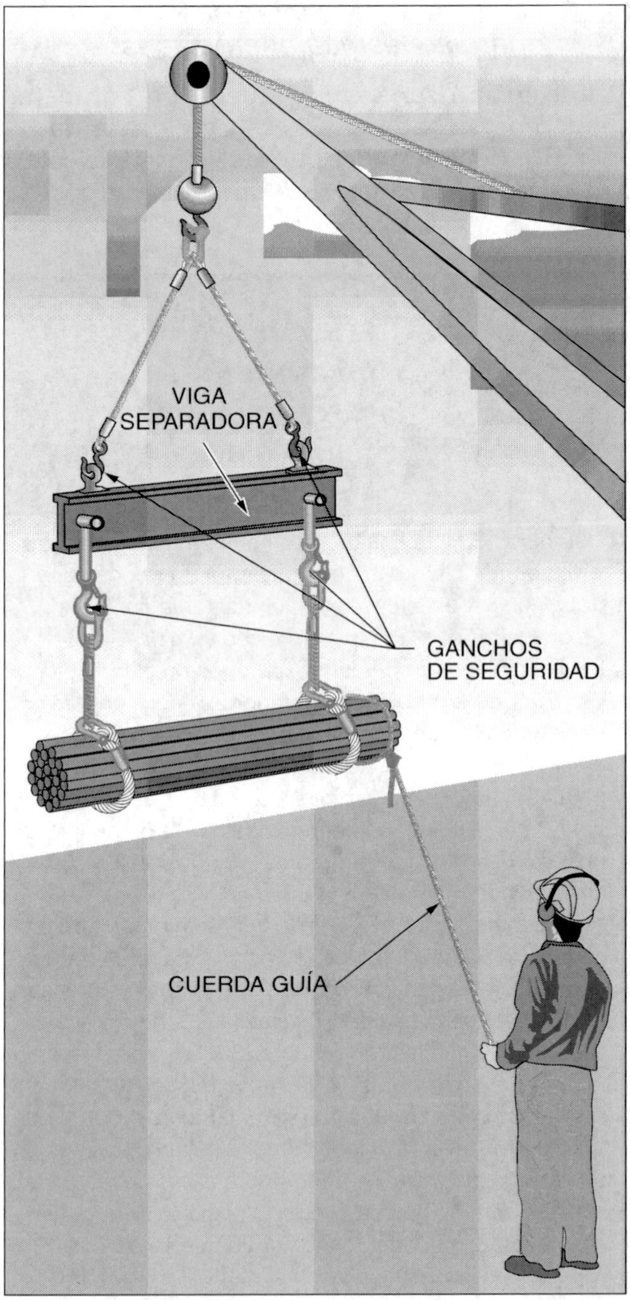

114F07.EPS

Figura 7 ◆ Ejemplo de una maniobra segura.

y calificados en el uso de equipos para maniobras. En estas operaciones se utilizan cuerdas, cadenas, elevadores, eslingas y otros tipos de materiales (*Figura 7*) En algunas operaciones de maniobras, tales como el levante de paneles de construcción, se utilizan grúas. En otros casos, se pueden utilizar cargadoras mecánicas para desplazar materiales en el lugar de trabajo.

Todas las eslingas, los accesorios metálicos y los equipos para maniobras deben estar claramente marcados con su capacidad estimada. No deben usarse etiquetas de papel. La capacidad es-

CASOS HISTÓRICOS

Opere dentro de los límites seguros de capacidad de levante

Un carpintero de 50 años de edad murió en una construcción municipal al recibir el impacto de una cuchara cargada de concreto al volcar una grúa. La víctima estaba sacando moldes de una pared de concreto recientemente construida, mientras que un grupo que trabajaba con el concreto estaba llenando moldes vacíos a una distancia entre 19' a 20' (4 y 6 m) de allí. El concreto estaba siendo levantado desde el nivel de la calle con una grúa móvil de oruga y llevado a tierra bajo la supervisión de un ayudante en un techo. Cuando el operador de la grúa levantó una cuchara cargada de concreto, la hizo girar por encima del techo y la dirigió a los moldes vacíos, la grúa perdió estabilidad inclinándose hacia la víctima. La cuchara estaba llena más allá de su capacidad de concreto. Cuando el operador de la grúa se dio cuenta de lo que estaba sucediendo, se comunicó por radio con el observador que transmitió la alarma a los trabajadores que estaban en el techo. La víctima comenzaba a retirarse cuando la cuchara de concreto fuera de control giró sobre él, y lo golpeó en la cabeza y el hombro. La víctima falleció en el lugar del hecho.

Moraleja: No exceda la capacidad de operación del equipo. Manténgase alejado del movimiento del equipo pesado.

Fuente: Instituto Nacional para la Salud y Seguridad Laboral (NIOSH)

timada es el límite de carga para trabajar o la carga segura para el trabajo. Es necesario determinar la capacidad estimada de las eslingas y el equipo para asegurarse de que las cargas sean levantadas y transportadas de manera segura y efectiva.

Cuando se usan eslingas, deben seguirse las siguientes indicaciones de seguridad:

- Nunca intente acortar una eslinga envolviéndola en el gancho del elevador antes de ajustarla al ojo del gancho.
- Nunca intente acortar los ramales de una eslinga mediante nudos, enrollando o enroscando una eslinga sobre otra.
- Nunca intente acortar una cadena de eslinga atornillando o enganchando los eslabones.
- Asegúrese de que todo el personal haya despejado el sector de la carga antes de levantar el peso total de la carga con las eslingas.
- Nunca intente ajustar las eslingas cuando esté tirando de la carga.
- Asegúrese de que el personal mantenga sus manos lejos de las eslingas y de la carga durante la elevación.
- Use protectores en las eslingas siempre que sea posible.

Los protectores de eslingas protegen de la abrasión, los cortes, el calor y los daños químicos. Los protectores o los cojinetes pueden ser fabricados o confeccionados en el lugar, y su uso regular aumenta considerablemente la vida útil de la eslinga. Si no se dispone de mangas estándar, utilice correas de caucho o secciones de eslingas viejas. Los protectores evitan que se enrosquen los cables. Existen amortiguadores de esquina especialmente destinados a ese fin, pero si no se dispone de ellos, el operador de la maniobra puede utilizar lo que tenga a mano para proteger los cables. La madera, las redes viejas de eslingas y los amortiguadores de fábrica pueden proporcionar algún nivel de protección. Las protecciones para eslingas de cadena protegen los eslabones en contacto con las esquinas de la carga e impiden que los eslabones de la cadena rocen o aplasten la carga.

Resumen

El equipo pesado se utiliza en diversos trabajos de construcción. El tamaño y el uso del equipo pesado puede variar con cada trabajo, pero los peligros no. Trabajar cerca de equipo pesado o sobre el mismo puede ser extremadamente peligroso. Si el equipo se utiliza en forma inadecuada o sin respetar las normas de seguridad, o si no recibe el mantenimiento correcto, pueden producirse lesiones graves o incluso muertes. Usted tiene la responsabilidad de ser conciente de los riesgos en el lugar de trabajo y de los procedimientos de seguridad necesarios para su protección y la de sus compañeros de trabajo.

Preguntas de repaso

1. El equipo pesado sólo se utiliza en trabajos de construcción de carreteras.

a. Verdadero
b. Falso

2. Las carretillas elevadoras están consideradas como equipo pesado.

a. Verdadero
b. Falso

3. Es seguro fumar antes de exponerse al clima frío.

a. Verdadero
b. Falso

4. ¿Cuál de los siguientes síntomas *no es* un signo de exposición al frío?

a. Vómitos
b. Debilidad muscular
c. Adormecimiento
d. Entumecimientos

5. Cuando se quite la ropa húmeda o congelada, también debe quitarse collares, relojes, anillos y cinturones.

a. Verdadero
b. Falso

6. La situación en la cual se forman cristales en los fluidos y por debajo de los tejidos blandos de la piel se llama _____.

a. exposición al frío
b. congelamiento
c. hipotermia
d. hipertermia

7. Cuando alguien sufre un golpe de calor, la temperatura corporal puede llegar a _____ .

a. 99° (37°C)
b. 101° (38°C)
c. 104° (40°C)
d. 106° (41°C)

8. El equipo debe entrar en contacto directo con líneas de electricidad para que se produzca una electrocución.

a. Verdadero
b. Falso

9. Si una grúa o una carga entra en contacto con una línea de electricidad, el operador debe salir cuidadosamente fuera de la cabina.

a. Verdadero
b. Falso

10. Pueden usarse etiquetas de papel para marcar la capacidad estimada de las eslingas, los accesorios metálicos y los equipos para maniobras.

a. Verdadero
b. Falso

Congelamiento: Daños a la piel y a los tejidos ocasionado por el frío extremo o el clima helado.

GLOSARIO

Términos especializados introducidos en este módulo

Hidráulico: Herramientas y equipos que funcionan o se mueven por medio de líquido a presión.

Mantenimiento del equipo: El cuidado, la limpieza, la inspección y el uso adecuado de las máquinas y los equipos.

Operador del equipo: Una persona calificada para operar algún equipo determinado.

Créditos de las figuras

Volvo Construction Equipment North America, Inc.	114F02 (B)
Cortesía de John Deere	114F02 (A), (C), (D), (E), (F)
Brigid McKenna	114F03
Grove	114F05

MÓDULO 75114-03 — RESPUESTAS A LAS PREGUNTAS DE REPASO

Respuesta	Sección
1. b	1.0.0
2. a	2.0.0
3. b	2.4.1
4. a	2.4.2
5. a	2.4.2
6. b	2.4.3
7. d	2.4.4
8. b	2.5.0
9. b	3.3.2
10. b	4.0.0

SERIE EDUCATIVA CONTREN® — COMENTARIOS DEL USUARIO

NCCER hace el esfuerzo de mantener estos libros de texto actualizados y libres de errores técnicos. Apreciamos su ayuda en este proceso. Si tiene una idea para mejorar este libro de texto, o si encuentra algún error, ya sea tipográfico, o de contenido en los libros de texto de *Contren®*, favor de escribirnos usando esta forma o una fotocopia de la misma. Asegúrese de incluir el número exacto del módulo, la página, una descripción detallada, y la corrección, si es aplicable. Su comentario será traído a la atención del comité técnico de revisión. Gracias por su ayuda.

Instructores – si usted encontró que algún material adicional es necesario para enseñar este módulo con eficacia, por favor déjenos saber para poder incluirlos en la lista de Equipo y Materiales en la guía anotada del instructor.

Dirección postal: Departamento de Desarrollo de Productos
National Center for Construction Education and Research
3600 NW 43rd Street, Bldg. G, Gainesville, FL 32606

Fax: 352-334-0932

E-mail: curriculum@nccer.org

Oficio ______ Nombre del Módulo ______

Fecha del Copyright ______ Número del Módulo ______ Número(s) de Página(s) ______

Descripción ______

______

______

______

Corrección (opcional) ______

______

______

Su nombre y dirección (opcional) ______

______

______

Módulo 75115-03

Seguridad del zanjado

MAPA DEL CURSO

Este mapa del curso muestra todos los módulos de Seguridad de campo. El orden de entrenamiento sugerido comienza desde la parte inferior y avanza hacia la parte superior. El Patrocinador local del Programa de Entrenamiento puede modificar el orden del entrenamiento.

SEGURIDAD DE CAMPO

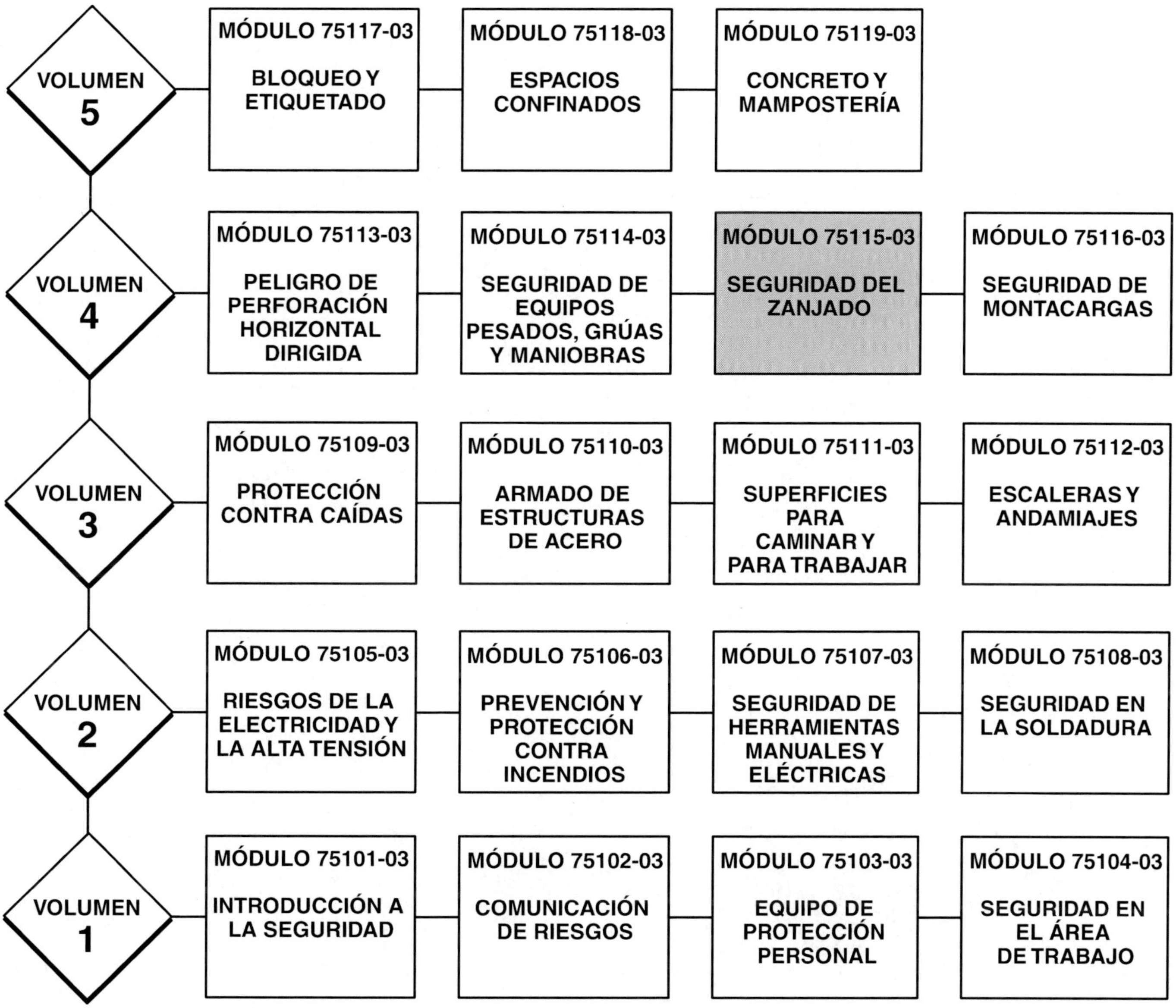

115CMAP.EPS

CONTENIDO DEL MÓDULO 75115-03

Figura

Tablas

MÓDULO 75115-03

Seguridad del zanjado

Objetivos

Cuando haya terminado este módulo, podrá hacer lo siguiente:

1. Describir los procedimientos y el propósito de la excavación.
2. Explicar e identificar riesgos de seguridad asociados con la excavación.
3. Demostrar y explicar los procedimientos adecuados de seguridad en el sitio y respuesta ante emergencias.
4. Identificar los indicios y explicar las causas de una zanja inestable.
5. Explicar la importancia de reconocer los tipos de suelo con miras a la excavación.
6. Describir los procedimientos utilizados en los métodos de seguridad de apuntalamiento, de pendientes y de planchas.

Prerrequisitos

Antes de comenzar este módulo, se recomienda que haya completado con éxito lo siguiente: Seguridad de campo, Módulos 75101-03 a 75114-03.

Material necesario

1. Lápiz y papel
2. Equipo personal de protección apropiado

1.0.0 ◆ INTRODUCCIÓN

La seguridad es crucial en cualquier trabajo de excavación. Las excavaciones se hacen por una cantidad de razones, que abarcan desde sótanos de edificios hasta la construcción de carreteras (*Figura 1*). Durante una excavación, se retira la tierra del piso, formando una zanja. Una zanja es una excavación estrecha practicada en la tierra, cuya profundidad es mayor que su ancho, que no excede los 15' (4.5 m). La tierra removida del piso se llama material excavado o escombro. Al remover la tierra del suelo, pueden generarse presiones ex-

> **CASOS HISTÓRICOS**
>
> ### *Trabajador herido al intentar un rescate*
>
> Unos empleados estaban colocando tuberías de alcantarillado en una zanja de 15' (4.5 m) de profundidad. Los lados de la zanja, que tenía 4' (1.20 m) de ancho en la parte inferior y 15' (4.5 m) de ancho en la parte superior, no estaban apuntalados ni protegidos para evitar derrumbes. El suelo en la parte más baja de la zanja estaba compuesto principalmente de arena y grava, y en la parte superior era de arcilla y greda. La zanja no estaba protegida contra la vibración generada por los vehículos pesados en la carretera cercana. Para salir de la zanja, los empleados tenían que trepar por el material de relleno. Cuando intentaban salir de la zanja, hubo un pequeño derrumbe que cubrió a uno de los empleados hasta los tobillos. Cuando otro empleado intentó ayudar a su compañero, se produjo un segundo derrumbe que cubrió al primer trabajador hasta la cintura. El primer empleado murió por la rotura del ventrículo derecho de su corazón en el momento del derrumbe. El otro empleado sufrió una lesión en la cadera.
>
> **Moraleja:** Asegúrese siempre de tener una vía segura para salir de la zanja.
>
> *Fuente: Administración de la Seguridad y Salud Laboral de los EE.UU. (OSHA)*

115F01.EPS

Figura 1 ◆ Sitios de excavación.

tremas sobre las paredes de la zanja. Si las paredes no están adecuadamente aseguradas mediante un sistema de **apuntalamiento**, pendiente o los **sistemas de planchas**, pueden derrumbarse.

El derrumbe de una zanja sin soportes puede aplastar o sepultar en un instante a los trabajadores. Este tipo de derrumbe sucede cuando no hay suficiente material para sostener las paredes de una excavación. Un metro cúbico de tierra pesa aproximadamente 3,000 (1500 kg), es decir el peso de un automóvil pequeño. Es un peso más que suficiente para herir gravemente o matar a una persona. De hecho, cada año en los Estados Unidos de América, mueren más de 100 personas y muchas más padecen lesiones graves en accidentes por derrumbes.

2.0.0 ◆ RIESGOS EN ZANJAS

El trabajo en excavaciones o cerca de ellas es uno de los trabajos más riesgosos que se puedan realizar. Las medidas de seguridad deben cumplirse en todo momento para evitar lesionarse uno mismo o a los demás.

Algunos de los riesgos que se pueden encontrar durante una excavación son:

- Derrumbes debido a una falla de la zanja.
- Caídas de trabajadores que se encuentren demasiado cerca del borde de la zanja.
- Acumulación de agua por rotura de la red de suministro de agua o redes de alcantarillado.
- Descarga eléctrica al golpear un cable de electricidad en la zanja o líneas eléctricas que se encuentren por encima.
- Derrames de líquidos o gases tóxicos de instalaciones o cañerías cercanas.
- Tráfico vehicular, si la excavación se encuentra cerca de una carretera.
- La caída de suciedad o piedras de la cuchara de una excavadora.

2.1.0 Riesgos del suelo

El tipo de suelo en la zanja y los alrededores es otro factor que puede contribuir al derrumbe de las paredes de la zanja. La *Tabla 1* presenta una lista de muestra de 84 registros de fallas de zanjas, desglosados según el tipo de suelo en el que ocurrieron. El tipo de suelo es el factor principal a tener en cuenta en las operaciones de zanjado. Sólo una **persona competente** designada por una compañía cuenta con la experiencia, el entrenamiento y la formación suficiente para determinar si el suelo dentro y alrrededor de la zanja y los alrededores es seguro y estable. Sin embargo, usted también tiene la responsabilidad de adquirir los conocimientos básicos sobre los suelos y los riesgos asociados a los mismos.

¡ADVERTENCIA!
Nunca ingrese a una zanja sin tener la aprobación de la persona competente asignada en su compañía.

2.1.1 Propiedades del suelo

El suelo comprende partículas de suelo, aire y agua en cantidades variables. Las partículas de suelo, o granos, consisten en trozos, partes, fragmentos y pequeños pedacitos de roca que se desprenden por el desgaste de las rocas madre. El desgaste es un proceso natural de erosión que puede ser físico o químico. Los procesos físicos comprenden el congelamiento y el descongelamiento, la gravedad y la erosión producida por ríos y agua de lluvia. Los procesos químicos comprenden **oxidación**, **hidratación** y **carbonación**; en estos procesos los minerales se separan químicamente por acción de los elementos y se desagregan por acción del agua de la tierra y la lluvia. Las propiedades del suelo incluyen el tamaño del grano, la granulometría del suelo y la forma del grano.

Tabla 1 Fallas por tipo de suelo

Tipo de Suelo	Número de fallas
Arcilla y/o lodo	32
Arena	21
Tierra húmeda (probablemente arcilla con limo)	10
Arena, grava y arcilla	8
Roca	7
Grava	4
Arena y grava	2

¿Qué está incorrecto en esta imagen?

115SA01.EPS

2.1.2 *Tipos de suelo*

El suelo que se encuentra en la mayor parte de los sitios de construcción es una mezcla de diversos granos minerales que proceden de diferentes tipos de rocas. Los suelos promedio normalmente son una mezcla de dos o tres materiales, tales como arena y limo o limo y arcilla. El tipo de mezcla determina las características del suelo. Por ejemplo, la arena con pequeñas cantidades de limo y arcilla puede compactarse bien y proporcionar un suelo muy bueno para la excavación. Además de los granos minerales, el suelo contiene agua, aire, gases, químicos y otros materiales orgánicos.

2.1.3 *Comportamiento del suelo*

Cada uno de los diversos tipos de suelo, según la condición del suelo en el momento de la excavación, se comportará de manera diferente (*Tabla 2*). El suelo arenoso tiende a desmoronarse. Las arcillas húmedas y las gredas a veces provocan que los lados de la zanja se desprendan en pedazos grandes. Estas dos situaciones se muestran en la *Figura 2*.

Las arcillas firmes y secas y las gredas tienden a rajarse. La arena mojada y la grava tienden a deslizarse. Estas situaciones se muestran en la *Figura 3*. Usted debe tener conciencia del tipo de suelo en el que trabaja y conocer cómo se comporta. Cuando esté trabajando en una zanja o cerca de ella, deberá mantenerse atento a los cambios de la zanja. Observe las grietas que vayan creciendo, la humedad o los pequeños movimientos del material de la zanja. Avise a su supervisor y a sus compañeros de trabajo si advierte cualquier cambio en las paredes de la zanja. Los cambios en las paredes de la zanja pueden ser un indicio temprano de una situación más grave.

3.0.0 ◆ INDICACIONES PARA TRABAJAR EN UNA ZANJA O SUS ALREDEDORES

Cuando está trabajando en una excavación o zanja o en sus alrededores, usted es responsable de su seguridad personal. También es responsable de la seguridad de las demás personas que trabajan en la zanja. Las siguientes indicaciones deben ser cumplidas para garantizar la seguridad de todos.

- Nunca ingrese a una excavación sin el visto bueno de la persona competente aprobada por la OSHA en el sitio.
- Inspeccione la excavación a diario para detectar cambios en el entorno, tales como lluvia, helada o vibración intensa de algún equipo pesado cercano.
- Nunca ingrese a una excavación sin que haya sido inspeccionada.
- Use ropa y equipo de protección, como cascos, anteojos de protección, botas de trabajo y guantes. Use equipo para respirar si es necesario.
- Si está expuesto al tránsito de vehículos, use ropa de prevención, marcada o fabricada con material reflectante o de alta visibilidad.
- Salga inmediatamente de la zanja si comienza a acumularse agua en el interior de la misma.
- No pase debajo de cargas que estén siendo manipuladas por palas mecánicas, cables o mecanismos para levantar cargas.
- Manténgase alejado de cualquier vehículo que esté siendo cargado.
- Manténgase alerta. Observe con atención y escuche los posibles peligros.
- No trabaje por debajo o por encima de otro trabajador en una pared de excavación en pendiente o escalonada.

CASOS HISTÓRICOS

No hay forma de salir

Dos empleados estaban poniendo tuberías en una zanja de 12' (3.5 m) de profundidad, cuando uno de los empleados vio que el fondo de la zanja se movía. Saltó fuera de la extensión de la zanja. La pared se derrumbó y el otro empleado sufrió lesiones fatales.

Moraleja: Asegúrese siempre de que las paredes de la zanja tengan pendiente y que exista una salida para un caso de emergencia.

Fuente: Administración de la Seguridad y Salud Laboral de los EE.UU. (OSHA)

Tabla 2 Método de campo para la identificación de la textura del suelo

Textura del suelo	Detección visual del tamaño de las partículas y aspecto general del suelo	Apretado en la mano	Suelo hecho cinta entrededo gordo e índice
Arena	El suelo tiene un aspecto granular en el que se puede detectar el tamaño de cada grano. Cuando está seco, corre fácilmente.	*Cuando el aire lo seca*: No toma forma y se deshace cuando se deja de ejercer presión. *Cuando está húmedo*: Toma una forma que se desmorona apenas se toca suavemente.	No se puede formar una cinta.
Arcilla arenosa	Básicamente es un suelo granulado con suficiente limo y arcilla para hacerlo consistente. Predominan las características de la arena.	*Cuando el aire lo seca*: Toma una forma que se deshace fácilmente apenas se toca. *Cuando está húmedo*: Toma una forma que soporta una manipulación cuidadosa sin romperse.	No se puede formar una cinta.
Greda	Una mezcla uniforme de arena, limo y arcilla. El tamaño de la fracción de arena es bastante uniforme, de grueso a fino. Es suave, al tacto es un tanto arenoso, pero bastante liso y ligeramente plástico.	*Cuando el aire lo seca*: Toma una forma que soporta una manipulación cuidadosa sin romperse. *Cuando está húmedo:* Toma una forma que puede manejarse fácilmente sin romperse.	No se puede formar una cinta.
Greda limosa	Contiene una cantidad moderada de la más fina calidad de arena y sólo una pequeña cantidad de arcilla. Más de la mitad de las partículas son de limo. Cuando está seco puede formar terrones, que pueden romperse fácilmente y pulverizarse.	*Cuando el aire lo seca*: Toma una forma que puede ser libremente manipulada. Pulverizado, al tacto es suave como harina. *Cuando está húmedo*: Toma una forma que puede ser libremente manipulada. Cuando está mojado, se unifica y se encharca.	No toma forma, pero tiene apariencia resquebrajada, al tacto es liso, y puede ser ligeramente plástico.
Limo	Contiene más de 80% de partículas de limo, con muy poca arena fina y arcilla. Cuando está seco, puede formar terrones, y fácilmente se transforma en polvo; al tacto es parecido a la harina.	*Cuando el aire lo seca*: Toma una forma que puede ser libremente manipulada sin romperse. *Cuando está húmedo*: Toma una forma que puede ser manejada libremente. Cuando está mojado, se encharca fácilmente.	Tiene tendencia a formar una cinta, con apariencia resquebrajada, lisa al tacto.
Greda arcillosa	El suelo de textura fina se rompe formando grumos muy duros cuando está seco. Contiene más arcilla que greda limosa. Se parece a la arcilla cuando está seco, la identificación se hace en el comportamiento físico del suelo húmedo.	*Cuando el aire lo seca*: Toma una forma que puede ser libremente manipulada sin romperse. *Cuando está húmedo*: Toma una forma que puede ser libremente manejada sin romperse. Puede ser trabajado como una masa densa.	Forma una cinta delgada que se rompe fácilmente, apenas soporta su propio peso.
Arcilla	El suelo de textura fina se rompe en grumos muy duros cuando se seca. Difícil de pulverizar en un polvo harinoso suave cuando se seca. La identificación se basa en las propiedades cohesivas del suelo húmedo.	*Cuando el aire lo seca*: Toma una forma que puede ser libremente manipulada sin romperse. *Cuando está húmedo*: Toma una forma que puede ser libremente manejada sin romperse. Puede ser trabajado como una masa densa.	Forma cintas largas, delgadas y flexibles. Puede ser trabajado en un polvo harinoso suave cuando se seca. Considerable plasticidad.
Suelos orgánicos	La identificación se basa en el alto contenido orgánico. El estiércol está formado por material orgánico totalmente descompuesto, con una cantidad considerable de suelo mineral finamente dividido, con algunos restos fibrosos. Cuando existe una presencia considerable de material fibroso, puede clasificarse como turba. Permanece la planta o, a veces, puede recono-cerse la estructura de madera fácilmente. Las gamas de color del suelo van del marrón al negro. Se presentan en tierras bajas, pantanos, o terrenos húmedos y bajos. Sufren gran contracción cuando se secan.		

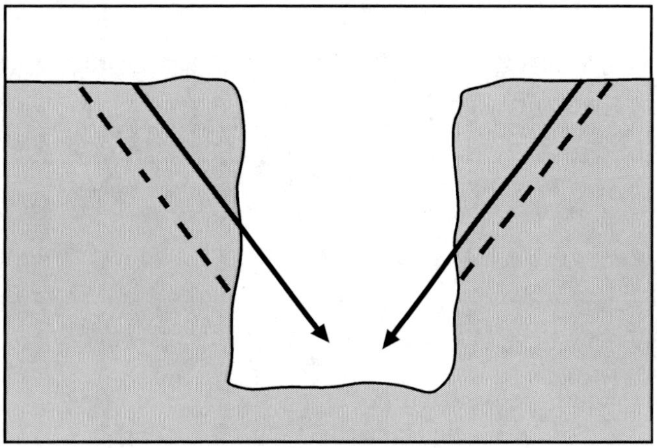

EL SUELO ARENOSO SE DESMORONA

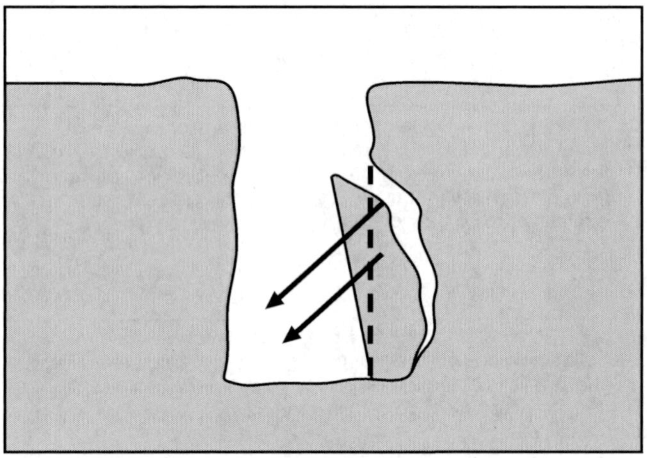

LA ARCILLA Y LAS GREDAS HÚMEDAS SE ROMPEN EN PEDAZOS GRANDES

115F02.EPS

Figura 2 ◆ Comportamiento del suelo arenoso y arcilla y gredas mojadas.

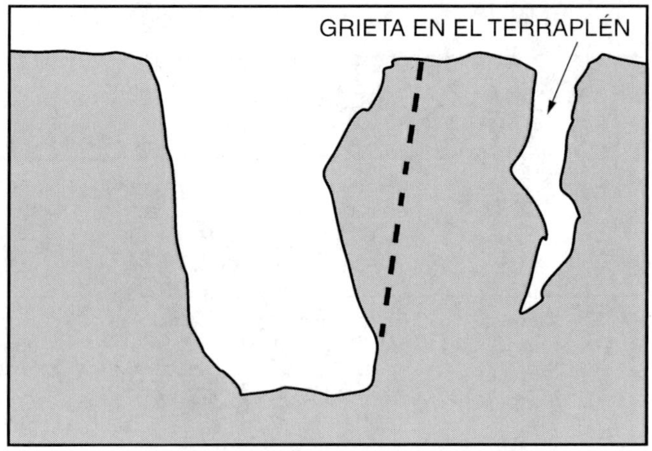

LA ARCILLA Y LAS GREDAS FIRMES Y SECAS SE AGRIETAN

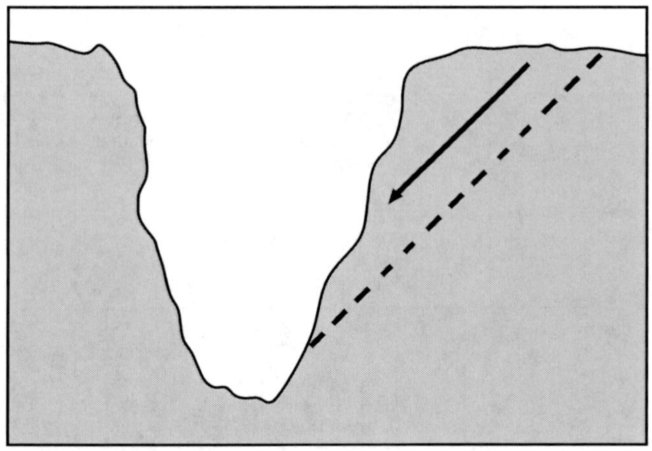

LAS ARENAS Y LAS GRAVAS MOJADAS SE DESLIZAN

115F03.EPS

Figura 3 ◆ Comportamiento de la arcilla y greda secas, y arena y grava mojadas.

- Coloque barreras en el acceso a las excavaciones para proteger a los peatones y a los vehículos (*Figura 4*).
- Verifique con su supervisor para ver si los trabajadores que ingresan a la excavación necesitan permisos de entrada.
- En toda zanja de más de 25' (7.5 m) de profundidad, debe haber escaleras y rampas para salir de la zanja, colocadas cada 4' (1.20 m).
- Asegúrese de que haya alguien arriba para observar las paredes mientras usted entra a la zanja.
- Asegúrese de no quedarse nunca solo en una zanja. Dos personas pueden cubrir los puntos débiles de cada uno.
- Mantenga las herramientas, el equipo y el material excavado a no menos de 2' (50 cm) del borde de la excavación.

115F04.EPS

Figura 4 ◆ Zanja con barreras.

CASOS HISTÓRICOS

Líneas eléctricas cortadas por camión de carga y descarga

Un subcontratista entregaba una carga de relleno en un área de construcción. Después de la descarga, el conductor olvidó bajar la caja del camión antes de seguir adelante. La caja del camión hizo contacto y cortó las líneas eléctricas de 2,400 V que pasaban por encima. Mientras el camión estaba haciendo la descarga, había un ayudante en el lugar, que se fue cuando el camión comenzó a retirarse. La línea cortada cayó de lleno en el camión; no había nadie en el área donde cayó el extremo de la línea. Afortunadamente, no hubo heridos.

Moraleja: Siempre que se hace una excavación hay que tener en cuenta las líneas de electricidad aéreas y subterráneas.

Fuente: Administración de Seguridad y Salud Laboral de los EE.UU. (OSHA)

- Asegúrese de que se estén usando puntales, cajas de zanja (*Figura 5*), **escalonado** o un sistema de pendiente en las excavaciones y zanjas de más de 5' (1.5 m) de profundidad.
- Detenga inmediatamente el trabajo si hay algún riesgo de derrumbe. Asegúrese de que cualquier problema sea corregido antes de volver a comenzar a trabajar.

3.1.0 Escaleras

Debe haber al menos un modo de entrar y salir en todas las excavaciones de más de 4' (1.20 m) de profundidad. Por lo general se usan escaleras para ese fin (*Figura 6*). Las escaleras deben estar ubicadas a menos de 25' (7.5 m) de cada trabajador.

Cuando se usen escaleras, hay una serie de requisitos que deben ser tomados en cuenta.

- Los rieles laterales de las escaleras deben estar extendidos un mínimo de 3' (90 cm) por encima del borde de la excavación.
- Las escaleras deben tener rieles laterales no conductores si el trabajo se realiza cerca de equipo o sistemas que utilicen electricidad.

115F05.EPS

Figura 5 ◆ Caja de zanja.

CASOS HISTÓRICOS

Equipo de zanjado

Un operario que estaba trabajando en una tarea de zanjado intentó posicionar una retroexcavadora para rellenar una zanja de electricidad encima del borde externo de la misma. Como el operador se posicionó sobre suelo blando, removido, el equipo se inclinó lateralmente y se deslizó hacia abajo, deteniéndose sólo cuando alcanzó la alambrada, 3 metros abajo en la zanja. El operador estaba con el cinturón de seguridad colocado y no resultó herido en este accidente.

Moraleja: Si el empleado no hubiera tenido colocado su cinturón de seguridad y la alambrada no hubiera estado en su lugar, el incidente podría haber ocasionado heridas muy graves.

Fuente: Administración de Seguridad y Salud Laboral de los EE.UU. (OSHA)

115F06.EPS

Figura 6 ◆ Escalera en una zanja.

- Se deben usar dos o más escaleras cuando haya 25 o más trabajadores en una excavación en la que las escaleras sirvan como medio principal de ingreso y salida o donde las escaleras se usen para el tráfico en los dos sentidos, hacia adentro y hacia afuera de la zanja.
- Todas las escaleras deben ser inspeccionadas antes de cada uso para detectar signos de daño o defectos.
- Las escaleras dañadas deben ser etiquetadas con la inscripción *NO USAR* y retiradas del servicio hasta que sean reparadas.
- Utilice escaleras sólo en superficies estables o planas.
- Asegure las escaleras cuando las utilice en un lugar en el que puedan moverse por las actividades de la excavación o por el tráfico.
- Mientras esté sobre la escalera, no transporte ningún objeto o carga que pueda hacerlo perder el equilibrio.
- Sea precavido siempre que use una escalera de zanja.

4.0.0 ◆ INDICIOS DE UNA ZANJA INESTABLE

En una zanja abierta o en una excavación, pueden ocurrir una serie de tensiones y aflojamientos. El aumento o la disminución del contenido de humedad, por ejemplo, puede afectar la estabilidad de la zanja o la excavación. En las siguientes secciones se describen algunas de las causas más frecuentemente identificadas de incidentes en zanjas. Estas situaciones se muestran en la *Figura 7*.

Las grietas causadas por tensión normalmente se forman entre un cuarto y la mitad de camino partiendo de la parte superior de la zanja. Los deslizamientos o desprendimientos pueden ocurrir como consecuencia de las grietas ocasionadas por la presión. Las grietas causadas por tensión sumadas a los deslizamientos pueden generar desmoronamientos. Los desmoronamientos ocurren cuando la cara vertical de la zanja ejerce presión cortante en la línea de la grieta, y hace que caiga dentro de la excavación. Una excavación sin soportes puede crear una presión desequilibrada en el suelo, lo cual a su vez genera **hundimientos** de la superficie y protuberancias en la pared vertical de la zanja. Si esa situación no se corrige, puede ocasionar la falla de la pared y los trabajadores pueden quedar atrapados en la zanja, o generarse presiones muy intensas en el **sistema de protección**. El levantamiento del fondo es ocasionado por la presión hacia abajo creada por el peso del suelo lindante. La presión origina una protuberancia en la parte inferior de la zanja. Pueden ocurrir amontonamientos y apretujamientos incluso cuando se hayan instalado adecuadamente apuntalamientos y planchas.

PRECAUCIÓN

Los sistemas de protección están diseñados para cargas de tierra uniformes. Los amontonamientos y apretujamientos pueden hacer que se apoyen cargas desniveladas en el sistema de planchas, ejerciendo mayor presión sobre determinadas partes del sistema de protección.

Otro indicio de una zanja inestable es el agua calando. Esto se produce cuando el agua fluye hacia arriba del fondo de la zanja. Una capa freática alta es una de las causas de que fluya agua. El agua puede fluir rápidamente y puede ocurrir incluso cuando se estén utilizando apuntalamientos o cajas. Si el agua comienza a fluir, detenga lo que esté haciendo y salga de la zanja inmediatamente.

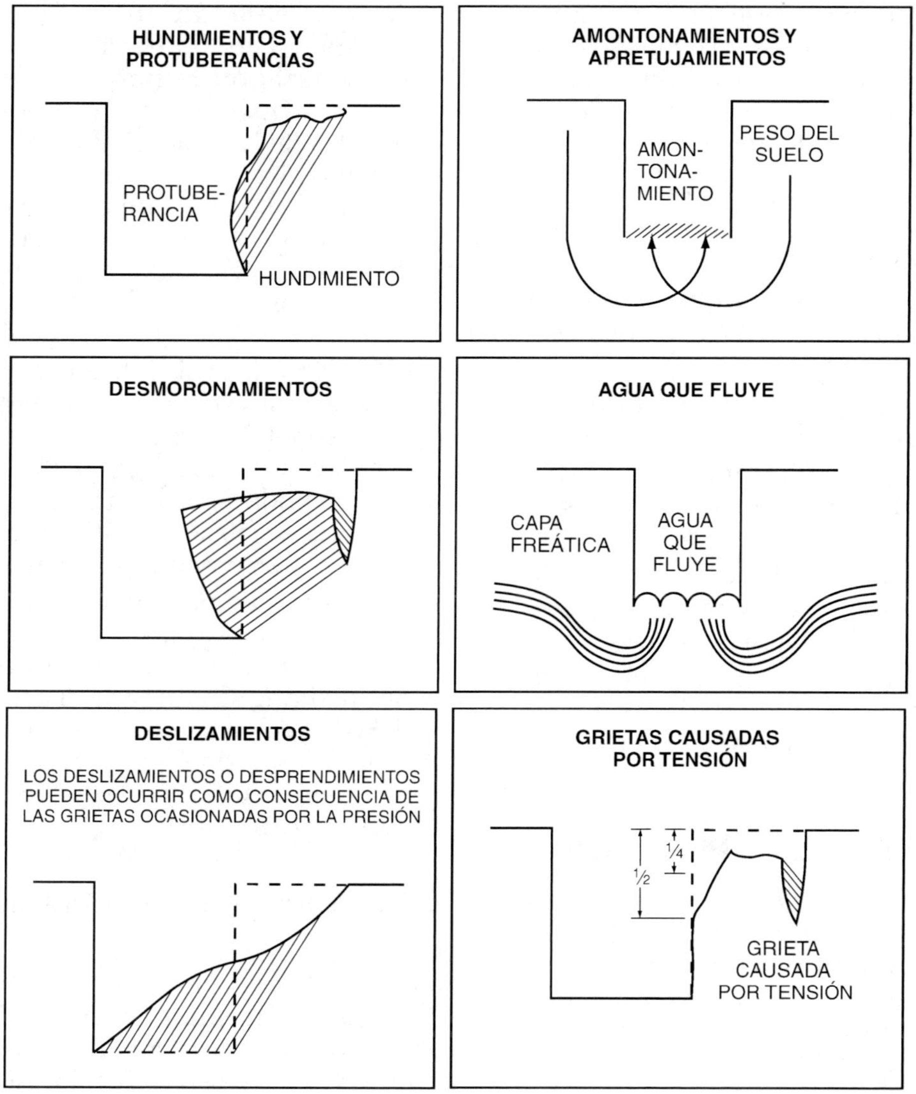

Figura 7 ◆ Indicios de una zanja inestable.

5.0.0 ◆ FALLAS EN ZANJAS

Los riesgos más comunes durante una excavación son una falla de la zanja o un derrumbe. Aplicar el sentido común y observar las medidas de seguridad aplicables hará que la zanja sea un lugar mucho más seguro para trabajar.

> **NOTA**
>
> Las excavaciones de 5' (1.5 m) de profundidad o más requieren el diseño de dispositivos de planchas y de apuntalamiento. Si no se usan dispositivos de planchas y de apuntalamiento, las paredes de la zanja pueden hacerse en pendiente para eliminar el riesgo de derrumbes. Cada uno de estos sistemas de protección debe ser implementado de acuerdo con las regulaciones de la OSHA.

Para comprender la seriedad de una falla de la zanja, piense qué puede suceder si hay un movimiento en la tierra que rodea una zanja sin soportes. Los trabajadores pueden quedar sepultados si:

- Uno de los bordes de la zanja se derrumba
- Una o las dos paredes se desmoronan
- Una o las dos paredes se rajan y se derrumban

Las paredes de zanja con falla o sin soportes no son la única causa de derrumbes. Si el material o la tierra excavada se deslizan dentro de la zanja, pueden caer toneladas encima de los trabajadores. Este tipo de deslizamientos ocurren cuando el montón de material excavado está ubicado demasiado cerca del borde de la zanja o cuando cede el suelo debajo del montón. Debe haber al menos 2' (60 cm) entre la pared de la zanja y el montón de escombros. Además, esa zona debe estar libre de herramientas y materiales.

Las siguientes situaciones pueden llevar muy probablemente al derrumbe de una zanja. Si usted nota alguna de estas situaciones, informe inmediatamente a su supervisor. El listado de las situaciones sigue un orden de gravedad.

- Suelo removido por excavaciones previas.
- Intersecciones de la zanja en las que pueden quebrarse las esquinas de tierra.
- Un derecho de paso estrecho, que obligue al equipo pesado a acercarse demasiado al borde de la zanja.
- Vibraciones del equipo de construcción, del tráfico de las cercanías o de trenes.
- Incremento del agua subterránea que provoque saturación del suelo, volviéndolo inestable.
- Resecamiento de las paredes expuestas de la zanja, que hace perder la humedad natural que mantiene unidas a las partículas del suelo.
- Capas inclinadas de suelo que bajen hacia la zanja, de modo que las capas de diferentes tipos de suelo se deslicen una sobre la otra produciendo el derrumbe de las paredes.

6.0.0 ◆ HACER UNA ZANJA SEGURA

Hay muchas maneras de hacer que la zanja sea un lugar más seguro para trabajar (*Figura 8*). El apuntalamiento, el sistema de planchas o de pendiente de la zanja son los diversos métodos utilizados para proteger a los trabajadores y al equipo. Es importante que usted conozca las diferencias entre ellos.

- *Apuntalamiento* – El apuntalamiento de una zanja permite soportar las paredes de la excavación, evitando su movimiento y su derrumbe. El apuntalamiento hace más que proveer un entorno seguro para los trabajadores en la zanja. Como restringe el movimiento de las paredes de la zanja, el apuntalamiento también detiene el movimiento de las formaciones de suelo adyacentes que contienen instalaciones de servicios públicos, o en las que se encuentran aceras, calles, cimientos de edificios u otras estructuras.
- *Planchas de zanja* – Las planchas de zanja, también llamadas cajas de zanja, se ubican en las excavaciones sin apuntalamiento para proteger al personal de derrumbes de la excavación. No proveen soporte a las paredes de la zanja ni al terreno lindero, pero para profundidades y condiciones de suelo especificas, resisten el peso lateral del derrumbe de una pared de zanja.
- *Pendiente* – La pendiente de una excavación se realiza cortando las paredes a un ángulo del piso. El ángulo debe ser cortado por lo menos hasta el **ángulo de reposo** correspondiente al tipo de suelo en el que se trabaja. El ángulo de reposo es el mayor ángulo por encima del plano horizontal en el que un material permanece sin deslizarse.

6.1.0 Sistemas de apuntalamiento

Los sistemas de apuntalamiento pueden ser de metal, hidráulico, mecánico o estructuras de madera que conforman un marco de soporte a las paredes de la excavación. En el apuntalamiento se usan **refuerzos verticales**, **largueros**, y **travesaños transversales** para soportar las paredes. *La Figura 9* muestra un sistema de apuntalamiento instalado.

115F08.EPS

Figura 8 ◆ Métodos de apuntalamiento.

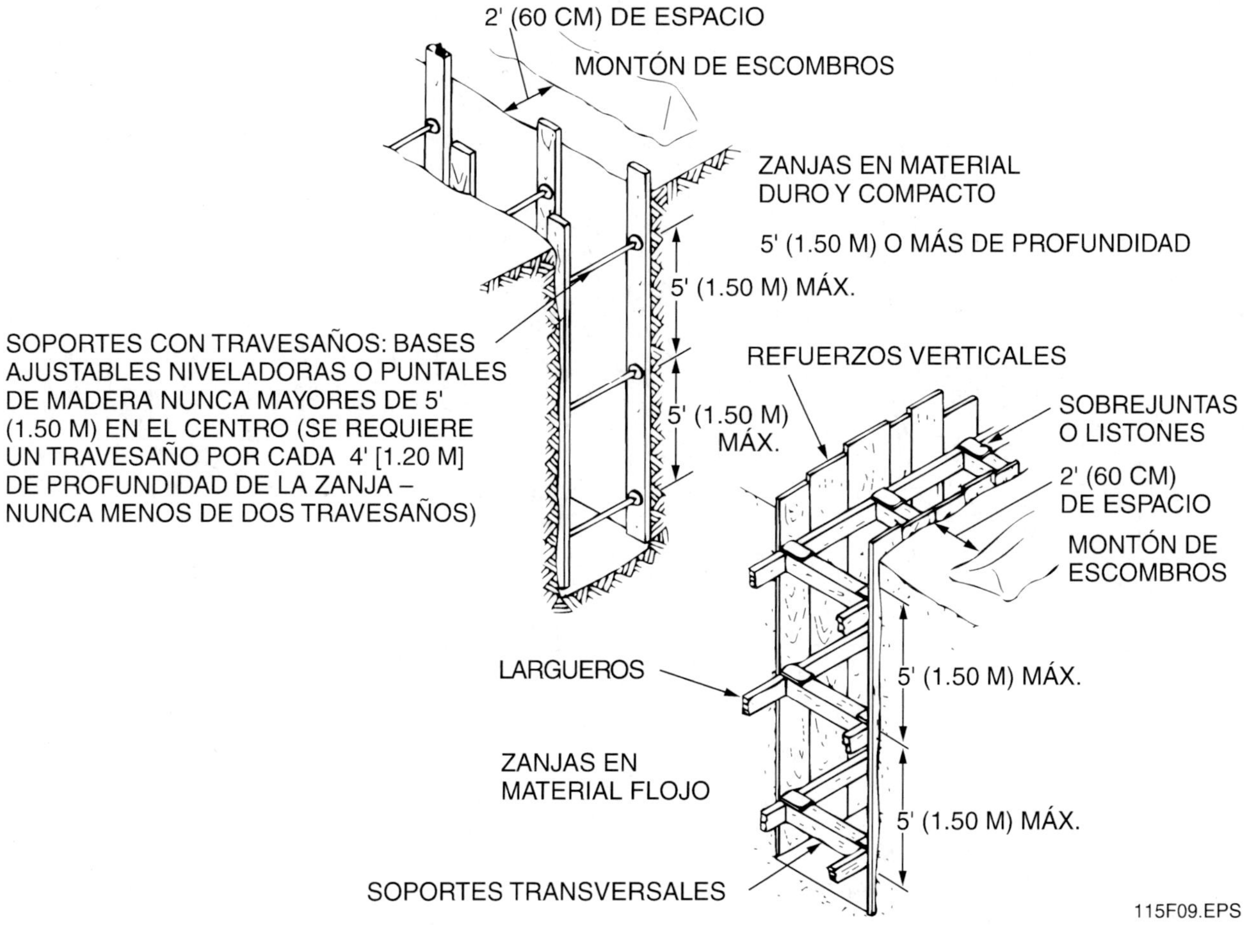

Figura 9 ◆ Sistema de apuntalamiento instalado.

6.1.1 *Apuntalamientos hidráulicos y separadores*

Los apuntalamientos hidráulicos que se muestran en la *Figura 10*, pueden instalarse y quitarse rápidamente. Cada apuntalamiento consiste en dos rieles verticales conectados por un cilindro hidráulico. Los puntales se ubican en la zanja y se bombean los cilindros hidráulicos para empujar los rieles verticales contra la pared. Nótese que este sistema utiliza cilindros hidráulicos como travesaños transversales. A este tipo de solución se lo denomina comúnmente sistema de apuntalamiento de **estructura**. Los separadores hidráulicos, que se muestran en la *Figura 11*, pueden agregarse a un sistema de apuntalamiento de estructura para proporcionar un refuerzo adicional.

6.1.2 *Láminas verticales*

Cuando se realizan excavaciones cerca de estructuras existentes o excavaciones a largo plazo, pueden utilizarse láminas verticales con soportes de largueros hidráulicos, como se muestra en la *Figura 12*. A este método se lo llama apuntalamiento de láminas ajustado. También existen otros tipos de separadores, además de bases ajustables niveladoras, gatos de presa y separadores hidráulicos.

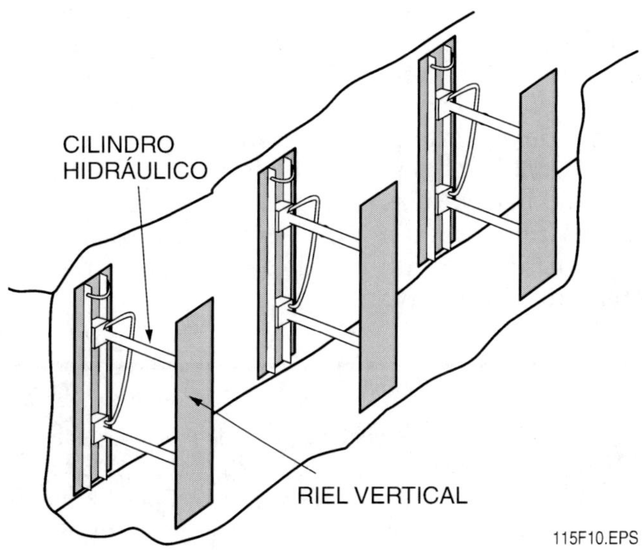

Figura 10 ◆ Sistema de apuntalamiento hidráulico de estructura.

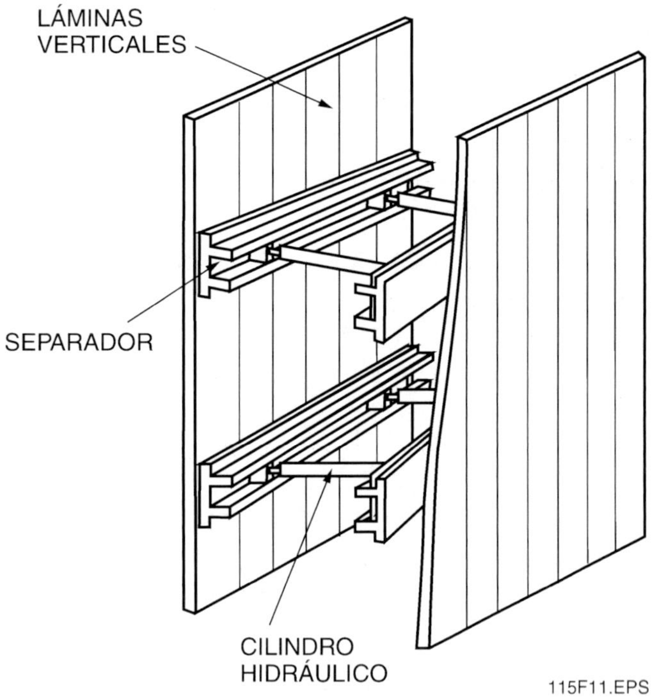

Figura 11 ◆ Separadores hidráulicos.

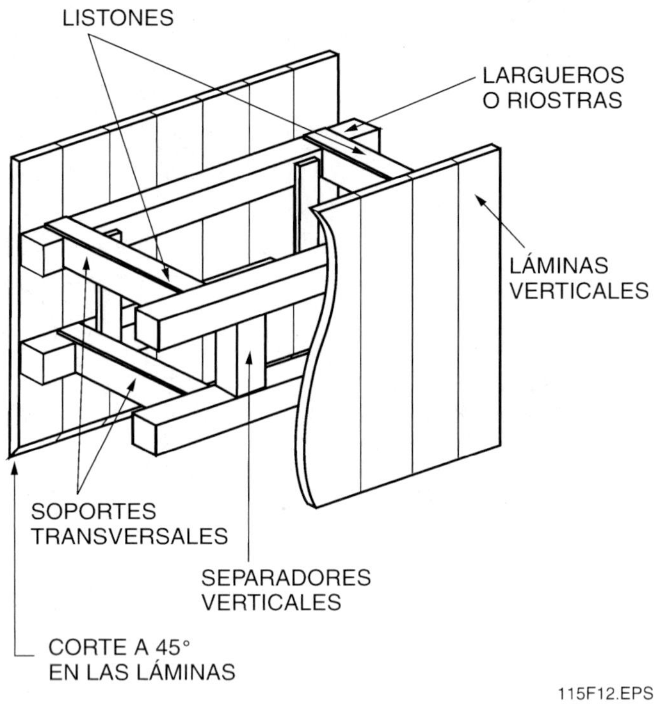

Figura 12 ◆ Apuntalamiento de láminas ajustado.

6.1.3 Tablestacas de acero

Las tablestacas de acero (*Figura 13*) pueden aplicarse bajo ciertas condiciones, como por ejemplo en excavaciones profundas o excavaciones cerca de edificios o cimientos de edificios. Las tablestacas de acero se usan comúnmente en los derechos de paso del Departamento de Transportes de los EE.UU. (DOT). Evitan los daños a la subcapa del pavimento causados por la vibración del tráfico de vehículos. Cuando se trabaja en canales fluviales, las tablestacas de acero se hacen necesarias. Las tablestacas de acero son paneles entrelazados de acero reforzados con elementos cruzados. Es un diseño similar al de las **láminas ajustadas**. Las tablestacas de acero están diseñadas para aplicaciones particulares. Debe ser instaladas con precisión y de acuerdo a las especificaciones del ingeniero. Habitualmente, las tablestacas de acero se instalan haciéndolas entrar en el suelo, utilizando un martillo vibrador hidráulico. También se pueden instalar con un martillo de forja o una cuchara de retroexcavadora.

> **NOTA**
>
> El sistema que acaba de describirse sólo identifica los componentes comunes utilizados en sistemas de apuntalamiento. Usted podrá encontrar sistemas construidos en el lugar, láminas de madera o de aluminio, y otros métodos aprobados.

6.1.4 Normas de seguridad del apuntalamiento

Cuando se apuntala una excavación, se deben seguir reglas especiales de seguridad para evitar accidentes y lesiones.

- Nunca ingrese a una excavación antes de que haya sido apuntalada.
- No instale el apuntalamiento mientras se encuentre dentro de la zanja. Todo el apuntalamiento debe instalarse desde la parte superior de la zanja.
- Los travesaños transversales deben estar nivelados a ambos lados de la zanja.
- Los travesaños transversales deben ejercer la misma cantidad de presión a cada lado de la zanja.
- Los refuerzos verticales deben ser colocados pegados a la pared de la excavación.

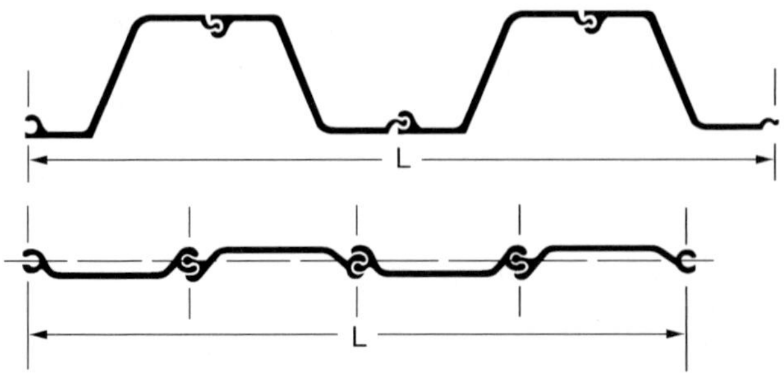

Figura 13 ◆ Tablestacas de acero.

Derrumbe provocado por agua

CASOS HISTÓRICOS

Cuatro empleados estaban colocando una tubería de alcantarillado lateral en un edificio. El capataz y un peón estaban instalando una tubería de alcantarillado de plástico de 8" (20 cm) de diámetro y 20' (6 m) de largo, en el fondo de una zanja de 36" (90 cm) de ancho, 9' (2.70 m) de profundidad y aproximadamente 50' (15 m) de largo. La zanja no estaba en pendiente ni escalonada, y había agua que entraba por un filón de roca cerca del fondo. El lado oeste de la zanja se derrumbó cerca del fondo, enterrando a un empleado hasta el pecho y cubriendo por completo al otro. La operación de rescate llevó dos horas para el primer hombre y cuatro para el segundo. Ambos murieron.

Moraleja: Trabajar en una excavación puede ser fatal. Asegúrese siempre de que la zanja sea segura.

Fuente: Administración de Seguridad y Salud Laboral de los EE.UU. (OSHA)

- Todos los materiales utilizados para el apuntalamiento deben ser inspeccionados cuidadosamente antes de ser utilizados y deben estar en buenas condiciones.
- El apuntalamiento se quita empezando por el fondo de la excavación y de allí hacia arriba.
- Los soportes verticales se extraen de la zanja desde arriba.
- Toda excavación debe volver a rellenarse inmediatamente después de que se haya quitado el sistema de soporte.

6.2.0 Sistemas de planchas

Un sistema de planchas es una estructura capaz de resistir las fuerzas generadas por un derrumbe, protegiendo a los empleados dentro de la estructura. Las planchas pueden ser una estructura permanente o pueden estar diseñadas para ser removidas y trasladadas a medida que el trabajo va avanzando. El sistema de planchas también es conocido como caja de zanja o escudo de zanja. En la *Figura 14* puede verse una caja de zanja. Si la zanja no va a resistir el tiempo necesario para la coloca-

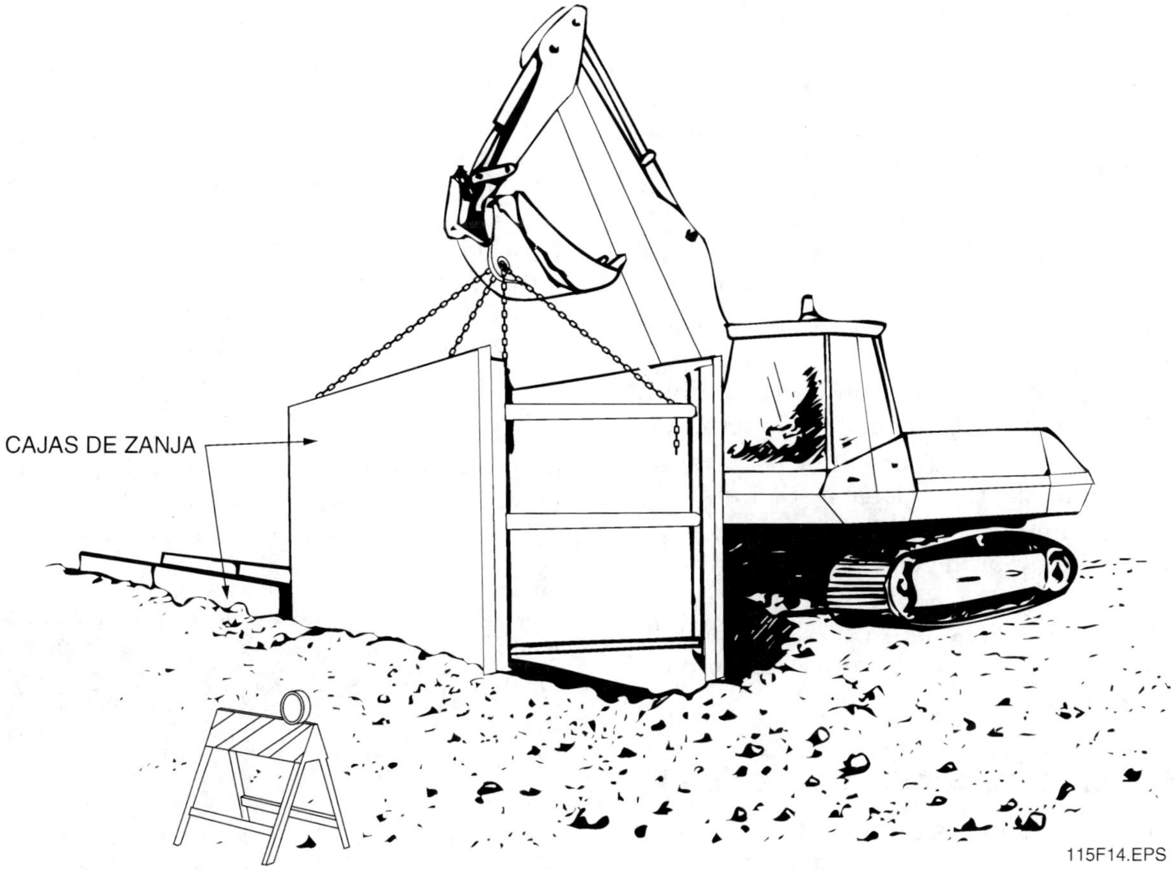

Figura 14 ◆ Cajas de zanja.

ción de las planchas, éstas puede ser colocadas en la parte superior, para ir empujándolas hacia abajo a medida que se continúa excavando.

El área excavada entre el exterior de la caja de zanja y la pared de la zanja debe ser lo más pequeña posible. El espacio entre la caja de zanja y la pared de la excavación debe ser rellenado para evitar movimientos laterales de la caja de zanja. Recuerde que el lugar de trabajo y las condiciones del suelo, así como también la profundidad y el ancho de la zanja, van a determinar qué tipo de sistema de protección de zanja debe utilizarse. Un mismo proyecto puede incluir diversos requerimientos de profundidad o ancho, y condiciones de suelo variadas. Esto puede llevar a utilizar diferentes sistemas de protección para un mismo sitio. Un ingeniero profesional registrado debe certificar las planchas para las condiciones de suelo existentes. La certificación debe encontrarse disponible en el lugar de trabajo durante el armado de la caja de zanja. Después del armado, las certificaciones deben seguir estando disponibles a pedido.

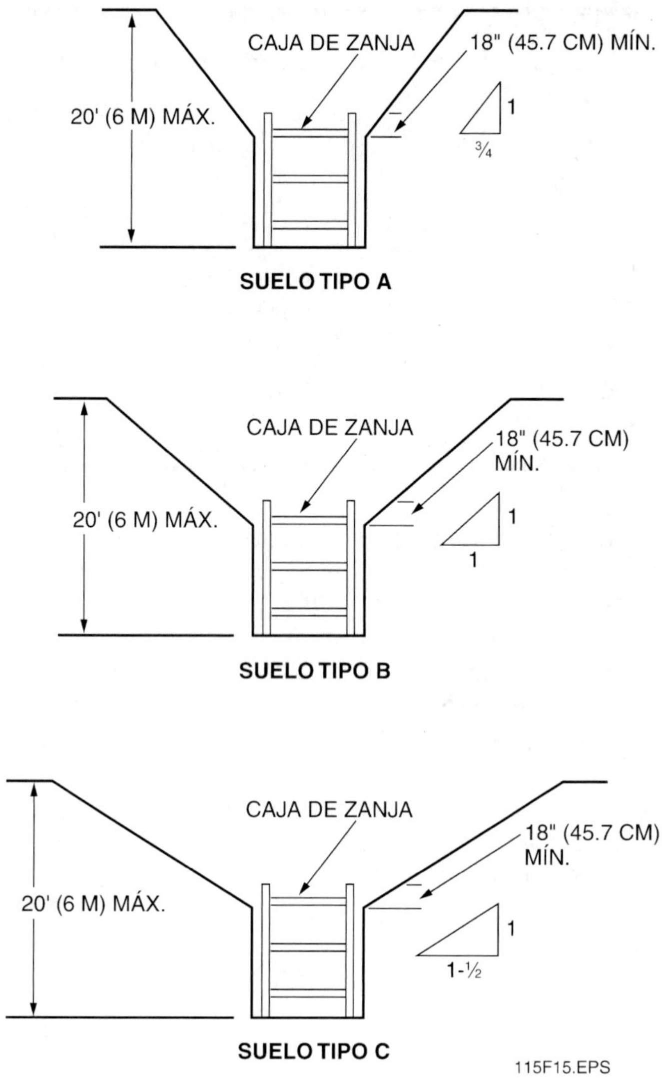

Figura 15 ◆ Ubicación correcta de una caja de zanja.

6.2.1 Seguridad de la caja de zanja

Cuando se usan de manera correcta, las cajas de zanja protegen a los trabajadores de los peligros de un derrumbe. Todas las indicaciones de seguridad para excavaciones incluyen cajas de zanja. Cuando use una caja de zanja, siga las indicaciones de seguridad presentadas a continuación:

- Asegúrese de que las paredes verticales de la caja de zanja se extiendan al menos 18" (45 cm) por encima del punto más bajo del borde del declive de las paredes de la excavación. *La Figura 15* muestra la ubicación correcta de una caja de zanja.
- Nunca entre a la caja de zanja cuando se la esté instalando o retirando.
- Nunca ingrese a la excavación detrás de una caja de zanja cuando la caja haya sido retirada.
- Rellene la excavación tan pronto le sea posible una vez que la caja de zanja haya sido retirada.
- Si la caja de zanja es para ser usada en un hoyo o fosa, se deberán proteger los cuatro lados de la misma.
- Debe existir una salida de la caja de zanja y de la excavación a 25' (7.50 m) como máximo de cada trabajador.

6.3.0 Sistemas de pendiente (declive)

El sistema de pendiente es un método de protección de los trabajadores contra los derrumbes. La pendiente se realiza aplicando un declive en los lados de la excavación. El ángulo del declive varía de acuerdo a diversos factores, como el tipo de suelo, la exposición a condiciones ambientales y la aplicación de sobrecargas cercanas. Hay tres clasificaciones generales de tipos de suelo y un tipo de roca. Para cada tipo de suelo, la OSHA define los ángulos máximos para el declive de las paredes, tal como se muestra en el *Tabla 3*. La determinación y la selección del sistema de pendiente ade-

Tabla 3 Pendientes máximas permitidas

Suelo o tipo de roca	Pendientes máximas permitidas para excavaciones de menos de 20' (6 m) de profundidad
Roca estable	Vertical (90 grados)
Tipo A	¾:1 (53 grados)
Tipo B	1:1 (45 grados)
Tipo C	1½:1 (34 grados)

cuado es mucho más compleja de lo que se describe en esta sección. Factores tales como la profundidad de la zanja, la cantidad de tiempo que la zanja va a permanecer abierta y otros factores determinarán la pendiente máxima posible.

El escalonado es otro método de aplicar pendiente a las paredes de las excavaciones sin utilizar un sistema de soporte. El escalonado se basa en una serie de niveles que deben elevarse en el ángulo aproximado de reposo para el tipo de suelo en el que se trabaja. Para las excavaciones escalonadas se aplican las mismas reglas de seguridad que para las excavaciones en pendiente.

6.4.0 Requisitos de pendiente para diferentes tipos de suelo

Muchas excavaciones comienzan con un corte vertical. Aunque algunos suelos resisten hasta profundidades considerables cuando se los corta verticalmente, muchos otros no. Cuando el ángulo vertical cae a un ángulo más estable, por lo general caen grandes cantidades de material dentro de la excavación. La *Figura 16* muestra métodos de falla en paredes de excavación.

La pendiente de las paredes debe tener un ángulo tal que el material no caiga dentro de la excavación. La pendiente está determinada por el ángulo desde el plano horizontal y por un ratio del corte horizontal al vertical. Por ejemplo, una pendiente de 45 grados sería una pendiente 1:1, es decir que por cada 1' (30 cm) en horizontal el declive crece 1' (30 cm) verticalmente. La pen-

CASOS HISTÓRICOS

Vuelco de zanjadora

Mientras estaba operando una zanjadora, un operario intentó cambiar la posición del equipo retrocediendo por una pendiente que bajaba hacia el borde de una zanja vacía. El arado de la zanjadora se encontraba elevado. Cuando el operador cambió la velocidad de reversa a marcha adelante, el equipo se volvió demasiado pesado, se inclinó lateralmente y volcó dando una media vuelta para ir a parar adentro de la zanja totalmente dado vuelta. Se estaban instalando vallas contra la erosión como método de interceptar y detener el sedimento de las áreas removidas durante operaciones de nivelación, y evitar que el sedimento se corriera del sitio o entrara en las bocas de tormenta. Durante la instalación, fue necesario abrir una zanja poco profunda para ubicar allí la estructura de vallas y postes. Se asignó a un operador para cavar la zanja y se revisó el análisis de actividades peligrosas (AHA) con ese operador. Sin embargo, el AHA no incluía precauciones para la operación en superficies en pendiente. El accidente ocurrió después de que el operador hubiera finalizado con la excavación, cuando estaba intentando volver para comenzar el corte. La estabilidad del equipo fue verificada y el operador fue despedido. El operador no resultó herido.

Moraleja: Los accidentes pueden ocurrir en cualquier momento. Actúe con extrema precaución cuando opere con equipo cerca del borde de una excavación.

Fuente: Administración de la Seguridad y Salud Laboral de los EE.UU. (OSHA)

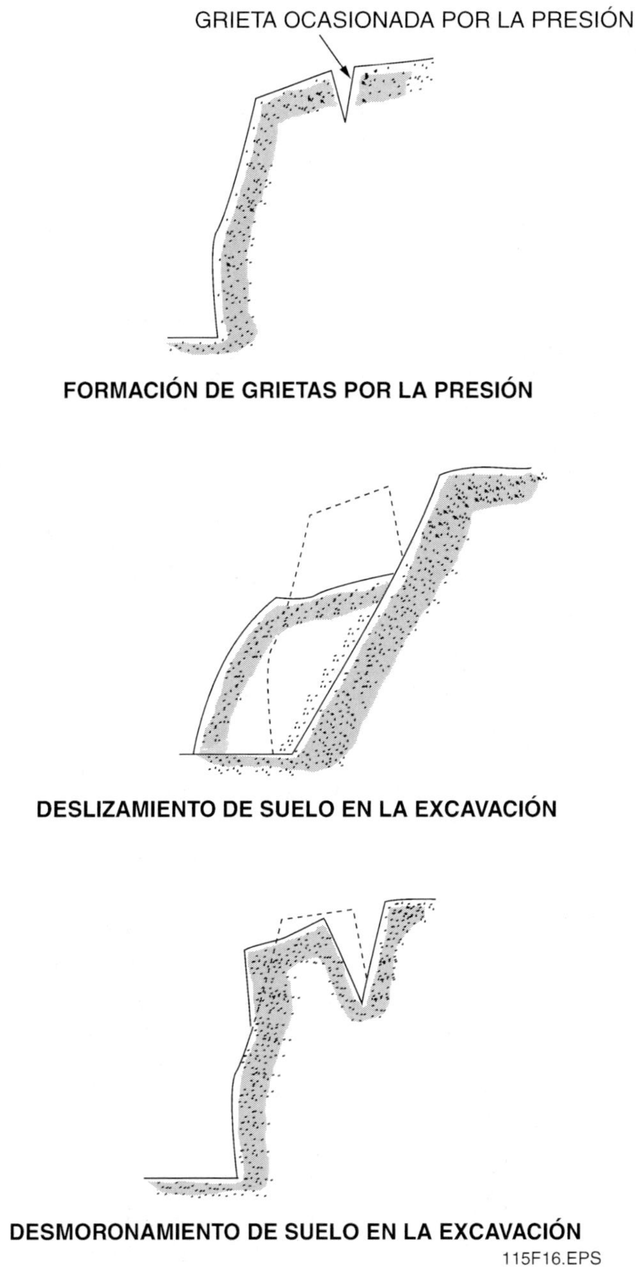

Figura 16 ◆ Métodos de falla en paredes de excavación.

diente de las paredes de la excavación varía de acuerdo al tipo y las características del suelo. Se han definido cuatro tipos básicos de suelo. Esta clasificación se basa en la estabilidad del suelo y el máximo permitido de pendiente para las excavaciones en cada uno de los cuatro tipos de suelo. Estos cuatro tipos, en orden decreciente de estabilidad son: la roca estable, el Tipo A, el Tipo B, y el Tipo C. La *Figura 17* muestra la pendiente máxima permitida para cada tipo de suelo.

6.4.1 Roca estable

La roca estable es el material mineral natural sólido que puede excavarse con lados verticales y permanece intacto al exponerse. La roca estable comprende roca sólida, esquisto o arena cementada y grava. La *Figura 18* muestra una excavación en roca estable.

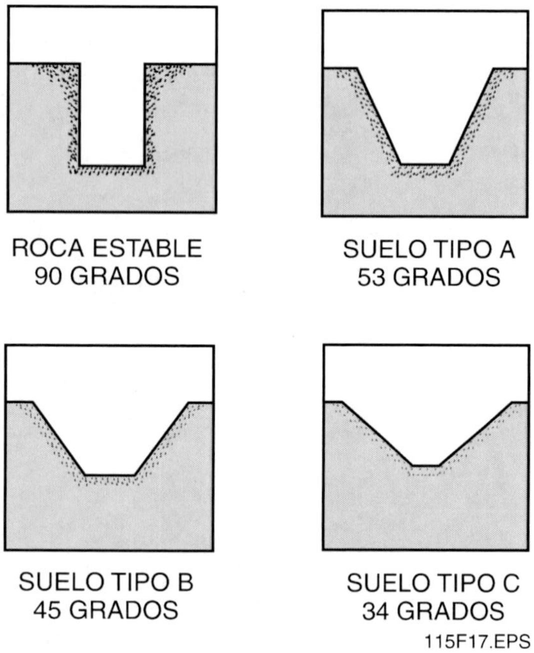

Figura 17 ◆ Pendientes máximas permitidas para los tipos de suelo.

6.4.2 Suelo de Tipo A

El suelo de Tipo A es el suelo sólido con una **fuerza de compresión** de al menos 1.5 toneladas por pie cuadrado. Los suelos cohesivos son suelos que no se desmoronan, son plásticos cuando están húmedos y son duros de romper cuando están secos. Ejemplos de suelos cohesivos son la arcilla, arcilla con limo, arcilla arenosa y arcilla con greda. Los suelos cementados, como el caliche y la arcilla dura, también se consideran de Tipo A. Ningún suelo puede ser considerado de Tipo A si se presenta alguna de las siguientes situaciones:

- El suelo está fisurado. Se considera fisurado al material del suelo que tiende a romperse a lo largo de planos definidos de fractura con escasa resistencia, o al material que tiene grietas, por ejemplo grietas de tensión, en una superficie expuesta.
- El suelo puede verse afectado por la vibración de tráfico pesado, por hincapilotes ("pile driving" en inglés) y por otras causas similares.
- El suelo ha sido removido previamente.

Todas las excavaciones en pendiente que tengan 20' (6 m) de profundidad o menos deben tener una pendiente máxima permitida de ¾ horizontal a 1 vertical. La *Figura 19* muestra una excavación de pendiente sencilla en suelo de Tipo A.

Una excepción a esta regla ocurre cuando la excavación tiene 12' (3.5 m) o menos, y va a permanecer abierta 24 horas o menos. Esas excavaciones en suelo de Tipo A pueden tener una pendiente máxima permitida de ½ horizontal a 1 vertical.

La *Figura 20* muestra una excavación de pendiente sencilla de corto plazo en suelo de Tipo A.

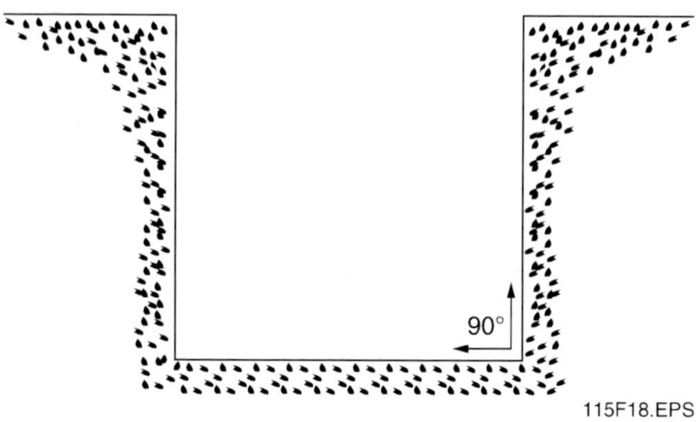

Figura 18 ◆ Excavación en roca estable.

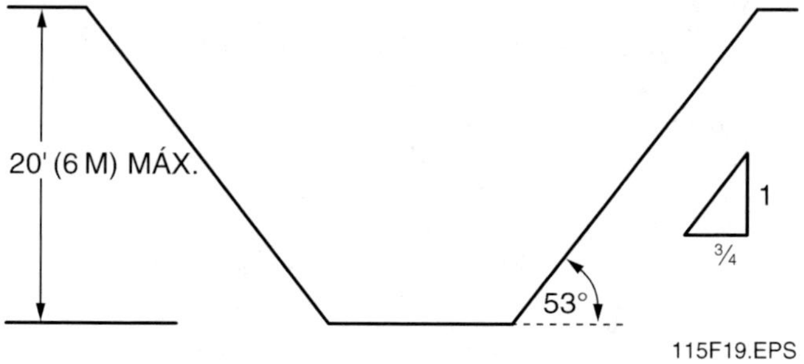

Figura 19 ◆ Excavación de pendiente sencilla en suelo de Tipo A.

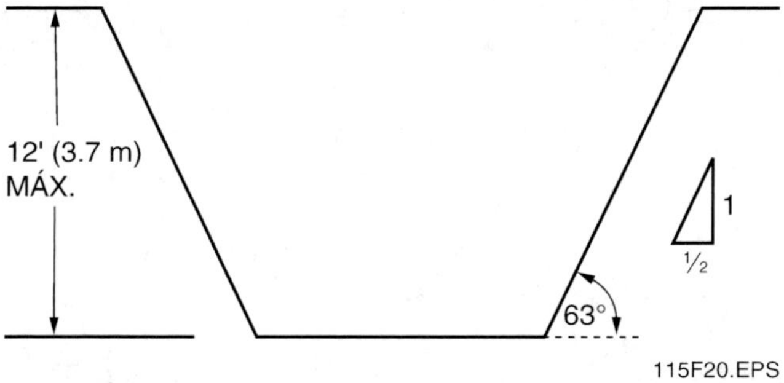

Figura 20 ◆ Excavación de pendiente sencilla de corto plazo en suelo de Tipo A.

6.4.3 Suelo de Tipo B

El suelo de Tipo B es el suelo cohesivo con una fuerza de compresión de más de 0.5 toneladas por pie cuadrado, pero de menos de 1.5 toneladas por pie cuadrado. También son los suelos granulares, incluyendo la grava angular, que es similar a la roca fragmentada, limo, greda arenosa, roca inestable, y cualquier suelo de Tipo A inestable o fisurado. Los suelos de tipo B también comprenden los suelos previamente removidos, excepto aquellos que entran en el tipo C. Las excavaciones hechas en suelos de Tipo B tienen una pendiente máxima permitida de 1 horizontal a 1 vertical. *La Figura 21* muestra excavaciones de pendiente sencilla en suelo de Tipo B.

6.4.4 Suelo de Tipo C

El suelo de Tipo C es el tipo de suelo más inestable. El suelo de Tipo C es el suelo cohesivo con una fuerza de compresión de 0.5 toneladas por pie cuadrado o menos. La grava, el suelo de greda, cualquier suelo sumergido o suelo en el que se filtre el agua libremente, y la roca inestable sumergida, se consideran suelos de Tipo C. Las excavaciones hechas en suelos de Tipo C tienen una pendiente máxima permitida de 1½ horizontal a 1 vertical. La *Figura 22* muestra una excavación de pendiente sencilla en suelo de Tipo C.

6.5.0 Sistemas combinados

Los sistemas de rieles pueden ser considerados como una combinación de las cajas de zanja y las tablestacas de acero. Estos sistemas están diseñados para ser usados en hoyos poco profundos,

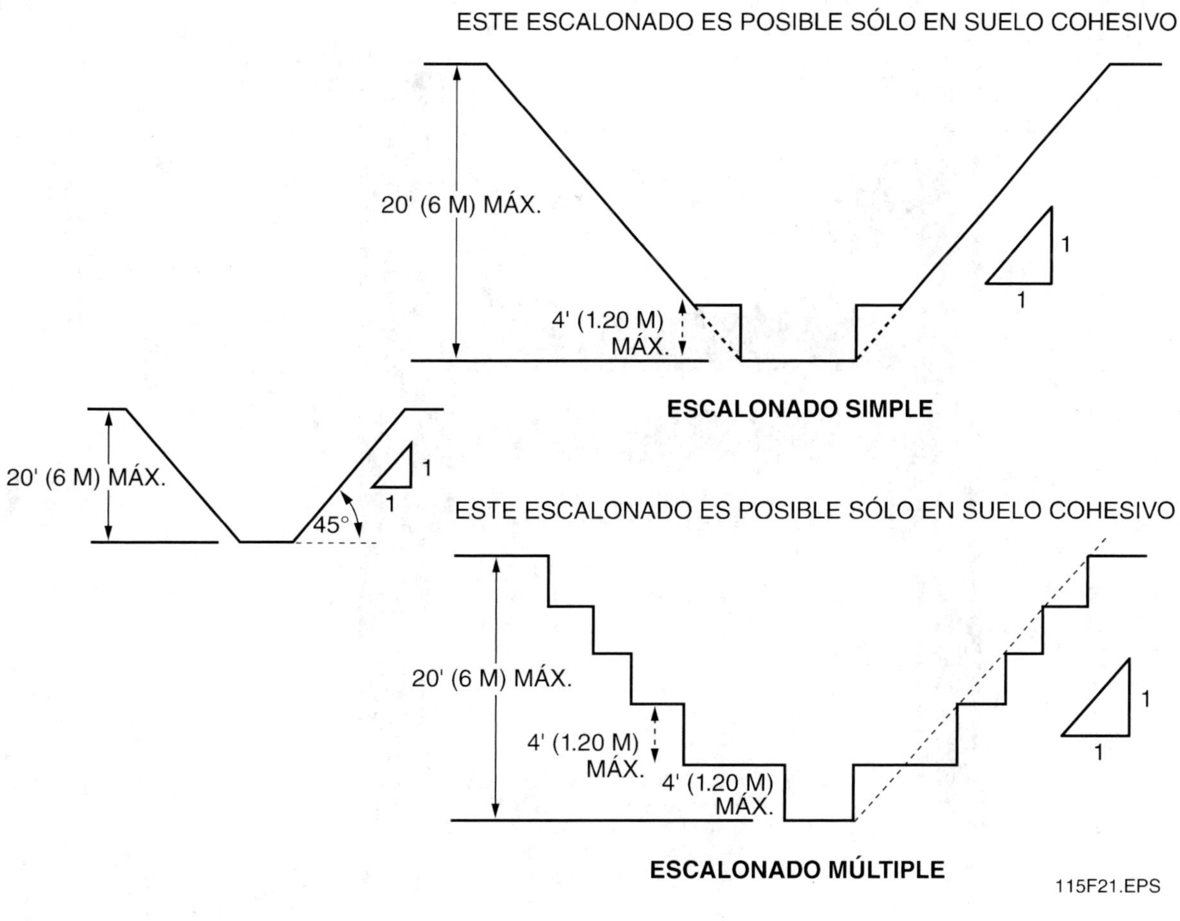

Figura 21 ◆ Excavaciones de pendiente sencilla en suelo de Tipo B.

CASOS HISTÓRICOS

Escalera de Salida

Un empleado estaba trabajando en una zanja de 4' (1.20 m) de ancho y 7' (2 m) de profundidad. Aproximadamente de 30' (9 m) a lo lejos, una retroexcavadora estaba extendiendo la zanja. El operador de la retroexcavadora advirtió que una amplia porción de tierra caía de la pared lateral detrás del trabajador que estaba en la zanja. Gritó para alertarlo, pero antes de que el trabajador pudiera trepar, entre 6' y 8' (1.8 y 2.5 m) de la pared de la zanja se habían derrumbado sobre él, cubriéndole el cuerpo hasta el cuello. Se sofocó antes de que el operador de la retroexcavadora pudiera desenterrarlo. En la zanja no se habían aplicado ni pendiente ni apuntalamiento.

Moraleja: Las excavaciones pueden derrumbarse. Asegúrese de que se haya instalado el apuntalamiento adecuado antes de trabajar en una zanja.

Fuente: Administración de la Seguridad y Salud Laboral de los EE.UU. (OSHA)

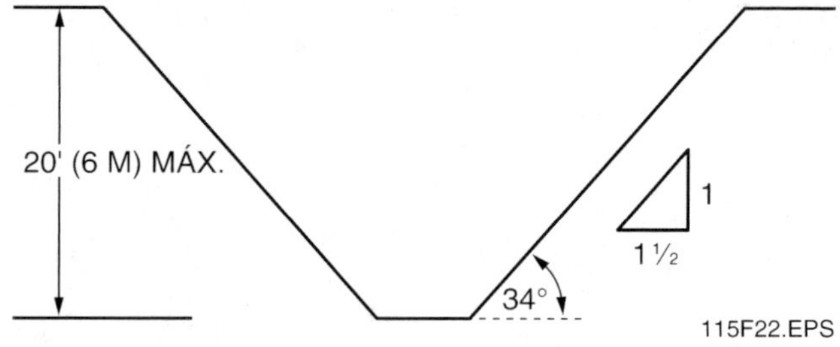

Figura 22 ◆ Excavación de pendiente sencilla en suelo de Tipo C.

hoyos de túneles, zanjas, y prácticamente en cualquier lugar donde se pueda usar una caja de zanja o un sistema de tablestacas. El sistema de rieles que se muestra en la *Figura 23* comprende los siguientes elementos:

- *Rieles* – Los rieles son los componentes horizontales del sistema. Tienen una cavidad que recibe las placas de entibación y se ajustan con travesaños transversales. Los rieles se encuentran disponibles en configuraciones de riel simple, doble o triple. El sistema de riel triple se usa para una mayor profundidad.

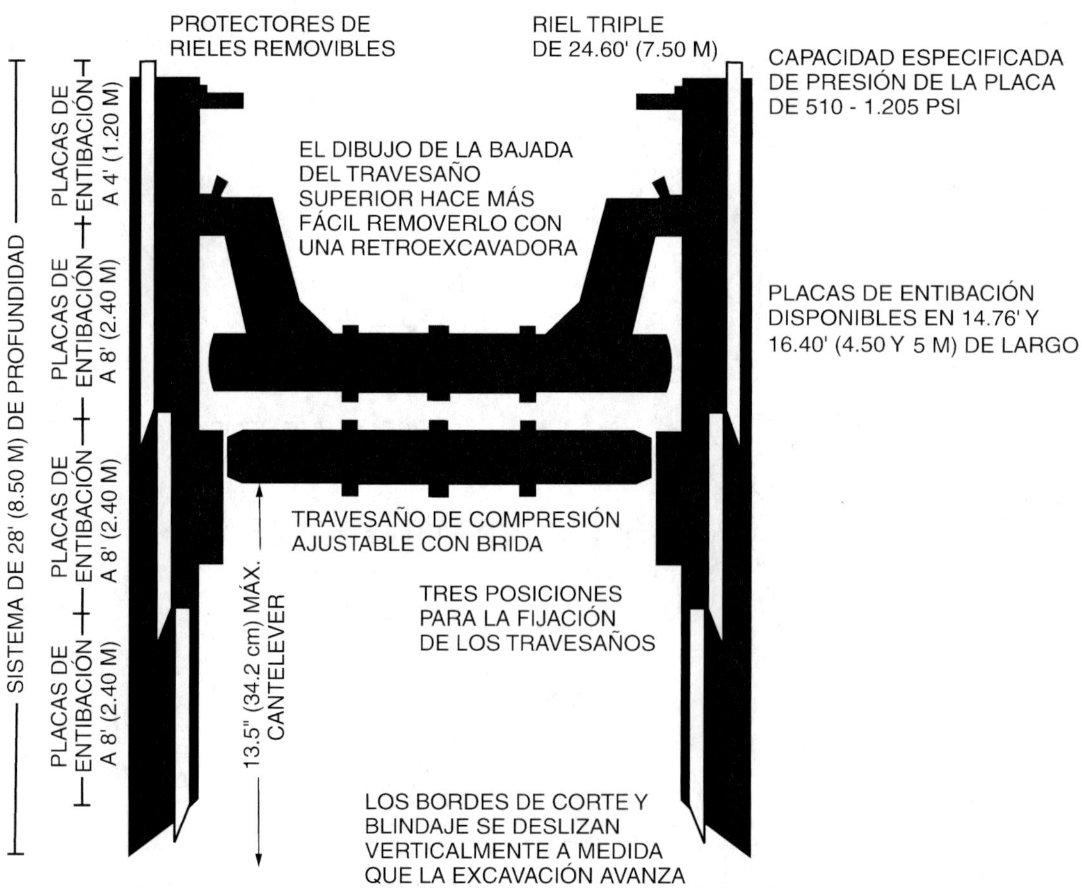

Figura 23 ◆ Sistema de rieles.

- *Placas de entibación* – Las placas de entibación se usan para brindar soporte a las paredes laterales de la zanja. Las placas de entibación se encajan en los rieles y se van enterrando a medida que la excavación avanza.
- *Los travesaños transversales* – Los travesaños transversales se conectan entre los rieles para proporcionar soporte lateral al sistema, normalmente al final del riel.

Resumen

Las muertes y las lesiones ocasionadas en accidentes en zanjas son habituales. Derrumbes, caídas, acumulaciones de agua y choques eléctricos son ejemplos de los riesgos de seguridad relacionados con zanjas y excavaciones. Muchos accidentes relacionados con las zanjas y excavaciones ocurren porque no se implementaron los procedimientos adecuados de protección y no se realizaron inspecciones a cargo de personas competentes. La OSHA cuenta con procedimientos muy específicos a seguir para el trabajo en zanjas y excavaciones. Cuando esos procedimientos se aplican apropiadamente, el riesgo de accidentes se reduce en forma drástica.

Preguntas de repaso

1. Un metro cúbico de tierra pesa aproximadamente _____.

a. 1,000 lbs (53.59 kilos)
b. 2,000 lbs (907.19 kilos)
c. 3,000 lbs (1,360.80 kilos)
d. 4,000 lbs (1,814.4 kilos)

2. Las acumulaciones de agua están consideradas como riesgos en las zanjas.

a. Verdadero
b. Falso

3. Las herramientas y el equipo deben dejarse como mínimo a _____ del borde de la zanja.

a. 1' (30.5 cm)
b. 2' (60.9 cm)
c. 3' (91.4 cm)
d. 4' (121.9 cm)

4. Las escaleras y rampas para salir de la zanja deben estar colocadas cada ______ en toda zanja de más de 1.20 m de profundidad.

a. 10' (3.05 m)
b. 15'(4.57 m)
c. 20' (6.09 m)
d. 25' (7.62 m)

5. El riesgo más común durante una excavación es _____.

a. un derrumbe
b. un choque eléctrico
c. una caída
d. la acumulación de agua

Para las preguntas 6 a 8, una el sistema de protección correcto a su descripción correspondiente.

6. _____ Apuntalamiento

7. _____ Planchas de zanja

8. _____ Pendiente

a. Cortar las paredes de la excavación retrocediendo a un ángulo del piso.
b. Soportes en las paredes de la excavación para evitar su movimiento y su derrumbe.
c. Se colocan en excavaciones sin soportes, para proteger al personal del derrumbe de las paredes de la excavación.

9. La pendiente de las paredes de la excavación debe tener un ángulo tal que el material no caiga dentro de la excavación.

a. Verdadero
b. Falso

10. A medida que la excavación avanza, _____ que se instalaron en los rieles se van enterrando.

a. los travesaños transversales
b. las placas de entibación
c. las tablestacas de acero
d. las cajas de zanja

Términos especializados introducidos en este módulo

Ángulo de reposo: El ángulo de reposo es el mayor ángulo por encima del plano horizontal en el que un material permanece sin deslizarse.

Apuntalamiento: Un sistema de metal, hidráulico, mecánico o de madera que da soporte a las paredes de la excavación y está destinado a evitar derrumbes.

Carbonación: Un proceso químico en el cual el carbono se acumula y produce una alteración de los minerales que lo rodean.

Escalonado: Un método para proteger a los empleados contra derrumbes, excavando los lados de una zanja para formar un nivel o una serie de niveles o de pasos de progresión horizontales, generalmente con superficies verticales o casi verticales entre esos niveles.

Estructura: Situación en la cual los refuerzos verticales individuales de madera o los apuntalamientos hidráulicos individuales no se colocan en contacto con el miembro adyacente.

Fuerza de compresión: La capacidad del suelo de sostener un gran peso.

Hidratación: Un proceso químico en el cual se acumula agua o líquidos, produciendo una alteración de los minerales que lo rodean.

Hundimiento: Una depresión de la tierra causada por presiones desequilibradas en el suelo que rodea una excavación.

Láminas ajustadas: El uso de planchas de madera especialmente ajustadas, como las tablas machihembradas de 3 pulgadas (7.62 cm) de grosor como mínimo. El pilotaje de tablestacas, o una construcción similar que resista la presión lateral del agua y evite la pérdida de relleno se denomina sistema de láminas ajustadas.

Largueros: Los miembros horizontales de un sistema de apuntalamiento colocados paralelos a la pared de la excavación, cuyos lados se apoyan contra los refuerzos verticales del sistema de apuntalamiento o contra la tierra.

Oxidación: Un proceso químico en el cual el oxígeno se acumula, produciendo una alteración de los minerales que lo rodean.

Persona competente: Una persona que es capaz de detectar riesgos existentes y predecibles en el área, o condiciones de trabajo antihigiénicas, riesgosas o peligrosas para los empleados, y que cuenta con la autoridad para tomar la iniciativa de medidas correctivas para solucionar el problema.

Refuerzos verticales: Los miembros verticales de un sistema de apuntalamiento de una zanja colocados en contacto con la tierra y normalmente posicionados de modo que los elementos individuales no entren en contacto entre sí. Los refuerzos verticales colocados de modo que los elementos individuales estén muy cerca, en contacto o interconectados unos con otros, por lo general se llaman láminas.

Sistema de planchas: Una estructura que puede resistir las fuerzas generadas por un derrumbe, protegiendo a los empleados dentro de ella. Las planchas pueden ser estructuras permanentes o pueden estar diseñadas para ser portátiles y ser movidas al ir avanzando el trabajo. Además, las planchas pueden ser prefabricadas o construidas en el sitio de trabajo de acuerdo con *29 CFR 1926.652 (c)(3) o (c)(4).*

Sistema de protección: Es un método para proteger a los empleados de desmoronamientos, del material que pueda caer o rodar de una pared de la excavación o dentro de una excavación, y del derrumbe de estructuras adyacentes. Los sistemas de protección comprenden sistemas de apoyo o soporte, sistemas de pendiente y de escalones, y sistemas de planchas.

Travesaños transversales: Los miembros horizontales de un sistema de apuntalamiento instalados perpendicularmente a los lados de la excavación, cuyos extremos se apoyan contra los refuerzos verticales o largueros.

RECONOCIMIENTOS

Créditos de las figuras

Trenching Shoring Services, Inc.	115F01, 115F04, 115F05, 115F06, 115F08
Gary Wilson	115SA01

MÓDULO 75115-03 — RESPUESTAS A LAS PREGUNTAS DE REPASO

Respuesta	Sección
1. c	1.0.0
2. a	2.0.0
3. b	3.0.0
4. d	3.0.0
5. a	5.0.0
6. b	6.0.0
7. c	6.0.0
8. a	6.0.0
9. a	6.4.0
10. b	6.5.0

SERIE EDUCATIVA CONTREN® — COMENTARIOS DEL USUARIO

NCCER hace el esfuerzo de mantener estos libros de texto actualizados y libres de errores técnicos. Apreciamos su ayuda en este proceso. Si tiene una idea para mejorar este libro de texto, o si encuentra algún error, ya sea tipográfico, o de contenido en los libros de texto de *Contren*®, favor de escribirnos usando esta forma o una fotocopia de la misma. Asegúrese de incluir el número exacto del módulo, la página, una descripción detallada, y la corrección, si es aplicable. Su comentario será traído a la atención del comité técnico de revisión. Gracias por su ayuda.

Instructores – si usted encontró que algún material adicional es necesario para enseñar este módulo con eficacia, por favor déjenos saber para poder incluirlos en la lista de Equipo y Materiales en la guía anotada del instructor.

Dirección postal: Departamento de Desarrollo de Productos
National Center for Construction Education and Research
3600 NW 43rd Street, Bldg. G, Gainesville, FL 32606

Fax: 352-334-0932

E-mail: curriculum@nccer.org

Oficio ______ Nombre del Módulo ______

Fecha del Copyright ______ Número del Módulo ______ Número(s) de Página(s) ______

Descripción

______

______

______

Corrección (opcional)

______

______

Su nombre y dirección (opcional)

______

______

Módulo 75116-03

Seguridad de montacargas

MAPA DEL CURSO

Este mapa del curso muestra todos los módulos de Seguridad de campo. El orden sugerido de entrenamiento comienza en la parte inferior y avanza hacia arriba. El Patrocinador local del Programa de Entrenamiento puede modificar el orden del entrenamiento.

SEGURIDAD DE CAMPO

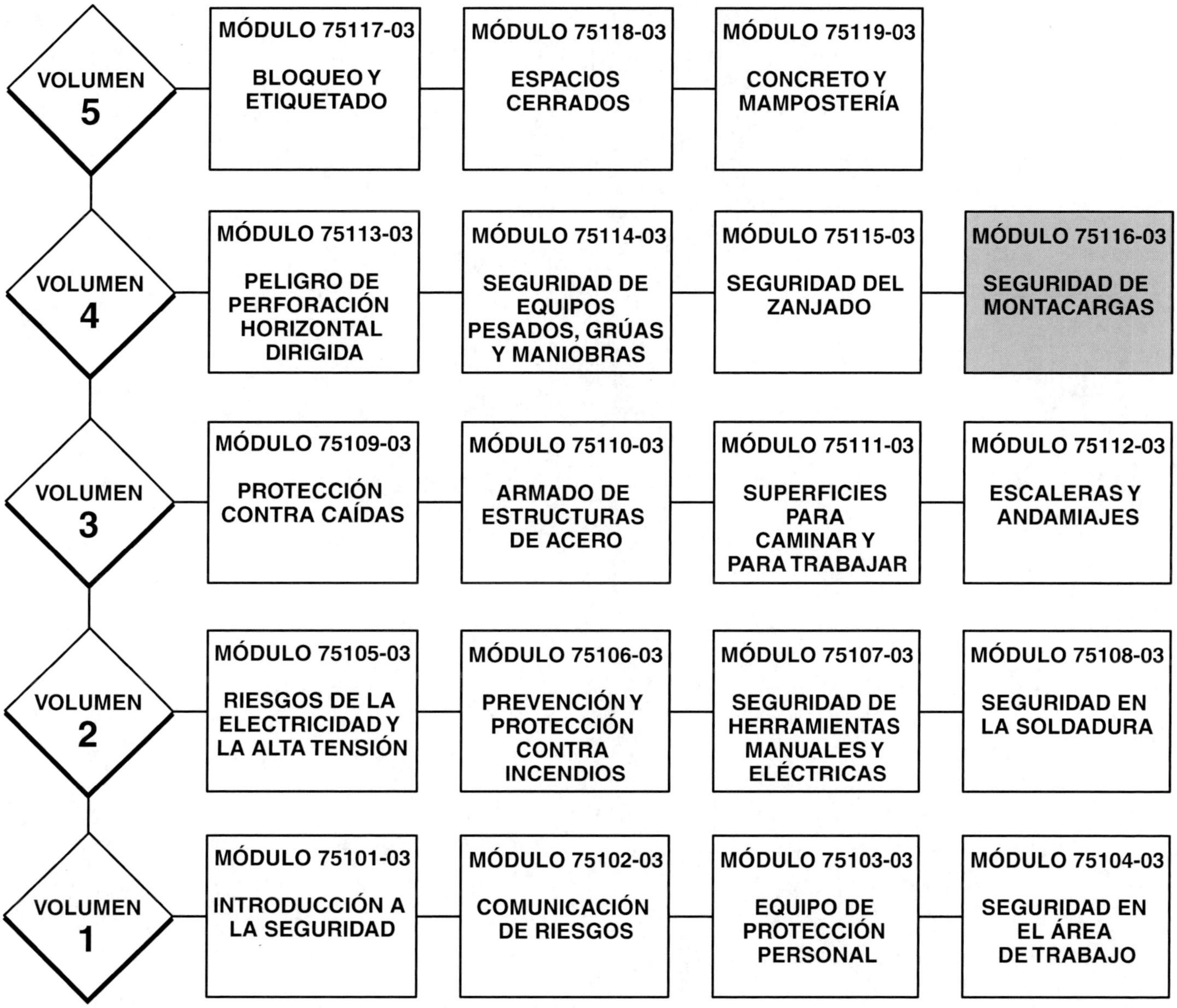

116CMAP.EPS

CONTENIDO DEL MÓDULO 75116-03

Figuras

Tablas

MÓDULO 75116-03

Seguridad de montacargas

Objetivos

Cuando haya terminado este módulo, podrá hacer lo siguiente:

1. Explicar los pasos de una inspección previa a la puesta en servicio.
2. Describir las prácticas de seguridad para el desplazamiento.
3. Describir las prácticas de seguridad para manejar cargas.
4. Comprender cómo se debe operar un montacargas de manera segura en rampas y muelles.
5. Explicar cómo trabajar de forma segura cerca de un montacargas.

Prerrequisitos

Antes de comenzar este módulo, se recomienda que haya completado con éxito lo siguiente: Seguridad de campo, Módulos 75101-03 a 75115-03.

Material necesario

1. Lápiz y papel
2. Equipo de protección personal apropiado

1.0.0 ◆ INTRODUCCIÓN

Es muy común que haya montacargas en muchos sitios de trabajo Son muy útiles para levantar y desplazar cargas y materiales pesados o difíciles de manejar, provisiones y equipo (*Figura 1*). Aunque son muy útiles y relativamente fáciles de operar, estas máquinas pueden ser muy peligrosas. Presentan muchos riesgos, como por ejemplo golpear a otros trabajadores, la caída de las cargas, los vuelcos y también pueden originar fuego y explosiones.

116F01.EPS

Figura 1 ◆ Montacargas.

Aunque los problemas mecánicos e hidráulicos pueden causar accidentes, la causa más común de accidentes con montacargas son los errores humanos. Es decir que la mayor parte de los accidentes con montacargas pueden evitarse si el operador y los demás trabajadores que se encuentran cerca se mantienen atentos y utilizan precaución y el sentido común. De hecho, investigaciones realizadas por la Liberty Mutual Insurance Company muestran que los conductores con más de un año de experiencia en el manejo de montacargas tienen más probabilidades de sufrir un accidente que los que tienen poca experiencia. Esto sucede porque los operadores tienden a relajarse demasiado y prestar menos atención cuando ganan experiencia en el manejo del equipo. El mismo estudio muestra que el tipo de accidente más común con montacargas es aquél en el que el móvil golpea a un peatón.

La *Tabla 1* muestra los tipos de accidentes más comunes con montacargas y su porcentaje en relación con el número total de accidentes, de acuerdo al estudio de la Liberty Mutual Insurance Company.

2.0.0 ◆ ANTES DE OPERAR UN MONTACARGAS

Antes de comenzar a operar un montacargas, debe recibir entrenamiento y una licencia para ese equipo en particular. Una vez que haya recibido el entrenamiento y la licencia, deberá inspeccionar cuidadosamente el montacargas antes de comenzar a operar.

2.1.0 Entrenamiento y licencia

Existe la idea equivocada de que si usted puede manejar un auto, un camión o un equipo pesado, puede simplemente subirse a un montacargas y comenzar a operar con él. Sin embargo, la Administración de la Seguridad y Salud Laboral de los EE.UU. (OSHA) exige que los operadores de montacargas hayan recibido entrenamiento y licencia para cada equipo antes de comenzar operarlo en un sitio de trabajo. La licencia del operador sólo sirve específicamente para el equipo para el que se lo ha entrenado. Los operadores de montacargas con motor deben estar calificados, en cuanto a su capacidad visual, auditiva, física y mental, para operar con el equipo de manera segura. El personal que no haya recibido entrenamiento para operar con montacargas sólo podrá operarlo para propósitos de entrenamiento. El entrenamiento deberá estar bajo la supervisión directa de un entrenador calificado.

Tabla 1 Tipos de accidentes comunes con montacargas

Montacargas número de accidentes lugares	Porcentaje del total de accidentes en de trabajo
Golpes a peatones	20%
Vuelco de montacargas	18%
Caída de carga	13%
Caída de trabajadores de las horquillas	10%
Operador golpeado por su propia acción; vehículo no asegurado	5%

2.2.0 Inspección antes de comenzar a operar

Antes de comenzar a operar un montacargas, es necesario hacer una inspección. Cuanto más cuidadoso sea al inspeccionar el montacargas, más seguro estará y más productivo será durante su uso. La *Figura 2* muestra un ejemplo de una lista con los puntos básicos que hay que verificar antes de la operación.

La lista de control de su compañía y su supervisor pueden proporcionarle la información específica sobre aquello que deberá controlar antes de comenzar a operar con el montacargas. Su entrenamiento y el manual del operador de montacargas lo ayudarán a entender qué es lo que se debe mirar cuando se inspecciona el montacargas. Si encuentra algún problema durante la inspección previa a la operación, informe inmediatamente a su supervisor o al responsable de mantenimiento. El montacargas deberá ser bloqueado y etiquetado. No podrá ser utilizado hasta que se hayan solucionado todos los problemas.

NOTA

Para obtener más información sobre los procedimientos de bloqueo con candado y etiqueta, remítase al módulo, *Bloqueo y Etiquetado.*

2.3.0 Medidas de seguridad generales

La operación en condiciones seguras es responsabilidad del operador. Los operadores pueden desarrollar hábitos de trabajo seguros, y ser capaces de reconocer las condiciones de riesgo, para protegerse a sí mismos y a los demás de morir o sufrir heridas. Deben estar siempre conscientes de las situaciones de riesgo, para evitar que la carga y el montacargas sufran daños. También deben entender la operación y el funcionamiento de todos los controles e instrumentos antes de operar con un montacargas. Los operadores deben leer y comprender completamente el manual del operador de cada equipo que utilicen.

Las siguientes son reglas de seguridad específicas para la operación de un montacargas.

- Antes de operar un montacargas, revise la cartilla de capacidad de carga que se encuentra adherida a la máquina.
- No introduzca ninguna parte de su cuerpo en la estructura del puntal, ni entre esa estructura y el elevador.

LISTA DIARIA DE VERIFICACIÓN DEL OPERADOR

Verifique cada cosa antes de comenzar su turno   Fecha:____________

Marque uno: vehículo a gas/LPG/disel   ☐ Eléctrico para uso sentado   ☐ Eléctrico para uso parado   ☐ Paleta eléctrica

Número de serie del vehículo: ________________ Operador: __________ Visto bueno del supervisor: ________

Lectura del contador de horas: ________________

Verifique cada uno de los puntos siguientes antes de iniciar cada turno. Haga conocer a su supervisor y/o departamento de mantenimiento si detecta algún problema. NO OPERE CON UN VEHÍCULO DEFECTUOSO. Su seguridad está en juego.

Después de verificar cada punto, marque lo que corresponda. Explique abajo si es necesario.

Marque los casilleros como sigue: ☐ OK
☐ NO, necesita atención o reparación. Marque con un círculo el problema y explique abajo.

OK	NO	Observaciones Visuales
		Ruedas/Llantas: desgaste, deterioro, tuercas apretadas
		Luces delanteras, traseras y de advertencia: deterioro, montaje, funcionamiento
		Indicadores / instrumentos: deterioro, funcionamiento.
		Sujetadores del operador: deterioro, montaje, funcionamiento, aceitosos, sucios.
		Calcomanías de advertencia / manual del operador: ausentes, ilegibles.
		Placa de capacidad de carga: ilegible, sin ajuste
		Guarda de protección superior: doblada, rota, suelta, ausente.
		Respaldo de la carga: doblado, roto, suelto, ausente.
		Horquillas: dobladas, gastadas, límites de contención superiores OK
		Aceite de la máquina: nivel, sucio, fugas
		Aceite hidráulico: nivel, sucio, fugas
		Radiador: nivel, sucio, fugas
		Combustible: nivel, fugas
		Batería: Conexiones sueltas, carga, electrolito bajo.
		Cubiertas / Placas de metal: deterioradas, ausentes.
		Frenos: enganche, nivel de aceite, fugas
		Motor: funcionamiento desigual, ruidoso, fugas

OK	NO	Observaciones Visuales
		Dirección: suelta/ retenida, fugas, funcionamiento
		Freno de servicio: enganche suelto / retenido, frena bien, agarre
		Freno de mano suelto/ retenido, operativo, ajuste.
		Freno auxiliar (si está equipado): enganche suelto / retenido, operativo, ajuste.
		Bocina: operativa
		Alarma de retroceso (si está equipado): montaje, funciona
		Luces de advertencia (si está equipado): montaje, funcionan
		Levantamiento / descenso: suelto / retenido, desvío excesivo, fugas
		Inclinación: suelto / retenido, desvío excesivo, "castañetea", fugas
		Accesorios: montaje, operación deteriorada, fugas
		Carga de baterìa (sólo montacargas eléctricos): indicador en verde
		Batería: Conexiones sueltas, carga, electrolito bajo mientras sostiene una inclinación completa hacia adelante
		Palancas de cambio: sueltas / retenidas, regresan a neutro de manera correcta
		Controles de dirección: sueltos / retenidos, regresan a neutro de manera correcta

Explicación de los problemas marcados arriba ____

____

____

____

____

116F02.EPS

Figura 2 ◆ Ejemplo de la lista diaria de verificación de un operador de montacargas.

- No introduzca ninguna parte de su cuerpo dentro del mecanismo extensible.
- Entienda las limitaciones del montacargas.
- No permita que ningún pasajero viaje en el montacargas, a menos que el fabricante haya previsto un sitio seguro para viajar en él.
- Nunca deje el montacargas en funcionamiento.
- Nunca transporte pasajeros en las horquillas.

Los operadores de montacargas deben poner especial atención a la seguridad de todo peatón que se encuentre en el sitio de trabajo. Proteja en todo momento a los peatones, observando las siguientes reglas:

- Siempre mire en la dirección a la que se dirige.
- No conduzca el montacargas hacia alguien que esté parado frente a un objeto o una carga.
- Asegúrese de que el personal se mantenga alejado del área trasera de giro antes de girar.
- Manténgase especialmente atento en los cruces de pasillos, en las entradas, y en otros lugares en los que pueda haber peatones en el camino por el que se desplaza.
- Cuando mueva una carga elevada con un montacargas telescópico, opere siempre con un ayudante.

3.0.0 ◆ DESPLAZAMIENTOS

El desplazamiento se refiere a la conducción del montacargas con o sin carga. Para mover el montacargas o una carga de materiales, el mismo debe desplazarse. Algunas veces el trabajo requiere sólo un desplazamiento de corta distancia, por ejemplo de un camión con plataforma o un vagón a un depósito o un **área de almacenamiento** (*Figura 3*). Otras veces, deberá recorrer distancias más largas con el montacargas. Por ejemplo, puede ser que tenga que trasladar una carga de materiales de techado desde una plataforma de carga del sector de almacenamiento por todo un camino que atraviese el área de trabajo hasta el edificio que se está techando.

116F03.EPS

Figura 3 ◆ Montacargas trabajando en un área de almacenamiento.

3.1.0 Permanecer dentro

Cuando se esté desplazando en un montacargas, estará más seguro si mantiene todo su cuerpo dentro del vehículo. Muchos conductores experimentados adquieren el hábito poco seguro de sacar el codo fuera del vehículo, deslizar un pie fuera de la plataforma o apoyar una mano con los dedos asomados fuera del vehículo. Muchas veces esto conduce a lesiones por aplastamiento o amputaciones. La **cabina del operador** y el cinturón de seguridad están diseñados para proteger al operador de accidentes ocasionados por caídas de objetos, impactos por colisiones, contacto con instalaciones eléctricas, o vuelcos. Por ejemplo, si permite que su brazo sobresalga del vehículo, y accidentalmente retrocede rozando una viga de soporte, podría aplastar su brazo entre el montacargas y la viga.

Sobrecarga mortal

Un operador de montacargas se encontraba transportando una carga demasiado alta. La carga obstruía su campo visual. Para remediarlo, asomó su cabeza fuera de la cabina del operador para ver el área alrededor de la carga. Desafortunadamente, cuando estaba preparándose para avanzar, otro montacargas estaba retrocediendo y pasó rozando su máquina por la parte de atrás, decapitándolo.

Moraleja: Nunca transporte una carga que obstruya su campo visual. Mantenga todas las partes del cuerpo dentro de la cabina.

Fuente: La Administración de la Seguridad y Salud Laboral de los EE.UU. (OSHA)

3.2.0 Peatones

Ceda siempre el derecho de paso a los peatones. Los montacargas son máquinas pesadas que normalmente requieren una distancia igual a su largo para detenerse. Por lo general los peatones no son conscientes de esto, y caminan cerca creyendo que esas máquinas pesadas son capaces de detenerse rápidamente. Por esta razón es importante estar atento a los peatones.

3.3.0 Pasajeros

Los montacargas están diseñados para llevar a una persona: el operador. Nadie más debe viajar o subirse a un montacargas. Hay unos pocos accesorios especialmente diseñados y certificados que permiten que los montacargas se conviertan en elevadores de personal. En situaciones distintas de esas excepciones que acabamos de mencionar, ninguna otra persona aparte del operador debe subirse al montacargas.

3.4.0 Esquinas y cruces con campo visual obstruido

Cuando se aproxime a una esquina o un cruce en el que el campo visual esté obstruido, siempre piense que un peatón u otro equipo puede estar viniendo del otro lado. Deténgase en los cruces. Haga sonar su bocina. Luego, avance lentamente para atravesar el cruce o doblar la esquina. Esté preparado para detenerse si fuera necesario.

3.5.0 Mantenga la horquilla baja

Cuando se desplace con o sin carga, mantenga las horquillas tan bajas como sea posible (*Figura 4*). Como regla general, las horquillas nunca deben estar más arriba de 6" (15 cm) de la superficie de desplazamiento, a menos que esté moviéndose en una superficie extremadamente irregular. Las horquillas son fuertes y puntiagudas. Si se clavan en algo o alguien pueden causar daños serios. Si las horquillas están bajas, la posibilidad de herir a alguien grave o mortalmente se ve ampliamente reducida.

3.6.0 Absolutamente nada de juegos

Manejar un montacargas es una operación muy seria que requiere madurez y concentración. Nunca avance con un montacargas hacia otra persona para hacerle una broma. Esto es especialmente importante si la persona se encuentra frente a un objeto sólido o frente a otro equipo. Si lo hace, podría fácilmente terminar en un accidente muy grave de aplastamiento. Los accidentes causados por juegos son los más evitables en el sitio de trabajo. Trabajar con equipo pesado es peligroso y su comportamiento debe reflejar esta realidad. Su seguridad y la de sus compañeros de trabajo depende de ello.

116F04.EPS

Figura 4 ◆ Desplácese con las horquillas bajas.

3.7.0 Superficie de desplazamiento

Cuando se desplace, siempre que sea posible, tome la ruta más lisa y más seca. Las superficies irregulares o con protuberancias pueden ocasionar muchos saltos, que pueden desestabilizar al montacargas o a la carga y hacer que vuelque. Las superficies mojadas o resbalosas pueden hacer que los neumáticos pierdan fuerza, y hacer perder el control del montacargas.

4.0.0 ◆ MANEJO DE CARGAS

El uso principal del montacargas es el transporte de cargas grandes, pesadas o difíciles de manejar. Si no se lo maneja correctamente, las cargas pueden caer de las horquillas, obstruir el campo visual del operador, o provocar el vuelco del montacargas. El factor más importante a tener en cuenta cuando se usa un montacargas es su capacidad. Cada montacargas está diseñado para una capacidad prevista, y nunca se debe exceder esa capacidad. Si se excede la capacidad del montacargas se pone en peligro no sólo la máquina y la carga, sino también la seguridad de las personas que se encuentren en él y cerca de él. Todo fabricante provee una indicación de capacidad de carga con el montacargas. El operador debe estar enterado de la capacidad de la máquina antes de operar con el montacargas.

4.1.0 Levante de cargas

Algunos montacargas están equipados con un dispositivo de desplazamiento que permite que el operador mueva la carga lateralmente varios centímetros en cualquier dirección respecto al puntal. El dispositivo de desplazamiento permite ubicar las cargas de manera más precisa, pero también modifica el **centro de gravedad** del montacargas y debe ser utilizado con precaución. Si el montacargas que está usando está equipado con un dispositivo de desplazamiento lateral, asegúrese de centrar el soporte de la horquilla antes de intentar levantar una carga. El siguiente es un procedimiento típico utilizado para levantar una carga.

Paso 1 Verifique la posición respectiva de las horquillas. Deben estar centradas en el soporte. Si tiene que mover las horquillas, consulte el manual del operador para ver el procedimiento adecuado. Normalmente, hay una clavija encima de cada horquilla que, cuando se levanta, permite que la horquilla se deslice a lo largo de la placa de apoyo hasta que la horquilla se centre en el nivel deseado.

Paso 2 Conduzca a una velocidad prudente. Siempre mantenga las horquillas bajas cuando se desplace.

Paso 3 Antes de recoger una carga con el montacargas, asegúrese de la estabilidad de la carga. Si le parece que la carga puede moverse al recogerla, sujétela bien. Es fundamental conocer el centro de gravedad, especialmente cuando se levantan piezas en forma de cuña. Haga una prueba de levante, si es necesario, para determinar y ajustar el centro de gravedad.

Paso 4 Acérquese a la carga de manera que las horquillas agarren la carga de manera equilibrada. Es importante que el peso de la cargas se distribuya de manera equilibrada en las horquillas. Si la carga recae en una horquilla más que en la otra, pueden dañarse ambas horquillas. En algunos casos, es necesario medir la carga y marcar su centro.

Paso 5 Acérquese hacia la carga con las horquillas derechas y niveladas. Si la carga que va a levantar está en un pallet, asegúrese de que las horquillas estén lo suficientemente bajas para que agarren las tablas del pallet.

Paso 6 Muévase hacia adelante hasta que el borde de la carga quede apoyado contra el respaldo de las dos horquillas. Si no puede ver a las horquillas tomando la carga, pida la ayuda de alguien que le haga señales.

Paso 7 Incline el puntal hacia atrás hasta que las horquillas hagan contacto con la carga. Levante el soporte hasta que la carga se despegue sin inconvenientes del piso. Luego, incline el puntal totalmente hacia atrás para sostener mejor la carga. Esto garantiza que la carga no se deslice durante el desplazamiento.

4.2.0 Desplazamiento con cargas

Siempre conduzca a una velocidad prudente cuando transporte una carga. Nunca se desplace con la carga levantada. Mantenga la carga tan baja como sea posible y asegúrese de que el puntal esté inclinado hacia atrás para sostener la carga.

Cuando esté desplazándose, permanezca alerta y atento. Observe la carga y las condiciones que se presentan delante de usted, y advierta a los demás de su presencia. Evite detenerse bruscamente y cambiar de dirección en forma repentina. Sea cuidadoso cuando reduzca la marcha, porque una desaceleración repentina puede hacer que la carga se desplace o se caiga. Cuando gire, fíjese que se encuentre despejado el espacio detrás de la máquina.

Si se desplaza con un montacargas telescópico, asegúrese de que la pluma se encuentre completamente retraída. Si tiene que transitar por una pendiente, cuesta, o declive, mantenga la carga lo más baja posible. No transite por cuestas empinadas. Si tiene que girar en una cuesta, que el giro sea amplio y a baja velocidad.

4.3.0 Desplazamiento con cargas largas

El desplazamiento con cargas largas presenta riesgos particulares, en especial si la carga es flexible y puede deteriorarse. El desplazamiento multiplica el efecto de las sacudidas a lo largo de la carga. Se le puede agregar un refuerzo a la carga para hacerla más rígida.

Para evitar resbalamientos, sujete las cargas largas a las horquillas. Esto puede hacerse de varias maneras. Se puede utilizar un soporte fabricado en el lugar para sostener la carga. Aunque es un método efectivo, requiere que se levante la carga.

El montacargas se puede usar para transportar equipo para maniobra. Este método requiere el uso de eslingas y barra separadora.

En algunos casos, las cargas largas se pueden hacer serpentear a través de aberturas más estrechas que la carga misma. Esto se hace acercando la abertura a un ángulo y haciendo pasar cuidadosamente un extremo de la carga a través de la abertura. Evite los giros rápidos, ya que las maniobras bruscas producirán el desplazamiento de la carga.

4.4.0 Ubicación de las cargas

Ubique el montacargas en el punto de descarga, de modo que la carga pueda ser colocada donde usted desee. Asegúrese de que no haya nadie cerca de la carga. El área debajo de la carga debe estar libre de obstrucciones y debe poder soportar el peso de la carga. Si usted no puede visualizar el sitio, solicite que lo guíe un ayudante.

Con el montacargas en la posición de descarga, baje la carga e incline las horquillas a la posición horizontal. Una vez haya ubicado la carga y que haya desprendido las horquillas de debajo de la carga, retroceda cuidadosamente para retirar las horquillas.

4.5.0 Ubicación de las cargas elevadas

Cuando se ubican cargas elevadas, es necesario tomar precauciones especiales. Algunos montacargas están equipados con un dispositivo de nivelación que permite que el operador rote el soporte de las horquillas para mantener la carga nivelada durante el desplazamiento. Cuando se colocan cargas elevadas, es muy importante nivelar la máquina antes de levantar la carga.

Uno de los mayores factores de riesgo durante la colocación de cargas elevadas es la falta de visibilidad. Puede haber trabajadores en el área cercana que no estén dentro del campo visual. Incluso el punto de descarga mismo puede estar fuera del campo visual. Su percepción de la profundidad disminuye, a medida que aumenta la altura del levante. Para operar de manera segura, tenga de un asistente para hacer señales que le ayude a ubicar la carga.

Utilice cables para amarrar las cargas largas. Amarre las cargas al puntal del montacargas. Acerque el montacargas tanto como pueda al lugar de descarga manteniendo la carga baja. Ponga el freno de mano. Levante la carga lenta y cuidadosamente mientras mantiene una leve inclinación hacia atrás para mantener la carga sostenida. La carga no debe inclinarse hacia adelante bajo ninguna circunstancia, hasta que se encuentre en el punto de descarga y lista para su descenso.

Si las horquillas comienzan a moverse, balancearse o ladearse, deténgase inmediatamente, pero no abruptamente. Baje la carga despacio, reubíquela, o divídala en partes más pequeñas si es necesario. Si las condiciones del suelo no son buenas en el lugar de descarga, puede ser necesario reforzarlo con planchas para lograr mayor estabilidad. Cuando la carga se vaya aproximando al punto de descarga, disminuya la velocidad del elevador al mínimo. Continúe el levante hasta colocar la carga levemente por encima del punto de descarga.

4.6.0 Uso del montacargas para manejar cargas

El montacargas puede ser muy útil para manejar cargas, si se lo utiliza adecuadamente y con prudencia. Las cargas pueden ser suspendidas y movidas de las horquillas con eslingasde un lugar a otro. Todas las reglas de trabajo seguro y cuidadoso con maniobras de levante deben aplicarse cuando se utiliza un montacargas para manejar cargas. Asegúrese de no arrastrar la carga ni dejar que se balancee libremente. Utilice cables para controlar la carga.

Nunca intente manejar una carga inestable con un montacargas. Preste especial atención al centro de gravedad de la carga al manejarla con un montacargas.

Si transporta objetos cilíndricos, tales como barriles de petróleo, mantenga el puntal inclinado hacia atrás para contener la carga. Si es necesario, sujete la carga para impedir que ruede cayendo de las horquillas.

4.7.0 Caída de la carga

El **impulso** es una fuerza física que hace que los objetos en movimiento tiendan a permanecer en movimiento, aun cuando el medio de transporte se detiene. ¿Alguna vez ha llevado comida en una bandeja? Si lo ha hecho, ¿qué les sucede a los objetos que transporta si se detiene de repente o gira demasiado rápido? Probablemente lo que lleve en la bandeja se caerá o se deslizará. Puede directamente caer de la bandeja o puede desplazarse de modo que la bandeja se incline, derramando algo.

El mismo principio se aplica a la carga de un montacargas. Si usted gira o se detiene demasiado rápido, la carga va a mantener la dirección que llevaba originariamente, resbalándose de las horquillas. Como mínimo, no va a ser agradable que tenga que detener todo para volver a acomodar la carga. Puede resultar muy costoso si deja caer materiales o equipos frágiles. Puede resultar mortal si la carga cae sobre otro trabajador o si hace que el vehículo se vuelque. Evite maniobras bruscas cuando opere un montacargas.

4.8.0 Vuelcos

Hay tres causas principales de vuelco de un montacargas:

- La carga es demasiado pesada.
- La carga está ubicada demasiado adelante en las horquillas.
- El operador no conduce con prudencia.

Para evitar vuelcos, debe comprender qué es el centro de gravedad y cómo se aplica al montacargas. El centro de gravedad es el punto en torno al cual se distribuye equilibradamente todo el peso de un objeto (*Figura 5*). El montacargas tiene un centro de gravedad y la carga que mueva también tendrá su propio centro de gravedad. Cuando el montacargas levanta la carga, el centro de gravedad se desplaza hacia el **centro de gravedad combinado** (*Figura 6*).

El montacargas se inclinará si el centro de gravedad se mueve demasiado hacia adelante, hacia

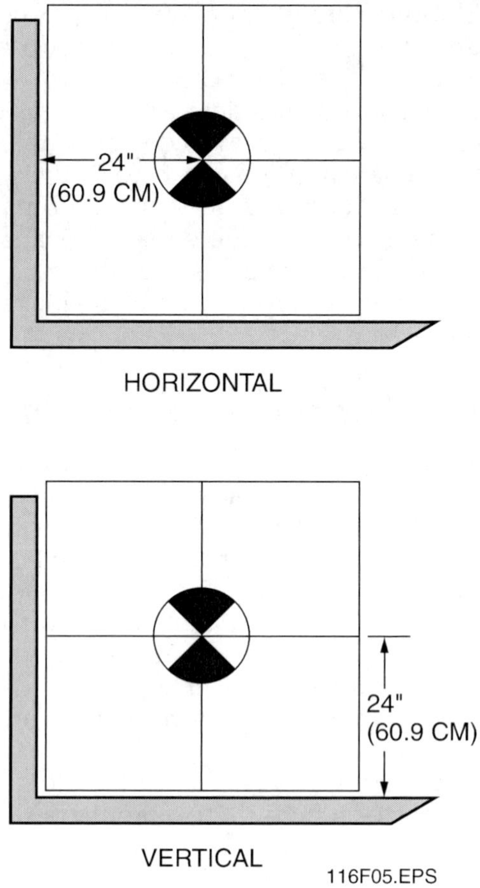

Figura 5 ◆ Centro de gravedad.

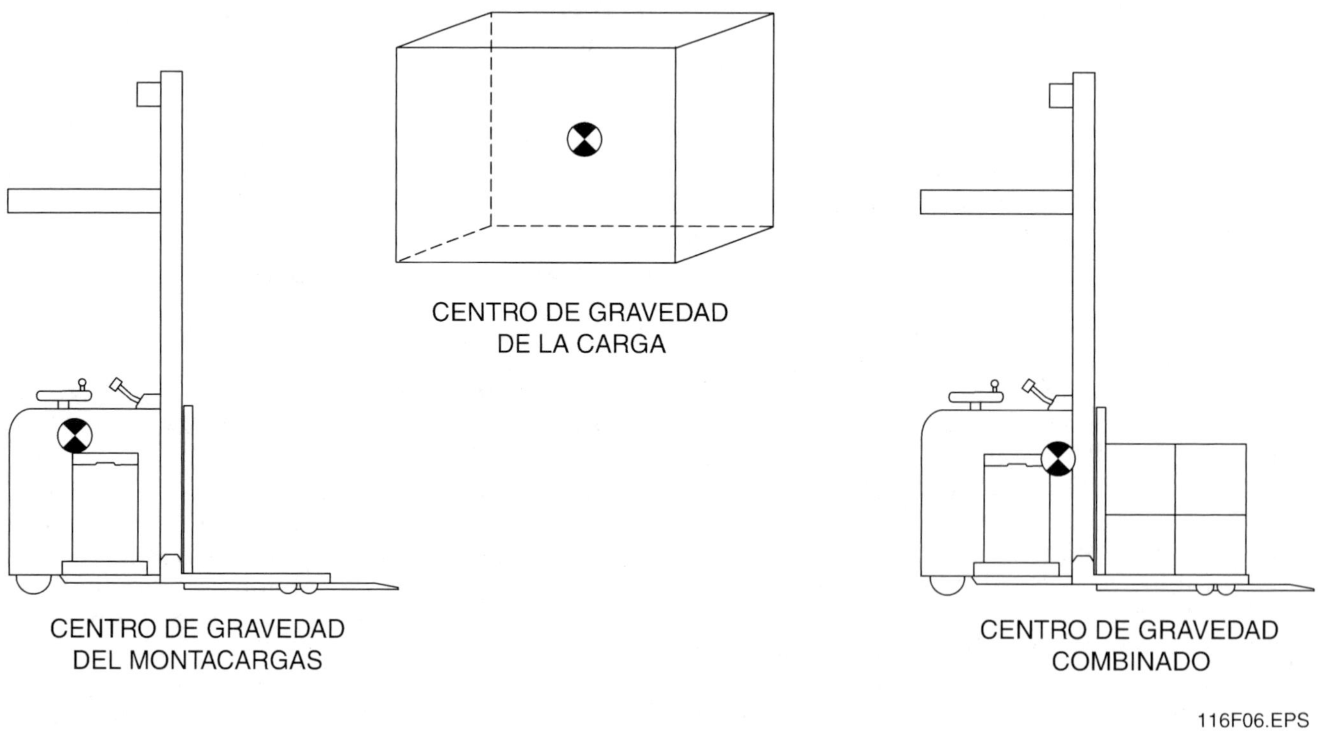

Figura 6 ◆ Centro de gravedad combinado.

CASOS HISTÓRICOS

Coloque calzos en las ruedas

Cuando un montacargas transita de un muelle de carga hacia la plataforma de un camión y luego retrocede, esa fuerza puede mover lentamente el vehículo hacia adelante si no se colocaron adecuadamente los calzos en las ruedas. En una ocasión, el operador de un montacargas creyó equivocadamente que el conductor del camión había colocado calzos en las ruedas. Cada vez que el montacargas pasaba del muelle al camión, el camión se movía alejándose del muelle. Como el operador estaba concentrado en su trabajo, no notó que el espacio entre el muelle y el camión iba creciendo. Después de varios viajes yendo y viniendo del camión, el espacio había aumentado lo suficiente para que las ruedas delanteras del montacargas cayeran en él. Esto hizo que el montacargas volcara hacia el camión, haciendo volcar a su vez la plataforma del camión hacia atrás, de modo que el operador quedó aplastado entre el camión y el montacargas.

Moraleja: Nunca suponga que las ruedas tienen colocados los calzos. Coloque siempre los calzos a las ruedas usted mismo para asegurarse de que estén colocados apropiadamente.

Fuente: Administración de Seguridad y Salud Laboral de los EE.UU. (OSHA)

atrás, a la derecha o a la izquierda. Colocar cargas demasiado pesadas en el montacargas, o colocar la carga demasiado adelante en las horquillas, puede hacer que el centro de gravedad combinado se encuentre demasiado adelantado, y eso lleve al montacargas a inclinarse hacia adelante. Girar demasiado rápido o tomar un giro muy cerrado, puede hacer que el montacargas se balancee u oscile a derecha e izquierda, y que el centro de gravedad combinado se tuerza lo suficiente como para hacer volcar el montacargas. Este tipo de accidente puede resultar en el aplastamiento del operador o de alguna persona que se encuentre cerca.

4.9.0 Obstrucción del campo visual

Es bastante común tratar de trasladar lo más que se pueda en la menor cantidad de viajes posible. Algunas veces, esto hace que el operador amontone las cargas demasiado alto. Al hacerlo, puede exceder el límite de peso permitido del montacargas, y también puede obstruir el campo visual del operador. Para operar en condiciones seguras un montacargas, el operador debe poder ver claramente lo que se encuentra delante y detrás del montacargas. Esto debe hacerse sin que el operador tenga que asomarse fuera de su cabina. Si el operador se asoma fuera de su cabina puede resultar gravemente herido.

5.0.0 ◆ TRABAJAR SOBRE RAMPAS Y MUELLES

En las rampas y los muelles, las condiciones de trabajo son especiales y tienen requerimientos específicos de seguridad Las rampas permiten que los vehículos con ruedas se muevan fácilmente de un nivel a otro. Sin embargo, el desplazamiento hacia arriba y hacia abajo en superficies con desnivel tiene consecuencias sobre el centro de gravedad del montacargas, haciendo más fácil que se incline. Los operadores pueden ser aplastados o expulsados del montacargas si esto sucede. En los muelles, la superficie por la que se circula se eleva a una altura conveniente para la carga y descarga de camiones y vagones. Sin embargo, también generan un riesgo, porque el montacargas puede caer desde el borde del muelle.

5.1.0 Rampas

La inclinación de la rampa aumenta el riesgo de vuelco del montacargas. Siga estas reglas cuando trabaje en rampas:

- Mantenga la carga tan bajo como sea posible.
- Mantenga siempre la carga empinada.
- Cuando trabaje en una superficie inclinada, asegúrese de que la carga se encuentre recostada hacia atrás sobre las horquillas tanto como sea posible.
- Si es posible, incline las horquillas de modo que la carga quede alineada con la inclinación de la superficie.
- No gire, arranque ni se detenga en forma muy rápida sobre una rampa.

5.2.0 Muelles

Si usted no es cuidadoso y no presta atención puede hacer que el montacargas se salga del borde del muelle. Esto no sólo puede dañar el equipo, sino que además puede matar o herir al

CASOS HISTÓRICOS

No existen los paseos en montacargas.

Era el final de una jornada fuerte. Sabiendo que el montacargas podía recorrer varios cientos de metros hasta la oficina rápida y fácilmente, un trabajador pidió que lo llevaran sobre las horquillas. El montacargas comenzó a brincar a un lado y otro cuando atravesó un sector de la carretera particularmente disparejo. El trabajador fue lanzado hacia adelante del montacargas y mortalmente aplastado.

Moraleja: Nunca pida que lo lleven en un montacargas.

Fuente: Administración de Seguridad y Salud Laboral de los EE.UU. (OSHA)

operador y a cualquiera que se encuentre cerca del área de caída de la carga.

Los operadores de montacargas deben estar atentos al borde del muelle. El borde normalmente está pintado de un color brillante, por ejemplo amarillo. Además de colocar calzos en las llantas (gomas) del vehículo, se pueden utilizar dispositivos llamados planchas de empalme para tender un puente entre el muelle y la plataforma del camión.

6.0.0 ◆ RIESGOS DE EXPLOSIÓN Y FUEGO

Los montacargas usan combustibles tales como gasolina, gas licuado de propano (GLP) o diesel. Todos estos combustibles pueden ocasionar incendios o explosiones si no se los maneja adecuadamente. Además, el gas LP se almacena en cilindros a presión, y genera riesgos de explosión si el cilindro resulta expuesto al calor o al fuego. Es extremadamente importante mantener esos combustibles alejados de cualquier fuente de fuego, y mantener las áreas en las que se usa el montacargas libres de sustancias inflamables. Hay precauciones específicas que deben ser tomadas en cuenta para evitar la posibilidad de fuego o de explosión.

6.1.0 Prevención de incendios

La mejor manera de prevenir el fuego es asegurarse de que los tres elementos necesarios para generar fuego, es decir, combustible, oxígeno y calor, nunca se encuentren en el mismo lugar al mismo tiempo. Presentamos a continuación algunas indicaciones para prevenir el fuego:

- Trabaje siempre en áreas bien ventiladas, especialmente si está usando sustancias inflamables tales como selladores, lacas, ablandadores de pintura, o adhesivos para la construcción.
- Nunca fume ni encienda cerillas mientras esté trabajando con sustancias inflamables.
- Mantenga los trapos engrasados en recipientes de metal aprobados, con tapadera automática.
- Almacene el combustible sólo en envases aprobados.
- Sepa dónde se encuentran los extintores, qué tipo de extintores usar para los diferentes tipos de fuego y cómo utilizarlos.
- Mantenga los envases de combustible que estén abiertos alejados de cualquier fuente de chispas, fuego o calor extremo.
- Asegúrese de que todos los extintores estén completamente cargados. Nunca quite la etiqueta de un extintor, ya que allí figura la última fecha en que el extintor recibió servicio técnico y fue inspeccionado.
- No rellene envases de gasolina o diesel mientras se encuentren en un camión con plataforma u otra superficie que no esté en contacto con la tierra. El flujo del combustible crea una electricidad estática que puede encenderlo si el envase no está en contacto con la tierra.

NOTA

Para obtener información detallada sobre la prevención y la protección contra el fuego, remítase al módulo, *Prevención y protección contra incendios.*

6.1.1 Líquidos inflamables y combustibles

Los líquidos pueden ser inflamables o combustibles Los líquidos inflamables tienen un punto de inflamación por debajo de los 100°F (37.8°C). Los líquidos combustibles tienen un punto de inflamación por encima de los 100°F (37.8°C). El fuego puede evitarse haciendo lo siguiente:

- *Extracción del combustible* – El líquido no se quema. Lo que se quema son los gases (vapores) liberados cuando el líquido se evapora. Al mantener el líquido en un envase aprobado cerrado se logra que no se evapore. Si no hay evaporación, no hay combustible que se queme.
- *Eliminación del calor* – Si el líquido se almacena o utiliza lejos de una fuente de calor, no puede encenderse.
- *Eliminación del oxígeno* – El vapor de un líquido no se quema si no hay oxígeno. Si mantiene los envases seguros bien cerrados, el oxígeno no entrará en contacto con el combustible.

6.1.2 Gases inflamables

Los gases inflamables usados en la construcción comprenden acetileno, hidrógeno, etano y gas LP. Para ganar espacio, esos gases se comprimen para que una gran cantidad pueda almacenarse en un pequeño cilindro o tubo. Mientras el gas permanece en el cilindro, el oxígeno no puede llegar a él e iniciar el fuego. Los cilindros deben ser manipulados cuidadosamente y ser almacenados lejos de las fuentes de calor.

El oxígeno también está clasificado como un gas inflamable. Si se le permite escapar y mezclarse con otro gas inflamable, el resultado de la mezcla puede explotar.

6.2.0 Extinción del fuego

No se espera que usted sea un bombero experto, pero puede suceder que tenga que combatir el fuego para protegerse usted y proteger a los demás. Es necesario que conozca la ubicación del equipo para combatir el fuego en su sitio de trabajo. También debe conocer qué equipo usar para diferentes tipos de fuego. Sin embargo, sólo personal calificado está autorizado a combatir el fuego.

Muchas empresas les indican a los nuevos empleados dónde se encuentran los extintores. Si no se lo dijeron, pregúntelo. También pregunte cómo se debe informar el fuego. El número de teléfono de la central de bomberos más cercana debe estar colocado bien visible en su área de trabajo. Si su empresa tiene una brigada para combatir incendios, sepa cómo contactarla. Conozca los procedimientos contra incendios de su compañía.

7.0.0 ◆ SEGURIDAD DE PEATONES

Tal vez usted no sea un operador de montacargas, pero es probable que trabaje en un lugar donde haya montacargas. Presentamos a continuación algunas indicaciones para trabajar en condiciones seguras cerca de montacargas.

Recuerde que es posible que el operador tenga dificultades para verlo. El operador puede estar concentrado en la carga y no prestar atención a los peatones. Por eso, siempre considere que el operador del montacargas no puede verlo. Recuerde que el tipo de accidente más frecuente con montacargas es golpear a un peatón.

Los montacargas son pesados y normalmente llevan cargas pesadas. Esto hace que el impulso sea muy amplio, es decir que es probable que para detenerse el montacargas necesite una distancia igual a su largo. Nunca deje librada su seguridad a la capacidad de un montacargas de detenerse a tiempo. Asegúrese de no estar nunca ubicado entre el montacargas y un objeto fijo.

Algunas veces los montacargas llevan cargas pesadas muy elevadas. Nunca se pare debajo de las horquillas levantadas de un montacargas. Pueden caer objetos de las horquillas, o, si se produce un descenso súbito de la presión hidráulica, las horquillas pueden desplomarse repentinamente aplastando a cualquiera o a cualquier objeto que se encuentre debajo.

Si está trabajando en un depósito o en un almacén con estantes, nunca trabaje en el pasillo del otro lado de una estantería en la que esté trabajando un montacargas. El operador podría empujar una carga en el estante, haciendo que caiga del otro lado. Si tiene la mala suerte de encontrarse del otro lado, hay muchas posibilidades de que lo golpee o aplaste el objeto que cae.

Nunca pida que lo lleven en un montacargas. Los montacargas están diseñados sólo para transportar a un operador y la carga. Si viaja en las horquillas, corre un alto riesgo de caer y resultar aplastado por el montacargas. Tampoco se permite viajar en el tractor del montacargas. Es muy fácil caerse y/o quedar aplastado entre el montacargas y otros objetos.

Resumen

Los montacargas son las bestias de carga de una construcción. Pueden mover, levantar y bajar cargas pesadas y voluminosas. Pueden retirar equipo de vagones y camiones. Son máquinas pesadas y poderosas, y operarlas requiere un entrenamiento especial. La mejor forma de trabajar en condiciones de seguridad cerca de montacargas es obedecer todos los procedimientos de seguridad y estar atento a los posibles peligros.

Preguntas de repaso

1. El tipo de accidente más común con montacargas es _____.

a. el vuelco del montacargas
b. la caída de la carga del montacargas
c. que el montacargas se caiga de un muelle de carga
d. que el montacargas golpee a un peatón

2. Para operar con un montacargas usted debe _____.

a. tener un permiso de conducir comercial
b. estar entrenado para saber cómo operarlo
c. estar entrenado en el uso de otros equipos pesados
d. entregar a su empleador una copia de su permiso para conducir

3. Si encuentra problemas en el montacargas durante la inspección previa, debe _____.

a. avisar al próximo operador
b. dejar una nota a su supervisor, y luego usar el equipo hasta que sea reparado
c. informar el problema a su supervisor, luego bloquear y colocar una etiqueta al montacargas
d. buscar otro montacargas que no tenga ningún problema para poder comenzar

4. Asomar la cabeza fuera de la cabina del operador _____.

a. muchas veces es necesario para poder ver alrededor de una carga alta.
b. requiere el equipo personal de protección apropiado
c. lo hace vulnerable a aplastamientos o amputaciones
d. sólo es aceptable cuando se trabaja en espacios al aire libre

5. Los peatones siempre tienen el derecho de paso frente a un montacargas.

a. Verdadero
b. Falso

6. Es seguro transportar pasajeros en un montacargas _____.

a. si llevan arneses de seguridad
b. si hay un banco atornillado a un pallet para transporte
c. cuando se usa un accesorio de levante personal certificado
d. bajo ninguna circunstancia

7. Un montacargas puede inclinarse si su centro de gravedad se mueve demasiado hacia adelante.

a. Verdadero
b. Falso

8. Una carga puede caerse de las horquillas de un montacargas por cualquiera de las siguientes razones *excepto* _____.

a. si el montacargas gira o se detiene demasiado rápido
b. si el centro de gravedad de la carga se desplaza demasiado lejos
c. si la carga no está apilada lo suficientemente alta
d. si el montacargas se inclina demasiado hacia adelante

9. Los dispositivos de combustión interna de un montacargas aumentan el riesgo de _____.

a. amputación
b. ser aplastado por el equipo
c. una caída desde la altura
d. fuego y explosión

10. Es seguro trabajar en un pasillo del otro lado de la estantería en la que se está usando un montacargas.

a. Verdadero
b. Falso

GLOSARIO

Términos especializados introducidos en este módulo

Área de almacenamiento: Un área en la que se almacenan materiales preparándolos para su entrega. Las áreas de almacenamiento muchas veces tienen un gran volumen de tráfico.

Cabina del operador: La parte del montacargas en la que está ubicado el operador para poder controlarlo.

Centro de gravedad: El punto en torno al cual se distribuye equilibradamente todo el peso de un objeto.

Centro de gravedad combinado: Cuando se combina el peso de dos objetos, el centro de gravedad se desplaza a un solo punto para ambos.

Impulso: Una fuerza física que hace que un objeto en movimiento tienda a continuar en movimiento.

Créditos de las figuras

Sellick Equipment Limited	116F01, 116F03
Manitou North America, Inc.	116F04

MÓDULO 75116-03 — RESPUESTAS A LAS PREGUNTAS DE REPASO

Respuesta	Sección
1. d	1.0.0
2. b	2.0.0
3. c	2.2.0
4. c	3.1.0
5. a	3.2.0
6. c	3.3.0
7. a	4.8.0
8. c	4.8.0
9. d	6.0.0
10. b	7.0.0

SERIE EDUCATIVA CONTREN® — COMENTARIOS DEL USUARIO

NCCER hace el esfuerzo de mantener estos libros de texto actualizados y libres de errores técnicos. Apreciamos su ayuda en este proceso. Si tiene una idea para mejorar este libro de texto, o si encuentra algún error, ya sea tipográfico, o de contenido en los libros de texto de *Contren*®, favor de escribirnos usando esta forma o una fotocopia de la misma. Asegúrese de incluir el número exacto del módulo, la página, una descripción detallada, y la corrección, si es aplicable. Su comentario será traído a la atención del comité técnico de revisión. Gracias por su ayuda.

Instructores – si usted encontró que algún material adicional es necesario para enseñar este módulo con eficacia, por favor déjenos saber para poder incluirlos en la lista de Equipo y Materiales en la guía anotada del instructor.

Dirección postal: Departamento de Desarrollo de Productos
National Center for Construction Education and Research
3600 NW 43rd Street, Bldg. G, Gainesville, FL 32606

Fax: 352-334-0932

E-mail: curriculum@nccer.org

Oficio ____________ Nombre del Módulo ____________

Fecha del Copyright ____________ Número del Módulo ____________ Número(s) de Página(s) ____________

Descripción ____________

____

____

____

Corrección (opcional) ____________

____

____

Su nombre y dirección (opcional) ____________

____

____

Módulo 75117-03

Bloqueo y Etiquetado

MAPA DEL CURSO

Este mapa del curso muestra todos los módulos de Seguridad de campo. El orden sugerido de entrenamiento comienza en la parte inferior y avanza hacia arriba. El Patrocinador local del Programa de Entrenamiento puede modificar el orden del entrenamiento.

SEGURIDAD DE CAMPO

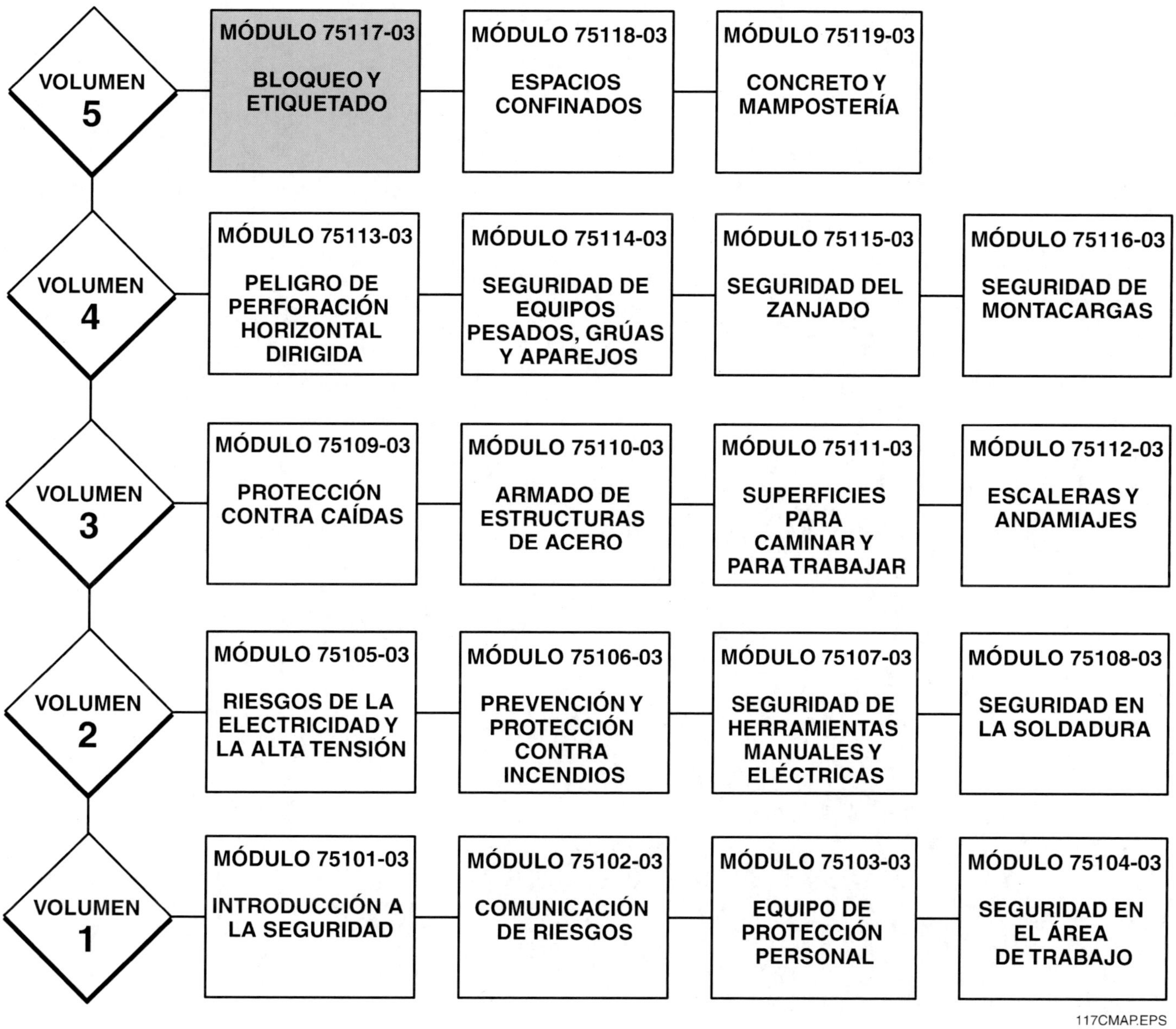

117CMAP.EPS

CONTENIDO DEL MÓDULO 75117-03

Figuras

MÓDULO 75117-03

Bloqueo y Etiquetado

Objetivos

Cuando haya terminado este módulo, podrá hacer lo siguiente:

1. Describir el procedimiento de bloqueo y etiquetado.
2. Identificar riesgos habituales de seguridad asociados con el bloqueo y etiquetado.
3. Describir las precauciones asociadas con el bloqueo y etiquetado.

Prerrequisitos

Antes de comenzar este módulo, se recomienda que haya completado con éxito lo siguiente: Seguridad de campo, Módulos 75101-03 a 75116-03.

Material necesario

1. Lápiz y papel
2. Equipo de protección personal adecuado

1.0.0 ◆ INTRODUCCIÓN

Muchos accidentes en el lugar de trabajo están relacionados con las maquinarias y los equipos. Muchas veces, estos accidentes ocurren porque hay una liberación inesperada de energía. La liberación inesperada de energía puede hacer que la maquinaria se encienda mientras está recibiendo servicio técnico o mantenimiento. La no aplicación del **bloqueo** y **etiquetado** en las maquinarias antes de comenzar a trabajar en ellas es la principal causa de lesiones y muertes en los lugares de trabajo. Algunas de esas lesiones incluyen la electrocución, la amputación de partes del cuerpo y lesiones graves por aplastamiento. En una ocasión, un trabajador de mantenimiento murió al perder el equilibrio debido a que un equipo se movió inesperadamente y lo empujó hacia las cuchillas giratorias de una cortadora de 36" (90 cm).

La implementación adecuada de un sistema de bloqueo y etiquetado eficiente puede eliminar este tipo de riesgos. Dicho sistema permite resguardar a los trabajadores de la liberación inesperada de diversas **fuentes de energía**. Una fuente de energía es cualquier fuente de energía eléctrica, mecánica, hidráulica, neumática, química, térmica u otra. La energía puede quedar almacenada en un sistema o una máquina aún después de que se corte el suministro. La energía almacenada en un sistema puede ser liberada o conectada a tierra para así evitar un accionamiento inesperado de la máquina mientras está recibiendo servicio técnico. Por ejemplo, aunque el suministro de energía se haya cortado, en un compresor queda presión residual que puede activar herramientas neumáticas.

Si la máquina contiene ácidos, químicos, líquidos inflamables o gases o líquidos a alta temperatura, existe un peligro adicional. La energía almacenada puede producir la liberación explosiva de esos materiales peligrosos y provocar lesiones graves.

Cuando alguien está trabajando en uno de esos sitios de riesgo o cerca de ellos, los dispositivos mecánicos y los demás sistemas deben estar apagados o sin energía. Los **dispositivos de aislamiento de energía**, tales como disyuntores ("breakers"), interruptores de circuito, válvulas y otros componentes, se utilizan junto con las etiquetas y los candados (*Figura 1*) para garantizar que los motores no se enciendan, las válvulas no se abran o cierren, y no pueda producirse ningún otro cambio que pueda perjudicar a los trabajadores.

NOTA

Los riesgos eléctricos se tratan con mayor detalle en el módulo, *Riesgos de la eléctricidad y la alta tensión.*

¡ADVERTENCIA!

El equipo eléctrico no es la única fuente de accidentes de bloqueo y etiquetado.

NOTA

Algunos dispositivos de desconexión están equipados con bloqueos con uso de llave para protección durante la operación. Esos dispositivos de bloqueo se llaman "kirklocks" y se confía en ellos sólo para garantizar la secuencia adecuada de la operación. No deben ser usados para fines de bloqueo de un circuito o sistema. Cuando hay interruptores instalados para su uso en el aislamiento, nunca deben ser abiertos bajo carga. Cuando se abre manualmente un interruptor, debe hacerse rápidamente utilizando una fuerza positiva. Además, deben utilizarse dispositivos de bloqueo cuando los interruptores están abiertos.

Por lo general, cada candado tiene su propia llave, y la persona que pone el candado se queda con ella. Esa persona es la única que puede quitar el candado. Las etiquetas normalmente contienen la palabra *PELIGRO* (*Figura 2*).

117F01.EPS

Figura 1 ◆ Dispositivo de bloqueo y etiquetado.

117F02.EPS

Figura 2 ◆ Etiquetas de seguridad típicas.

CASOS HISTÓRICOS

Salvado por poco

Cuando unos trabajadores de mantenimiento se encontraban desacoplando un accionador de una válvula de control de vapor de 100 psi, se retiró el glándula de empaque de la válvula. La válvula no estaba bajo control de bloqueo y etiquetado. Como resultado, se quitaron los seguros equivocados. Esto provocó que los seguros de retención del prensaestopa y los componentes del anillo de empaquetamiento resultaran expulsados de la válvula debido a la presión de vapor residual. Afortunadamente, nadie resultó herido, pero la válvula quedó destruida y tuvo que ser reemplazada.

Moraleja: Un programa de bloqueo y etiquetado puede evitar accidentes debidos a la liberación inesperada de vapor, resortes o energía hidráulica. El bloqueo y etiquetado no se limita a la seguridad eléctrica.

Fuente: Departamento de Energía de los Estados Unidos de América

2.0.0 ◆ BLOQUEO Y ETIQUETADO

El bloqueo y el etiquetado protege a los trabajadores de toda posible fuente de energía. Cuando se realiza un bloqueo, se coloca un dispositivo de aislamiento de energía, tal como un interruptor o un disyuntor ("breaker"), en la posición OFF y se le coloca un candado. La *Figura 3* muestra algunos ejemplos de los tipos de **dispositivos de bloqueo** que pueden ser utilizados con candados de llave o combinación. Cuando más de una persona tiene acceso al equipo, se usan varios dispositivos de bloqueo (*Figura 4*). En algunos casos, cuando se trabaja con válvulas, se puede usar cadena y candado para mantener la válvula en su lugar e impedir cualquier cambio.

Cuando se efectúa un etiquetado, los componentes que regulan la alimentación de energía a las máquinas o los equipos, tales como interruptores, quedan en posición segura, y se les coloca una advertencia escrita o un **dispositivo de etiquetado** (*Figura 5*).

Un programa efectivo de bloqueo que utiliza candado y etiqueta debe incluir lo siguiente:

- La inspección del equipo por parte de una persona entrenada que esté perfectamente familiarizada con la operatoria del equipo y los riesgos que involucra.
- La identificación y etiquetado de los dispositivos de bloqueo.
- La compra de candados, etiquetas y bloqueadores.
- Un procedimiento operativo escrito estándar que deberán seguir los empleados.

3.0.0 ◆ PROCEDIMIENTOS DE BLOQUEO Y ETIQUETADO

Los procedimientos exactos de bloqueo y etiquetado pueden variar en diferentes compañías y lugares de trabajo. Pídale a su supervisor que le explique el procedimiento de bloqueo y etiquetado que se emplea en su lugar de trabajo. Debe conocer este procedimiento y seguirlo. Esto garantiza su seguridad y la de sus compañeros de trabajo. Si tiene dudas acerca de los procedimientos de bloqueo y etiquetado, pregúntele a su supervisor.

El siguiente es un ejemplo típico de procedimiento de bloqueo y etiquetado. Está compuesto por estas cuatro etapas.

- Preparación para el bloqueo y etiquetado
- Secuencia para el bloqueo y etiquetado
- Restauración de la energía
- Autorización de emergencia para remover el bloqueo y etiquetado

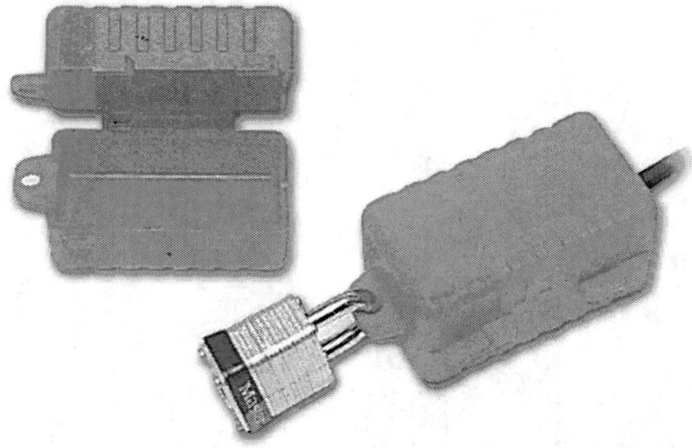

BLOQUEO DE ENCHUFES DE ELECTRICIDAD

BLOQUEO DE DISYUNTOR DE CIRCUITOS
O BLOQUEO DEL "BREAKER" DE CIRCUITOS

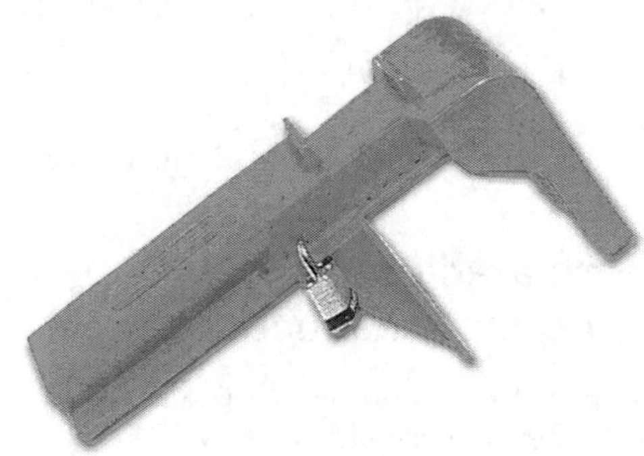

BLOQUEO DE VÁLVULA DE BOLA

BLOQUEO DE INTERRUPTOR 117F03.EPS

Figura 3 ◆ Dispositivo de bloqueo y etiquetado.

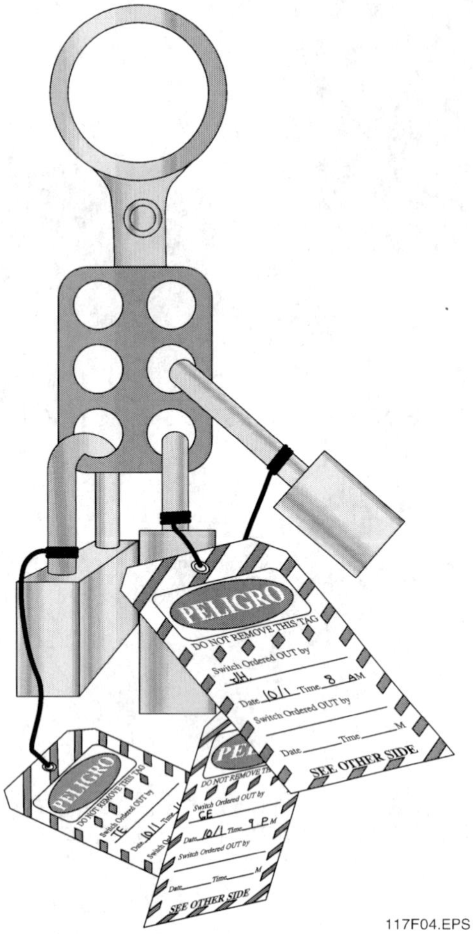

117F04.EPS

Figura 4 ◆ Dispositivo múltiple de bloqueo y etiquetado.

3.1.0 Preparación para el bloqueo y etiquetado

Durante la preparación del bloqueo y etiquetado, es importante seguir estos pasos.

Paso 1 Verifique los procedimientos para comprobar que no se hayan producido cambios desde la última vez que usted haya aplicado el procedimiento de bloqueo.

Paso 2 Identifique a todos los empleados autorizados y afectados por el bloqueo y etiquetado que se llevará a cabo.

NOTA

Hay una diferencia entre apagar una máquina y desarmar una pieza del equipo. Cuando se apaga un interruptor de control, se está abriendo un circuito, sin embargo, aún hay energía eléctrica en el interruptor. Un corto cicuito en el interruptor o alguien que encienda la máquina puede hacer que comience a funcionar nuevamente.

3.2.0 Secuencia para el bloqueo y etiquetado

Para llevar a cabo el bloqueo y etiquetado, siga los siguientes pasos.

Paso 1 Notifique a todo el personal autorizado y afectado que se va a efectuar un bloqueo y etiquetado, y explíqueles por qué es necesario hacerlo.

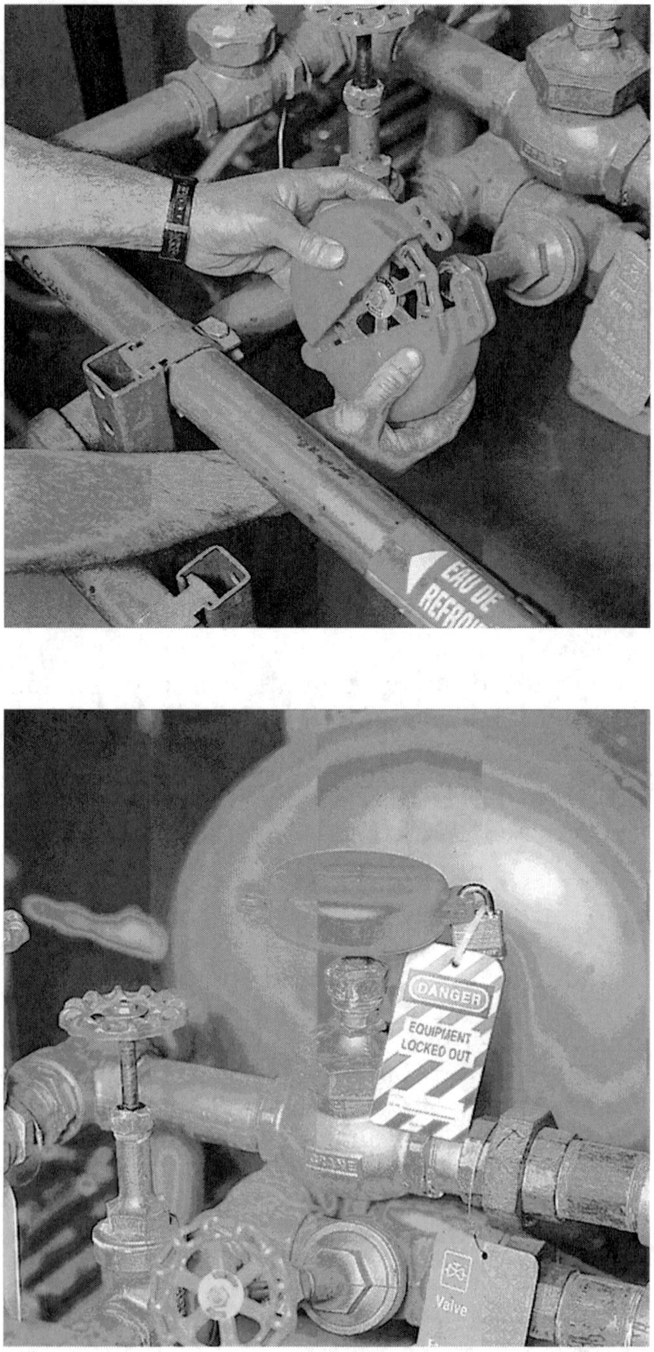

117F05.EPS

Figura 5 ◆ Colocación de un dispositivo de bloqueo y etiquetado.

Energía perjudicial

Un empleado estaba intentando corregir un problema eléctrico que involucraba dos lámparas no operativas. No apagó la electricidad en el panel disyuntor ("breaker") ni tampoco probó los cables para saber si tenían corriente. Murió instantáneamente cuando cayó de la escalera después de agarrar los dos cables con corriente con su mano izquierda.

Moraleja: No trabaje en circuitos eléctricos a menos que se encuentren efectivamente desenergizados y etiquetados.

Fuente: Administración de Seguridad y Salud Laboral de los EE.UU. (OSHA)

Paso 2 Apague el equipo o el sistema, utilizando los procedimientos habituales (OFF o STOP).

Paso 3 Bloquee toda fuente de energía y compruebe las desconexiones para estar seguro de que no puedan moverse a la posición ON. A continuación, abra el disyuntor ("breaker") de control. Si no hay disyuntor ("breaker") de control, bloquee el imán en la posición abierta del interruptor antes de trabajar con equipos que funcionen con electricidad o aparatos tales como motores o relés. Quite el cable de control.

Paso 4 Coloque el candado y la etiqueta en los interruptores o las válvulas que lo requieran en posición abierta. Cada empleado autorizado debe colocar un candado y una etiqueta, si es necesario.

Paso 5 Libere la energía acumulada conectando el equipo o el sistema a tierra.

Paso 6 Verifique que el equipo de prueba esté funcionando correctamente; utilice una fuente de energía conocida.

Paso 7 Confirme que todos los interruptores estén en posición abierta y use el equipo de prueba para verificar que todos los componentes están sin energía.

Paso 8 Si es necesario abandonar temporariamente el área, al regresar, vuelva a comprobar que el equipo o el sistema sigue estando sin energía.

3.3.0 Restauración de la energía

Una vez que haya finalizado el trabajo en la máquina o el equipo, siga estos pasos para restaurar la energía.

CARRIL INTERNO

P.R.O.P.E.R. Procedimientos de bloqueo y etiquetado

La utilización de procedimientos P.R.O.P.E.R, por sus siglas en inglés de bloqueo y etiquetado es la mejor manera de evitar accidentes, lesiones y muertes.

P – Efectúe el apagado.

R – Reconozca las fuentes de energía.

O – Off (apague las fuentes de energía).

P – Coloque candados y etiquetas.

E – Libere la energía almacenada.

R – Coloque los controles en neutro.

Alerta de inundación

La conexión roscada macho de una válvula de alivio de presión (PRV) de ½" en un caño vertical de un sistema de rociadores ("sprinklers") se rompió cuando se intentaba reconectar el lado de descarga de la válvula. Esto hizo que cerca de 550 galones de agua se descargaran en el armario de una instalación y en el área de oficinas. No hubo personas heridas como resultado de este hecho, pero hubo pérdidas materiales significativas.

Moraleja: Se debería haber colocado un dispositivo de bloqueo y etiquetado al sistema de rociadores.

Fuente: Departamento de Energía de los Estados Unidos de América

Método de bloqueo

PARA PENSAR

¿Qué método de bloqueo preferiría usar si su vida estuviera en juego?

(A) CINTA

(B) BLOQUEO DE DISYUNTOR

117SA01.EPS

Paso 1 Vuelva a montar completamente y asegure el equipo o el sistema.

Paso 2 Confirme que todos los equipos y herramientas, incluyendo los detectores de cortocircuitos, se hayan identificado y retirado del equipo o sistema.

Paso 3 Reemplace y active todos los controles de seguridad.

Paso 4 Quite los candados y las etiquetas de los interruptores de aislamiento. Cada empleado debe quitar su propio candado y su etiqueta.

Paso 5 Notifique a todo el personal afectado que ha finalizado el bloqueo y etiquetado y que el equipo o el sistema va a recibir suministro eléctrico.

Paso 6 Opere o cierre los interruptores de aislamiento para volver a suministrar energía.

3.4.0 Autorización de emergencia para remover el bloqueo y etiquetado

En algunas ocasiones, es necesario remover de emergencia el dispositivo de bloqueo. El dispositivo sólo puede ser retirado por un supervisor autorizado. Siga las siguientes instrucciones si un dispositivo de bloqueo quedó cerrado y el empleado autorizado se encuentra ausente o ha perdido la llave.

- El empleado autorizado debe ser informado de que el dispositivo de bloqueo y etiquetado ha sido quitado.
- Una verificación escrita de la acción tomada, incluyendo haber informado al empleado autorizado del retiro del dispositivo, debe ser escrito en el diario de trabajo.

4.0.0 ◆ PRECAUCIONES

Es importante que sepa cómo protegerse a sí mismo y a sus compañeros de trabajo. Todos deben ser conscientes de qué actividades se están realizando en el lugar de trabajo y comprender cómo realizarlas de manera segura. Estas son las precauciones más habituales que deben ser observadas para mantener el sitio de trabajo en condiciones seguras.

- Nunca opere un dispositivo, válvula, interruptor o pieza de un equipo que tenga colocado un candado o una etiqueta.

CASOS HISTÓRICOS

Hacer una prueba Puede salvar su vida

En un lugar de Georgia, unos electricistas encontraron interruptores electrificados después de haber bloqueado un panel de circuito en un viejo sistema que había sido modernizado varias veces. La cablería existente no correspondía con los planos. Una investigación llevada a cabo posteriormente reveló que existían muchas situaciones similares en viejas instalaciones.

Moraleja: Nunca confíe sólo en los planos. Hay que probar el circuito después de bloquearlo para verificar que está desenergizado.

Fuente: Administración de Seguridad y Salud Laboral de los EE.UU. (OSHA)

- Utilice únicamente etiquetas que estén aprobadas en su sitio de trabajo.
- Si un dispositivo, válvula, interruptor o pieza de un equipo se encuentra bloqueado, asegúrese de que tenga colocada la etiqueta adecuada.
- Bloquee y etiquete todos los sistemas eléctricos.
- Bloquee y etiquete las tuberías que transporten ácidos, líquidos explosivos y vapor a alta presión.
- Bloquee y etiquete el equipo y los vehículos motorizados que requieran ser reparados o reemplazados. Además, desconecte o desactive cualquier dispositivo de encendido.

Resumen

El bloqueo y etiquetado protege a los trabajadores de toda fuente de energía posible. Cuando se realiza un bloqueo, se coloca un dispositivo de aislamiento de energía, tal como un interruptor o un disyuntor ("breaker"), en la posición OFF y se le coloca un candado.

Cuando se efectúa un etiquetado, los componentes que rencienden la energía de las máquinas o los equipos, tales como interruptores, quedan en posición segura, y se les coloca una advertencia escrita o un dispositivo de bloqueo mediante una etiqueta.

La no aplicación de los procedimientos de la compañía acerca del bloqueo y etiquetado puede ocasionar lesiones graves o muertes.

Preguntas de repaso

1. Una liberación descontrolada de energía puede prevenirse utilizando _____.

a. disyuntores ("breakers")
b. candados y etiquetas
c. interruptores
d. válvulas

2. Los sistemas de bloqueo y etiquetado sólo protegen a los trabajadores de riesgos eléctricos.

a. Verdadero
b. Falso

3. Todos los riesgos siguientes están asociados con el bloqueo y etiquetado, *excepto* _____.

a. ácidos
b. hidráulicos
c. bajas temperaturas
d. aire comprimido

4. Los interruptores y disyuntores ("breakers") son ejemplos de dispositivos _____.

a. de aislamiento de energía
b. de remoción de energía
c. de bloqueo y etiquetado
d. de bloqueo múltiple

5. Para algunas válvulas, puede utilizarse una cadena y un candado como dispositivo de bloqueo.

a. Verdadero
b. Falso

6. Todos los siguientes son componentes de un sistema de bloqueo y etiquetado, *excepto* _____.

a. preparación para el bloqueo y etiquetado
b. secuencia para el bloqueo y etiquetado
c. restauración de la energía
d. distribución de llaves

7. El primer paso en la secuencia de bloqueo y etiquetado es _____.

a. apagar el equipo
b. disipar la energía almacenada
c. verificar que el equipo de prueba funcione correctamente
d. notificar a todo el personal autorizado y afectado

8. La energía puede restablecerse en el equipo o las maquinarias reparadas _____.
   a. al comienzo de cada día
   b. cuando los trabajadores vuelven del almuerzo
   c. una vez que el trabajo de reparación haya terminado
   d. cuando comience un nuevo turno de trabajo

9. La única persona autorizada para efectuar una remoción de emergencia del dispositivo de bloqueo y etiquetado es _____.
   a. el contratista autorizado
   b. el supervisor autorizado
   c. un trabajador de rescate
   d. un inspector de la OSHA

10. Todas las siguientes son precauciones habituales del bloqueo y etiquetado, *excepto* _____.
    a. bloqueo y etiquetado de todos los equipos eléctricos
    b. nunca opere un dispositivo, válvula, interruptor o pieza de un equipo que tenga colocado un candado o una etiqueta.
    c. utilice únicamente etiquetas aprobadas en su sitio de trabajo.
    d. etiquete los vehículos motorizados sólo cuando haya múltiples usuarios

PERFIL DEL ÉXITO

Dennis Truitt, The TIMEC Group of Companies

Vicepresidente,
Higiene y seguridad corporativa

"Mi mayor contribución a la salud y la seguridad, que fue tanto un logro personal como de la compañía, es la reducción del número anual de lesiones sufridas por nuestros empleados. Utilizando técnicas probadas de control de pérdidas, hemos logrado un impacto positivo en la salud y la seguridad... Estos esfuerzos tienen impacto directo y juegan un papel importante en el éxito de nuestra empresa."

¿Por qué eligió dedicarse a la Seguridad industrial?
Después de graduarme de psicología, decidí dedicarme a algo relacionado con la conducta, pero también orientado a los negocios.

¿Qué tipo de entrenamiento realizó?
Realicé diversos estudios, pero mi interés principal siempre estuvo dirigido a la salud y la seguridad. Además, obtuve certificaciones de estudios orientados a estándares y normas. También realicé diversos estudios en el área de la respuesta ante emergencias y los negocios.

¿Qué tipos de trabajos ha realizado durante su carrera?
He tenido el gusto de trabajar tanto para contratistas como para clientes en el campo de la salud y la seguridad. Hice de todo, desde inspección de campo y auditorías hasta desarrollo, implementación y mantenimiento de programas intensivos de control de pérdidas, tanto para el desarrollo como para la gestión de negocios.

Cuéntenos acerca de su trabajo actual.
Actualmente administro y proveo un servicio de asesoramiento empresarial para todas las organizaciones del The TIMEC Group of Companies, en todas nuestras oficinas regionales y campos de trabajo. Mis responsabilidades abarcan todos los aspectos del modelo de control de pérdidas y las estrategias de negocios de nuestras compañías. También observo el cumplimiento de todas las prácticas, estándares y requisitos regulatorios de negocios orientados a clientes y agencias.

¿Qué factores son los que más contribuyeron a su éxito?
Los aspectos que más contribuyeron a mi éxito fueron el entrenamiento, el compromiso a la gestión de la seguridad, un enfoque positivo y dinámico de nuevas ideas, y la utilización de políticas y procedimientos de control de pérdidas comprobados y verificados en la práctica, con un énfasis en la identificación y la mitigación de las acciones y condiciones de calidad deficiente.

¿Qué consejo puede darles a quienes son nuevos en la Seguridad industrial?
Que se acerquen a la industria con todo el conocimiento que puedan obtener. Nunca dejen de capacitarse y perfeccionarse. Comprendan que los estándares sólo pueden cumplirse si se entiende la responsabilidad que se tiene en cuanto a la seguridad. Enseñen a su gente a convertirse en representantes de la seguridad, por el bien de su compañía, de sí mismos y de sus familias. La seguridad es inquietante y perturbadora cuando las personas resultan lesionadas o enfermas, pero cuando el personal regresa a casa en las mismas condiciones en que se fue al trabajo, la recompensa no tiene precio.

Términos especializados introducidos en este módulo

Dispositivo de aislamiento de energía: Cualquier dispositivo mecánico que evita físicamente la transmisión o la liberación de energía. Esto comprende, pero no se limita a, los disyuntores ("breakers") eléctricos operados manualmente, los interruptores, las válvulas de línea y los bloqueadores.

Fuente de energía: Cualquier fuente de energía eléctrica, mecánica, hidráulica, neumática, química, térmica u otra.

Bloqueo: Colocación de un dispositivo de bloqueo en un dispositivo de aislamiento de energía, de acuerdo con un procedimiento establecido, para garantizar que no se pueda operar el dispositivo de aislamiento de energía ni con el equipo sometido a control hasta que el dispositivo de bloqueo sea retirado.

Dispositivo de bloqueo: Cualquier dispositivo que utilice un medio positivo, como un candado, para mantener un dispositivo de aislamiento de energía en una posición segura y evitar la presencia de energía en una máquina o equipo.

Etiquetado: Colocación de un dispositivo de etiquetado en un dispositivo de aislamiento de energía, de acuerdo con un procedimiento establecido, para indicar que el dispositivo de aislamiento de energía y el equipo que se está controlando no pueden ser activados hasta que el dispositivo de etiquetado sea retirado.

Dispositivo de etiquetado: Un dispositivo de alerta notorio, tal como una etiqueta y un medio de fijación, que pueda ser colocado de forma segura a un dispositivo de aislamiento de energía de acuerdo con un procedimiento establecido. La etiqueta indica que no se puede operar con la máquina o el equipo al que se encuentra fijada, hasta que el dispositivo de etiquetado sea removido de acuerdo con el procedimiento de control de energía.

Créditos de las figuras

Veronica Westfall	117F01
Marzetta Signs	117F02
North Safety	117F03, 117F05, 117SA01 (B)
Mike Powers	117SA01 (A)

MÓDULO 75117-03 — RESPUESTAS A LAS PREGUNTAS DE REPASO

Respuesta	Sección
1. b	1.0.0
2. b	1.0.0
3. c	1.0.0
4. a	1.0.0
5. a	2.0.0
6. d	3.0.0
7. d	3.2.0
8. c	3.3.0
9. b	3.4.0
10. d	4.0.0

NCCER hace el esfuerzo de mantener estos libros de texto actualizados y libres de errores técnicos. Apreciamos su ayuda en este proceso. Si tiene una idea para mejorar este libro de texto, o si encuentra algún error, ya sea tipográfico, o de contenido en los libros de texto de *Contren*®, favor de escribirnos usando esta forma o una fotocopia de la misma. Asegúrese de incluir el número exacto del módulo, la página, una descripción detallada, y la corrección, si es aplicable. Su comentario será traído a la atención del comité técnico de revisión. Gracias por su ayuda.

Instructores – si usted encontró que algún material adicional es necesario para enseñar este módulo con eficacia, por favor déjenos saber para poder incluirlos en la lista de Equipo y Materiales en la guía anotada del instructor.

Dirección postal: Departamento de Desarrollo de Productos
National Center for Construction Education and Research
3600 NW 43rd Street, Bldg. G, Gainesville, FL 32606

Fax: 352-334-0932

E-mail: curriculum@nccer.org

Oficio ______ Nombre del Módulo ______

Fecha del Copyright ______ Número del Módulo ______ Número(s) de Página(s) ______

Descripción ______

______

______

______

Corrección (opcional) ______

______

______

Su nombre y dirección (opcional) ______

______

______

Módulo 75118-03

Espacios confinados

MAPA DEL CURSO

Este mapa del curso muestra todos los módulos de Seguridad de campo. El orden sugerido de entrenamiento comienza en la parte inferior y avanza hacia arriba. El Patrocinador local del Programa de Entrenamiento puede modificar el orden del entrenamiento.

SEGURIDAD DE CAMPO

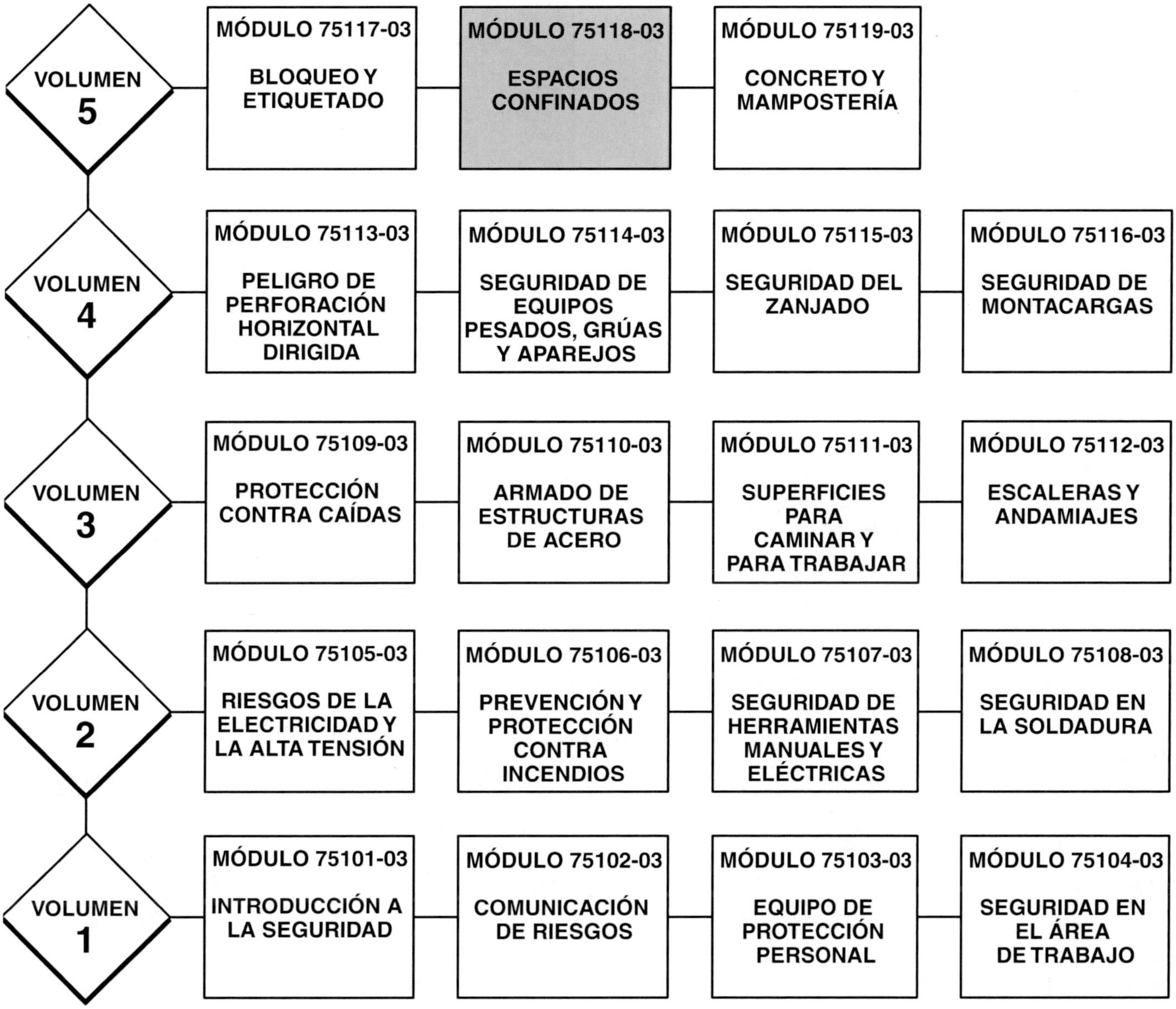

118CMAP.EPS

CONTENIDO DEL MÓDULO 75118-03

Figuras

MÓDULO 75118-03

Espacios confinados

Objetivos

Cuando haya terminado este módulo, podrá hacer lo siguiente:

1. Describir las diferencias entre un espacio confinado que requiere permiso de entrada y un espacio confinado que no requiere permiso de entrada.
2. Explicar el propósito de un permiso de entrada.
3. Explicar los riesgos asociados con los espacios confinados.
4. Describir las responsabilidades de los trabajadores en el sitio.
5. Demostrar y explicar los procedimientos adecuados de seguridad y de respuesta ante emergencias.

Prerrequisitos

Antes de comenzar este módulo, se recomienda que haya completado con éxito lo siguiente: Seguridad de campo, Módulos 75101-03 a 75117-03.

Material necesario

1. Lápiz y papel
2. Equipo personal de protección apropiado

1.0.0 ◆ INTRODUCCIÓN

Los espacios de un sitio de trabajo se consideran confinados cuando su tamaño y su forma restringen los movimientos de cualquiera que ingrese, trabaje y salga de ellos. Los **espacios confinados** por lo general tienen escasa ventilación y es difícil entrar y salir de ellos. Por ejemplo, los trabajadores que trabajan en recipientes de procesamiento, por lo general, tienen que deslizarse para entrar y para salir a través de aberturas estrechas y realizar sus tareas en posiciones apretadas o incómodas. En algunos casos el encierro mismo constituye un riesgo.

Control de alcantarillas salva una vida

Un trabajador afortunado inspeccionó una alcantarilla antes de entrar a su interior y encontró un nido de serpientes de cascabel.

Moraleja: Asegúrese siempre de mirar dentro del espacio confinado antes de entrar.

En un espacio confinado, los riesgos tales como el aire de mala calidad, las toxinas, las explosiones, el fuego y las partes de máquinas móviles tienden a ser mucho más letales. De hecho, en los años '90 durante un período de 8 años hubo un promedio de 38 trabajadores muertos por año en espacios confinados.

Los espacios confinados pueden encerrar riesgos desconocidos. En una ocasión, un trabajador descendió a una boca de inspección de 21' (6 m) de profundidad sentado en un bucle de cadena. Veinte segundos después de entrar a la boca de inspección, comenzó a sofocarse y cayó. Quedó tendido boca abajo en el agua al fondo de la boca de inspección. Una autopsia determinó que murió por falta de oxígeno.

Muchos espacios confinados tienen lugares de entrada y salida restringidos. Muchas veces los trabajadores reciben heridas al entrar o salir a través de pequeñas puertas o escotillas. También puede resultar difícil moverse en un espacio confinado, y los trabajadores pueden golpearse al mover el equipo. El escape y el rescate resultan mucho más difíciles en los espacios confinados que en otros lugares.

A los espacios confinados se ingresa para hacer una inspección, probar equipo, hacer reparaciones, limpieza o por emergencias. Sólo se debe ingresar a ellos por breves períodos de tiempo.

Algunos de los espacios confinados en los que se puede tener que trabajar son:

- Bocas de inspección
- Calderas
- Zanjas
- Túneles
- Alcantarillas
- Bóvedas subterráneas de servicios públicos
- Cañerías
- Pozos
- Ductos de aire
- Recipientes de procesamiento (*Figura 1*)

Un programa escrito de entrada a espacios confinados puede protegerlo. Le indicará los riesgos y le especificará el equipo o el soporte que se requiere para evitar lesiones. Todos los sitios industriales y algunos sitios de construcción tienen programas escritos de entrada a espacios confinados. Usted debe conocer y obedecer la política de su empresa al respecto.

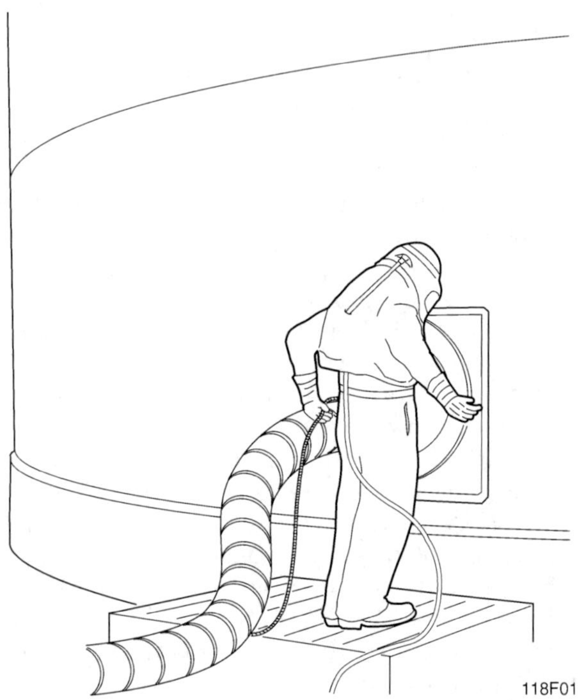

Figura 1 ◆ Entrada a un recipiente de procesamiento.

2.0.0 ◆ CLASIFICACIÓN DE LOS ESPACIOS CONFINADOS

Los espacios confinados deben ser inspeccionados antes de empezar a trabajar en ellos. Esto permite identificar los riesgos. Después de una inspección realizada por una persona autorizada por la empresa, el espacio confinado se clasificará en función de los riesgos que presenta. Las dos clasificaciones posibles son: requiere permiso de entrada y no requiere permiso de entrada. Vea la *Figura 2*.

¡ADVERTENCIA!

Nadie tiene autorización para ingresar a un espacio confinado a menos que haya recibido el entrenamiento adecuado y cuente con el permiso de entrada válido.

2.1.0 Espacios confinados que no requieren permiso

Un **espacio confinado que no requiere permiso de entrada** es un espacio de trabajo libre de todo riesgo mecánico, físico, eléctrico y de **riesgos atmosférico** que pueda ocasionar lesiones o la muerte. Una vez que un espacio ha sido clasificado como espacio confinado que no requiere permiso, los trabajadores pueden entrar a su interior usando el equipo de protección personal adecuado para el tipo de tarea que vayan a realizar. Siempre consulte con su supervisor si no está claro qué equipo de protección personal se necesita. Un espacio se considera confinado si:

- Es lo suficientemente grande y está configurado de tal forma que un empleado puede entrar y realizar la tarea asignada
- Tiene medios limitados o restringidos de entrada y salida (ejemplo de ellos son los tanques, recipientes, silos, cajones de almacenamiento, tolvas, bóvedas y pozos)
- No está diseñado para que los trabajadores permanezcan en su interior de manera continua

2.2.0 Espacios confinados que requieren permiso

Un **espacio confinado que requiere permiso** es un espacio que presenta riesgos reales o potenciales. Estos riesgos pueden ser atmosféricos, físicos, eléctricos o mecánicos. La norma *OSHA CFR 1910.146* define al espacio confinado que requiere permiso como un espacio confinado que:

- Contiene o puede contener una atmósfera peligrosa.
- Contiene un material que puede enterrar a la persona que entre.
- Tiene una configuración interna tal que la persona que entra puede quedar atrapada o resultar asfixiada por paredes que converjan hacia el interior o por un piso con pendiente hacia abajo y que vaya estrechándose hacia una sección transversal más pequeña.
- Presenta cualquier otro riesgo reconocido como grave para la seguridad o para la salud.

> **¡ADVERTENCIA!**
> Todos los espacios confinados que requieren permiso de entrada deben estar identificados, y el permiso correspondiente debe encontrarse exhibido.

Para ingresar al espacio confinado, se debe contar con un permiso de entrada extendido y firmado por el responsable del sitio de trabajo. Nadie tiene autorización para ingresar a un espacio confinado sin el permiso de entrada válido. El permiso se debe conservar en el espacio confinado mientras se realiza el trabajo. Siempre consulte con su supervisor si no está suficientemente claro si se necesita o no un permiso para entrar a un espacio confinado.

3.0.0 ◆ PERMISOS DE ENTRADA

Los espacios confinados pueden ser extremadamente peligrosos. La entrada a un espacio comienza cuando alguna parte de su cuerpo atraviesa la entrada o la abertura del espacio confinado. Antes de entrar a un espacio confinado que requiera permiso, debe tener un permiso de entrada (*Figura 3*).

Un permiso de entrada es una lista de control de trabajo que verifica que el espacio ha sido inspeccionado. También informa a todas las personas que trabajan en el sitio sobre los riesgos del trabajo. El permiso de entrada debe ser completado y firmado por el supervisor antes de que cualquier persona ingrese al espacio. El permiso también debe estar expuesto a la entrada al sitio, y encontrarse a disposición para que puedan revisarlo los trabajadores. Los permisos de entrada deben incluir la siguiente información:

Figura 2 ◆ Espacios confinados que requieren y que no requieren permiso de entrada.

- Una descripción del espacio y del tipo de trabajo que se hará
- La fecha de validez del permiso y su duración
- Los resultados de las pruebas de todas las verificaciones atmosféricas, incluyendo los niveles de oxígeno, de toxinas y de materiales inflamables

- El nombre y la firma de la persona que realizó las pruebas
- El nombre y la firma del supervisor de la entrada
- Una lista de todos los trabajadores, incluyendo a los supervisores, que están autorizados a ingresar en el sitio
- Los medios a través de los cuales los trabajadores y supervisores se comunicarán entre si
- Los equipos y procedimientos especiales que deberán usarse durante el trabajo
- Otros permisos necesarios para tareas a realizar en el espacio, como por ejemplo, soldadura
- La información de contacto para la respuesta ante emergencias del personal de rescate

> **NOTA**
> Algunos espacios confinados requieren tanto un permiso de entrada como también un permiso para trabajar en el mismo.

4.0.0 ◆ RIESGOS

Los espacios confinados son peligrosos. Entre los principales riesgos se encuentran el flujo de aire deficiente y el movimiento restringido. La ventilación deficiente puede permitir que se formen gases tóxicos. Los riesgos físicos son más peligrosos ya que las posibilidades de escape son limitadas.

4.1.0 Riesgos atmosféricos

Los riesgos atmosféricos son los riesgos más comunes en un espacio confinado. En una atmósfera peligrosa, el aire puede tener muy poco oxígeno o demasiado oxígeno, ser explosivo o inflamable, o contener gases tóxicos. Para detectar esos riesgos atmosféricos se utilizan medidores especiales (*Figura 4*).

4.1.1 Atmósferas deficientes o enriquecidas en oxígeno

Un espacio confinado que no tiene suficiente oxígeno se denomina **atmósfera deficiente en oxígeno**; un espacio confinado que tiene demasiado oxígeno se denomina **atmósfera enriquecida en oxígeno**. Para trabajar en condiciones seguras, el nivel de oxígeno en un espacio confinado debe estar entre 19.5% y 23.5% por volumen, siendo que el nivel considerado normal es del 21%. Las concentraciones de oxígeno por debajo del 19.5% por volumen se consideran deficientes; y las que se encuentran por encima del 23.5% por volumen se consideran enriquecidas.

> **¡ADVERTENCIA!**
> Nunca entre a un espacio confinado si no está seguro de que estará a salvo.

Muchos de los procesos que ocurren en un espacio confinado consumen oxígeno, y pueden reducir el porcentaje de oxígeno a un nivel peligroso. Entre estos procesos se encuentran:

- La quema
- La oxidación de metales
- La descomposición de plantas o basura
- La mezcla de oxígeno con otros gases

> **¡ADVERTENCIA!**
> La respiración normal en un espacio confinado también puede generar deficiencia de oxígeno.

Cuando el oxígeno se reduce en un espacio confinado, se hace más difícil respirar. Los síntomas de la falta de oxígeno aparecen en este orden:

1. Respiración y latidos del corazón rápidos
2. Confusión mental
3. Reacción emocional extrema
4. Fatiga que no es común
5. Náuseas y vómitos
6. Incapacidad para movilizar el cuerpo libremente
7. Pérdida de conciencia
8. Muerte

La presencia de demasiado oxígeno en un espacio confinado conlleva un riesgo de incendio y puede ocasionar explosiones. Los materiales como ropa y cabello son muy inflamables y se queman rápidamente en atmósferas enriquecidas en oxígeno. El fuego puede iniciarse rápidamente en un espacio confinado con aire con oxígeno enriquecido.

4.1.2 Atmósferas combustibles

El aire en un espacio confinado se vuelve **combustible** cuando los químicos o los gases alcanzan determinada concentración. Los gases inflamables pueden quedar atrapados en espacios confinados. Esto incluye el acetileno, el butano, el propano, el metano, y otros. El polvo y el trabajo con productos tales como pintura en aerosol o la soldadura también pueden formar atmósferas combustibles.

Anexo 16 - 2
Permiso de entrada a espacio confinado

Master Card / Nº de RECIBO para trabajo seguro ________________

1. **Descripción del Trabajo:** ________________
   Nombre del equipo / Número y Ubicación o Área ________________
   Propósito de la Entrada ________________
   Validez: Fecha de Inicio ________________ Duración ________ al ________

2. **Materiales Peligrosos:**
   ¿Qué contuvo el equipo la última vez? ________________
   ¿El trabajo generará una atmósfera peligrosa? ☐ Si ☐ No Si sí, especifique riesgos y controles.
   ____

3. **Requisitos de Rescate:**
   ☐ Externo, por asistente ☐ Complejo, por personal de rescate en punto de entrada
   ☐ No-IDLH y/o Rescate Simple, por personal de rescate en sitio ☐ IDLH, personal de rescate en punto de entrada
   ¿El personal de rescate ha sido notificado de la entrada? ☐ sí ☐ N/A Fecha de notificación ________
   ¿Cómo se avisará al personal de rescate en caso de emergencia? ☐ Radio Canal: ____ ☐ Otro: ________

4. **Requisitos de la Evaluación de Gases:**
   LEL/0_2 - Instrumento Mfg./No. ____/____ Fecha de Evaluación de Calibración/Probador de Gas - ____/____
   Toxicidad - Instrumento Mfg./No. ____/____ Fecha de Evaluación de Calibración/Probador de Gas - ____/____
   Frecuencia de la Evaluación: ☐ Continua ☐ Otra - Especifique ________________
   ∞ Los resultados de la evaluación continua deben registrarse cada tres horas

Niveles Aceptables	Resultados								
Oxígeno: 19.5% - 23.5%									
Gas combustible: %LEL - <10%									
Otro: ________ < PEL* ______									
Otro: ________ < PEL* ______									
Otro: ________ < PEL* ______									

∞ Entrada excesiva de PEL requerirá un adecuado PPE.

5. **Equipo de Ventilación / Extracción:**
   ☐ No requerido, ventilación natural adecuada ☐ Ventilación forzada ☐ Extractor de aire
   Tipo de equipo: ☐ Silibato accionado neumático ☐ Ventilador eléctrico Volumen requerido - _____ cfm

6. **Protección Personal:**
   ☐ Guantes (tipo) ____________ ☐ Respirador (tipo) ________________
   ☐ Gogles o máscara protectora ☐ Aparato respirador autónomo
   ☐ Cuerdas de seguridad en arneses ☐ Otros, especifique: ________________
   ☐ Traje resistente a químicos, Especifique tipo ________________

7. **Protección contra fuego:** ☐ No requerida ☐ Extintor portátil - tipo y tamaño: ____________
   ☐ Vigilancia contra incendios ☐ Otros, especifique: ________________

118F03A.EPS

Figura 3 ◆ Permiso de entrada (1 de 2).

8. Condición de Área y Equipo:

Requerido Sí	N/A	ESTOS PUNTOS DEBEN VERIFICARSE
		a. ¿Equipo bloqueado y etiquetado?
		b. ¿Cañerías desconectadas, tapadas o conectadas y/o blindadas?
		c. ¿Equipo vaciado, lavado, purgado y ventilado?
		d. ¿Se provee equipo de bajo voltaje o protegido con GFCI?
		e. ¿Se provee equipo eléctrico a prueba de explosiónes?
		f. ¿Se facilita el colocar vallado o carteles indicadores en los puntos de entrada cuando el asistente no esté en su puesto?

Otros Requisitos:

9. Instrucciones Especiales: ☐ No ☐ Confirmar con la persona que da el permiso antes de comenzar el trabajo

10. Aprobación	Permiso			Aceptación del Permiso		
	Sup. / Area Superv	Fecha	Hora	Superv. Mant. / Ingeniero / Superv. Contratista	Fecha	Hora
Emitido por						
Aprobado por						
Aprobado por						

11. Revisión Individual / Lista de Ingresantes: He sido instruido en el permiso de trabajo adecuado para la entrada al espacio confinado, los procedimientos de bloqueo y etiquetado, los riesgos físicos y atmosféricos asociados, y he revisado los resultados de control de gases.

Ingresantes	Fecha	Hora Entrada/Salida		Hora Entrada/Salida		Hora Entrada/Salida		Hora Entrada/Salida		Hora Entrada/Salida	

He sido informado por un asistente de los deberes y responsabilidades, los riesgos físicos y atmosféricos asociados, y he revisado los resultados del control de gases.

Asistentes	Fecha	Hora Entrada/Salida		Hora Entrada/Salida		Hora Entrada/Salida	

12. Terminación de la tarea:

☐ Sí ☐ N/D ¿Se notificó al personal de rescate?

☐ Sí ☐ No ¿Se completó el trabajo en el equipo y el espacio confinado está listo para volver a ser puesto en servicio?

☐ Sí ☐ No ¿El sitio de trabajo está limpio y es seguro?

Trabajadores que responden las preguntas anteriores: ______________________________

13. Revisión del Puesto de Trabajo: ¿Se encontró o se creó algún riesgo durante las operaciones de entrada?

☐ Sí ☐ No Si sí, describa: ______________________________

Posibles soluciones: ______________________________

Remitir al archivo del trabajo en los 7 días siguientes al completar el trabajo.

118F03B.EPS

Figura 3 ◆ Permiso de entrada (2 de 2).

Algunos gases inflamables son más livianos que el aire y se concentran más en la parte superior del espacio confinado. Los vapores de los combustibles por lo general son más pesados que el aire, y estarán más concentrados en la parte inferior del espacio.

Una chispa o una llama pueden ocasionar una explosión en una atmósfera combustible.

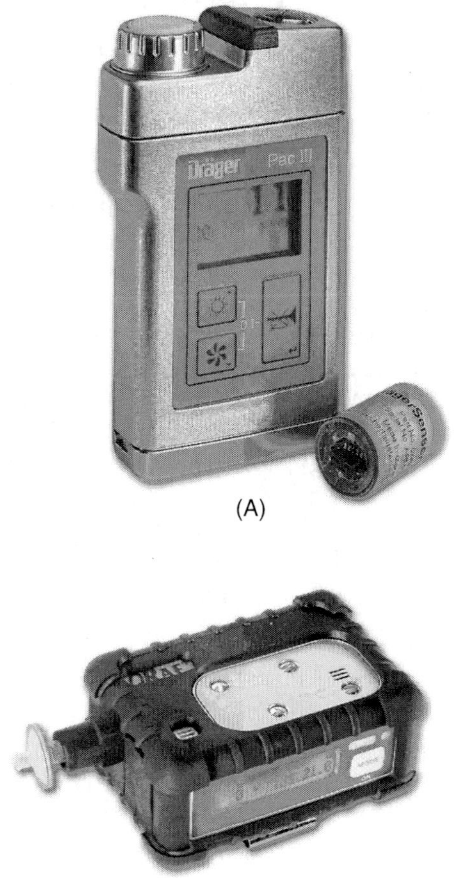

(A)

(B)

118F04.EPS

Figura 4 ◆ Detectores.

PARA PENSAR

Entrada al Espacio Confinado

¿Qué comportamientos seguros y arriesgados puede ver en estas imágenes? ¿Cómo deben corregirse?

118SA01.EPS

118SA02.EPS

CASOS HISTÓRICOS

Oxígeno adicional ocasiona la pérdida de una vida

Un soldador ingresó a una cañería de acero de 24" de diámetro para pulir una soldadura mal hecha en una válvula que se encontraba a unos 30' (9 m) de la entrada. Antes de que ingresara, otros miembros del grupo decidieron agregar oxígeno a la cañería cerca de la soldadura a reparar para garantizar la calidad del aire. El soldador había estado soldando durante unos cinco minutos cuando se desató el fuego. El fuego cubrió sus ropas. Fue sacado de la cañería y se logró apagar el fuego. Pero las quemaduras fueron tan graves que el soldador murió un día después.

Moraleja: Este accidente podría haberse evitado. Sucedió por la mala comunicación entre los trabajadores, y por las prácticas de trabajo poco seguras.

Fuente: Administración de Seguridad y Salud Laboral de los EE.UU. (OSHA)

> **¡ADVERTENCIA!**
> Deben utilizarse luces a prueba de explosiones, motores, ventiladores de extracción, y otros equipos para prevenir incendios y explosiones en cualquier área combustible.

4.1.3 Atmósferas tóxicas

Los gases y vapores tóxicos provienen de varias fuentes. Pueden ser letales cuando se los inhala o se los absorbe a través de la piel por encima de cierto nivel de concentración. En espacios sin ventilación, las altas concentraciones pueden acumularse y volverse tóxicas rápidamente. Aún en dosis bajas, algunos químicos pueden afectar gravemente a las funciones respiratorias y cerebrales.

Los efectos nocivos de los gases y vapores tóxicos son variados. Muchos gases tóxicos, como por ejemplo el monóxido de carbono, no pueden ser detectados por la vista o el olfato. Algunos gases tóxicos tienen efectos nocivos que pueden no manifestarsearse hasta años después del contacto. Otros, como el óxido nítrico, pueden matar muy rápidamente.

> **NOTA**
> La hoja de datos de sustancias peligrosas (MSDS), adjunta al permiso de entrada contiene información sobre las toxinas que usted puede encontrar.

4.1.4 Control de la atmósfera en espacios confinados

En un espacio confinado que requiere permiso se debe controlar el aire antes de autorizar la entrada de cualquier persona. Las pruebas atmosféricas deben hacerse en este orden:

1. Contenido de oxígeno
2. Gases y vapores inflamables
3. Contaminantes tóxicos potenciales

El control del oxígeno debe realizarse primero, dado que muchos detectores de gas combustible dependen del oxígeno y no proporcionan lecturas confiables en una atmósfera deficiente en oxígeno. La prueba para gases combustibles se realiza a continuación, ya que la amenaza de fuego o de explosión por lo general es más urgente y más peligrosa para la vida que la exposición a gases y vapores tóxicos.

Para controlar y hacer pruebas de atmósferas de espacios confinados se utilizan diversos instrumentos. Los detectores de gas portátiles operados a batería pueden medir los niveles de oxígeno, cambiando el sensor en el detector. Los detectores de gas deben ser calibrados y operados de acuerdo a las instrucciones del fabricante. El detector debe ser capaz de detectar oxígeno y gases combustibles en los niveles especificados por *OSHA 29 CFR 1910.146.*

4.2.0 Riesgos adicionales

Además de los riesgos atmosféricos, en los espacios confinados hay muchos otros riesgos físicos y ambientales. Estos riesgos comprenden:

CASOS HISTÓRICOS

Cuatro muertos en espacio confinado

Un proyecto incluía la actualización/sustitución de una estación de bombeo de alcantarilla, y el contratista preparó un permiso de entrada al espacio confinado para realizar ese trabajo. Un empleado estaba desconectando un paso de alcantarilla en una boca de inspección mientras otros tres estaban a la entrada de la boca. La boca de inspección se llenó de aguas residuales y gases del conducto de alcantarillado, y el empleado fue víctima de la falta de oxígeno. Los otros tres empleados trataron de ayudarlo. Uno a uno entraron a la boca de inspección para intentar un rescate. Los tres fueron víctimas de los gases y murieron.

Moraleja: La asfixia (falta de oxígeno) no es como se ve en las películas. No se puede ingresar sin protección, quedarse un rato mirando, salvar un par de vidas y luego salir tosiendo y sin daños. La realidad es muy diferente. Se produce un desmayo con sólo inhalar una vez. Si no hay un sistema de recuperación en el lugar, cualquiera que ingrese al espacio para intentar el rescate morirá. Muchos trabajadores han muerto sólo por meter sus cabezas en las bocas de inspección para evaluar la situación. Aun cuando no ingresaron por completo al espacio confinado, esos trabajadores quedaron inmediatamente incapacitados.

Fuente: Administración de Seguridad y Salud Laboral de los EE.UU. (OSHA)

- Descarga eléctrica
- Purgas
- Caída de objetos
- Quedar enterrado
- Temperaturas extremas
- Ruido
- Superficies resbaladizas o mojadas
- Partes móviles

4.2.1 Descarga eléctrica

Cuando se usan herramientas eléctricas y líneas eléctricas en un área en la que hay superficies o pisos mojados, puede producirse una descarga eléctrica. Cuando se trabaja en un espacio confinado, las herramientas y el equipo deben hacer conexión a tierra, o bien se debe utilizar un disyuntor diferencial.

4.2.2 Purgas

Las purgas ocurren cuando gases tóxicos, corrosivos o naturales entran y se mezclan con el aire en un espacio confinado. Las purgas se producen con mayor frecuencia cuando se trabaja en tuberías. Los gases para purgar se utilizan para limpiar las cañerías. Esos gases pueden crear un desequilibrio de oxígeno en el espacio, que asfixiará a los trabajadores en forma casi inmediata. Una vez finalizada la purga, se debe establecer una ventilación adecuada para que la atmósfera sea segura. Se debe realizar un control del aire para comprobar su calidad.

4.2.3 Caída de objetos

Pueden caer materiales o equipos dentro de los espacios confinados y golpear a los trabajadores. Esto normalmente ocurre cuando otro trabajador entra o sale de un espacio confinado con una abertura en la parte superior. Las vibraciones también pueden hacer que caigan materiales o equipos y golpeen a los trabajadores.

4.2.4 Quedar enterrado

El quedar enterrado se produce cuando un trabajador queda tapado por un líquido o sustancia que entra a un espacio confinado (*Figura 5*). Pequeños materiales sueltos almacenados en cajones y tolvas, tales como granos, arena o carbón, pueden enterrar y asfixiar a un trabajador. Los materiales o líquidos más pesados que entran en un espacio confinado pueden aplastar o ahogar a un trabajador.

118F05.EPS

Figura 5 ◆ Quedar enterrado vivo.

4.2.5 Temperaturas extremas

Los espacios confinados demasiado cálidos o demasiado fríos pueden ser peligrosos para los trabajadores. Los espacios demasiado cálidos pueden producir un golpe de calor o agotamiento por calor, mientras que los espacios demasiado fríos pueden ocasionar **hipotermia**. Otro riesgo relacionado con la temperatura en un espacio confinado es el vapor. El vapor es extremadamente caliente y puede provocar quemaduras graves o mortales.

4.2.6 Ruido

El ruido en un espacio confinado puede ser muy alto. Esto sucede porque el tamaño del espacio es pequeño y los sonidos rebotan en las paredes. Demasiado ruido, o un ruido demasiado alto, puede ocasionar daños permanentes en la audición. También puede impedir a los trabajadores la comunicación. Si esto sucede, el trabajador podría no percibir una alarma de evacuación.

4.2.7 Superficies resbaladizas o mojadas

Los trabajadores pueden resultar gravemente heridos al resbalar o caer en superficies resbaladizas o mojadas. En las superficies mojadas también se agrega la posibilidad de electrocución por circuitos eléctricos, equipos y herramientas eléctricas.

4.2.8 Partes móviles

Las partes móviles, como taladros o cinturones, pueden golpear o atrapar a los trabajadores. Esto habitualmente sucede cuando un trabajador se resbala o se cae. También puede suceder si el operador de la maquinaria móvil está vestido con ropa suelta o lleva accesorios.

5.0.0 ◆ RESPONSABILIDADES Y DEBERES

Todas las personas que trabajen en un espacio confinado deben recibir un entrenamiento especial previo. Esto incluye a quienes entran para efectuar una tarea en un espacio confinado, los asistentes que se encuentran a la entrada del espacio, los supervisores y el personal de rescate.

5.1.0 Personas que entran

Las personas que entran son aquellas que efectivamente ingresan a un espacio confinado para realizar un trabajo. Deben ser conscientes de los peligros del trabajo y saber cómo protegerse. Los deberes de las personas que entran son:

- Asegurarse de tener un permiso de entrada válido.
- Conocer los riesgos atmosféricos, de incendio y contaminación tóxica.
- Usar el equipo personal de protección especificado, incluyendo la protección facial y ocular, guantes, delantares y monos, según sea necesario.
- Permanecer en contacto con el asistente, para asegurarse de que están siendo monitoreados y de que pueden recibir la orden de evacuación, si fuera necesario.
- Alertar al asistente, si se presentan señales o síntomas de exposición preocupantes.
- Saber cómo escapar cuando sea necesario.
- Salir del espacio de inmediato si oyen una alarma de evacuación o si detectan un riesgo no controlado en el espacio.

NOTA

Los métodos de recuperación deben formar parte de los procedimientos de emergencia. Sin embargo, sea cauteloso cuando utilice dispositivos de recuperación en situaciones en las que el dispositivo pueda hacer que el trabajador quede enredado.

5.2.0 Asistentes

El asistente permanece en el exterior del espacio confinado y se comunica directamente con la persona que entra. Mantiene contacto permanente con la persona que entra, ya sea en forma visual, por teléfono, por radio o por otro medio. La responsabilidad básica del asistente es proteger a la persona que entra. Para ello, el asistente debe hacer lo siguiente:

- Instalar una estación a la salida del espacio confinado.
- Llevar la cuenta del personal que se encuentra dentro.
- Saber qué trabajos están autorizados y cuáles no están autorizados en ese espacio.
- Saber cómo monitorear la seguridad.
- Hacer pruebas a la atmósfera de modo remoto mediante una sonda (*Figura 6*) y reconocer los niveles de seguridad y de peligro.
- Mantener contacto con las personas que entran y ser capaz de reconocer los síntomas de dolor o angustia.
- Ordenar la evacuación cuando surgen inconvenientes.
- Saber cómo llamar al personal de rescate y usar el sistema de alarma.
- Negar la entrada al personal que no cuente con autorización.
- Nunca entrar al espacio para intentar un rescate.

5.3.0 Supervisores

El supervisor de la entrada es la persona responsable de la seguridad de las operaciones de entrada al espacio confinado. Esto significa que será responsable de las vidas de todos los trabajadores involucrados en la operación. El supervisor de la entrada debe hacer lo siguiente:

- Autorizar y supervisar la entrada.
- Estar bien entrenado en los procedimientos de entrada.
- Conocer los riesgos de los espacios confinados.
- Comprobar que los permisos de entrada sean correctos y estén completos.
- Comprobar que se lleven a cabo los procedimientos adecuados de bloqueo y etiquetado.
- Verificar que todo el equipo requerido para la entrada se encuentre disponible y saber cómo funciona.
- Asegurarse de que los trabajadores entienden la tarea a hacerse.
- Conocer los planes de rescate y al personal de rescate.
- Hacerse responsable de cancelar la autorización de entrada y prohibir la entrada cuando se presenten condiciones inaceptables o una vez que haya finalizado la tarea.

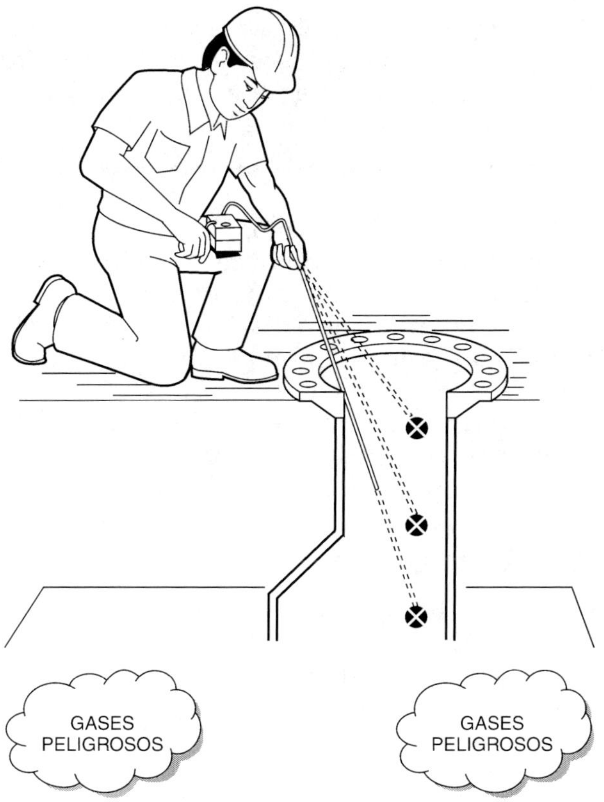

Figura 6 ◆ Asistente verificando la atmósfera.

- Evaluar los problemas y reconocer cuándo hay condiciones seguras para volver a entrar.
- Asegurarse de que se utilice el equipo para prueba de explosiones.
- Informar a todos los trabajadores que se encuentren en el área o en las instalaciones de que se está realizando un trabajo en un espacio confinado.

5.4.0 Personal de rescate

Hay dos tipos de rescate: rescates sin entrada y rescates con entrada.

Un rescate sin entrada es el que puede ser realizado por alguien que se encuentre fuera del espacio confinado. Normalmente es realizado por el asistente. En este tipo de rescate, pueden utilizarse cabestrantes y trípodes para extraer a la persona que se encuentra dentro sin poner en peligro a otros trabajadores (*Figura 7*).

El personal de rescate tiene la responsabilidad de hacer lo siguiente:

- Conocer los riesgos de los espacios confinados.
- Conocer el uso adecuado del equipo de protección personal y de rescate, incluyendo respiradores.
- Practicar las operaciones de rescate y saber cómo realizar los rescates.
- Estar entrenados en primeros auxilios y RCP.
- Conocer el programa de rescate de espacios confinados de la empresa.

Los rescates con entrada pueden ser extremadamente peligrosos. Sólo el personal de rescate entrenado está autorizado a entrar a un espacio confinado durante una emergencia. En los accidentes en espacios confinados, son más los miembros de los grupos de rescate que mueren que los trabajadores que intentan rescatar.

6.0.0 ◆ PRECAUCIONES

Cuando trabaje en un espacio confinado, es importante saber cómo protegerse y cómo proteger a sus compañeros de trabajo. Para esto, cada uno debe ser consciente de qué está sucediendo en el lugar y comprender cómo trabajar en condiciones

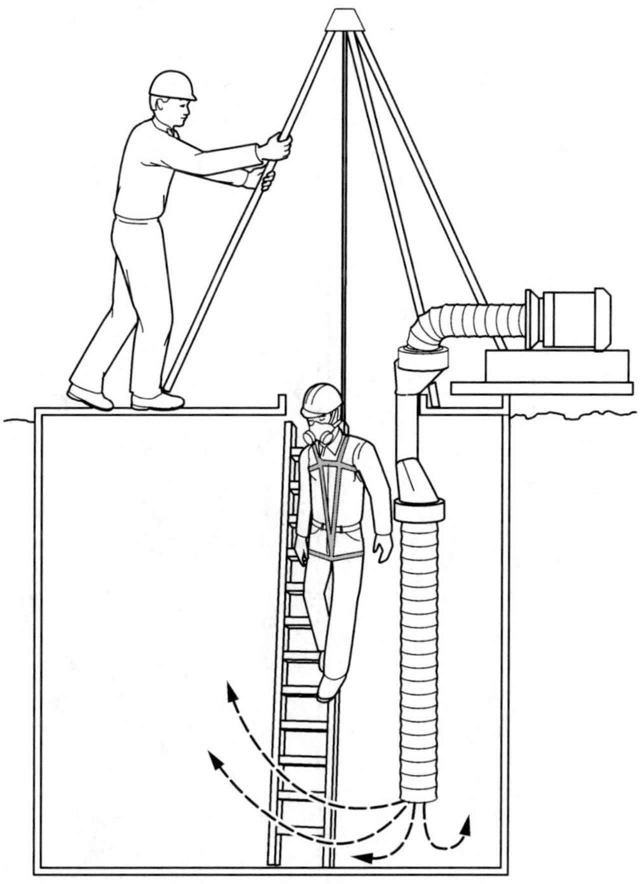

Figura 7 ◆ Rescate sin entrar.

seguras. Estas son las precauciones más habituales que deben observarse durante las operaciones en espacios confinados.

- Monitoreo y pruebas
- Ventilación
- Equipo personal de protección
- Comunicaciones
- Entrenamiento

6.1.0 Control y Pruebas

El aire dentro de un espacio confinado debe ser examinado antes de autorizar la entrada de cualquier trabajador. Las pruebas deben ser realizadas por una persona calificada y adecuadamente capacitada. Esa persona debe ser una persona designada o aprobada por la empresa. A esa persona se la denomina asistente del espacio confinado. Se realizan pruebas del aire para determinar el contenido de oxígeno, gases o vapores explosivos y químicos tóxicos. Esto puede realizarse insertando en el espacio confinado una vara sujetada al detector de gas.

NOTA

Los que entran y los asistentes tienen derecho a observar o revisar los resultados de la prueba de gas y pueden requerir una prueba adicional si lo consideran necesario.

Puede ser necesario monitorear la atmósfera de un espacio confinado durante todo el trabajo. Esto se hace sujetando monitores a las personas que entran o utilizando dispositivos desde el exterior. Cuando se monitorea la atmósfera, los trabajadores pueden estar seguros de que la calidad del aire es buena y de que se les informará inmediatamente si se producen cambios en la atmósfera que hagan necesaria su salida.

6.2.0 Ventilación

Si el aire de un espacio confinado es peligroso o tiene la probabilidad de volverse peligroso, el espacio debe ser ventilado inmediatamente para eliminar los gases o vapores tóxicos y reponer el

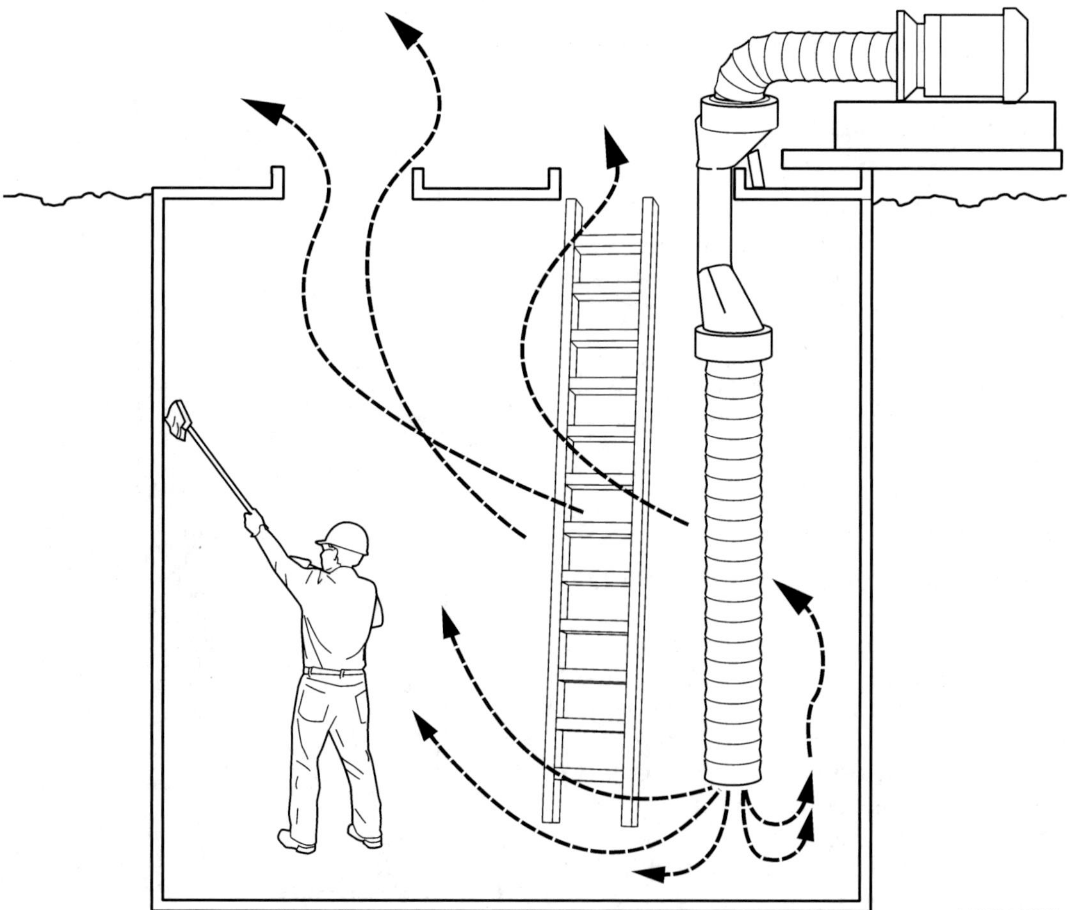

Figura 8 ◆ Ventilación positiva adecuada.

oxígeno faltante. Los ventiladores llevan aire limpio adentro del espacio, como se muestra en la *Figura 8*. Pueden permanecer allí tanto tiempo como los trabajadores permanezcan en el sitio.

Es importante recordar que por más que se esté removiendo el aire hacia el interior o desde el interior del espacio, eso no significa que el aire esté siendo ventilado. Los gases tóxicos pueden esconderse en los espacios confinados. Asegúrese de que el asistente haya examinado cuidadosamente todo el espacio por completo antes de entrar a él.

6.3.0 Equipo de protección personal

Cada trabajo requiere algún tipo de equipo personal de protección. El equipo de protección personal estándar (*Figura 9*) comprende cascos, gogles y gafas de seguridad, botas y guantes. Para el trabajo en un espacio confinado, pueden necesitarse los siguientes elementos, además del equipo estándar:

- Arneses de cuerpo completo
- Cuerdas de seguridad
- Respirador purificador de aire
- Respirador con suministro de aire

> **NOTA**
> Siempre controle el permiso de entrada para comprobar que cuenta con el equipo personal de protección necesario para entrar a un espacio confinado.

> **¿LO SABÍA?**
> ***Cámaras digitales para la seguridad***
>
> El personal de higiene industrial, los supervisores y los planificadores pueden utilizar cámaras digitales con un zoom de 20X y flash para obtener datos sobre equipos ubicados dentro de espacios confinados. La cámara puede ser utilizada desde el exterior del espacio confinado para obtener información tales como datos de etiquetas, números de partes y configuraciones de equipos. En algunos casos, esto elimina la necesidad de entrar, lo cual a su vez elimina la posibilidad de accidentes y lesiones.
>
> *Fuente: Administración de la Seguridad y Salud Laboral de los EE.UU. (OSHA)*

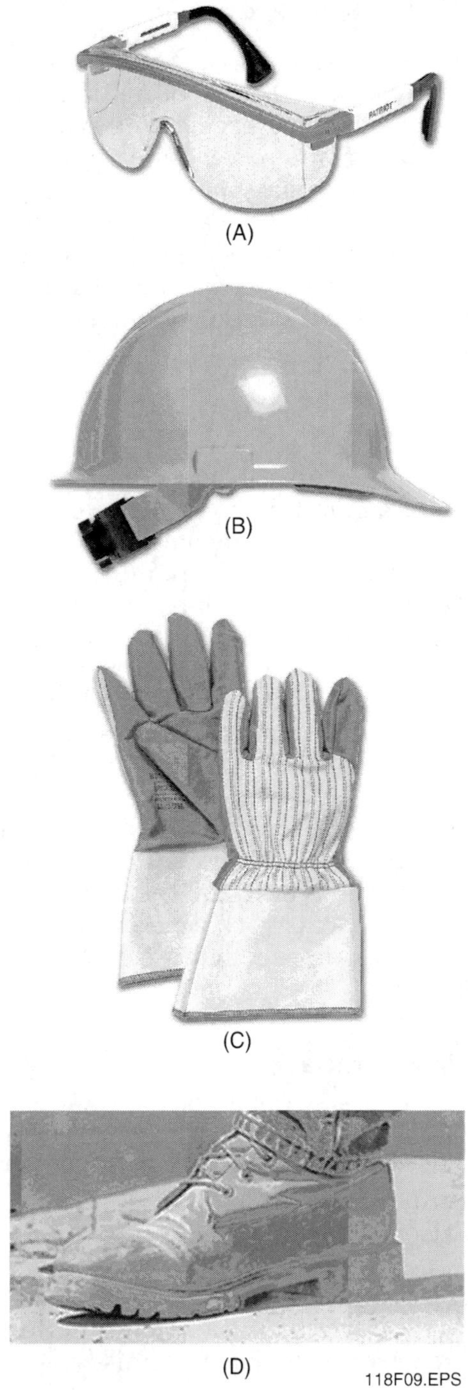

Figura 9 ◆ Tipos de equipo de protección personal.

6.4.0 Comunicaciones

Todos los trabajadores del lugar de trabajo deben tener la posibilidad de comunicarse entre si. Poder comunicarse es especialmente importante para los asistentes y las personas que entran. Permite a los asistentes advertir a los que entran de los peligros y ordenar la evacuación cuando sea necesario. La comunicación entre los trabajadores es otra forma de monitorear el espacio confinado.

6.5.0 Entrenamiento

El ingreso a un espacio confinado requiere entrenamiento especial. De hecho, nadie está autorizado a ingresar a un espacio confinado si no ha sido adecuadamente entrenado y autorizado por el supervisor del lugar para entrar al espacio. El entrenamiento proporciona a los trabajadores los conocimientos necesarios para realizar sus tareas de manera segura y eficiente. Si usted no ha sido adecuadamente entrenado, no entre a un espacio confinado.

Resumen

Cada trabajo en un espacio confinado es diferente. Si realiza un trabajo en una alcantarilla, en un contenedor de aserrín o en un tanque de refinería de petróleo, correrá peligro. Los riesgos asociados con el trabajo en espacios confinados incluyen los peligros de entrada y salida, de inestabilidad atmosférica, gases tóxicos, descarga eléctrica, y el riesgo de ser enterrado vivo. Muchos de los accidentes que ocurren en espacios confinados se deben a prácticas de trabajo no seguras.

Es importante para todos los que realizan el trabajo, desde los que entran al espacio hasta los supervisores de la entrada, conocer los riesgos del trabajo en espacios confinados y cumplir todas las normas de seguridad establecidas y los planes de rescate.

Preguntas de repaso

1. Las dos clasificaciones de espacios confinados son: requiere permiso y no requiere permiso.

a. Verdadero
b. Falso

2. El tipo de permiso que debe ser extendido antes de entrar a un espacio confinado que requiere permiso se llama permiso de _____.

a. trabajo en caliente
b. entrada
c. excavación
d. boca de inspección

3. La entrada a un espacio confinado comienza cuando _____.

a. se extiende el permiso
b. se ha asignado una tarea a todas las personas que entran
c. cualquier parte de su cuerpo atraviesa la entrada de un espacio confinado.
d. la primera persona entra al espacio confinado.

4. El tipo de accidente más común en espacios confinados es _____.

a. atmosférico
b. eléctrico
c. temperatura
d. ruido

5. Un espacio confinado que no tiene suficiente oxígeno para que sobreviva una persona se llama deficiente en oxígeno.

a. Verdadero
b. Falso

6. Una explosión en una atmósfera combustible puede ser producida por _____.

a. ropa o sustancias inflamables
b. una fuente de ignición, como una llama o una chispa
c. vapores tóxicos
d. vibraciones de herramientas que se encuentren fuera del espacio confinado

7. El orden en que deben realizarse las pruebas atmosféricas es _____.

a. gases y vapores inflamables, contaminantes tóxicos potenciales, y contenido de oxígeno
b. contenido de oxígeno, contaminantes tóxicos potenciales y gases y vapores inflamables
c. contenido de oxígeno, gases y vapores inflamables y contaminantes tóxicos potenciales
d. contaminantes tóxicos potenciales, contenido de oxígeno y gases y vapores inflamables

8. Permanecer en un espacio confinado que está demasiado frío durante un largo período de tiempo puede causar hipotermia.

a. Verdadero
b. Falso

9. Un asistente es responsable por todos los siguientes puntos *excepto* _____.

a. entrar al espacio para efectuar un rescate
b. ordenar una evacuación si es necesario
c. saber cómo controlar la seguridad
d. negar la entrada a personal que no cuente con autorización

10. El personal de rescate es el único autorizado a entrar a un espacio confinado que requiere permiso durante una emergencia.

a. Verdadero
b. Falso

GLOSARIO

Términos especializados introducidos en este módulo

Combustible: Aire o materiales que pueden explotar y provocar un incendio.

Deficiente en oxígeno: Atmósfera en la cual no hay suficiente oxígeno. Normalmente se considera así cuando está por debajo del 19.5% de oxígeno por volumen.

Enriquecida en oxígeno: Atmósfera en la cual hay demasiado oxígeno. Normalmente se considera así cuando está por encima del 23.5% de oxígeno por volumen.

Espacio confinado: Los espacios de un sitio de trabajo se consideran confinados cuando su tamaño y su forma dificultan el paso de cualquiera que ingrese, trabaje y salga de ellos.

Espacio confinado que no requiere permiso de entrada: Un espacio de trabajo libre de todo riesgo mecánico, físico, eléctrico y atmosférico que pueda ocasionar lesiones o la muerte.

Espacio confinado que requiere permiso: Un espacio confinado que presenta riesgos reales o potenciales. Estos riesgos pueden ser atmosféricos, físicos, eléctricos o mecánicos.

Hipotermia: Una condición que hace peligrar la vida, ocasionada por la exposición a temperaturas muy frías.

Riesgo atmosférico: Un peligro potencial en el aire o una condición de mala calidad del aire.

Créditos de las figuras

Gary Wilson	118SA01, 118SA02
Draeger Safety, Inc.	118F04 (A)
RAE Systems, Inc.	118F04 (B)
Bacou-Dalloz	118F09 (A)
Bullard Classic Head Protection	118F09 (B)
North Safety Products	118F09 (C)
Milwaukee Electric Tool Corporation	118F09 (D)

MÓDULO 75118-03 — RESPUESTAS A LAS PREGUNTAS DE REPASO

Respuesta	Sección
1. a	2.0.0
2. b	2.2.0
3. c	3.0.0
4. a	4.1.0
5. a	4.1.1
6. b	4.1.2
7. c	4.1.4
8. a	4.2.5
9. a	5.2.0
10. a	5.4.0

NCCER hace el esfuerzo de mantener estos libros de texto actualizados y libres de errores técnicos. Apreciamos su ayuda en este proceso. Si tiene una idea para mejorar este libro de texto, o si encuentra algún error, ya sea tipográfico, o de contenido en los libros de texto de *Contren®*, favor de escribirnos usando esta forma o una fotocopia de la misma. Asegúrese de incluir el número exacto del módulo, la página, una descripción detallada, y la corrección, si es aplicable. Su comentario será traído a la atención del comité técnico de revisión. Gracias por su ayuda.

Instructores – si usted encontró que algún material adicional es necesario para enseñar este módulo con eficacia, por favor déjenos saber para poder incluirlos en la lista de Equipo y Materiales en la guía anotada del instructor.

Dirección postal: Departamento de Desarrollo de Productos
National Center for Construction Education and Research
3600 NW 43rd Street, Bldg. G, Gainesville, FL 32606

Fax: 352-334-0932

E-mail: curriculum@nccer.org

Oficio ______ Nombre del Módulo ______

Fecha del Copyright ______ Número del Módulo ______ Número(s) de Página(s) ______

Descripción ______

______

______

______

Corrección (opcional) ______

______

______

Su nombre y dirección (opcional) ______

______

______

Módulo 75119-03

Concreto y mampostería

MAPA DEL CURSO

Este mapa del curso muestra todos los módulos de Seguridad de campo. El orden de entrenamiento sugerido comienza desde la parte inferior y avanza hacia la parte superior. El Patrocinador local del Programa de Entrenamiento puede modificar el orden del entrenamiento.

SEGURIDAD DE CAMPO

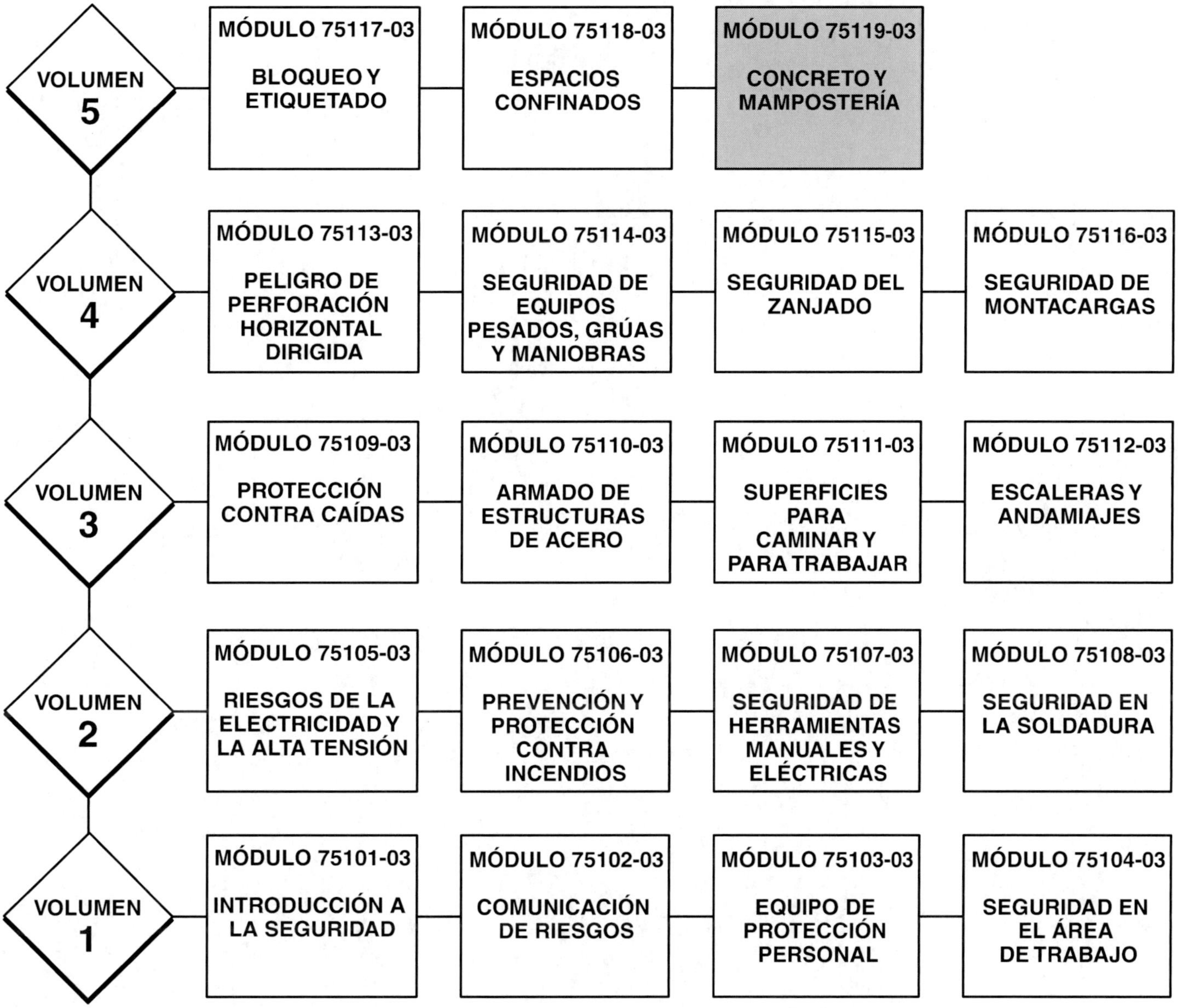

119CMAP.EPS

CONTENIDO DEL MÓDULO 75119-03

Figuras

MÓDULO 75119-03

Concreto y mampostería

Objetivos

Cuando haya terminado este módulo, podrá hacer lo siguiente:

1. Explicar e identificar riesgos de seguridad asociados con construcción de concreto y trabajos de mampostería.
2. Demostrar y explicar los procedimientos adecuados de seguridad, incluyendo el uso del equipo de protección personal (PPE).

Prerrequisitos

Antes de comenzar este módulo, se recomienda que haya completado con éxito lo siguiente: Seguridad de campo, Módulos 75101-03 a 75118-03.

Material necesario

1. Lápiz y papel
2. Equipo de protección personal adecuado

1.0.0 ◆ INTRODUCCIÓN

Para trabajar en condiciones seguras, debe saber cuáles son los materiales peligrosos presentes en el sitio de trabajo. Esto es especialmente cierto para el caso de los trabajos de concreto y mampostería. Todo aquel que trabaje con **cemento** seco o concreto mojado debe saber que estos materiales son **tóxicos**. El polvo de cemento seco puede entrar en heridas abiertas y provocar envenenamiento de sangre. Cuando entra en contacto con los líquidos corporales, el polvo de cemento puede ocasionar quemaduras químicas en las membranas de los ojos, la nariz, la boca, la garganta y los pulmones. También puede ocasionar una enfermedad fatal de los pulmones conocida como **silicosis**. El cemento o el concreto mojados también pueden provocar quemaduras químicas en la piel. El contacto reiterado con cemento o concreto mojado puede producir una reacción alérgica de la piel conocida como dermatitis del cemento.

Algunas de las estructuras que se construyen durante la construcción con concreto y el trabajo de mampostería comprenden paredes, edificios (*Figura 1*), puentes, orillas de aceras y escalones. El riesgo más grande en los trabajos de concreto y mampostería son las caídas. De hecho, cada año más de 100,000 trabajadores resultan heridos por caídas.

119F01.EPS

Figura 1 ◆ Edificio de concreto en construcción.

Trabajar de manera responsable y precavida puede ayudar a evitar daños a uno mismo y a los demás. Se podría decir que los trabajadores sin experiencia son los más temibles en una obra en construcción. La experiencia indica que los trabajadores inexpertos causan una gran parte de los accidentes de trabajo, aunque a veces ellos mismos no resulten heridos. Por esta razón es importante alentar a todos, y especialmente a los trabajadores inexpertos, para que sean conscientes de las medidas de seguridad.

2.0.0 ◆ RIESGOS DEL SITIO DE TRABAJO EN CONCRETO Y MAMPOSTERÍA

A pesar de que en realidad el trabajo con concreto y la construcción de mampostería no es lo mismo, los trabajadores de estos dos trabajos se ven expuestos en general a los mismos riesgos. Por ejemplo, las caídas son el riesgo más importante en los dos tipos de trabajo. En los dos oficios, los trabajadores pueden tener que cumplir sus tareas en alturas extremadamente elevadas (*Figura 2*). Tanto los trabajadores de concreto como los de mampostería utilizan escaleras y **andamios**. También están en peligro de ser golpeados por objetos que caen y de ser heridos por herramientas que no estén funcionando correctamente.

119F02.EPS

Figura 2 ◆ Estructura moderna de concreto.

2.1.0 Caídas

En la industria de la construcción, son más las personas que resultan heridas como consecuencia de caídas que por cualquier otro tipo de accidente. En promedio, cada año mueren entre 150 y 200 trabajadores de la construcción en caídas. En una ocasión, un acabador de cemento de 27 años de edad murió al perder el equilibrio y caer del extremo sin protección de un andamio. Cayó 160' (36 m) desde el andamio colgante y murió al romperse su **cuerda de seguridad** y caer al piso.

Las caídas se clasifican en dos grupos: caídas desde una elevación y caídas en el mismo nivel. Las caídas desde una elevación pueden suceder cuando una persona está realizando un trabajo en andamios, plataformas de trabajo, tablas pre-fabricadas, paneles para dar forma de concreto (moldes), escaleras o excavaciones. Las caídas de elevaciones son casi siempre fatales. Esto no significa que las caídas en el mismo nivel no sean extremadamente peligrosas. Cuando un trabajador se cae en un mismo nivel, normalmente debido a tropiezos o resbalamientos, los bordes agudos y objetos puntiagudos pueden cortar o punzar al trabajador.

Las siguientes prácticas seguras pueden ayudar a prevenir resbalamientos y caídas:

- Use botas de trabajo seguras, fuertes y que estén en buen estado.
- Mire por donde camina. Asegúrese de que su pisada sea segura.
- No adquiera posiciones comprometedoras. Controle sus movimientos en todo momento.
- Mantenga las superficies donde camina y trabaja limpias y planas. Llene orificios, baches y grietas. Asegúrese de limpiar los materiales resbaladizos.
- Levante la basura.
- Instale y coloque en su lugar cables, cuerdas de extensión y mangueras para que no se conviertan en peligro de tropiezos.
- Si debe subir para alcanzar algo, utilice una escalera firme colocada en su posición de manera segura y adecuadamente sujetada en la parte arriba e abajo (*Figura 3*).
- Cuando suba una escalera, siempre mire a la escalera y use las dos manos.
- Cuando trabaje desde una escalera, mantenga sus hombros dentro de las zancas verticales. No intente llegar más allá de sus límites. Mueva la escalera si no puede alcanzar la superficie de trabajo con seguridad.
- No corra sobre andamios, plataformas de trabajo, tablas pre-fabricadas, escaleras u otras áreas de trabajo elevadas.

El entrenamiento es importante

Un empleado estaba armando el tercer nivel de un andamio metálico tubular soldado, parado en el segundo nivel. El andamio estaba construido en un piso de concreto y había sido nivelado. Cada sección del encofrado medía 6'-5" (1.95 m) de alto. La superficie de trabajo estaba entablonada sólidamente.

Cuando el empleado intentó colocar el tercer nivel de armazones en los pasadores del segundo nivel, el armazón se volteó hacia un costado. El impulso del armazón empujó al empleado hacia atrás y lo hizo caer del segundo nivel. Cayó al piso y sufrió un golpe fatal en la cabeza.

La inspección que se realizó determinó que el empleador era culpable por el hecho de no haber proporcionado entrenamiento específico al empleado y no poner en práctica un programa de seguridad efectivo.

Moraleja: Asegúrese de haber recibido el entrenamiento adecuado antes de realizar cualquier trabajo en un lugar elevado.

Fuente: Administración de la Seguridad y Salud Laboral de los EE.UU. (OSHA)

¡ADVERTENCIA!

Cuando sea imposible proveer plataformas seguras y barandales, deberá protegerse usted mismo de las caídas utilizando equipo de protección contra las caídas, como un arnés y cuerda de seguridad, cuerda de seguridad con amortiguación y mallas de seguridad. Para más información sobre la protección contra las caídas, vea el módulo, *Protección contra caídas.*

2.1.1 Escaleras

Las escaleras se encuentran entre las herramientas más importantes en un sitio de trabajo. Cuando elija una escalera para realizar un trabajo, es importante elegir una que se extienda al menos 36" (91 cm) por encima de la superficie de descanso a la que usted intenta llegar. Coloque siempre la base de la escalera de manera que la distancia entre la base y la pared sea un cuarto de la altura de la escalera calculada desde la elevación de la base hasta el punto en el cual la escalera toca la pared, como se muestra en la *Figura 4.*

Tenga en cuenta las siguientes precauciones cuando instale y use una escalera:

- No use una escalera de metal para realizar ningún tipo de trabajos eléctricos ni cuando haya posibilidades de entrar en contacto con conductores eléctricos.
- Las escaleras portátiles y de extensión deben colocarse sobre una base sólida, de tal modo que la base de la escalera esté a una distancia de su soporte vertical igual a un cuarto de su largo.
- Coloque la escalera de manera tal que quede un espacio libre de 6" (15 cm) en la parte posterior de la escalera y de 30" (76 cm) en la parte frontal de la escalera.
- Coloque la escalera de manera que quede apoyada en una superficie sólida e inmóvil. Nunca coloque la escalera contra una ventana, puerta, portal, marco, paredes sueltas o móviles o cajas.

Preste atención

Al final de la tarde, un trabajador de mantenimiento estaba bajando de una escalera fija y cayó aproximadamente 5' (1.5 m) al suelo. No estaba atento a lo que estaba haciendo. El trabajador sufrió lesiones en el tobillo izquierdo y la rodilla derecha. Fue hospitalizado y requirió cirugía. El trabajador no pudo regresar a su actividad laboral habitual durante varios meses.

Moraleja: Hasta la tarea más sencilla, como subir una escalera fija, requiere su máxima atención. Tareas que habitualmente se consideran rutinarias y de escaso riesgo pueden llegar a ocasionar lesiones considerables.

Fuente: Departamento de Energía de los EE. UU.

• Colóquese de frente a la escalera cuando sube o baja.
• Suba o descienda de la escalera pisando un escalón a la vez. Nunca corra para subir o se deslice para bajar la escalera.
• No use escaleras cuando haya vientos fuertes. Si debe usar una escalera cuando hay viento, asegúrese de atar la escalera de forma segura para evitar que se deslice.
• Revise las suelas de sus zapatos para asegurarse de que no tengan aceite, barro o grasa.
• Nunca deje herramientas ni materiales en la parte superior de la escalera.

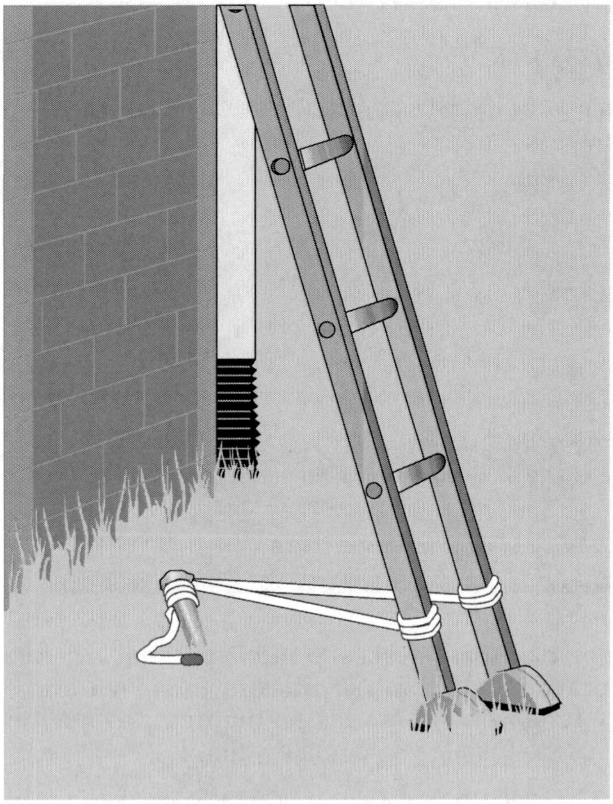

Figura 3 ◆ Escalera sujetada correctamente.

Figura 4 ◆ Colocación correcta.

- Mantenga las dos manos libres para que pueda agarrar la escalera de forma segura mientras suba. Use una cuerda para levantar y bajar las herramientas y los materiales que pueda necesitar.
- Mueva la escalera de acuerdo al trabajo que va a realizar. Nunca se incline hacia los costados de la escalera para alcanzar un área de trabajo.
- Nunca se pare en los dos escalones superiores de la escalera.
- Use escaleras sólo durante períodos cortos de trabajos en alturas. Si debe trabajar en una escalera por periodos largos, utilice una cuerda de seguridad atada a un cinturón de seguridad.
- Deje la escalera en el suelo después de que haya terminado de usarla, salvo que se encuentre anclada de forma segura tanto en la parte superior como en la inferior en el lugar que se está utilizando.
- Nunca use reemplazos temporarios para las escaleras.
- Nunca use escaleras de tijera para los trabajos que requieren escaleras rectas.

2.1.2 Andamios

Los andamios son plataformas de trabajo elevadas que soportan a los trabajadores y a los materiales. Una regla general de seguridad para todo tipo de andamios es que todo andamio debe tener una relación mínima de factor de seguridad de 4:1. Esto significa que el andamio debe ser capaz de soportar al menos cuatro veces el peso que se ubicará sobre él.

Puede verse un andamio típico en la *Figura 5.* La parte principal del andamio es la plataforma de trabajo. Una plataforma de trabajo debe tener un sistema de barras intermedias que incluya una barra superior, una barra media, una talba de pie y una pantalla de protección. Para que sea segura y eficiente, la barra superior debe estar a aproximadamente 42" (1 m) de alto, la barra intermedia debe encontrarse en la mitad entre la tabla de pie y la barra superior, y la tabla de pie debe tener al menos 4" (10 cm) de alto. Si hay personas que van a pasar o trabajar debajo del andamio, el área entre la barra superior y la tabla de pie debe estar protegida. Finalmente, las tablas de la plataforma deben colocarse bien juntas. Por razones de seguridad, los extremos de las tablas deben superponerse al menos 6" (15.20 cm) y no más de 12" (30.40 cm)

Las siguientes indicaciones ayudarán a garantizar la seguridad en el uso de andamios.

- Siempre eleve el andamio hasta la altura deseada. No intente llegar más alto utilizando escaleras, cajas o caballetes encima de un andamio.
- Siempre mantenga las tablas de los andamiajes libres de herramientas y materiales extra. Limpie todas las sustancias resbaladizas que se derramen en los andamiajes.
- Sea extremadamente cuidadoso cuando trabaje cerca de líneas de electricidad.
- Ancle los andamiajes sueltos con tirantes para evitar que se inclinen o deslicen.
- Ubique y lea las normas y reglamentos de seguridad publicados para el uso de andamiajes.
- Cuando saque objetos y herramientas del área de trabajo, bájelos con una cuerda. Nunca los arroje ni los deje caer del andamio.
- Nunca mueva un andamiaje mientras haya alguien en él.
- Mantenga las herramientas y materiales fuera del borde de las plataformas de trabajo.

CASOS HISTÓRICOS

Trabajador experimentado muere

Un equipo de construcción se estaba preparando para vaciar concreto en paneles para dar forma. Un peón trepó una escalera en uno de los lados de los paneles para dar forma y pisó sobre el panel para dar forma (molde) para apoyarse en un andamio sin protección del otro lado. Estaba llevando dos paletas (espátulas) y un cepillo que iban a ser usados por otros trabajadores una vez que el concreto fuera vaciado. Sufrió heridas mortales cuando cayó y golpeó su cabeza en un cimiento de concreto al nivel del piso.

El empleado ya había trabajado para ese empleador en varias ocasiones diferentes y había estado realizando este tipo de trabajo durante 21 años. El empleador creyó imprudentemente que no era necesario ningún entrenamiento para ese empleado, y por lo tanto no lo entrenó.

Moraleja: El entrenamiento en seguridad debe formar parte de los procedimientos regulares. Es beneficioso para todos, aún para los trabajadores más experimentados.

Fuente: Administración de la Seguridad y Salud Laboral de los EE.UU. (OSHA)

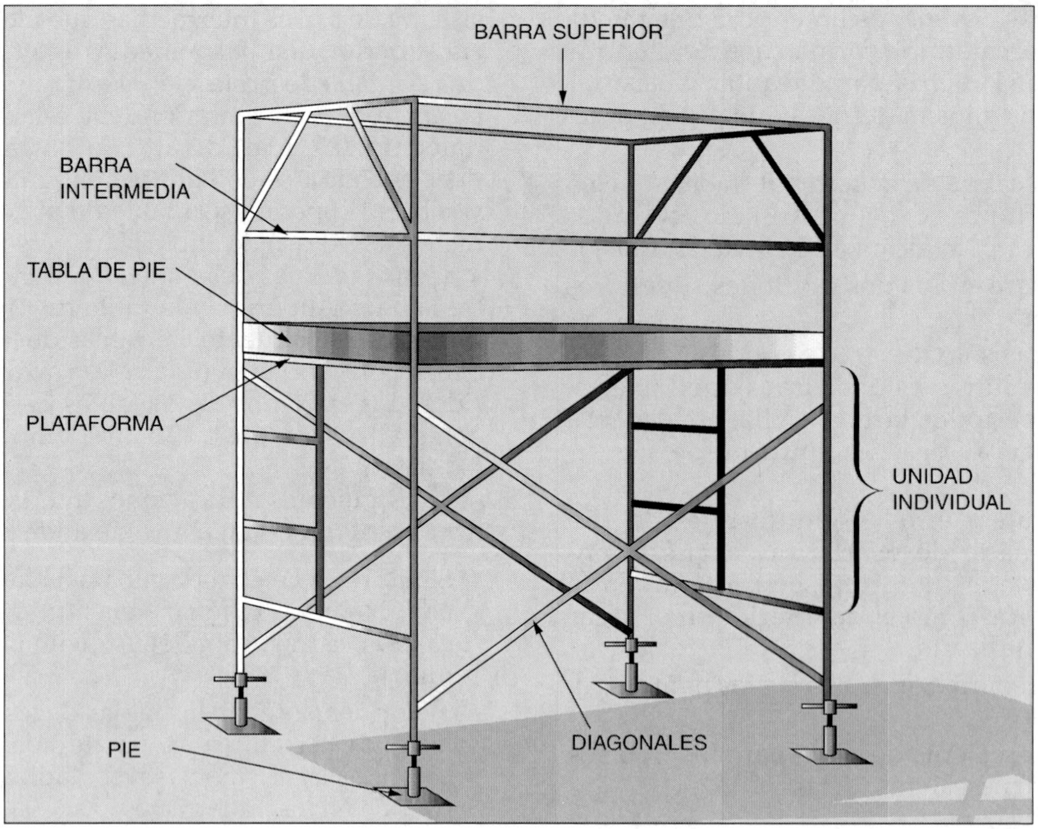

Figura 5 ◆ Andamio típico.

- Utilice sólo andamiajes aprobados.
- Inspeccione los andamiajes regularmente.
- Instale todos los travesaños y accesorios de acuerdo con las recomendaciones del fabricante.
- Asegúrese de que los andamiajes estén aplomados y nivelados.
- No sobrecargue los andamiajes.
- Asegúrese de que todas las barras de seguridad están instaladas según el reglamento.
- Asegúrese de que las ruedas estén trabadas antes de ascender y desmontar los andamios rodantes.
- Siempre verifique la presencia de cables de electricidad antes de armar un andamio.
- No trabaje en andamios durante tormentas o vientos fuertes, o si el andamio está cubierto de hielo o nieve.
- Cuando los andamiajes están tambaleantes, movedizos o se pueden bajar fácilmente, no son seguros. Los andamiajes deben tener una estructura firme y deben incluir tablas de pie y barandales. Las tablas de madera del piso deben encontrarse sin nudos. Las partes rotas deben repararse inmediatamente.

2.2.0 Caída de objetos

Los objetos que caen o se vuelan constituyen un riesgo habitual en una construcción. Usted enfrenta riesgos de caídas de objetos cuando está debajo de grúas, andamios, paneles para dar forma de concreto (moldes) o cuando se están realizado trabajos por encima de su cabeza. El peligro de los objetos despedidos por el aire se presenta cuando se utilizan herramientas eléctricas o se realizan actividades tales como empujar, tirar o apalancar, que pueden hacer que los objetos salgan expulsados. Las lesiones pueden ir desde raspaduras menores hasta contusiones, ceguera o muerte.

Siga estas precauciones para evitar ser golpeado por objetos que caen u objetos que son lanzados.

- Siempre utilice casco.
- Utilice tablas de pie, redes de protección y barras en los andamios para evitar que los objetos caigan.
- Sujete las herramientas y materiales para evitar que se caigan sobre cualquier persona que se encuentre debajo.
- Apile los materiales adecuadamente para evitar que se deslicen, se caigan o se derrumben (*Figura 6*).

119F06.EPS

Figura 6 ◆ Pilas (montones) de ladrillos.

- Utilice redes de protección contra escombros, plataformas de contención o cubiertas para detener o desviar a los objetos que caigan.
- Utilice gafas de seguridad, gogles o protectores faciales cuando se encuentre alrededor de máquinas o herramientas que puedan despedir partículas.
- Inspeccione las herramientas para asegurarse de que las guardas protectoras se encuentran en buen estado.
- Asegúrese de que esté entrenado en la utilización adecuada de herramientas accionadas por pólvora.
- Evite trabajar debajo de cargas en movimiento.
- Haga una barrera o barricada en las áreas peligrosas y coloque señales de advertencia.
- Inspeccione las grúas y motores para levantar cargas para comprobar que todos los componentes, tales como cables de acero, ganchos de levantamiento y cadenas se encuentren en buen estado.
- No exceda el límite de capacidad de levantamiento de grúas y motores para levantar de carga.

2.3.0 Herramientas y equipos

Muchas lesiones son resultado del uso inadecuado de herramientas manuales y pequeñas herramientas eléctricas. Familiarizarse con las herramientas y los materiales básicos de su oficio y entender cómo usarlos de forma segura constituyen pasos importantes para un trabajo seguro. Nunca está de más insistir en la necesidad de

PARA PENSAR

Andamios

¿En qué andamio le gustaría trabajar? ¿Por qué?

119SA01.EPS

119SA02.EPS

mantener las herramientas limpias y en buenas condiciones de funcionamiento. El uso seguro y adecuado de las herramientas no sólo ayudará a preservarlas en buen estado de funcionamiento sino también a prevenir accidentes. Todas las herramientas, incluso las herramientas manuales, pueden producir lesiones.

Algunas normas para el cuidado y el uso seguro de herramientas eléctricas son:

- No intente utilizar una herramienta eléctrica sin tener licencia para el uso de esa herramienta en particular.
- Utilice siempre equipo de seguridad apropiado y ropa protectora para el trabajo que esté realizando. Por ejemplo, utilice gafas de seguridad y ropa ajustada que no se enganche en las piezas móviles de una herramienta. Enróllese las mangas largas, colóquese la camisa adentro y recójase el cabello largo.
- Nunca deje una herramienta mecánica en funcionamiento sin vigilancia.
- Adopte una posición segura y cómoda antes de comenzar a utilizar una herramienta mecánica
- No distraiga a otros o deje que otros lo distraigan cuando esté utilizando una herramienta eléctrica.
- Asegúrese de que todas las herramientas eléctricas estén conectadas a tierra antes de comenzar a usarlas.
- Asegúrese de que la energía no esté conectada antes de realizar el mantenimiento o cambiar accesorios.
- No utilice accesorios desafilados o rotos.
- Utilice las herramientas eléctricas sólo para el propósito para el que fueron creadas.
- No utilice una herramienta eléctrica sin protector o dispositivo de seguridad.
- Utilice cables de extensión de tamaño apropiado para la herramienta eléctrica que está utilizando.
- No utilice una herramienta eléctrica si sus manos o pies están húmedos.
- Familiarícese con el funcionamiento correcto y los ajustes de una herramienta eléctrica antes de intentar utilizarla.
- Mantenga firmemente aferrado el mango de la aplanadora eléctrica o la alisadora eléctrica cuando opere con ella.
- Asegúrese de que haya ventilación adecuada antes de operar equipos que funcionen a gasolina en lugares cerrados.
- Mantenga al alcance un extintor de fuego cuando llene o utilice equipos que funcionen a gasolina.
- Mantenga las manos y los pies alejados de las herramientas cortantes, tales como cuchillas de cortadoras de concreto, pulidoras y alisadoras eléctricas.
- Almacene las herramientas de forma adecuada cuando no estén en uso.

2.4.0 Equipo de protección personal

Uno de los primeros pasos para garantizar la seguridad de una operación es usar la ropa y el equipo de seguridad adecuados. La ropa y los elementos de seguridad, cuando se usan correctamente, le pueden ayudar a protegerse de daños. El tipo de ropa y equipo requerido varía de acuerdo a las responsabilidades de la tarea y las actividades diarias. Es responsabilidad de todos los trabajadores usar la ropa adecuada para las tareas que deban realizar. Su supervisor le proveerá la lista específica de ropa y equipo de seguridad requerido para su trabajo.

La siguiente lista de precauciones de seguridad, junto con su equipo personal de protección, lo ayudará a cuidar de su seguridad y la de sus compañeros de trabajo.

- Quítese todas las joyas, incluyendo anillos de matrimonio, pulseras, collares y aretes. Las joyas pueden quedar enganchadas en los equipos, y esto podría ocasionar la pérdida de un dedo, una oreja u otra parte del cuerpo.
- Recójase el cabello largo en una cola de caballo y sosténgala debajo del casco. El cabello suelto puede obstruirle la vista o engancharse en una maquinaria.
- Use ropa ajustada, adecuada para la actividad que esté realizando. La ropa debe ser cómoda y no debe impedir el libre movimiento de su cuerpo. La ropa o los accesorios demasiado sueltos pueden quedar enganchados en herramientas, materiales o andamios.
- Use protección para la cara y la vista cuando se requiera, o si existe el riesgo de partículas arrastradas por el viento, escombros u otros riesgos tales como polvo de ladrillo o sustancias químicas.
- Use una camisa de trabajo con mangas largas para contar con una protección más para su piel.
- Proteja toda superficie expuesta de su piel, aplicándose crema protectora, loción para el cuerpo o vaselina.
- Use botas de trabajo resistentes o zapatos de trabajo con suelas gruesas. Nunca vaya al trabajo vistiendo calzado deportivo o de gimnasio.
- Utilice el equipo de protección de caídas cuando sea necesario.

3.0.0 ◆ CONSTRUCCIÓN EN CONCRETO

El concreto es uno de los materiales de construcción que más se usa (*Figura 7*). Es fuerte, durable, y puede ser fácilmente trabajado para darle diversas formas y tamaños. También es económico, comparado con otros materiales, porque las materias primas con las que está hecho el concreto son baratas y fáciles de obtener.

Como el concreto se fabrica en el sitio de trabajo o cerca de él, los trabajadores de concreto necesitan conocer los requisitos de seguridad para mezclar y colocar el concreto. También deben entender que el éxito de la construcción de concreto depende en gran medida de la técnica, el conocimiento y la habilidad del trabajador.

El concreto utilizado en la construcción puede tomar muchas formas: simple, **reforzado**, **pretensado**, y **premoldeado.** El concreto simple no tiene refuerzos de ningún tipo. El concreto reforzado, como el concreto **postensado**, tienen algún tipo de refuerzos para incrementar su resistencia a la tracción. Para el concreto pretensado se utiliza una técnica que pone el concreto bajo compresión de modo que resista mayores niveles de tensión. El concreto premoldeado es concreto moldeado y curado fuera del sitio de construcción. Puede ser reforzado o no.

119F07.EPS

Figura 7 ◆ Puente.

Diferentes tipos de construcción requieren diferentes tipos de concreto. El concreto simple y el reforzado, por ejemplo, normalmente son utilizados en la construcción de **cimiento sobre el suelo**. El concreto reforzado, el pretensado, el postensado y el premoldeado normalmente son asociados a la construcción en elevación.

3.1.0 Paneles para dar forma (moldes)

Un panel para dar forma (molde) de concreto es una estructura temporaria o molde usado para sostener el concreto hasta que el proceso de endurecimiento le dé fuerza suficiente para sostenerse solo. Las estructuras tales como los **cimientos**, vigas, paredes, columnas y escalones están hechos con paneles para dar forma, también conocidos como "moldes".

Los paneles para dar forma son una parte esencial de la construcción en concreto porque controlan la posición, el alineamiento, el tamaño y la forma de la estructura de concreto (*Figura 8*).

Un panel para dar forma (molde) de concreto está sujeto a tremendas presiones del concreto mojado. Las presiones aumentan cuando la altura de la estructura aumenta. La velocidad a la que se vacía el concreto también afecta la presión sobre el panel para dar forma (molde). Cuanto más rápido se vacía el concreto, mayor es la presión. Los trabajadores enfrentan el riesgo de resultar aplastados si se derrumba un panel para dar forma (molde).

Algunas causas comunes de falla de un panel para dar forma (molde) son:

- Puntos de soporte de los paneles para dar forma (moldes) están incorrectamente ubicados o mal sujetados.
- Se sobrepasa el diseño de presión de trabajo del panel para dar forma (moldes) como resultado de una velocidad excesiva de vertido del concreto, no se tiene en cuenta el diseño de la mezcla, vibrado inadecuado del concreto, o temperatura que no se tuvo en cuenta.
- Construcción inadecuada del panel para dar forma (moldes), principalmente cuando no se presentaron los planos.
- Rellenos de paneles para dar forma (moldes), esquinas y divisiones inadecuadamente diseñados y/o construidos.
- Implementos de conexión no instalados.
- No fue inspeccionada por personal autorizado calificado para ver si el plano del panel para dar forma (molde) ha sido interpretado correctamente.

119F08.EPS

Figura 8 ◆ Ejemplos de paneles para dar forma.

Si los paneles para dar forma no están construidas y sostenidas correctamente, no podrán resistir la presión del concreto mojado. Se fracturarán y liberarán el concreto. Esto también puede suceder si el concreto se vacía demasiado rápidamente. Puede ser muy peligroso para los trabajadores y crear una confusión que hará que el área de trabajo sea insegura. Por eso es muy importante que el constructor del panel para dar forma (molde) lo haga de acuerdo con los estándares y las prácticas de seguridad establecidos. Las indicaciones de seguridad básicas para el moldeo o formado incluyen:

- La estructura debe ser capaz de soportar la carga creada por el concreto, los paneles para dar forma, las máquinas y la gente. Los paneles para dar forma y el **apuntalamiento** (*Figura 9*) deben ser diseñados por ingenieros calificados.

- Los refuerzos de acero expuestos en los que pueda caer alguna persona deben estar protegidos.
- Los trabajadores no están autorizados a permanecer debajo de los gatos durante las operaciones de tensado.
- Los trabajadores no están autorizados a trabajar debajo del cubo de concreto. Los cubos deben estar orientados de modo de evitar a los trabajadores (*Figura 10*).
- Se debe vestir con el equipo personal de protección adecuado.
- El moldeo debe ser erigido y aplomado de modo que se garantice que soportará todas las cargas verticales y laterales.
- El equipo de apuntalamiento debe ser inspeccionado y adecuadamente mantenido. El equipo de apuntalamiento dañado o defectuoso debe ser reparado o reemplazado.
- Los paneles para dar forma y el equipo de apuntalamiento no deben ser retirados hasta que se verifique que el concreto es suficientemente fuerte para soportar su peso y el de sus cargas.
- Los refuerzos de acero deben estar adecuadamente sujetos para evitar que caigan o se derrumben.

119F09.EPS

Figura 9 ◆ Apuntalamiento de metal.

- Deben tomarse medidas para evitar que la malla de alambre desenrollada se vuelva a enrollar.
- Deben tomarse medidas para evitar el contacto de la piel con el concreto, que es un material peligroso.

3.2.0 Varillas de refuerzo (rebar)

El concreto reforzado es una combinación de concreto y acero. El acero que se usa para reforzar el concreto se llama varillas de refuerzo o rebar (*Figura 11*). Las varillas de refuerzo vienen en diferentes formas y tamaños. Se las coloca en el panel para dar forma (molde) donde se vierte el concreto.

119F10.EPS

Figura 10 ◆ Trabajador parado debajo de un cubo de concreto.

119F11.EPS

Figura 11 ◆ Uso de varillas de refuerzo (rebar).

Trabajar con varillas de refuerzo puede ser peligroso. Una persona que trabaje con varillas de refuerzo puede cortarse, ser aplastada por la caída de cargas o de varillas de refuerzo, o ser atravesada al caer sobre una varilla. Las siguientes prácticas de seguridad pueden ayudar a prevenir accidentes y heridas.

- Use cascos, botas seguras y guantes de cuero.
- No utilice ropas sueltas o que cuelguen.
- Asegúrese de que su equilibrio sea siempre seguro.
- Utilice el equipo de protección de caídas aprobado.
- Mantenga el área de trabajo limpia.
- Asegure las pilas (montones) de refuerzos de acero para que no se muevan hacia los lados.
- Use gogles con lentes apropiados cuando esté cortando con un soplete.
- Conozca y cumpla las señales manuales apropiadas para el equipo para levantar cargas.
- Levante las barras o los paquetes de barras adecuadamente para evitar torceduras.
- Conozca siempre la ubicación de sus compañeros de trabajo.
- Doble hacia abajo los clavos que sobresalgan.
- Cuando esté transportando barras con otra persona, asegúrese de que la carga esté equilibrada. Cada persona debe estar a aproximadamente un cuarto del largo de las varillas desde cada punta. Levanten y bajen todas las barras al unísono.
- Manténgase alerta por carretillas de concreto o materiales levantados que estén desplazándose cerca.
- Nunca baje los paquetes de barras o las barras en un panel para dar forma (molde) sin verificar que el mismo sea suficientemente fuerte para sostener el peso adicional.
- No levante paquetes de barras con vueltas de cable que sujeten las barras juntas. Use eslingas y equipo para maniobra de fijación adecuados.
- Los refuerzos de acero para estructuras verticales como pilotes y columnas deben estar adecuadamente **aplomados** y apuntalados para evitar su derrumbe.
- Reporte cualquier situación insegura.
- Siempre use tapas plásticas en las puntas expuestas de las barras (*Figura 12*).
- Doble hacia abajo los extremos sueltos de los alambres de sujeción con tenazas después de cada atadura. Si no lo hace, el alambre puede perforar los guantes, las botas o la piel.

119F12.EPS

Figura 12 ◆ Uso de varillas de refuerzo con tapas.

> **NOTA**
> Si usted o un compañero de trabajo sufre una lesión con una varilla de refuerzo, debe contactar de inmediato al supervisor y seguir el plan de respuesta ante emergencias de su empresa.

3.3.0 Paneles premoldeados horizontales

La construcción con paneles premoldeados horizontales es un proceso en el que los paneles de concreto se vacían y se acaban en paneles para dar forma en el piso del edificio o en una sperficie de concreto de moldeado fuera del lugar de trabajo. Una vez que los paneles se han endurecido, se levantan a una posición vertical con una grúa, y se los traslada hasta la ubicación deseada (*Figura 13*).

Los paneles premoldeados son extremadamente pesados. El panel más grande que se haya registrado pesó más de 300,000 lbs (150,000 kg). A causa de su peso, los paneles premoldeados presentan riesgos especiales para los trabajadores en el sitio de trabajo. En una ocasión, un trabajador estaba dirigiendo a un operador de grúa durante el procedimiento de elevación de paneles premoldeados, mientras estaba parado frente al panel. Los soportes estabilizadores de la grúa se hundieron en el piso, lo que desequilibró la grúa e hizo que el panel cayera sobre el trabajador, que murió instantáneamente aplastado.

Hay algunas precauciones de seguridad importantes asociadas con el trabajo con paneles premoldeados.

119F13.EPS

Figura 13 ◆ Panel que está siendo levantado.

- Los trabajadores deben permanecer lejos del panel mientras se esté moviendo.
- Los pernos temporarios que se utilizan para levantar los paneles deben colocarse de acuerdo con las instrucciones del fabricante. Sólo un ingeniero calificado puede hacer cambios.
- Una vez ubicados, los paneles deben ser aplomados de acuerdo con las instrucciones del fabricante hasta que el techo esté colocado.
- Como entran en juego el vaciado y el acabado del concreto, se deben observar las precauciones asociadas con el manejo y el acabado del concreto.

3.4.0 Herramientas y equipos utilizados en la construcción con concreto

Hay muchas herramientas con fines específicos que se usan sólo en la construcción con concreto. Las herramientas son importantes en el trabajo con concreto porque el concreto no puede ser manipulado simplemente con las manos. Sus cualidades físicas elásticas también dificultan el trabajo.

Como hay muchas etapas en el trabajo con concreto hasta que queda terminado, se usan muchas herramientas y equipos con fines específicos. Estas herramientas van desde herramientas manuales como paletas o espátulas y aplanadoras hasta cortadoras eléctricas y **enrasadores.**

Para preparar la tierra y las **sub-bases** se pueden usar equipos mecánicos tales como topadoras, retroexcavadoras o equipos para cargar grandes cantidades de tierra. Los trabajadores corren riesgo de ser atropellados, aplastados o golpeados por esas máquinas grandes.

> **NOTA**
> Las operaciones con equipos pesados se tratan con mayor detalle en el módulo, *Seguridad de Equipos Pesados, Grúas y Maniobras.*

Para llevar y colocar el concreto dentro de los paneles para dar forma o entre los paneles para dar forma al cimiento, se utilizan herramientas tales como carretillas y cubos (*Figura 14*). Si esas herramientas no se usan de manera segura, pueden golpear a un trabajador o vertirle una carga de cemento encima.

Las herramientas para enrasado se usan para nivelar y alisar el concreto a una altura determinada. Los enrasadores pueden ser manuales o

CUBO DE CONCRETO

CARRETILLA

119F14.EPS

Figura 14 ◆ Cubo de concreto y carretilla

eléctricos. Los enrasadores eléctricos (*Figura 15*) pueden ser tan peligrosos como cualquier otro tipo de equipo mecánico si no se les usa con cuidado. Los trabajadores pueden resultar golpeados o atrapados en la maquinaria de las herramientas.

Las herramientas de acabado como cortadoras, paletas o espátulas y máquina giratoria acabadora de superficies (*Figura 16*) se usan para nivelar más aún el concreto y alisar la superficie, o para darle la terminación especificada. Las herramientas de acabado eléctricas pueden ser particularmente peligrosas, ya que existe el riesgo de amputación por la cortadora o de ser golpeado por los equipos de acabado que se encuentren en movimiento.

La seguridad de las herramientas requiere que se les use adecuadamente y se les mantenga limpias. Una herramienta o un equipo defectuoso puede producir accidentes, atrasar o detener el trabajo. También pueden ocurrir accidentes cuando se dejan herramientas y equipos en el camino de otros trabajadores.

Siga estas reglas generales de seguridad en el trabajo con herramientas y equipos para garantizar que todos los que trabajan en el sitio estén a salvo.

- Mantenga todas las herramientas afiladas, limpias y en buenas condiciones para su uso.
- Utilice guardas de contención y dispositivos de seguridad para todos los equipos.
- Reporte cualquier herramienta, máquina o equipo defectuosos a su supervisor, y comuníquele todos los accidentes o casi accidentes.
- Desconecte la energía eléctrica y coloque un candado de bloqueo antes de efectuar el mantenimiento.
- No utilice nunca aire comprimido para limpiarse a usted mismo o limpiar su ropa.
- Asegúrese de que los demás se mantengan a una distancia segura.
- Use dispositivos de control de tráfico donde sea necesario.
- Siga las reglas de seguridad y las restricciones del fabricante en todos los equipos.

NOTA

No todas las herramientas se van a usar en todas las tareas. La elección de las herramientas dependerá del tipo de concreto, el tipo de tarea y otras condiciones.

3.5.0 Dermatitis del cemento

Trabajar con cemento seco o concreto mojado puede ser dañino. Use siempre el equipo de protección personal cuando trabaje con cemento seco o concreto mojado. El contacto reiterado con esos materiales puede producir una reacción alérgica de la piel conocida como dermatitis del cemento.

La dermatitis del cemento es una afección que irrita la piel y produce dolor. Las fosas nasales y la piel del la boca también pueden verse afectadas. La dermatitis del cemento se contrae al tocar cemento o inhalar las emanaciones del concreto fresco o el **mortero**. Algunas condiciones pueden empeorar la dermatitis del cemento, como por ejemplo sudor excesivo, dermatitis preexistente y alergias. Las siguientes precauciones reducen el riesgo de dermatitis del cemento.

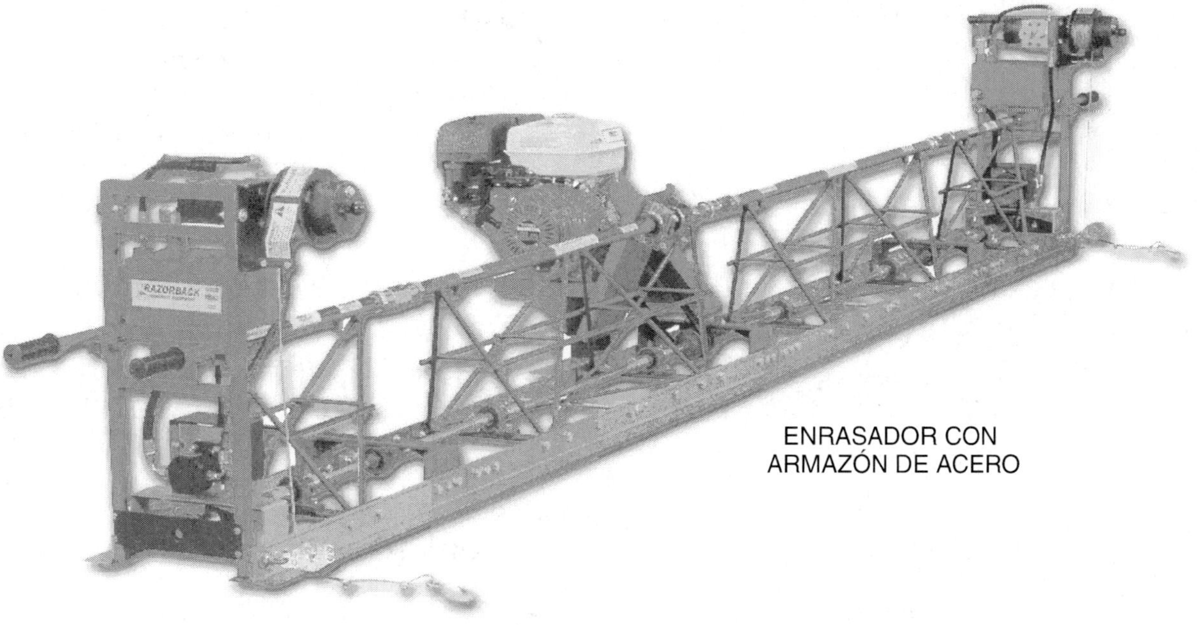

119F15.EPS

Figura 15 ◆ Enrasadores.

¿SABÍA USTED?

Ladrillo sobre ladrillo

Durante cerca de 40 años, el Empire State fue el edificio más alto del mundo. Se usaron aproximadamente 10 millones de ladrillos en su construcción, que se completó en 1931. Actualmente, probablemente se usarían muros cortina con fachadas de ladrillo en lugar de ladrillos sueltos.

A pesar de tamaño tan grande del proyecto, la construcción del Empire State Building se completó en cerca de 15 meses. Uno de los métodos utilizados para apurar la construcción fue hacer descargar los camiones por una rampa, en lugar de bajarlos a la calle. La rampa conducía a una gran tolva desde la cual los ladrillos se descargaban a carretillas y se elevaban al punto en que se los necesitaba. Esta técnica innovadora eliminó las demoras por el trabajo del albañil que habría tenido que trasladar los ladrillos de la pila (montón) usando una carretilla.

CORTADORA ELÉCTRICA

PALETA O ESPÁTULA

ACABADORA GIRATORIA DE SUPERFICIES

119F16.EPS

Figure 16 ◆ Cortadora eléctrica, paleta o espátula y acabadora giratoria de superficies.

- Use mono, camisa de trabajo con mangas largas y botas.
- Use guantes de caucho, gogles o mascarilla.
- Use un **respirador**.
- Lávese frecuentemente con un jabón de lanolina o use una loción.
- Báñese después de cada turno de trabajo.

3.6.0 Equipo de protección personal

El equipo personal de protección (*Figura 17*) puede protegerlo de enfermedades, heridas y de la muerte. Los tipos generales de equipo personal de protección usados por los trabajadores de concreto comprenden:

- Cascos
- Gogles de seguridad
- Mascarillas
- Guantes
- Rodilleras
- Tablas de pie
- Botas de seguridad

4.0.0 ◆ MAMPOSTERÍA

La mampostería se usa para construir estructuras que van de edificios de gran altura a patios. En el trabajo de mampostería, se ensamblan manualmente bloques de cemento o ladrillos de arcilla mediante mortero, construcción en seco o conectores mecánicos. Una vez que se colocó el ladrillo, se aplica un elemento conector, como argamasa o mortero, en la superficie superior, y se coloca encima otro ladrillo. Las paredes se levantan capa por capa hasta alcanzar alturas sorprendentes.

Los trabajadores de mampostería tienen la responsabilidad de aprender todas las normas de seguridad del lugar de trabajo. Esto incluye:

- La ropa y los elementos de seguridad necesarios para cada tarea
- Las normas y los procedimientos de seguridad asociados a cada tarea
- Los procedimientos de seguridad generales del lugar de trabajo y estar conciente de los riesgos potenciales
- El uso adecuado de las herramientas y el equipo asociados a cada tarea

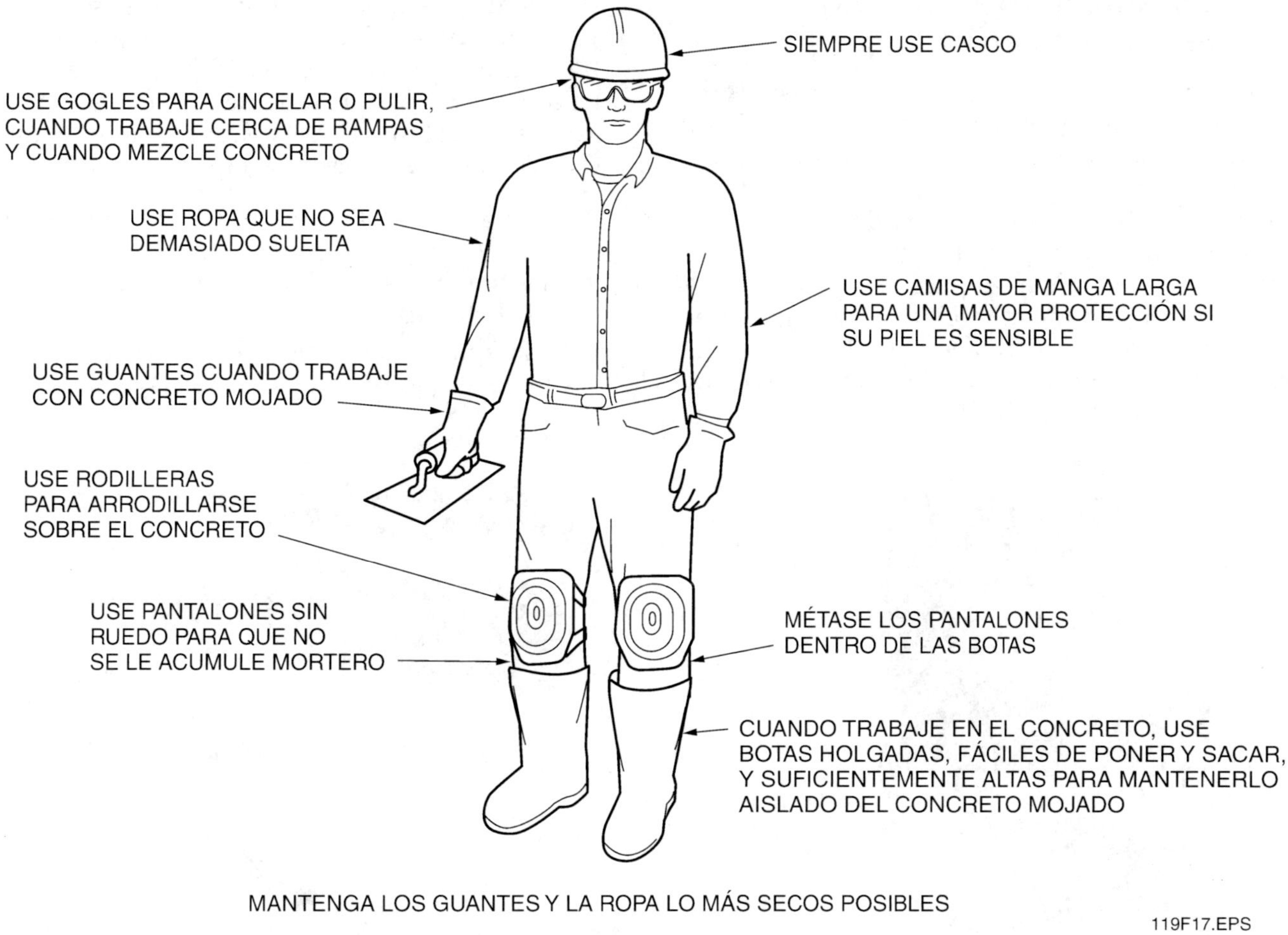

Figura 17 ◆ Equipo de protección personal apropiado.

CASOS HISTÓRICOS

Las herramientas accionadas por pólvora son peligrosas

Un aprendiz de carpintero murió al ser golpeado en la cabeza por un clavo que salió disparado de una herramienta eléctrica en otra habitación. El operador de la herramienta trataba de fijar un panel de madera contrachapada en un encofrado para vaciar una pared de concreto. Cuando disparó la pistola, el clavo atravesó la pared hueca y recorrió 27" (8 m) antes de alcanzar a la víctima. El operador nunca había recibido entrenamiento para el uso correcto de la herramienta y ninguno de los empleados del área utilizaba equipo de protección personal.

Moraleja: El entrenamiento adecuado y el uso del equipo de protección personal puede salvar su vida.

Fuente: Administración de la Seguridad y Salud Laboral de los EE.UU. (OSHA)

Trabajador herido cuando utilizaba gafas de seguridad

En un recorrido por unas instalaciones, un individuo se quitó los lentes que usaba por prescripción y se puso gafas de seguridad que distorsionaron su percepción de la profundidad. Cuando subió un escalón para entrar en una amplia tubería, su pie no alcanzó la entrada, y como resultado cayó hacia adelante y se hirió en la parte inferior de la pierna derecha.

Moraleja: Use siempre el tipo de gafas de seguridad que pueda colocarse encima de sus lentes recetados. Las distancias no habituales de escalones hacia arriba o hacia abajo pueden ser difíciles para individuos que estén haciendo un recorrido en un entorno desconocido, aún sin una visión distorsionada.

Fuente: Departamento de Energía de los EE.UU.

4.1.0 Herramientas y equipos de mampostería

Hay muchas herramientas que los trabajadores de mampostería deben saber cómo usar. (*Figura 18*). La habilidad en su uso debe desarrollarse previamente para que puedan trabajar de manera eficiente. Las herramientas y equipos defectuosos, deteriorados o incorrectamente usados constituyen una seria amenaza para la seguridad y el bienestar de los empleados. Una de las reglas mas importantes en cuanto al uso de las herramientas es que deben ser herramientas de calidad. Las herramientas de calidad durarán más si se las usa y se las mantiene adecuadamente. Luego, es importante usar la herramienta adecuada para el trabajo. Si se usa la herramienta adecuada, el trabajo no requerirá tanto esfuerzo muscular. A continuación se presentan algunas reglas adicionales:

- Coloque todos los bordes cortantes lejos de su cuerpo.
- Mantenga sus dedos alejados de todos los bordes cortantes.
- Sostenga las herramientas de corte de tal modo que usted no resulte herido si se le deslizan.

CORTADORA DE MAMPOSTERÍA

MECHAS DE PERFORADORA ROTATORIA DE ALBAÑILERÍA

PINCELES DE MAMPOSTERÍA

MAZO DE CANTERO

PALETA O ESPÁTULA

119F18.EPS

Figura 18 ◆ Herramientas de mampostería.

- Cuando trabaje cerca de equipos eléctricos, use herramientas con mangos con aislamiento o de madera.
- Nunca utilice herramientas rotas o con mangos sueltos o cuchillas desafiladas.
- Mantenga todas las herramientas en buenas condiciones de uso, limpias, secas y afiladas.
- Guarde las herramientas adecuadamente cuando no las use.
- Cualquier herramienta, máquina o equipo defectuoso debe bloquearse con etiqueta, informando al supervisor.

Resumen

Los accidentes en los trabajos de concreto y mampostería pueden ser fatales. Las caídas son el tipo de accidente más común en esos trabajos. Los trabajadores también pueden resultar lesionados por objetos que caigan, por el contacto directo con el concreto mojado y el mortero, por el uso de herramientas y equipos no seguros, por el ruido y por trabajar en equipos riesgosos o cerca de ellos. La mayoría de estos accidentes suceden debido a la falta de cuidado. Usted tiene la responsabilidad de conocer todos los riesgos y cumplir todos los procedimientos de seguridad.

Preguntas de repaso

1. El riesgo más grande en los trabajos de concreto y mampostería es _____.

a. dermatitis del cemento
b. la caída
c. la caída de objetos
d. mal funcionamiento de herramientas

2. El polvo de cemento seco puede entrar en heridas abiertas y provocar septicemia.

a. Verdadero
b. Falso

3. Las escaleras se deben extender al menos _____ por encima de la superficie a la que quiere llegar.

a. 12" (30 cm)
b. 24" (60 cm)
c. 36" (90 cm)
d. 48" (122 cm)

4. Las plataformas de trabajo elevadas que soportan a los trabajadores y a los materiales se denominan _____.

a. paneles para dar forma
b. escaleras
c. andamios
d. rebar

5. Los extremos de las tablas de la plataforma deben solaparse como mínimo _____.

a. 3" (7 cm)
b. 4" (10 cm)
c. 5" (13 cm)
d. 6" (16 cm)

6. Las lesiones como resultado del uso inadecuado o poco seguro de herramientas son muy poco frecuentes en las construcciones.

a. Verdadero
b. Falso

7. Uno de los materiales de construcción más económicos y que más se usa es _____.

a. ladrillo
b. concreto
c. madera
d. acero

8. La estructura temporaria o molde usado para sostener el concreto hasta que se endurezca se denomina _____.

a. panel para dar forma (molde)
b. rebar
c. paneles premoldeados
d. pared

9. El contacto reiterado con cemento o concreto mojado puede producir una reacción alérgica de la piel conocida como silicosis.

a. Verdadero
b. Falso

10. El material que se usa para unir los ladrillos es _____.

a. concreto
b. mortero
c. rebar
d. arena

GLOSARIO

Términos especializados introducidos en este módulo

Andamio: Estructura fabricada o construida en el sitio de trabajo que soporta una plataforma de trabajo.

Aplomado: Una carga firme o guiada que es lateralmente estable.

Apuntalamiento: Postes o puntales de madera o de otro material comprimido, utilizados como soporte temporario en excavaciones, encofrados, o estructuras no seguras. También es el proceso de instalar los postes o puntales.

Cemento: Un polvo granulado de cal, hierro y otros minerales cocido en un horno, que reacciona químicamente con el agua y sirve como aglomerante del mortero y del concreto.

Cuerda de seguridad: Sección corta de cuerda usada para atar el arnés de seguridad del trabajador a un punto de anclaje firme ubicado por encima del área de trabajo.

Enrasador: Herramienta manual o eléctrica utilizada para enrasar una superficie de concreto hasta lograr el nivel deseado.

Cimiento de concreto: Sección de concreto más ancha en sus dimensiones horizontales que en su grosor (como un piso).

Cimiento de concreto sobre el suelo: Cimiento de concreto apoyada en el suelo usada como sistema de cimiento. Combina las paredes de cimientos de concreto con el piso de cimiento de concreto que se apoya directamente en una base aprobada ubicada encima del piso.

Mortero: Una mezcla de cemento portland, un agregado de arena, cal y agua en ciertas proporciones, que se usa como aglomerante de unidades de mampostería tales como ladrillos, bloques o piedras.

Postensado: Método para reforzar el concreto con cables o tendones incrustados, tensionados una vez que el concreto se endurece.

Premoldeado: Elemento de concreto moldeado y curado fuera del sitio de construcción.

Pretensado: Método para reforzar el concreto con cables o tendones incrustados, tensionados antes de que el concreto se endurezca.

Reforzado: Estructura que resiste la presión de la carga y proporciona soporte adicional de carga de servicio.

Respirador: Dispositivo que provee aire limpio y filtrado, para respirar cuando el aire del entorno es peligroso.

Silicosis: Enfermedad de los pulmones que se caracteriza por la fibrosis masiva de los pulmones que causa la falta de aliento, y que se produce por la inhalación prolongada de polvo de cemento.

Sub-base: Suelo preparado y compactado para soportar una estructura o un sistema de pavimento.

Tóxico: Que es dañino, venenoso o que contiene químicos letales (toxina).

RECONOCIMIENTOS

Créditos de las figuras

Cortesía de la Construction Education Foundation	0119F01, 119F02, 119F06 a 119F16
Bil-Jax, Inc.	119SA01
Gary Wilson	119SA02
Bon Tool Company	119F18

MÓDULO 75119-03 — RESPUESTAS A LAS PREGUNTAS DE REPASO

Respuesta	Sección
1. b	1.0.0
2. a	1.0.0
3. c	2.1.1
4. c	2.1.2
5. d	2.1.2
6. b	2.3.0
7. b	3.0.0
8. a	3.1.0
9. b	3.5.0
10. b	4.0.0

NCCER hace el esfuerzo de mantener estos libros de texto actualizados y libres de errores técnicos. Apreciamos su ayuda en este proceso. Si tiene una idea para mejorar este libro de texto, o si encuentra algún error, ya sea tipográfico, o de contenido en los libros de texto de *Contren*®, favor de escribirnos usando esta forma o una fotocopia de la misma. Asegúrese de incluir el número exacto del módulo, la página, una descripción detallada, y la corrección, si es aplicable. Su comentario será traído a la atención del comité técnico de revisión. Gracias por su ayuda.

Instructores – si usted encontró que algún material adicional es necesario para enseñar este módulo con eficacia, por favor déjenos saber para poder incluirlos en la lista de Equipo y Materiales en la guía anotada del instructor.

Dirección postal: Departamento de Desarrollo de Productos
National Center for Construction Education and Research
3600 NW 43rd Street, Bldg. G, Gainesville, FL 32606

Fax: 352-334-0932

E-mail: curriculum@nccer.org

Oficio ______ Nombre del Módulo ______

Fecha del Copyright ______ Número del Módulo ______ Número(s) de Página(s) ______

Descripción ______

______

______

______

Corrección (opcional) ______

______

______

Su nombre y dirección (opcional) ______

______

______

Glosario de términos clave del oficio

Glosario de términos clave del oficio

Accidente: Evento no planificado precedido por un acto inseguro, una condición de inseguridad o ambas, que interrumpe las actividades y muchas veces resulta en lesiones personales o daño a la propiedad.

Administración de Seguridad y Salud Laboral de los EE.UU. (OSHA): División del Departamento de Trabajo de los EE.UU. cuya tarea consiste en garantizar un entorno saludable y seguro en el lugar de trabajo.

Aislamiento: Práctica de colocar material no conductor como plástico alrededor del conductor para evitar que la corriente pase a través de él.

Alfombrilla con conexión a tierra: Es una alfombrilla de malla que se coloca debajo del equipo para maniobra de perforación para proporcionar un recorrido eléctrico simple a tierra en caso de que los equipos entren en contacto con un conductor con corriente durante un golpe a una instalación eléctrica.

Anclaje: Un punto de sujeción seguro para las cuerdas salvavidas, cuerdas de seguridad o los dispositivos de desaceleración.

Andamiaje colgante de dos puntos: Plataforma manual o motorizada que está sostenida por soportes colgantes en dos puntos suspendidos desde otros soportes que se encuentran por encima de la altura de la cabeza en un modo que permite elevar o descender la plataforma a la posición de trabajo.

Andamiaje: Estructura armada temporalmente o plataforma colgante o área de trabajo diseñada para soportar trabajadores, materiales y equipos en lugares de trabajo elevados o inaccesibles.

Andamio: Estructura fabricada o construida en el sitio de trabajo que soporta una plataforma de trabajo.

Ángulo de reposo: El ángulo de reposo es el mayor ángulo por encima del plano horizontal en el que un material permanece sin deslizarse.

Aparato: Conjunto de máquinas usadas en conjunto para realizar una tarea específica.

Aplomado: Una carga firme o guiada que es lateralmente estable.

Apuntalamiento: Un sistema de metal, hidráulico, mecánico o de madera que da soporte a las paredes de la excavación y está destinado a evitar derrumbes.

Apuntalamiento: Postes o puntales de madera o de otro material comprimido, utilizados como soporte temporáneo en excavaciones, encofrados, o estructuras no seguras. También es el proceso de instalar los postes o puntales.

Arco: Flujo de corriente eléctrica de un punto a otro a través de un gas como el aire.

Área de almacenamiento: Un área en la que se almacenan materiales preparándolos para su entrega. Las áreas de almacenamiento muchas veces tienen un gran volumen de tráfico.

Armario de seguridad: Armario especial de almacenamiento diseñado para reducir los riesgos de incendio y explosión de los materiales inflamables.

Arnés de cuerpo entero: Correas que se pueden asegurar al trabajador en un modo que distribuirá las fuerzas de detención de caídas en, al menos, los muslos, la pelvis, la cintura, el pecho y los hombros con medios para sujetarlas a otros componentes de un sistema personal de detención de caídas.

Asfixia: Una afección letal causada por una obstrucción en la respiración que produce la falta de oxígeno y un exceso de dióxido de carbono en la sangre.

Bloqueo: Colocación de un dispositivo de bloqueo en un dispositivo de aislamiento de energía, de acuerdo con un procedimiento establecido, para garantizar que no se pueda operar el dispositivo de aislamiento de energía ni con el equipo sometido a control hasta que el dispositivo de bloqueo sea retirado.

Bordes que sobresalen: Los bordes que sobresalen de un piso, techo o encofrado u otra superficie para trabajar/caminar (como tablas pre-fabricadas) que cambia de ubicación a medida que se colocan, forman o construyen más pisos, techos, tarimas o encofrados. Un borde que sobresale se considera una parte y un borde sin protección durante los periodos en que no se encuentran activa y continuamente en construcción.

Cabina del operador: La parte del montacargas en la que está ubicado el operador para poder controlarlo.

Caída libre: El acto de caer antes de que un sistema personal de detención de caídas comienza a aplicar fuerza para detener la caída.

Carbonación: Un proceso químico en el cual el carbono se acumula y produce una alteración de los minerales que lo rodean.

Cemento: Un polvo granulado de cal, hierro y otros minerales cocido en un horno, que reacciona químicamente con el agua y sirve como aglomerante del mortero y del concreto.

Centro de gravedad combinado: Cuando se combina el peso de dos objetos, el centro de gravedad se desplaza a un solo punto para ambos.

Centro de gravedad: El punto en torno al cual se distribuye equilibradamente todo el peso de un objeto.

Cinturón de cuerpo: Correa con medios para asegurarla alrededor de la cintura y para sujetarla a una cuerda de seguridad, cuerda de seguridad o un dispositivo de desaceleración.

Cimiento de concreto: Sección de concreto más ancha en sus dimensiones horizontales que en su grosor (como un piso).

Cimiento de concreto sobre el suelo: Base de concreto apoyada en el suelo usada como sistema de cimiento. Combina las paredes de cimientos de concreto con el piso de concreto que se apoya directamente en una base aprobada ubicada encima del piso.

Clasificación de servicio: Clasificación del Instituto Nacional Norteamericano de Normas (ANSI, American National Standards Institute) asignado para las escaleras. Indica el tipo de uso para el cual la escalera está diseñada (industrial, comercial, familiar) y el límite máximo de carga de servicio (capacidad de peso) de la escalera. El límite de carga de servicio es el peso máximo combinado del usuario, las herramientas y todos los materiales que se concentran en los escalones de una escalera.

Combustible: Aire o materiales que pueden explotar y provocar un incendio.

Conductor con descarga a tierra del equipo: Cable que conecta las carcasas y contenedores metálicos a la tierra.

Conector: Dispositivo que se usa para acoplar (conectar) piezas del sistema personal de detención de caídas con los sistemas de dispositivos de posicionamiento. Puede tratarse de un componente independiente del sistema como un gancho. También se puede tratar de un componente integral de parte del sistema, como por ejemplo una hebilla o una argolla D cosida a un cinturón o un arnés de cuerpo entero o un mosquetón empalmado o cosido a una cuerda de seguridad.

Congelamiento: Daños a la piel y a los tejidos ocasionado por el frío extremo o el clima helado.

Cuerda de seguridad: Cordel flexible, cables de acero o correas que generalmente tienen un conector en cada extremo para conectar el cinturón o el arnés de cuerpo entero con un dispositivo de desaceleración, cuerda salvavidas o anclajes.

Cuerda de seguridad: Sección corta de cuerda usada para atar el arnés de seguridad del trabajador a un punto de anclaje firme ubicado por encima del área de trabajo.

Cuerda salvavidas: Un componente que consiste en un cordel flexible conectado verticalmente a un anclaje por un extremo (ccuerda salvavidas vertical) o conectado a un anclaje horizontalmente por ambos extremos (cuerda salvavidas horizontal) y el cual sirve como un medio para conectar otros componentes de un sistema personal de detención de caídas a un anclaje.

Cuerdas salvavidas autoretráctiles: Dispositivo de desaceleración que contiene un cordel que se enrolla en un tambor que se puede extraer o retraer en el tambor bajo leve tensión durante el movimiento normal del empleado y el cual, después del inicio de la caída, traba automáticamente el tambor y detiene la caída.

Cumplimiento: Plan de seguridad que cumple con los estándares mínimos de seguridad de la OSHA.

Decibeles (dB): Medida de la intensidad o volumen del sonido. Cuanto más alto sea el nivel en decibeles, más fuerte será el sonido y, por lo tanto, potencialmente más dañino.

Deficiente en oxígeno: Atmósfera en la cual no hay suficiente oxígeno. Normalmente se considera así cuando está por debajo del 19.5% de oxígeno por volumen.

Dispositivo de aislamiento de energía: Cualquier dispositivo mecánico que evita físicamente la transmisión o la liberación de energía. Esto comprende, pero no se limita a, los disyuntores eléctricos operados manualmente, los interruptores, las válvulas de línea y los bloqueadores.

Dispositivo de bloqueo: Cualquier dispositivo que utilice un medio positivo, como un candado, para mantener un dispositivo de aislamiento de energía en una posición segura y evitar la presencia de energía en una máquina o equipo.

Dispositivo de etiquetado: Un dispositivo de alerta notorio, tal como una etiqueta y un medio de fijación, que pueda ser colocado de forma segura a un dispositivo de aislamiento de energía de acuerdo con un procedimiento establecido. La etiqueta indica que no se puede operar con la máquina o el equipo al que se encuentra fijada, hasta que el dispositivo de etiquetado sea removido de acuerdo con el procedimiento de control de energía.

Disyuntor diferencial (GFCI): Interruptor de circuito de acción rápida que percibe los pequeños desequilibrios del circuito provocados por filtraciones de corriente a la tierra y que, en una fracción de segundo, desconecta rápidamente la electricidad.

Efecto agudo: Reacción inmediata a la exposición química, como náuseas o la muerte.

Efecto crónico: Reacción demorada o a largo plazo a una exposición química. Los efectos crónicos también pueden sermortales, como el cáncer.

Enganche: La forma en que la eslinga se dispone para sostener la carga. Algunos ejemplos comunes incluyen un enganche de retención, enganche corredizo, enganche de cesto y enganche vertical simple. También se lo denomina configuración de la maniobra.

Enrasador: Herramienta manual o eléctrica utilizada para enrasar una superficie de concreto hasta lograr el nivel deseado.

Enriquecida en oxígeno: Atmósfera en la cual hay demasiado oxígeno. Normalmente se considera así cuando está por encima del 23.5% de oxígeno por volumen.

Equipos para maniobra: Grilletes, argollas, armellas, abrazaderas de elevación y ganchos que se utilizan para conectar la carga de la eslinga a la grúa o mecanismo de levante.

Escalera: Estructura de madera, metal o fibra de vidrio que consiste en dos piezas laterales paralelas (largueros) conectadas por escalones que son pisados cuando una persona sube o baja. Las escaleras pueden ser de un largo fijo que está sujetado de forma permanente a un edificio o estructura o pueden ser portátiles. Las escaleras portátiles tienen largos fijos o ajustables y se mantienen solas o no.

Escalonado: Un método para proteger a los empleados contra derrumbes, excavando los lados de una zanja para formar un nivel o una serie de niveles o de pasos de progresión horizontales, generalmente con superficies verticales o casi verticales entre esos niveles.

Escariado: Es el proceso de ensanchar y agrandar el orificio de perforación.

Eslinga: un trozo de material sintético, cadena, cable o cuerda que se envuelve alrededor de la carga y se sujeta al conjunto de poleas o grúa.

Espacio cerrado: Área que es lo suficientemente grande para que una persona trabaje dentro pero con medios limitados de ingreso y egreso y cuyo fin no es la ocupación humana continua.

Espacio confinado que no requiere permiso de entrada: Un espacio de trabajo libre de todo riesgo mecánico, físico, eléctrico y atmosférico que pueda ocasionar lesiones o la muerte.

Espacio confinado que requiere permiso: Un espacio confinado que presenta riesgos reales o potenciales. Estos riesgos pueden ser atmosféricos, físicos, eléctricos o mecánicos.

Espacio confinado: Los espacios de un sitio de trabajo se consideran confinados cuando su tamaño y su forma dificultan el paso de cualquiera que ingrese, trabaje y salga de ellos.

Estándar de Comunicación de Riesgos (HazCom): Reglamentación federal de la OSHA que requiere que los empleadores eduquen e informen a los trabajadores sobre los riesgos químicos en el lugar de trabajo (*29 CFR 1910.1200*).

Estándar de la OSHA: Estándar adoptado por la OSHA, que requiere condiciones o la adopción o el uso de una o más prácticas, medios, métodos, operaciones o procesos razonablemente necesarios o adecuados para garantizar un empleo y un lugar de empleo sano o seguro [*29 CFR 1910.2(f)*].

Estándar: Práctica o procedimiento que se utiliza y reconoce ampliamente, especialmente debido a su excelencia.

Estructura: Situación en la cual los refuerzos verticales individuales de madera o los apuntalamientos hidráulicos individuales no se colocan en contacto con el miembro adyacente.

Etiquetado: Colocación de un dispositivo de etiquetado en un dispositivo de aislamiento de energía, de acuerdo con un procedimiento establecido, para indicar que el dispositivo de aislamiento de energía y el equipo que se está controlando no pueden ser activados hasta que el dispositivo de etiquetado sea retirado.

Exposición aguda: Exposición a corto plazo, generalmente intensa, a una sustancia química.

Exposición crónica: Exposición en largo plazo, generalmente en dosis bajas, a una sustancia química.

Fibrilación: Contracciones rápidas e irregulares de las fibras musculares del corazón que resultan en la falta de ritmo entre los latidos y el pulso.

Fuente de energía: Cualquier fuente de energía eléctrica, mecánica, hidráulica, neumática, química, térmica u otra.

Fuentes de combustible: Materiales o gases que arden cuando se los expone a calor, llamas o chispas. Madera, papel y emanaciones de gas son ejemplos de fuentes de combustible.

Fuentes de ignición: Cualquier cosa que genere excesivo calor, llamas o chispas. Los calentadores, los fósforos y las amoladoras son ejemplos de fuentes de ignición.

Fuerza de compresión: La capacidad del suelo de sostener un gran peso.

Gas inerte: Un gas incoloro, inodoro e insípido que tiene muy poca reactividad química.

Herramientas a combustible: Herramientas que usan un combustible líquido, como gasolina o propano líquido para funcionar.

Herramientas cortantes: Herramientas que se sirven de bordes filosos para cumplir su tarea. Estas herramientas son: sierras, cuchillos, tijeras, tijeras de lata y pinzas o alicates.

Herramientas de impacto: Herramientas que deben golpear o ser golpeadas para cumplir su tarea. Estas herramientas son: martillos cinceles y machos de terrajas.

Herramientas eléctricas: Herramientas que necesitan una fuente de energía, como electricidad, hidráulica o neumática, para funcionar.

Herramientas operadas por electricidad: Herramientas que usan corriente eléctrica para funcionar.

Herramientas hidráulicas: Herramientas que usan un fluido a presión, generalmente aceite hidráulico, para funcionar.

Herramientas neumáticas: Herramientas que usan aire a presión para funcionar.

Hidratación: Un proceso químico en el cual se acumula agua o líquidos, produciendo una alteración de los minerales que lo rodean.

Hidráulico: Herramientas y equipos que funcionan o se mueven por medio de líquido a presión.

Hipotermia: Una condición que hace peligrar la vida, ocasionada por la exposición a temperaturas muy frías.

Hoja de datos de materiales peligrosos (MSDS): Documento que debe acompañar a todos los materiales peligrosos. La MSDS identifica la sustancia e indica los límites de exposición, las características físicas y químicas, el tipo de peligro que presenta, las precauciones para una manipulación y uso seguro y medidas específicas de control.

Hundimiento: Una depresión de la tierra causada por presiones desequilibradas en el suelo que rodea una excavación.

Impulso: Una fuerza física que hace que un objeto en movimiento tienda a continuar en movimiento.

Incendios tipo B: Incendios en los que arden líquidos inflamables como gasolina, aceite y pintura en base a aceite.

Incendios tipo C: Incendios en los que arden equipos eléctricos energizados, entre ellos cables, cajas de fusibles, interruptores de circuito, máquinas y/o aparatos.

Incendios tipo A: Incendios en los que arden combustibles ordinarios como madera, tela y/o papel.

Incendios tipo D: Incendios en los que arden metales combustibles como el magnesio o el sodio.

Incidente: Pérdida no deseada de recursos o un evento no deseado que, bajo circunstancias levemente diferentes, podría haber tenido como consecuencia daños personales o a la propiedad.

Inflamable: Capaz de arder con facilidad.

Inflamable: Que se prende fuego fácilmente.

Láminas ajustadas: El uso de planchas de madera especialmente ajustadas, como las tablas machihembradas de 3 pulgadas (7.62 cm) de grosor como mínimo. El amontonaje de tablestacas, o una construcción similar que resista la presión lateral del agua y evite la pérdida de relleno se denomina sistema de láminas ajustadas.

Largueros: Los miembros horizontales de un sistema de apuntalamiento colocados paralelos a la pared de la excavación, cuyos lados se apoyan contra los refuerzos verticales del sistema de apuntalamiento o contra la tierra.

Lugar evidente: Lugar particularmente notorio, como lugar adecuado para colocar un cartel o etiqueta importante para asegurar que se lo vea.

Manejo de materiales: Acto de mover materiales, como madera, ladrillos y otros suministros, en el lugar de la construcción o sus alrededores, de manera manual o mecánica.

Maniobra: Un sistema de enganche de una carga a un mecanismo para levantar cargas o grúa.

Mantenimiento del Equipo: El cuidado, la limpieza, la inspección y el uso adecuado de las máquinas y los equipos.

Mecanismo para levantar cargas: Un sistema que mecánicamente levanta cargas con un conjunto de poleas. Pueden ser manuales o neumáticos (operados por aire comprimido)

Mortero: Una mezcla de cemento portland, un agregado de arena, cal y agua en ciertas proporciones, que se usa como aglomerante de unidades de mampostería tales como ladrillos, bloques o piedras.

Muro cortina: Una pared exterior que no soporta el peso que se fija y se une a la estructura de acero u concreto de un edificio.

Operador del Equipo: Una persona calificada para operar determinado equipo.

Oxidación: Un proceso químico en el cual el oxígeno se acumula, produciendo una alteración de los minerales que lo rodean.

P.A.S.S.: Los cuatro pasos para usar un extintor son halar el perno, apuntar al fuego, presionar la manija y atacar de lado a lado.

Perforación: Proceso de perforar un orificio en el suelo.

Persona competente: Persona designada por la empresa que puede identificar las condiciones o entornos laborales que sean poco sanos, riesgosos o peligrosos para los empleados y que cuenta con autorización para corregir o eliminar rápidamente estas condiciones.

Persona competente: Una persona que es capaz de detectar riesgos existentes y predecibles en el área, o condiciones de trabajo antihigiénicas, riesgosas o peligrosas para los empleados, y que cuenta con la autoridad para tomar la iniciativa de medidas correctivas para solucionar el problema.

Plan de mejores prácticas: Plan de seguridad que incluye las mejores prácticas y equipos disponibles para garantizar la seguridad del trabajador.

Plataforma: Una superficie de trabajo más elevada que otros niveles. Las plataformas se pueden construir con tablas de madera individuales, tablas fabricadas, tablas pre-fabricadas o plataformas fabricadas.

Postensado: Método para reforzar el concreto con cables o tendones incrustados, tensionados una vez que el concreto se endurece.

Premoldeado: Elemento de concreto moldeado y curado fuera del sitio de construcción.

Pretensado: Método para reforzar el concreto con cables o tendones incrustados, tensionados antes de que el concreto se endurezca.

Programa de conductor de descarga a tierra de equipos asegurado: Plan detallado que especifica las inspecciones y pruebas de equipos requeridas por el empleador y un cronograma para llevar a cabo esas inspecciones y pruebas.

Protecciones: Dispositivos que protegen a los operadores de herramientas de partes móviles como cuchillas, engranajes y poleas.

Puesta a tierra: Proceso de conectar directamente un circuito eléctrico a una conexión a tierra conocida para brindar un nivel de referencia de tensión cero para el equipo o el sistema.

Recipiente de seguridad: Envase especial diseñado para permitir el almacenamiento y la manipulación segura de líquidos inflamables.

Reforzado: Estructura que resiste la presión de la carga y proporciona soporte adicional de carga de servicio.

Refuerzos verticales: Los miembros verticales de un sistema de apuntalamiento de una zanja colocados en contacto con la tierra y normalmente posicionados de modo que los miembros individuales no entren en contacto entre sí. Los refuerzos verticales colocados de modo que los miembros individuales están muy cerca, en contacto o interconectados unos con otros, por lo general se llaman láminas.

Respirador: Dispositivo que provee aire limpio y filtrado, para respirar cuando el aire del entorno es peligroso.

Riesgo atmosférico: Un peligro potencial en el aire o una condición de mala calidad del aire.

Sarta de perforación: Largo de una varilla que conecta la máquina de perforación con la broca.

Servicios: Servicios tales como electricidad o agua que son brindados por una empresa de servicios.

Silicosis: Enfermedad de los pulmones que se caracteriza por la fibrosis masiva de los pulmones que causa la falta de aliento, y que se produce por la inhalación prolongada de polvo de cemento.

Sistema de planchas: Una estructura que puede resistir las fuerzas generadas por un derrumbe, protegiendo a los empleados dentro de ella. Las planchas pueden ser estructuras permanentes o pueden estar diseñadas para ser portátiles y ser movidas al ir avanzando el trabajo. Además, las planchas pueden ser premanufacturadas o construidas en el sitio de trabajo de acuerdo con *29CFR 1926.652 (c)(3)* o *(c)(4)*.

Sistema de detección de presencia del operador (interruptor de asiento): Dispositivo que se usa para detener el equipo para maniobra de perforación cuando el operador deja el asiento con la perforadora encendida.

Sistema de protección: Es un método para proteger a los empleados de desmoronamientos, del material que pueda caer o rodar de una pared de la excavación o dentro de una excavación, y del derrumbe de estructuras adyacentes. Los sistemas de protección comprenden sistemas de apoyo o soporte, sistemas de pendiente y de escalones, y sistemas de planchas.

Sistema personal de detención de caídas: Sistema usado para detener a un empleado que está cayendo desde un nivel de trabajo. Consiste en un anclaje, conectores y un arnés de cuerpo entero y puede incluir una cuerda de seguridad, un dispositivo de desaceleración, una cuerda salvavidas o combinaciones adecuadas de estos elementos. Desde el 1° de enero de 1998, está prohibido el uso de cinturones para la detención de caídas.

Soldadura fuerte: Un método para unir metales con un metal de aportación no ferroso a una temperatura superior a los 420°C pero menor al punto de fusión de los metales que se están uniendo.

Sub-base: Suelo preparado y compactado para soportar una estructura o un sistema de pavimento.

Técnico de seguridad: Profesional entrenado para ayudar a mantener el ambiente de trabajo seguro.

Tensión de quiebre: Tensión en la cual un aislante sufre un quiebre y deja de actuar como resistor.

Tóxico: Que es dañino, venenoso o que contiene químicos letales (toxina).

Travesaños transversales: Los miembros horizontales de un sistema de apuntalamiento instalados perpendicularmente a los lados de la excavación, cuyos extremos se apoyan contra los refuerzos verticales o largueros.

Triángulo de fuego: El fuego sólo se inicia si hay una fuente de ignición, una fuente de combustible y oxígeno. Estas tres cosas forman los lados del triángulo de fuego.

Español a Inglés

Término en Español	Término en Inglés
Accidente	Accident
Administración de Seguridad y Salud Laboral de los EE.UU. (OSHA)	Occupational Safety and Health Administration (OSHA)
Aislamiento	Insulation
Alfombrilla con conexión a tierra	Grounding mat
Anclaje	Anchorage
Andamiaje	Scaffolding
Andamiaje colgante de dos puntos	Two-point swing scaffolding
Andamio	Scaffolding
Ángulo de reposo	Angle of repose
Aparato	Apparatus
Aplomado	Guyed
Apuntalamiento	Shoring
Arco	Arc
Área de almacenamiento	Staging area
Armario de seguridad	Safety cabinet
Arnés de cuerpo entero	Body harness
Asfixia	Asphyxiation
Bloqueo	Lockout
Bordes que sobresalen	Leading edge
Cabina del operador	Operator's compartment
Caída libre	Free fall
Carbonación	Carbonation
Cemento	Cement
Centro de gravedad	Center of gravity
Centro de gravedad combinado	Combined center of gravity
Cimiento de concreto	Slab
Cimiento de concreto sobre el suelo	Slab-on-grade
Cinturón de cuerpo	Body belt
Clasificación de servicio	Duty rating
Combustible	Combustible
Conductor con descarga a tierra del equipo	Equipment grounding conductor

Término en Español	Término en Inglés
Conector	Connector
Congelamiento	Frostbite
Cuerda de seguridad	Lanyard
Cuerda salvavidas	Lifeline
Cuerdas salvavidas autoretráctiles	Self-retracting lifeline
Cumplimiento	Compliance
Decibeles (dB)	Decibels (dB)
Deficiente en oxígeno	Oxygen-deficient
Dispositivo de aislamiento de energía	Energy-isolating device
Dispositivo de bloqueo	Lockout device
Dispositivo de etiquetado	Tagout device
Disyuntor diferencial (GFCI)	Ground fault circuit interrupter (GFCI)
Efecto agudo	Acute effect
Efecto crónico	Chronic effect
Enganche	Hitch
Enrasador	Screed
Enriquecida en oxígeno	Oxygen-enriched
Equipos para maniobra	Rigging hardware
Escalera	Ladder
Escalonado	Benching
Escariado	Reaming
Eslinga	Sling
Espacio cerrado	Confined space
Espacio confinado	Confined space
Espacio confinado que no requiere permiso de entrada	Nonpermit-required confined space
Espacio confinado que requiere permiso	Permit-required confined space
Estándar	Standard
Estándar de Comunicación de Riesgos (HazCom)	Hazard Communication (HazCom) Standard
Estándar de la OSHA	OSHA standard
Estructura	Skeleton
Etiquetado	Tagout

Término en Español	Término en Inglés
Exposición aguda	Acute exposure
Exposición crónica	Chronic exposure
Fibrilación	Fibrillation
Fuente de energía	Energy source
Fuentes de combustible	Fuel sources
Fuentes de ignición	Sources of ignition
Fuerza de compresión	Compression strength
Gas inerte	Inert gas
Herramientas a combustible	Liquid-fuel tools
Herramientas cortantes	Bladed tools
Herramientas de impacto	Impact tools
Herramientas eléctricas	Power tools
Herramientas hidráulicas	Hydraulic tools
Herramientas neumáticas	Pneumatic tools
Herramientas operadas por electricidad	Electrically powered tools
Hidratación	Hydration
Hidráulico	Hydraulic
Hipotermia	Hypothermia
Hoja de datos de materiales peligrosos (MSDS)	Material safety data sheet (MSDS)
Hundimiento	Subsidence
Impulso	Momentum
Incendios tipo A	Class A fires
Incendios tipo B	Class B fires
Incendios tipo C	Class C fires
Incendios tipo D	Class D fires
Incidente	Incident
Inflamable	Flammable
Láminas ajustadas	Tight sheeting
Largueros	Wales
Lugar evidente	Conspicuous location
Manejo de materiales	Materials handling
Maniobra	Rigging
Mantenimiento del equipo	Equipment maintenance
Mortero	Mortar
Mecanismo para levantar cargas	Hoist
Muro cortina	Curtain wall
Operador del equipo	Equipment operator
Oxidación	Oxidation
P.A.S.S.	P.A.S.S.
Perforación	Boring
Persona competente	Competent person
Plan de mejores prácticas	Best practices plan
Plataforma	Platform
Postensado	Post-tension
Premoldeado	Precast
Pretensado	Prestressed
Programa de conductor de descarga a tierra de equipos asegurado	Assured equipment grounding conductor program
Protecciones	Guards
Puesta a tierra	Grounding
Recipiente de seguridad	Safety can
Reforzado	Reinforced
Refuerzos verticales	Uprights
Respirador	Respirator
Riesgo atmosférico	Atmospheric hazard
Sarta de perforación	Drill string
Servicios	Utilities
Silicosis	Silicosis
Sistema de planchas	Shield
Sistema de detección de presencia del operador (interruptor de asiento)	Operator presence sensing system (seat switch)
Sistema de protección	Protective system
Sistema personal de detención de caídas	Personal fall-arrest system
Soldadura fuerte	Brazing
Sub-base	Sub-grade
Técnico de seguridad	Safety technician
Tensión de quiebre	Breakdown voltage
Tóxico	Toxic
Travesaños transversales	Cross braces
Triángulo de fuego	Fire triangle

Inglés a Español

Término en Inglés	Término en Español
Accident	Accidente
Acute effect	Efecto agudo
Acute exposure	Exposición aguda
Anchorage	Anclaje
Angle of repose	Ángulo de reposo
Apparatus	Aparato
Arc	Arco
Asphyxiation	Asfixia
Assured equipment grounding conductor program	Programa de conductor de descarga a tierra de equipos asegurado
Atmospheric hazard	Riesgo atmosférico
Benching	Escalonado
Best practices plan	Plan de mejores prácticas
Bladed tools	Herramientas cortantes
Body belt	Cinturón de cuerpo
Body harness	Arnés de cuerpo entero
Boring	Perforación
Brazing	Soldadura fuerte
Breakdown voltage	Tensión de quiebre
Carbonation	Carbonación
Cement	Cemento
Center of gravity	Centro de gravedad
Chronic effect	Efecto crónico
Chronic exposure	Exposición crónica
Class A fires	Incendios tipo A
Class B fires	Incendios tipo B
Class C fires	Incendios tipo C
Class D fires	Incendios tipo D
Combined center of gravity	Centro de gravedad combinado
Combustible	Combustible
Competent person	Persona competente
Compliance	Cumplimiento
Compression strength	Fuerza de compresión
Confined space	Espacio cerrado
Confined space	Espacio confinado
Connector	Conector
Conspicuous location	Lugar evidente
Cross braces	Travesaños transversales
Curtain wall	Muro cortina
Decibels (dB)	Decibeles (dB)
Drill string	Sarta de perforación
Duty rating	Clasificación de servicio
Electrically powered tools	Herramientas operadas por electricidad
Energy source	Fuente de energía
Energy-isolating device	Dispositivo de aislamiento de energía
Equipment grounding conductor	Conductor con descarga a tierra del equipo
Equipment maintenance	Mantenimiento del equipo
Equipment operator	Operador del equipo
Fibrillation	Fibrilación
Fire triangle	Triángulo de fuego
Flammable	Inflamable
Free fall	Caída libre
Frostbite	Congelamiento
Fuel sources	Fuentes de combustible
Ground fault circuit interrupter (GFCI)	Disyuntor diferencial (GFCI)
Grounding	Puesta a tierra
Grounding mat	Alfombrilla con conexión a tierra
Guards	Protecciones
Guyed	Aplomado
Hazard Communication (HazCom) Standard	Estándar de Comunicación de Riesgos (HazCom)
Hitch	Enganche
Hoist	Mecanismo para levantar cargas
Hydration	Hidratación
Hydraulic	Hidráulico
Hydraulic tools	Herramientas hidráulicas
Hypothermia	Hipotermia

Término en Inglés	Término en Español
Impact tools	Herramientas de impacto
Incident	Incidente
Inert gas	Gas inerte
Insulation	Aislamiento
Ladder	Escalera
Lanyard	Cuerda de seguridad
Leading edge	Bordes que sobresalen
Lifeline	Cuerda salvavidas
Liquid-fuel tools	Herramientas a combustible
Lockout	Bloqueo
Lockout device	Dispositivo de bloqueo
Material safety data sheet (MSDS)	Hoja de datos de materiales peligrosos (MSDS)
Materials handling	Manejo de materiales
Momentum	Impulso
Mortar	Mortero
Nonpermit-required confined space	Espacio confinado que no requiere permiso de entrada
Occupational Safety and Health Administration (OSHA)	Administración de Seguridad y Salud Laboral de los EE.UU. (OSHA)
Operator presence sensing system (seat switch)	Sistema de detección de presencia del operador (interruptor de asiento)
Operator's compartment	Cabina del operador
OSHA standard	Estándar de la OSHA
Oxidation	Oxidación
Oxygen-deficient	Deficiente en oxígeno
Oxygen-enriched	Enriquecida en oxígeno
P.A.S.S.	P.A.S.S.
Permit-required confined space	Espacio confinado que requiere permiso
Personal fall-arrest system	Sistema personal de detención de caídas
Platform	Plataforma
Pneumatic tools	Herramientas neumáticas
Post-tension	Postensado
Power tools	Herramientas eléctricas
Precast	Premoldeado
Prestressed	Pretensado
Protective system	Sistema de protección
Reaming	Escariado
Reinforced	Reforzado
Respirator	Respirador
Rigging	Maniobra
Rigging hardware	Equipos para maniobra
Safety cabinet	Armario de seguridad
Safety can	Recipiente de seguridad
Safety technician	Técnico de seguridad
Scaffolding	Andamiaje

Término en Inglés	Término en Español
Scaffolding	Andamio
Screed	Enrasador
Self-retracting lifeline	Cuerdas salvavidas autoretráctiles
Shield	Sistema de planchas
Shoring	Apuntalamiento
Silicosis	Silicosis
Skeleton	Estructura
Slab	Cimiento de concreto
Slab-on-grade	Cimiento de concreto sobre el suelo
Sling	Eslinga
Sources of ignition	Fuentes de ignición
Staging area	Área de almacenamiento
Standard	Estándar
Sub-grade	Sub-base
Subsidence	Hundimiento
Tagout	Etiquetado
Tagout device	Dispositivo de etiquetado
Tight sheeting	Láminas ajustadas
Toxic	Tóxico
Two-point swing scaffolding	Andamiaje colgante de dos puntos
Uprights	Refuerzos verticales
Utilities	Servicios
Wales	Largueros